水利水电工程建设技术标准汇编
质量验收卷

（中册）

本书编委会　编

·北京·

图书在版编目（CIP）数据

水利水电工程建设技术标准汇编. 质量验收卷 ：上、中、下册 / 《水利水电工程建设技术标准汇编》编委会编. -- 北京 ：中国水利水电出版社，2019.10
ISBN 978-7-5170-8096-1

Ⅰ. ①水… Ⅱ. ①水… Ⅲ. ①水利水电工程－工程施工－质量检验－技术标准－汇编－中国 Ⅳ. ①TV5-65

中国版本图书馆CIP数据核字(2019)第231327号

书　名	**水利水电工程建设技术标准汇编　质量验收卷（中册）** SHUILI SHUIDIAN GONGCHENG JIANSHE JISHU BIAOZHUN HUIBIAN　ZHILIANG YANSHOU JUAN (ZHONGCE)
作　者	本书编委会　编
出版发行	中国水利水电出版社 （北京市海淀区玉渊潭南路1号D座　100038） 网址：www.waterpub.com.cn E-mail：sales@waterpub.com.cn 电话：（010）68367658（营销中心）
经　售	北京科水图书销售中心（零售） 电话：（010）88383994、63202643、68545874 全国各地新华书店和相关出版物销售网点
排　版	中国水利水电出版社微机排版中心
印　刷	清淞永业（天津）印刷有限公司
规　格	140mm×203mm　32开本　62.25印张（总）　1670千字（总）
版　次	2019年10月第1版　2019年10月第1次印刷
印　数	0001—2000册
总 定 价	**360.00**元（上、中、下册）

凡购买我社图书，如有缺页、倒页、脱页的，本社营销中心负责调换

前　言

为了深入贯彻落实中央关于加快水利改革发展的决定和国务院《质量发展纲要（2011—2020年）》，进一步加强水利工程质量管理，保障大规模水利建设的顺利实施，本书编委会对2019年底现行有效水利工程建设技术标准进行整理，编辑成本标准汇编。

近几年，在中央对水利重视下，在水利部领导对水利标准化工作的重视下，一大批水利行业标准得以制定和修订并颁布实施，这些标准的颁布实施为水利工作提供了有效支撑。水利水电工程质量和验收有关标准的发布，为工程建设质量提供了有效的技术支撑，保证了水利水电工程建设的验收，提高了水利水电工程的质量，促进了国民经济稳定发展。

本汇编主要汇集了水利水电工程建设有关质量验收的标准，由于篇幅有限对部分不常用标准没有全文汇编，只列名录。由于编者经验不足和水平有限，欢迎广大读者批评指正。

本书编委会

2019年9月

目　录

下　册

水利水电工程单元工程施工质量验收评定标准——水工金属结构安装工程

SL 635—2012　　替代 SDJ 249.2—88

2012-09-19 发布　　2012-12-19 实施

前　言

根据水利部2004年水利行业标准制修订计划，按照《水利技术标准编写规定》（SL 1—2002）的要求，对《水利水电基本建设工程单元工程质量等级评定标准——金属结构及启闭机械安装工程（试行）》（SDJ 249.2—88）进行修订。修订后的标准名称为《水利水电工程单元工程施工质量验收评定标准——水工金属结构安装工程》。

本标准共17章38节148条和1个附录，主要技术内容包括：

——本标准的适用范围；

——单元工程划分的原则以及划分的组织和程序；

——单元工程施工质量验收评定的组织、条件、方法；

——水工金属结构安装工程施工质量检验项目及质量标准、检验方法、检验数量。

本次修订的主要内容有：

——将原标准的“说明”修改为“总则”，并增加和修改了部分内容；
——增加了术语；
——增加了基本规定，明确了验收评定的程序，强化了在验收评定中对施工过程检验资料、施工记录的要求；
——改变了原标准中质量检验项目分类。将原标准中的“保证项目”、“基本项目”、“主要项目”、“一般项目”等统一规定为“主控项目”和“一般项目”两类；
——增加了条文说明。

本标准为全文推荐。

本标准所替代标准的历次版本为：

——SDJ 249.2—88

本标准批准部门：**中华人民共和国水利部**

本标准主持机构：**水利部建设与管理司**

本标准解释单位：**水利部建设与管理司**

本标准主编单位：**水利部水利建设与管理总站**

本标准参编单位：**辽宁省水利工程建设质量与安全监督中心站**
沈阳农业大学水利学院
辽宁省水利水电勘测设计研究院

本标准出版、发行单位：**中国水利水电出版社**

本标准主要起草人：**张严明　杨诗鸿　朱明昕　张忠生**
姜国辉　钱世纲　李玉清　傅长锋
李晓明　汪玉君　杨铁荣

本标准审查会议技术负责人：**曹征齐　姚寿祥**

本标准体例格式审查人：**陈登毅**

目　次

1 总　　则

1.0.1 为加强水利水电工程质量管理，统一水工金属结构安装工程的单元工程安装质量验收评定标准，规范单元工程验收评定工作，制定本标准。

1.0.2 本标准适用于大中型水利水电工程的水工金属结构单元工程安装质量验收评定。小型水利水电工程可参照执行。

1.0.3 水工金属结构安装工程施工质量不符合本标准合格要求的单元工程，不应通过验收。

1.0.4 本标准的引用标准主要有以下标准：

《形状和位置公差　未注公差值》(GB/T 1184—1999)

《金属熔化焊焊接接头射线照相》(GB/T 3323)

《涂装前钢材表面锈蚀等级和除锈等级》(GB 8923)

《钢焊缝手工超声波探伤方法和探伤结果分级》(GB 11345)

《水利水电工程钢闸门制造、安装及验收规范》(GB/T 14173)

《机械设备安装工程施工及验收通用规范》(GB 50231)

《机械电气安全　机械电气设备　第1部分：通用技术条件》(GB 5226.1)

《水工金属结构焊接通用技术条件》(SL 36)

《水工金属结构防腐蚀规范》(SL 105)

《水利水电工程启闭机制造安装及验收规范》(SL 381)

《水利工程压力钢管制造安装及验收规范》(SL 432)

《水利水电工程单元工程施工质量验收评定标准——发电电气设备安装工程》(SL 638)

《无损检测 焊缝磁粉检测》(JB/T 6061)

《无损检测 焊缝渗透检测》(JB/T 6062)

1.0.5 水工金属结构单元工程安装质量验收评定除应符合本标准外，尚应符合国家现行有关标准的规定。

2 术　　语

2.0.1 水工金属结构　metal structure

水利水电工程中的压力钢管、闸门、拦污栅和启闭机等金属结构的统称。

2.0.2 单元工程　separated item project

依据设计结构、施工部署和质量考核要求，将水工金属结构的安装划分为由一个或若干个工种施工完成的最小综合体，是施工质量考核的基本单位。

2.0.3 主控项目　dominant item

对水工金属结构安全、使用功能及环境保护等有重大影响的检验项目。

2.0.4 一般项目　general item

除主控项目以外的检验项目。

2.0.5 埋件　embedded parts

水工金属结构安装、固定或运行所必需的，预先埋设（或半埋设）于混凝土结构中，并与混凝土有固定连接的金属结构件。

2.0.6 允许偏差　erection tolerance

水工金属结构（制造与安装）在设计文件和规范规定范围之内的制造与安装的尺寸偏差。

2.0.7 安装记录　installation records

水工金属结构安装过程中进行的测量、检验、检测记录的统称。

2.0.8 试运行　operation test

水工金属结构交付使用前，按照技术标准或相关技术文件要求进行的运行试验。

3 基 本 规 定

3.1 一 般 要 求

3.1.1 单元工程划分应符合以下要求：

1 分部工程开工前应由建设单位或监理单位组织设计、施工等单位，根据本标准要求，共同划分单元工程。

2 建设单位应根据工程性质和部位确定重要隐蔽单元工程和关键部位单元工程。

3 单元工程划分结果应书面报送质量监督机构备案。

3.1.2 单元工程安装质量验收评定，应在单元工程检验项目的检验结果和试运行达到本标准要求后，并具备齐全、完整、准确的安装记录基础上进行。

3.1.3 单元工程安装质量检验项目分为主控项目和一般项目。安装质量标准中的优良、合格标准采用同一标准的，其质量标准的评定由监理单位（建设单位）会同施工单位商定。

3.1.4 单元工程安装质量等各类项目的检验，应采用随机布点和监理工程师现场指定部位相结合的方式进行。检验方法及数量应符合本标准和相关标准的规定。

3.1.5 单元工程安装质量验收评定表及其备查资料的制备由工程施工单位负责，其规格宜采用国际标准 A4（210mm×297mm），验收评定表一式 4 份，备查资料一式 2 份，其中验收评定表及其备查资料各 1 份应由监理单位保存，其余应由施工单位保存。

3.2 单元工程安装质量验收评定

3.2.1 单元工程安装质量验收评定应具备以下条件：

1 单元工程所有施工项目已完成，并自检合格，施工现场具备验收的条件。

2 有关质量缺陷已处理完毕或有监理单位批准的处理意见。

3.2.2 单元工程安装质量验收评定应按下列程序进行：

1 施工单位对已经完成的单元工程安装质量进行自检。

2 施工单位自检合格后，应向监理单位申请复核。

3 监理单位收到申请后，应在8h内进行复核，并核定单元工程质量等级。

4 重要隐蔽单元工程和关键部位单元工程施工质量的验收评定应由建设单位（或委托监理单位）主持，应由建设、设计、监理、施工等单位的代表组成联合小组，共同验收评定，并应在验收前通知工程质量监督机构。

3.2.3 单元工程安装质量验收评定应包括下列内容：

1 施工单位应做好下列工作：

1）施工单位的专职质检部门应首先对已经完成的单元工程安装质量进行自检，并填写检验记录。

2）施工单位自检合格后，应填写单元工程安装质量验收评定表及安装质量检查表（见附录A），向监理单位申请复核。

2 监理单位应做好以下工作：

1）应逐项核查报验资料是否真实、齐全、完整。

2）对照有关图纸及有关技术文件，复核单元工程质量是否达到本标准要求。

3）检查已完单元工程遗留问题的处理情况，核定本单元工程安装质量等级，复核合格后签署验收意见，履行相关手续。

4）对验收中发现的问题提出处理意见。

3.2.4 单元工程安装质量验收评定应包括下列资料：

1 施工单位申请验收评定时，应提交下列资料：

1）单元工程安装图样和安装记录。

2）单元工程试验与试运行的记录。

3）施工单位专职质量检查员和检测员填写的单元工程安

装质量验收评定表及安装质量检查表。

2 监理单位应提交下列资料：

1） 监理单位对单元工程安装质量的平行检验资料。

2） 监理工程师签署质量复核意见的单元工程安装质量验收评定表及安装质量检查表。

3.2.5 单元工程安装质量检验项目质量标准分合格和优良两个等级，其标准应符合下列规定：

1 合格等级标准应符合下列规定：

1） 主控项目检测点应100％符合合格标准。

2） 一般项目检测点应90％及以上符合合格标准，不合格点最大值不应超过其允许偏差值的1.2倍，且不合格点不应集中。

2 优良等级标准在合格标准基础上，主控项目和一般项目的所有检测点应90％及以上符合优良标准。

3.2.6 单元工程安装质量评定分为合格和优良两个等级，其标准应符合下列规定：

1 合格等级标准应符合下列规定：

1） 检验项目全部符合3.2.5条1款的要求。

2） 设备的试验和试运行符合本标准及相关专业标准规定；各项报验资料符合本标准的要求。

2 优良等级标准：在合格等级标准基础上，安装质量检验项目中优良项目占全部项目70％及以上，且主控项目100％优良。

3.2.7 单元工程安装质量验收评定未达到合格标准时，应及时进行处理，处理后应按下列规定进行验收评定：

1 经全部返工（或更换设备、部件）达到本标准要求，重新评定质量等级。

2 设备、部件返修后，经有资质的检测单位检验，能满足设计要求，其质量等级只能评为合格。

3 处理后，工程部分质量指标仍未达到设计要求时，经原设计单位复核，认为基本能满足工程使用要求，监理工程师检验认可，建设单位同意验收的，其质量可认定为合格，并按规定进行质量缺陷备案。

3.2.8 与水工金属结构配套的电气设备安装，应按其相关标准进行。

4 压力钢管安装工程

4.1 一 般 规 定

4.1.1 压力钢管宜以一个安装单元或一个混凝土浇筑段或一个钢管段的钢管安装划分为一个单元工程。

4.1.2 压力钢管安装由管节安装、焊接与检验、表面防腐蚀等部分组成，其安装技术要求应符合 SL 432 及其设计文件的规定。

4.1.3 压力钢管单元工程安装质量验收评定时，应提供钢管等主要材料合格证，管节主要尺寸复测记录，安装质量检验项目检测记录，重大缺欠（缺陷）处理记录，焊接质量检验记录，表面防腐蚀记录，水压试验及安装图样等资料，其中压力钢管的水压试验应按 SL 432 和设计文件的规定进行。

4.2 管 节 安 装

4.2.1 管节安装前应对钢管、伸缩节和岔管的各项尺寸进行复测，并应符合 SL 432 和设计文件的规定。

4.2.2 管节就位调整后，应与支墩和锚栓加固焊牢，防止浇筑混凝土时管节发生变形及移位。

4.2.3 钢管、伸缩节和岔管的表面防腐蚀工作，除安装焊缝坡口两侧（100mm）外，均应在安装前全部完成，如设计文件另有规定，则应按设计文件的要求执行。

4.2.4 管节安装质量标准见表 4.2.4。

4.3 焊 接 与 检 验

4.3.1 压力钢管焊接与检验的技术要求应符合 SL 36 和 SL 432 的规定。

表 4.2.4　管节安装质量标准

单位：mm

<table>
<tr><th colspan="2" rowspan="3">项次</th><th rowspan="3">检验项目</th><th colspan="8">质　量　标　准</th><th rowspan="3">检验方法</th><th rowspan="3">检验数量</th></tr>
<tr><th colspan="4">合　格</th><th colspan="4">优　良</th></tr>
<tr><th>$D\leqslant 2000$</th><th>$2000<D\leqslant 5000$</th><th>$5000<D\leqslant 8000$</th><th>$D>8000$</th><th>$D\leqslant 2000$</th><th>$2000<D\leqslant 5000$</th><th>$5000<D\leqslant 8000$</th><th>$D>8000$</th></tr>
<tr><td rowspan="9">主控项目</td><td>1</td><td>始装节管口里程</td><td colspan="4">±5</td><td colspan="4">±4</td><td rowspan="3">钢尺、钢板尺、垂球或激光指向仪，经纬仪、水准仪、全站仪</td><td rowspan="3">始装节在上、下游管口测量，其余管节管口中心只测一端管口</td></tr>
<tr><td>2</td><td>始装节管口中心</td><td colspan="4">5</td><td colspan="4">4</td></tr>
<tr><td>3</td><td>始装节两端管口垂直度</td><td colspan="4">3</td><td colspan="4">3</td></tr>
<tr><td>4</td><td>钢管圆度</td><td colspan="4">$\frac{5D}{1000}$，且不大于 40</td><td colspan="4">$\frac{4D}{1000}$，且不大于 30</td><td>钢尺</td><td>最大管口直径与最小管口直径的差值，且每端管口至少测 2 对直径</td></tr>
<tr><td>5</td><td>纵缝对口径向错边量</td><td colspan="4">任意板厚 δ，不大于 10%δ，且不大于 2</td><td colspan="4">任意板厚 δ：不大于 5%δ，且不大于 2</td><td rowspan="5">钢板尺或焊接检验规</td><td rowspan="5">沿焊缝全长测量，每延米布设 1 个测点</td></tr>
<tr><td rowspan="4">6</td><td rowspan="4">环缝对口径向错边量</td><td colspan="4">板厚 $\delta\leqslant 30$，不大于 15%δ，且不大于 3</td><td colspan="4">不大于 10%δ，且不大于 3</td></tr>
<tr><td colspan="4">$30<\delta\leqslant 60$，不大于 10%δ</td><td colspan="4">不大于 5%δ</td></tr>
<tr><td colspan="4">$\delta>60$，不大于 6</td><td colspan="4">不大于 6</td></tr>
<tr><td colspan="4">不锈钢复合钢板焊缝，任意板厚 δ，不大于 10%δ，且不大于 1.5</td><td colspan="4">不锈钢复合钢板焊缝，任意板厚 δ，不大于 5%δ，且不大于 1.5</td></tr>
</table>

表 4.2.4（续）

<table>
<tr><th rowspan="3" colspan="2">项次</th><th rowspan="3">检验项目</th><th colspan="8">质量标准</th><th rowspan="3">检验方法</th><th rowspan="3">检验数量</th></tr>
<tr><th colspan="4">合格</th><th colspan="4">优良</th></tr>
<tr><th>$D\leqslant 2000$</th><th>$2000<D\leqslant 5000$</th><th>$5000<D\leqslant 8000$</th><th>$D>8000$</th><th>$D\leqslant 2000$</th><th>$2000<D\leqslant 5000$</th><th>$5000<D\leqslant 8000$</th><th>$D>8000$</th></tr>
<tr><td rowspan="7">一般项目</td><td>1</td><td>与蜗壳、伸缩节、蝴蝶阀、球阀、岔管连接的管节及弯管起点的管口中心</td><td>6</td><td>10</td><td>12</td><td>12</td><td>6</td><td>10</td><td>12</td><td>12</td><td rowspan="2">钢尺、钢板尺、垂球或激光指向仪</td><td rowspan="2">始装节在上、下游管口测量，其余管节管口中心只测一端管口</td></tr>
<tr><td>2</td><td>其他部位管节的管口中心</td><td>15</td><td>20</td><td>25</td><td>30</td><td>10</td><td>15</td><td>20</td><td>25</td></tr>
<tr><td>3</td><td>鞍式支座顶面弧度和样板间隙</td><td colspan="8">不大于 2</td><td>用样板检查</td><td>测 3～5 个点</td></tr>
<tr><td>4</td><td>滚动支座或摇摆支座的支墩垫板高程和纵、横中心</td><td colspan="4">±5</td><td colspan="4">±4</td><td rowspan="2">全站仪、水准仪和经纬仪</td><td>每项各测 1 个点</td></tr>
<tr><td>5</td><td>支墩垫板与钢管设计轴线的倾斜度</td><td colspan="8">不大于$\frac{2}{1000}$</td><td>每米测 1 个点</td></tr>
<tr><td>6</td><td>各接触面的局部间隙（滚动支座和摇摆支座）</td><td colspan="8">不大于 0.5</td><td>塞尺</td><td>各接触面至少测 1 个点</td></tr>
<tr><td colspan="12">注：D—钢管内径，mm。</td></tr>
</table>

表 4.3.3　焊缝外观质量标准

单位：mm

<table>
<tr><th colspan="2" rowspan="2">项次</th><th colspan="2" rowspan="2">检验项目</th><th colspan="2">质　量　标　准</th><th rowspan="2">检验方法</th><th rowspan="2">检验数量</th></tr>
<tr><th>合　格</th><th>优良</th></tr>
<tr><td rowspan="7">主控项目</td><td>1</td><td colspan="2">裂纹</td><td colspan="2">不允许</td><td rowspan="7">检查（必要时用5倍放大镜检查）</td><td rowspan="4">沿焊缝长度</td></tr>
<tr><td>2</td><td colspan="2">表面夹渣</td><td colspan="2">一、二类焊缝：不允许；
三类焊缝：深不大于 0.1δ，长不大于 0.3δ，且不大于 10</td></tr>
<tr><td rowspan="2">3</td><td rowspan="2">咬边</td><td>钢管</td><td colspan="2">一、二类焊缝：深不大于 0.5；
三类焊缝：深不大于 1</td></tr>
<tr><td>钢闸门</td><td colspan="2">一、二类焊缝：深不大于 0.5；连续咬边长度不大于焊缝总长的 10%，且不大于 100；两侧咬边累计长度不大于该焊缝总长的 15%；角焊缝不大于 20%；
三类焊缝深不大于 1</td></tr>
<tr><td rowspan="2">4</td><td rowspan="2">表面气孔</td><td>钢管</td><td>一、二类焊缝不允许；三类焊缝：每米范围内允许直径小于 1.5 的气孔 5 个，间距不小于 20</td><td>不允许</td><td rowspan="3">全部表面</td></tr>
<tr><td>钢闸门</td><td colspan="2">一类焊缝不允许；
二类焊缝：直径不大于 1.0mm 气孔每米范围内允许 3 个，间距不小于 20；
三类焊缝：直径不大于 1.5mm 气孔每米范围内允许 5 个，间距不小于 20</td></tr>
<tr><td>5</td><td colspan="2">未焊满</td><td colspan="2">一、二类焊缝不允许；
三类焊缝：深不大于 0.2＋0.02δ 且不大于 1，每 100mm 焊缝内缺欠总长不大于 25</td></tr>
</table>

表 4.3.3（续）

项次		检验项目		质量标准 合格	优良	检验方法	检验数量
一般项目	1	焊缝余高 Δh	手工焊	一、二类/三类（仅钢闸门）焊缝： $\delta \leqslant 12$　$\Delta h = 0 \sim 1.5/(0 \sim 2)$ $12 < \delta \leqslant 25$　$\Delta h = 0 \sim 2.5/(0 \sim 3)$ $25 < \delta \leqslant 50$　$\Delta h = 0 \sim 3/(0 \sim 4)$ $\delta > 50$　$\Delta h = 0 \sim 4/(0 \sim 5)$		钢板尺或焊接检验规	Δb Δh δ
			自动焊	$0 \sim 4/(0 \sim 5)$			
	2	对接焊缝宽度 Δb	手工焊	盖过每边坡口宽度 1～2.5，且平缓过渡			
			自动焊	盖过每边坡口宽度 2～7，且平缓过渡			
	3	飞溅		不允许（高强钢、不锈钢此项作为主控项目）		检查	全部表面
	4	电弧擦伤		不允许（高强钢、不锈钢此项作为主控项目）			
	5	焊瘤		不允许			
	6	角焊缝焊脚高 K	手工焊	$K < 12$，$\Delta K = 0 \sim 2$；$K \geqslant 12$，$\Delta K = 0 \sim 3$		焊接检验规	ΔK K Δh
			自动焊	$K < 12$，$\Delta K = 0 \sim 2$；$K \geqslant 12$，$\Delta K = 0 \sim 3$			
	7	端部转角		连续绕角施焊		检查	

注 1：δ—钢板厚度，mm。

注 2：手工焊是指焊条电弧焊、CO_2 半自动气保焊、自保护药芯半自动焊以及手工 TIG 焊等。而自动焊是指埋弧自动焊、MAG 自动焊、MIG 自动焊等。

4.3.2 焊缝的无损检验应根据施工图样和相关标准的规定进行。一、二类焊缝的射线、超声波、磁粉、渗透探伤等应分别符合 GB/T 3323、GB 11345、JB/T 6061、JB/T 6062 的规定。

4.3.3 焊缝焊接质量由焊缝外观质量和焊缝内部质量组成。焊缝外观质量标准见表 4.3.3。

4.3.4 焊缝内部质量标准见表 4.3.4。

表 4.3.4 焊缝内部质量标准

项次		检验项目	质量标准		检验方法
			合格	优良	
主控项目	1	射线探伤	一类焊缝不低于Ⅱ级合格，二类焊缝不低于Ⅲ级合格	一次合格率不低于90%	压力钢管：按 SL 432 要求； 钢闸门及拦污栅：按 GB/T 14173 要求； 启闭机：按 SL 381 和 SL 36 要求
	2	超声波探伤	一类焊缝不低于Ⅰ级合格，二类焊缝不低于Ⅱ级合格	一次合格率不低于95%	压力钢管：按 SL 432 要求； 钢闸门及拦污栅：按 GB/T 14173 要求； 启闭机：按 SL 381 和 SL 36 要求
	3	磁粉探伤	一、二类焊缝不低于Ⅱ级合格	一次合格率不低于95%	厚度大于 32mm 的高强度钢，不低于焊缝总长的 20%，且不小于 200mm
	4	渗透探伤	一、二类焊缝不低于Ⅱ级合格	一次合格率不低于95%	厚度大于 32mm 的高强度钢，不低于焊缝总长的 20%，且不小于 200mm

注 1：射线探伤一次合格率为：$\frac{\text{合格底片（张）}}{\text{拍片总数（张）}}\times 100\%$。

注 2：其余探伤一次合格率为：$\frac{\text{合格焊缝总长度（m）}}{\text{所检焊缝总长度（m）}}\times 100\%$。

注 3：当焊缝长度小于 200mm 时，按实际焊缝长度检测。

4.4 表面防腐蚀

4.4.1 压力钢管表面防腐蚀的技术要求应符合 SL 432 和 SL 105 的规定。

表 4.4.3　水工金属结构表面防腐蚀质量标准

<table>
<tr><th colspan="2" rowspan="2">项次</th><th colspan="2" rowspan="2">检验项目</th><th colspan="2">质　量　标　准</th><th rowspan="2">检验方法</th><th rowspan="2">检验数量</th></tr>
<tr><th>合　格</th><th>优　良</th></tr>
<tr><td rowspan="3">主控项目</td><td>1</td><td colspan="2">钢管表面清除</td><td>管壁临时支撑割除，焊疤清除干净</td><td>管壁临时支撑割除，焊疤清除干净并磨光</td><td rowspan="2">目测检查</td><td rowspan="2">全部表面</td></tr>
<tr><td>2</td><td colspan="2">钢管局部凹坑焊补</td><td>凡凹坑深度大于板厚 10% 或大于 2.0mm 应焊补</td><td>凡凹坑深度大于板厚 10%或大于 2.0mm 应焊补并磨光</td></tr>
<tr><td>3</td><td colspan="2">灌浆孔堵焊</td><td colspan="2">堵焊后表面平整，无渗水现象</td><td>检查（或 5 倍放大镜检查）</td><td>全部灌浆孔</td></tr>
<tr><td rowspan="4">一般项目</td><td>1</td><td colspan="2">表面预处理</td><td colspan="2">明管内外壁和埋管内壁用压缩空气喷砂或喷丸除锈，除锈清洁度等级应达到 GB 8923 中规定的 Sa2 $\frac{1}{2}$ 级；表面粗糙度对非厚浆型涂料应达到 Rz40～Rz70μm，对厚浆型涂料及金属热喷涂为 Rz60～Rz100μm。
埋管外壁经喷射或抛射除锈后，采用改性水泥浆防腐蚀除锈等级不低于 Sa1 级</td><td>清洁度按 GB 8923 照片对比；粗糙度用触针式轮廓仪测量或比较样板目测评定</td><td>每 $2m^2$ 表面至少要有 1 个评定点。触针式轮廓仪在 40mm 长度范围内测五点，取其算术平均值；比较样块法每一评定点面积不小于 $50mm^2$</td></tr>
<tr><td rowspan="3">2</td><td rowspan="3">涂料涂装</td><td>外观检查</td><td colspan="2">表面光滑、颜色均匀一致，无皱纹、起泡、流挂、针孔、裂纹、漏涂等缺欠</td><td>目测检查</td><td>安装焊缝两侧</td></tr>
<tr><td>涂层厚度</td><td colspan="2">85%以上的局部厚度应达到设计文件规定厚度，漆膜最小局部厚度应不低于设计文件规定厚度的 85%</td><td>测厚仪</td><td>平整表面，每 $10m^2$ 表面应不少于 3 个测点；结构复杂、面积较小的表面，每 $2m^2$ 表面应不少于 1 个测点；单节钢管在两端和中间的圆周上每隔 1.5m 测 1 个点</td></tr>
<tr><td>针孔</td><td colspan="2">厚浆型涂料，按规定的电压值检测针孔，发现针孔，用砂纸或弹性砂轮片打磨后补涂</td><td>针孔检测仪</td><td>侧重在安装环缝两侧检测，每个区域 5 个测点，探测距离 300mm 左右</td></tr>
</table>

表 4.4.3（续）

项次		检验项目			质量标准		检验方法	检验数量
					合格	优良		
一般项目	2	涂料涂装	附着力	涂膜厚度大于 250μm	在涂膜上划两条夹角为 60°的切割线，应划透至基底，用透明压敏胶粘带粘牢划口部分，快速撕起胶带，涂层应无剥落		专用刀具	符合 SL 105 附录 E 色漆和清漆　漆膜的划格试验的规定
一般项目	2	涂料涂装	附着力	涂膜厚度不大于 250μm	用划格法检查（0～60μm，刀口间距 1mm；61～120μm，刀口间距 2mm；121～250μm，刀口间距 3mm），涂层沿切割边缘或切口交叉处脱落明显大于 5%，但受影响明显不大于 15%	切割的边缘完全平滑，无一格脱落，或在切割交叉处涂层有少许薄片分离，划格区受影响明显地不大于 5%	专用刀具	符合 SL 105 附录 E 色漆和清漆　漆膜的划格试验的规定
一般项目	3	金属喷涂	外观检查		表面均匀，无金属熔融粗颗粒、起皮、鼓泡、裂纹、掉块及其他影响使用的缺陷		目测检查	全部表面
一般项目	3	金属喷涂	涂层厚度		最小局部厚度不小于设计文件规定厚度		测厚仪	平整表面上每 $10m^2$ 不少于 3 个局部厚度（取 $1dm^2$ 的基准面，每个基准面测 10 个测点，取算术平均值）
一般项目	3	金属喷涂	结合性能		胶带上有破断的涂层粘附，但基底未裸露	涂层的任何部位都未与基体金属剥离	切割刀、布胶带	当涂层厚度小于或等于 200μm，在 15mm×15mm 面积内按 3mm 间距，用刀切划网格，切痕深度应将涂层切断至基体金属，再用一个辊子施以 5N 的载荷将一条合适的胶带压紧在网格部位，然后沿垂直涂层表面方向快速将胶带拉开；当涂层厚度大于 200μm，在 25mm×25mm 面积内按 5mm 间距切划网格，按上述方法检测

4.4.2 压力钢管表面防腐蚀质量评定包括管道内外壁表面清除、局部凹坑焊补、灌浆孔堵焊和表面防腐蚀（焊缝两侧）等检验项目。

4.4.3 水工金属结构表面防腐蚀质量标准见表4.4.3。

5　平面闸门埋件安装工程

5.1　一般规定

5.1.1　平面闸门埋件宜以每一孔（段）门槽的埋件安装划分为1个单元工程。

5.1.2　平面闸门埋件的安装及检查等技术要求应符合GB/T 14173和设计文件的规定。

5.1.3　埋件就位调整后，应用加固钢筋或调整螺栓，将其与预埋螺栓或插筋焊牢，以防浇筑二期混凝土时发生移位。二期混凝土拆模后，应进行复测，同时清除遗留的钢筋头等杂物，并将埋件表面清理干净。

5.1.4　平面闸门埋件单元工程安装质量验收评定时，应提交埋件的安装图样、安装记录、埋件焊接与表面防腐蚀记录、重大缺陷处理记录等资料。

5.2　平面闸门埋件安装

5.2.1　平面闸门埋件安装质量评定包括底槛、主轨、侧轨、反轨、止水板、门楣、护角、胸墙和埋件表面防腐蚀等检验项目。

5.2.2　平面闸门埋件安装质量标准见表5.2.2。

5.2.3　平面闸门埋件焊接与表面防腐蚀质量应分别符合第4章的规定。

表 5.2.2　平面闸门埋件安装质量标准

单位：mm

序号			1	2	3		4	5	6	7	8			
安装部位			底槛	门楣	主轨		侧轨	反轨	止水板	护角兼作侧轨	胸墙			
					加工	不加工					兼作止水		不兼作止水	
											上部	下部	上部	下部
简图														
主控项目	对门槽中心线 a	工作范围内	±5.0	+2.0 −1.0	+2.0 −1.0	+3.0 −1.0	±5.0	+3.0 −1.0	+2.0 −1.0	±5.0	+5.0 0.0	+2.0 −1.0	+8.0 −1.0	+2.0 −1.0
	对孔口中心线 b	工作范围内	±5.0	—	±3.0	±3.0	±5.0	±3.0	±3.0	±5.0	—	—	—	—
	门楣中心对底槛面的距离 h		—	±3.0	—	—	—	—	—	—	—	—	—	—
	工作表面一端对另一端的高差	$L<10000$	2.0	—	—	—	—	—	—	—	—	—	—	—
		$L\geqslant 10000$	3.0	—	—	—	—	—	—	—	—	—	—	—
	工作表面平面度	工作范围内	2.0	2.0	—	2.0	—	—	2.0	—	2.0	2.0	4.0	4.0
	工作表面组合处的错位	工作范围内	1.0	0.5	0.5	1.0	1.0	1.0	0.5	1.0	1.0	1.0	1.0	1.0

表 5.2.2（续）

序 号			1	2	3		4	5	6	7	8			
安 装 部 位			底槛	门楣	主轨		侧轨	反轨	止水板	护角兼作侧轨	胸墙			
											兼作止水		不兼作止水	
					加工	不加工					上部	下部	上部	下部
一般项目	对门槽中心线 a	工作范围外	—	—	+3.0 −1.0	+5.0 −2.0	±5.0	+5.0 −2.0	—	±5.0	—	—	—	—
	对孔口中心线 b	工作范围外	—	—	±4.0	±4.0	±5.0	±5.0	—	±5.0	—	—	—	—
	工作表面组合处的错位	工作范围外	—	—	1.0	2.0	2.0	2.0	—	2.0	—	—	—	—
	高程		±5.0	—	—	—	—	—	—	—	—	—	—	—
简 图											—			
主控项目	表面扭曲值 f 工作范围内表面宽度 B	$B<100$	1.0	1.0	0.5	1.0	2.0		2.0	1.0	2.0			
		$B=100\sim200$	1.5	1.5	1.0	2.0	2.5		2.5	1.5	2.5			
		$B>200$	2.0	—	1.0	2.0	3.0		3.0	—	3.0			
一般项目	表面扭曲值 f 工作范围外允许增加值		—	—	2.0	2.0	2.0		2.0	—	2.0			

注 1：L—闸门宽度。
注 2：胸墙下部系指和门楣结合处。
注 3：门楣工作范围高度：静水启闭闸门为孔口高；动水启闭闸门为承压主轨高度。

6 平面闸门门体安装工程

6.1 一 般 规 定

6.1.1 平面闸门门体宜以每扇门体的安装划分为一个单元工程。

6.1.2 平面闸门门体的安装、表面防腐蚀及检查等技术要求应符合 GB/T 14173 和设计文件的规定。

6.1.3 平面闸门门体安装质量验收评定时，应提交门体设计与安装图样、安装记录、门体焊接与门体表面防腐蚀记录、闸门试验及试运行记录、重大缺陷处理记录等资料。

6.2 平面闸门门体安装

6.2.1 平面闸门门体安装质量评定包括正向支承装置安装、反向支承装置安装、门体焊缝焊接、门体表面防腐蚀、止水橡皮安装、闸门试验和试运行等检验项目。

6.2.2 平面闸门门体安装质量标准见表 6.2.2。

6.2.3 平面闸门门体焊缝焊接与表面防腐蚀质量应符合第 4 章的相关规定。

6.2.4 平面闸门门体应按设计文件要求和相关标准规定做好无水试验、平衡试验和静水试验以及试运行，并做好记录备查。

表 6.2.2 平面闸门门体安装质量标准 单位：mm

部位	项次		检验项目	质量标准		检验方法	检验数量
				合 格	优 良		
反向滑块	主控项目	1	反向支承装置至正向支承装置的距离（反向支承装置自由状态）	±2.0	+2.0 −1.0	钢丝线、钢板尺、水准仪、经纬仪	通过反向支承装置踏面、正向支承装置踏面拉钢丝线测量

表 6.2.2（续）

部位	项次		检验项目	质量标准		检验方法	检验数量
				合　格	优　良		
焊缝对口错边	主控项目	1	焊缝对口错边（任意板厚δ）	≤10%δ，且不大于2.0	≤5%δ，且不大于2.0	钢板尺或焊接检验规	沿焊缝全长测量
表面清除和凹坑焊补	一般项目	1	门体表面清除	焊疤清除干净	焊疤清除干净并磨光	钢板尺	全部表面
		2	门体局部凹坑焊补	凡凹坑深度大于板厚10%或大于2.0mm应焊补	凡凹坑深度大于板厚10%或大于2.0mm应焊补并磨光		
止水橡皮	主控项目	1	止水橡皮顶面平度	2.0		钢丝线、钢板尺、水准仪、经纬仪	通过止水橡皮顶面拉线测量，每0.5m测1个点
		2	止水橡皮与滚轮或滑道面距离	±1.5	±1.0	钢丝线、钢板尺、水准仪、经纬仪	通过滚轮顶面或通过滑道面（每段滑道至少在两端各测1个点）拉线测量
	一般项目	1	两侧止水中心距离和顶止水中心至底止水底缘距离	±3.0		钢丝线、钢板尺、水准仪、经纬仪、全站仪	每米测1个点
		2	止水橡皮实际压缩量和设计压缩量之差	+2.0 −1.0		钢尺	每米测1个点
注：止水橡皮应用专用空心钻头掏孔，严禁烫孔、冲孔。							

7 弧形闸门埋件安装工程

7.1 一般规定

7.1.1 弧形闸门埋件宜以每孔闸门埋件的安装划分为一个单元工程。

7.1.2 弧形闸门埋件的安装、表面防腐蚀及检查等技术要求应符合 GB/T 14173 和设计文件的规定。

7.1.3 弧形闸门埋件单元工程安装质量验收评定时，应提供埋件的安装图样、安装记录、埋件焊接与表面防腐蚀记录、重大缺陷处理记录等资料。

7.2 弧形闸门埋件安装

7.2.1 弧形闸门埋件安装质量评定包括底槛、门楣、侧止水板、侧轮导板安装、铰座钢梁安装和表面防腐蚀等检验项目。

7.2.2 弧形闸门埋件（底槛、门楣、侧止水板、侧轮导板）安装质量标准见表 7.2.2。

7.2.3 弧形闸门铰座钢梁及其相关埋件安装质量标准见表 7.2.3。

7.2.4 弧形闸门埋件焊接与表面防腐蚀质量应符合第 4 章的相关规定。

表 7.2.2 弧形闸门埋件（底槛、门楣、侧止水板、侧轮导板）安装质量标准 单位：mm

序号			1	2	3		4
安装部位			底槛	门楣	侧止水板		侧轮导板
					潜孔式	露顶式	
简图			b 孔口中心线	h	b 孔口中心线		b 孔口中心线
主控项目	门楣中心对底槛面的距离 h		—	±3.0	—	—	—
	对孔口中心线 b（工作范围内）		±5.0	—	±2.0	+3.0 −2.0	+3.0 −2.0
	工作表面一端对另一端的高差	$L<10000$	2.0	—	—	—	—
		$L\geqslant10000$	3.0	—	—	—	—
	工作表面平面度		2.0	2.0	2.0	2.0	2.0
	工作表面组合处的错位		1.0	0.5	1.0	1.0	1.0
	侧止水板和侧轮导板中心线的曲率半径		—	—	±5.0	±5.0	±5.0
一般项目	里程		±5.0	+2.0 −1.0	—	—	—
	高程		±5.0	—	—	—	—
	对孔口中心线 b（工作范围外）		—	—	+4.0 −2.0	+6.0 −2.0	+6.0 −2.0

表 7.2.2（续）

序号				1	2	3		4
安装部位				底槛	门楣	侧止水板		侧轮导板
						潜孔式	露顶式	
简图				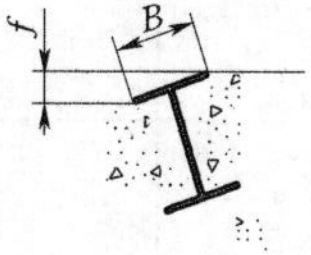	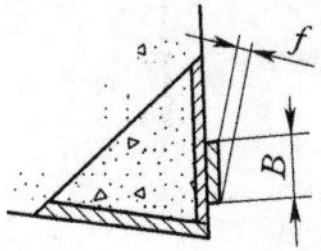	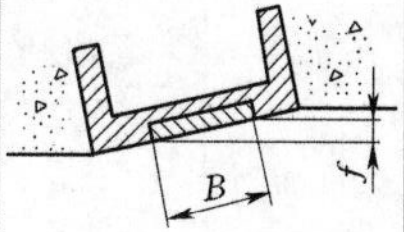		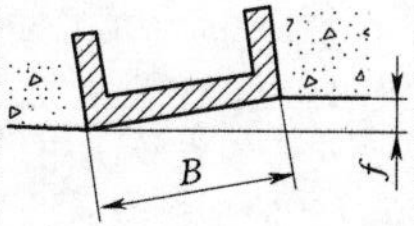
主控项目	表面扭曲值 f	工作范围内表面宽度 B	$B<100$	1.0	1.0	1.0	1.0	2.0
			$B=100\sim200$	1.5	1.5	1.5	1.5	2.5
			$B>200$	2.0	—	2.0	2.0	3.0
一般项目		工作范围外允许增加值		—	—	2.0	2.0	2.0

注1：L—闸门宽度。

注2：安装时门楣一般为最后固定，故门楣位置可按门叶实际位置进行调整。

注3：工作范围指孔口高度。

表 7.2.3　弧形闸门铰座钢梁及其相关埋件安装质量标准　　单位：mm

部位	项次		项目	质量标准		检验方法	检验数量/简图
				潜孔式	露顶式		
铰座钢梁	主控项目	1	铰座钢梁里程	±1.5		钢丝线、钢尺、钢板尺或水准仪、经纬仪、全站仪	L
		2	铰座钢梁高程	±1.5			
		3	铰座钢梁中心对孔口中心距离	±1.5			
		4	铰座钢梁倾斜度	$L/1000$			
	一般项目	1	铰座基础螺栓中心	1.0		钢尺、垂球或水准仪、经纬仪、全站仪	如各螺栓的相对位置已用样板或框架准确固定在一起，则可测样板或框架的中心
埋件	主控项目	1	两侧止水板间距离	+4.0 −3.0	+5.0 −3.0	用钢尺、垂球、水准仪、经纬仪、全站仪直接测量或通过计算求得	每米测 1 个点
		2	两侧轮导板距离	+5.0 −3.0	+5.0 −3.0		每隔 2 米测 1 个点
	一般项目	1	底槛中心与铰座中心水平距离	±4.0	±5.0		两端各测 1 个点
		2	铰座中心和底槛垂直距离	±4.0	±5.0		两端各测 1 个点
		3	侧止水板中心线曲率半径	±4.0	±6.0		两端各测 1 个点 中间每米测 1 个点

注：L—铰座钢梁倾斜的水平投影尺寸。

8 弧形闸门门体安装工程

8.1 一 般 规 定

8.1.1 弧形闸门门体宜以每扇门体的安装划分为一个单元工程。

8.1.2 弧形闸门门体的安装、表面防腐蚀及检查等技术要求应符合 GB/T 14173 规定和设计文件的要求。

8.1.3 弧形闸门门体单元工程安装质量验收评定时，应提供闸门的安装图样、安装记录、门体焊接与门体表面防腐蚀记录，闸门试验及试运行记录、重大缺陷记录等资料。

8.2 弧形闸门门体安装

8.2.1 弧形闸门门体安装质量评定包括铰座安装、铰轴安装、支臂安装、焊缝焊接、门体表面清除和凹坑焊补、门体表面防腐蚀和止水橡皮安装等检验项目。

8.2.2 弧形闸门门体安装质量标准见表 8.2.2。

表 8.2.2 弧形闸门门体安装质量标准 单位：mm

部位	项次		检验项目	质量标准		检验方法	检验数量/简图
				合 格	优 良		
铰座	主控项目	1	铰座轴孔倾斜度	$l/1000$	$l/1000$	钢丝线、钢板尺、垂球、水准仪、经纬仪、全站仪	—
		2	两铰座轴线同轴度	1.0	1.0		
	一般项目	1	铰座中心对孔口中心线的距离	±1.5	±1		
		2	铰座里程	±2.0	±1.5		
		3	铰座高程	±2.0	±1.5		

表 8.2.2（续）

部位	项次		检验项目	质量标准		检验方法	检验数量/简图
				合格	优良		
焊缝对口错边	主控项目	1	焊缝对口错边（任意板厚δ）	≤10%δ，且不大于2.0	≤5%δ，且不大于2.0	钢板尺或焊接检验规	沿焊缝全长测量
表面清除和凹坑焊补	一般项目	1	门体表面清除	焊疤清除干净	焊疤清除干净并磨光	钢板尺	全部表面
		2	门体局部凹坑焊补	凡凹坑深度大于板厚10%或大于2.0mm应焊补	凡凹坑深度大于板厚10%或大于2.0mm应焊补并磨光		
止水橡皮	一般项目	1	止水橡皮实际压缩量和设计压缩量之差	+2.0 −1.0		钢板尺	沿止水橡皮长度检查
门体铰轴与支臂	主控项目	1	铰轴中心至面板外缘曲率半径R	潜孔式±4.0 露顶式±8.0	潜孔式±4.0 露顶式±6.0	钢丝线、钢板尺、垂球、水准仪、经纬仪、全站仪	
		2	两侧曲率半径相对差	潜孔式3.0 露顶式5.0	潜孔式3.0 露顶式4.0		
		3	支臂中心线与铰链中心线吻合值	潜孔式2.0 露顶式1.5	潜孔式2.0 露顶式1.5		
	一般项目	1	支臂中心至门叶中心的偏差L	潜孔式±1.5 露顶式±1.5	潜孔式±1.5 露顶式±1.5		
		2	支臂两端的连接板和铰链、主梁接触	良好，互相密贴，接触面不小于75%		塞尺	—
		3	抗剪板和连接板接触	顶紧			—
注：铰座轴孔倾斜系指任何方向的倾斜。l—轴孔宽度。							

8.2.3 弧形闸门门体焊缝焊接与表面防腐质量应符合第4章的相关规定。

8.2.4 弧形闸门的试验及试运行，应符合GB/T 14173的规定和设计文件的要求，并应做好记录备查。

9 人字闸门埋件安装工程

9.1 一般规定

9.1.1 人字闸门埋件宜以每孔埋件的安装划分为一个单元工程。

9.1.2 人字闸门埋件的安装、表面防腐蚀及检查等技术要求应符合 GB/T 14173 和设计文件的规定。

9.1.3 人字闸门埋件单元工程安装质量验收评定时，应提供埋件的安装图样、安装记录、埋件焊接与表面防腐蚀记录、重大缺陷处理记录等资料。

9.2 人字闸门埋件安装

9.2.1 人字闸门埋件安装工程质量评定包括顶枢装置安装、枕座安装和底枢装置安装等检验项目。

9.2.2 人字闸门埋件安装质量标准见表 9.2.2。

9.2.3 人字闸门埋件焊接与表面防腐蚀质量应符合第 4 章的相关规定。

表 9.2.2 人字闸门埋件安装质量标准 单位：mm

<table>
<tr><th rowspan="2">部位</th><th rowspan="2" colspan="2">项次</th><th rowspan="2">项　目</th><th colspan="2">质量标准</th><th rowspan="2">检验方法</th><th rowspan="2">检验位置</th></tr>
<tr><th>合格</th><th>优良</th></tr>
<tr><td rowspan="4">顶枢装置与枕座</td><td rowspan="4">主控项目</td><td>1</td><td>两拉杆中心线交点与顶枢中心重合</td><td>2.0</td><td>1.5</td><td rowspan="4">钢丝线、钢板尺、垂球、水准仪、经纬仪、全站仪</td><td rowspan="4">—</td></tr>
<tr><td>2</td><td>拉杆两端高差</td><td>1.0</td><td>0.8</td></tr>
<tr><td>3</td><td>顶枢轴线与底枢轴线的同轴度</td><td>2.0</td><td>1.5</td></tr>
<tr><td>4</td><td>顶枢轴孔的同轴度和垂直度</td><td colspan="2">GB/T 1184—1999 的 9 级精度</td></tr>
</table>

表 9.2.2（续）

<table>
<tr><th rowspan="2">部位</th><th rowspan="2" colspan="2">项次</th><th rowspan="2">项　目</th><th colspan="2">质量标准</th><th rowspan="2">检验方法</th><th rowspan="2">检验位置</th></tr>
<tr><th>合格</th><th>优良</th></tr>
<tr><td rowspan="2">顶枢装置与枕座</td><td rowspan="2">主控项目</td><td>5</td><td>枕座中心线对顶、底枢轴线的平行度</td><td>3.0</td><td>2.0</td><td rowspan="2">垂球、钢板尺、经纬仪、全站仪</td><td rowspan="2"> 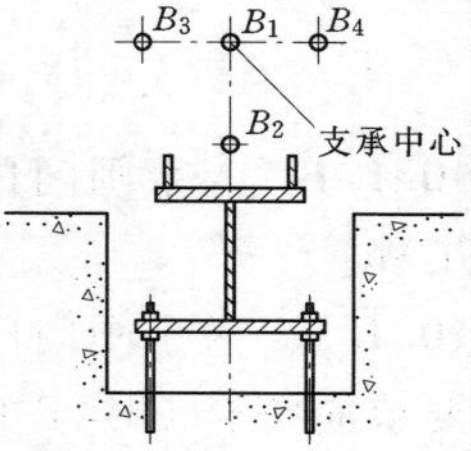B_3　B_1　B_4
B_2
支承中心</td></tr>
<tr><td>6</td><td>中间支、枕座对顶、底部枕座中心线的对称度</td><td>2.0</td><td>1.5</td></tr>
<tr><td rowspan="4">底枢</td><td rowspan="3">主控项目</td><td>1</td><td>底枢轴孔蘑菇头中心</td><td>2.0</td><td>1.5</td><td rowspan="4">钢板尺、经纬仪、水准仪、全站仪</td><td rowspan="4"> 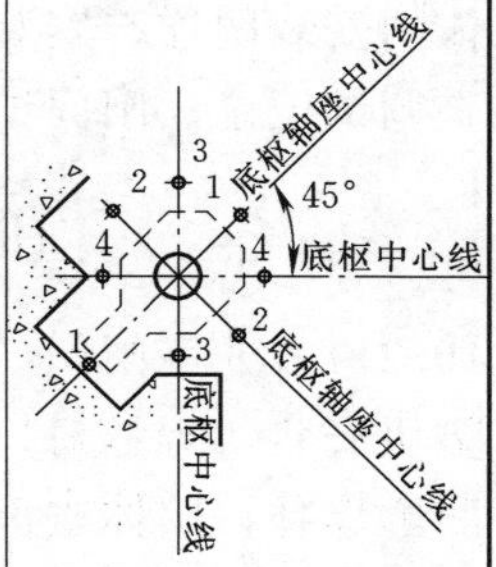底枢轴座中心线
45°
底枢中心线
底枢轴座中心线
底枢中心线
1　2　3　4　4　1　2　3</td></tr>
<tr><td>2</td><td>左、右两蘑菇头高程相对差</td><td>2.0</td><td>1.5</td></tr>
<tr><td>3</td><td>底枢轴座水平倾斜度</td><td>1/1000</td><td>1/1250</td></tr>
<tr><td>一般项目</td><td>1</td><td>左、右两蘑菇头高程</td><td>±3.0</td><td>±2.0</td></tr>
</table>

10 人字闸门门体安装工程

10.1 一般规定

10.1.1 人字闸门门体宜以每两扇门体的安装划分为一个单元工程。

10.1.2 人字闸门门体的安装、焊接与表面防腐蚀及检查等技术要求应符合 GB/T 14173 和设计文件的规定。

10.1.3 人字闸门门体单元工程安装质量验收评定时，应提供门体的安装图样、安装记录、门体焊接与表面防腐蚀记录、门叶检查调试记录、闸门试运行记录、重大缺陷处理记录等资料。

10.2 人字闸门门体安装

10.2.1 人字闸门门体安装质量评定包括底、顶枢安装，支、枕垫块安装，焊缝对口错边，焊缝焊接质量，门体表面清除和局部凹坑焊补，门体表面防腐蚀及止水橡皮安装等检验项目。

10.2.2 人字闸门门体安装质量标准见表 10.2.2。

表 10.2.2 人字闸门门体安装质量标准 单位：mm

<table>
<tr><th rowspan="2">部位</th><th rowspan="2" colspan="2">项次</th><th rowspan="2" colspan="2">检验项目</th><th colspan="2">质量标准</th><th rowspan="2">检验方法</th><th rowspan="2">检验数量</th></tr>
<tr><th>合格</th><th>优良</th></tr>
<tr><td rowspan="6">顶、底枢</td><td rowspan="6">主控项目</td><td>1</td><td colspan="2">顶底枢轴线同轴度</td><td>2.0</td><td>1.5</td><td rowspan="6">垂球、钢板尺、经纬仪、水准仪、全站仪</td><td>—</td></tr>
<tr><td rowspan="3">2</td><td rowspan="3">旋转门叶，从全开到全关过程中斜接柱上任一点的跳动量</td><td>门宽不大于 12m</td><td>1.0</td><td>1.0</td><td rowspan="3">用胶布将钢板尺贴于门体斜接柱上</td></tr>
<tr><td>门宽为 12～24m</td><td>1.5</td><td>1.0</td></tr>
<tr><td>门宽大于 24m</td><td>2.0</td><td>1.5</td></tr>
<tr><td rowspan="2">3</td><td rowspan="2">底横梁在斜接柱一端的位移</td><td>顺水流方向</td><td>±2.0</td><td>±1.5</td><td rowspan="2">—</td></tr>
<tr><td>垂直方向</td><td>±2.0</td><td>±1.5</td></tr>
</table>

表 10.2.2（续）

部位	项次		检验项目	质量标准		检验方法	检验数量
				合格	优良		
支、枕垫块	主控项目	1	支枕垫块间隙 局部的	0.4 且连续长度不大于垫块全长的 10%		钢板尺、塞尺	每块支、枕垫块的全长
			连续的	0.2			
	一般项目	1	每对相接处的支、枕垫块中心线偏移	5.0	4.0		每对支、枕垫块的两端
焊缝对口错边	主控项目	1	焊缝对口错边（任意板厚 δ）	≤10%δ，且不大于 2.0	≤5%δ，且不大于 2.0	钢板尺或焊接检验规	沿焊缝全长测量
表面清除和凹坑焊补	一般项目	1	门体表面清除	焊疤清除干净	焊疤清除干净并磨光	钢板尺	全部表面
		2	门体局部凹坑焊补	凡凹坑深度大于板厚 10%或大于 2.0mm 应焊补	凡凹坑深度大于板厚 10%或大于 2.0mm 应焊补并磨光		
止水橡皮	主控项目	1	止水橡皮顶面平度	2.0		钢丝线、钢板尺	通过止水橡皮顶面拉线测量，每 0.5m 测 1 个点
	一般项目	1	止水橡皮实际压缩量与设计压缩量之差	+2.0 −1.0		钢板尺	沿止水橡皮长度检测

10.2.3 人字闸门门体焊缝焊接及门体表面防腐蚀质量应符合第 4 章的相关规定。

10.2.4 人字闸门的试验和试运行应符合设计文件的要求和 GB/T 14173 的规定，并做好记录备查。

11　活动式拦污栅安装工程

11.1　一 般 规 定

11.1.1　活动式拦污栅宜以每孔埋件和栅体的安装划分为一个单元工程。

11.1.2　拦污栅的安装、表面防腐蚀及检查等技术要求应符合GB/T 14173和设计文件的规定。

11.1.3　活动式拦污栅单元工程安装质量验收评定时，应提供埋件和栅体的安装图样、安装记录、埋件与栅体的表面防腐蚀记录、拦污栅升降试验、试运行记录、重大缺陷处理记录等资料。

11.2　拦 污 栅 安 装

11.2.1　活动式拦污栅安装质量评定包括埋件、各埋件间距离及栅体安装等检验项目。

11.2.2　活动式拦污栅安装质量标准见表11.2.2。

表11.2.2　活动式拦污栅安装质量标准　　单位：mm

部位	项次		检验项目	质量标准		检验方法	检验数量
				合格	优良		
埋件	主控项目	1	主轨对栅槽中心线	+3.0 −2.0	+3.0 −2.0	钢丝线、垂球、钢板尺、水准仪、全站仪	每米至少测1个点
		2	反轨对栅槽中心线	+5.0 −2.0	+5.0 −2.0		
	一般项目	1	底槛里程	±5.0	±4.0		两端各测1个点，中间测1～3个点
		2	底槛高程	±5.0	±4.0		
		3	底槛对孔口中心线	±5.0	±4.0		—
		4	主、反轨对孔口中心线	±5.0	±4.0		每米至少测1个点
		5	底槛工作面一端对另一端的高差	3.0	2.0		—
		6	倾斜设置的拦污栅倾斜角度	±10′	±10′		—

表 11.2.2（续）

<table>
<tr><th rowspan="2">部位</th><th colspan="2" rowspan="2">项次</th><th rowspan="2">检验项目</th><th colspan="2">质量标准</th><th rowspan="2">检验方法</th><th rowspan="2">检验数量</th></tr>
<tr><th>合格</th><th>优良</th></tr>
<tr><td rowspan="2">栅体</td><td rowspan="2">主控项目</td><td>1</td><td>栅体间连接</td><td colspan="2">应牢固可靠</td><td rowspan="2">检查</td><td rowspan="2">—</td></tr>
<tr><td>2</td><td>栅体在栅槽内升降</td><td colspan="2">灵活、平稳、无卡阻现象</td></tr>
<tr><td rowspan="3">各埋件间距离</td><td rowspan="3">一般项目</td><td>1</td><td>主、反轨工作面距离</td><td colspan="2">+7.0
−3.0</td><td rowspan="3">钢丝线、垂球、钢板尺、水准仪、全站仪</td><td rowspan="3">每米测 1 个点</td></tr>
<tr><td>2</td><td>主轨中心距离</td><td colspan="2">±8.0</td></tr>
<tr><td>3</td><td>反轨中心距离</td><td colspan="2">±8.0</td></tr>
</table>

12 启闭机轨道安装工程

12.1 一 般 规 定

12.1.1 启闭机轨道安装宜以连续的、轨距相同的、可供1台或多台启闭机运行的两条轨道安装划分为一个单元工程。

12.1.2 启闭机轨道安装技术要求应符合SL 381的规定。

12.1.3 钢轨如有弯曲、歪扭等变形，应予矫形，但不应采用火焰法矫形，不合格的钢轨不应安装。

12.1.4 轨道基础螺栓对轨道中心线距离偏差不应超过±2mm。拧紧螺母后，螺栓应露出螺母，其露出的长度宜为2～5个螺距。

12.1.5 两平行轨道接头的位置应错开，其错开距离不应等于启闭机前后车轮的轮距。

12.1.6 启闭机轨道单元工程安装质量评定时，应提供大车轨道的安装图样、安装记录及轨道安装前的检查记录等资料。

12.2 轨 道 安 装

12.2.1 大车轨道安装质量评定包括轨道实际中心线对轨道设计中心线位置的偏差等检验项目。

12.2.2 大车轨道安装质量标准见表12.2.2。

表12.2.2 大车轨道安装质量标准 单位：mm

<table>
<tr><th colspan="2" rowspan="2">项次</th><th rowspan="2">检验项目</th><th colspan="2">质量标准</th><th rowspan="2">检验方法</th><th rowspan="2">检验数量</th></tr>
<tr><th>合格</th><th>优良</th></tr>
<tr><td rowspan="2">主控项目</td><td>1</td><td>轨道实际中心线对轨道设计中心线位置的偏差</td><td>2.0</td><td>1.5</td><td rowspan="2">钢尺、钢板尺、钢丝线</td><td rowspan="2">轨道设计中心线应根据启闭机起吊中心线、坝轴线或厂房中心线测定。在轨道接头处及其他部位间距2m布设测点</td></tr>
<tr><td>2</td><td>轨距</td><td>±4.0</td><td>±3.0</td></tr>
</table>

表 12.2.2（续）

<table>
<tr><th colspan="2" rowspan="2">项次</th><th rowspan="2">检验项目</th><th colspan="2">质量标准</th><th rowspan="2">检验方法</th><th rowspan="2">检验数量</th></tr>
<tr><th>合格</th><th>优良</th></tr>
<tr><td rowspan="3">主控项目</td><td>3</td><td>轨道侧向局部弯曲（任意 2m 内）</td><td>1.0</td><td>1.0</td><td>钢尺、钢板尺，钢丝线</td><td rowspan="3">轨道设计中心线应根据启闭机起吊中心线、坝轴线或厂房中心线测定。在轨道接头处及其他部位间距 2m 布设测点</td></tr>
<tr><td>4</td><td>轨道在全行程上最高点与最低点之差</td><td>2.0</td><td>1.5</td><td rowspan="2">全站仪、水准仪</td></tr>
<tr><td>5</td><td>同一横截面上两轨道标高相对差</td><td>5.0</td><td>4.0</td></tr>
<tr><td rowspan="3">一般项目</td><td>1</td><td>轨道接头处高低差和侧面错位</td><td>1.0</td><td>1.0</td><td rowspan="3">钢板尺、塞尺、欧姆表</td><td rowspan="3">每个接头左、右、上三面各测 1 个点</td></tr>
<tr><td>2</td><td>轨道接头间隙</td><td>2.0</td><td>2.0</td></tr>
<tr><td>3</td><td>轨道接地电阻</td><td>4Ω</td><td>3Ω</td></tr>
</table>

13　桥式启闭机安装工程

13.1　一 般 规 定

13.1.1　桥式启闭机安装工程宜以每一台桥式启闭机的安装划分为一个单元工程。

13.1.2　桥式启闭机安装工程由桥架和大车行走机构、小车行走机构、制动器安装、电气设备安装等部分组成。在各部分安装完毕后应进行试运行。

13.1.3　桥式启闭机到货后应按合同要求进行验收，检验其各部件的完好状态、产品合格证、整体组装图纸等资料，做好记录并由责任人签证。

13.1.4　桥式启闭机的安装技术要求应符合 SL 381 的规定，其中电气设备安装应符合 SL 638 的有关规定。

13.1.5　在现场装配联轴器时，其端面间隙、径向位移和轴向倾斜应符合设备技术文件的规定。设备技术文件无规定时，应符合 GB 50231 的规定。

13.1.6　桥式启闭机单元工程安装质量验收评定时，应提供桥式启闭机的安装图样、安装记录、试验与试运行记录以及桥式启闭机到货验收资料等。

13.2　桥架和大车行走机构安装

13.2.1　桥架和大车行走机构安装质量评定包括大车跨度 L_1L_2 的相对差等检验项目。

13.2.2　桥架和大车行走机构安装质量标准见表 13.2.2－1。启闭机结构件尺寸检测位置图示见表 13.2.2－2。

表 13.2.2-1 桥架和大车行走机构安装质量标准

单位：mm

<table>
<tr><th colspan="2" rowspan="2">项次</th><th colspan="2" rowspan="2">检验项目</th><th colspan="2">质量标准</th><th rowspan="2">检验方法</th><th rowspan="2">检验数量</th></tr>
<tr><th>合格</th><th>优良</th></tr>
<tr><td rowspan="8">主控项目</td><td>1</td><td colspan="2">大车跨度 L_1L_2 的相对差</td><td>5.0</td><td>4.0</td><td rowspan="10">钢丝线、垂球、钢尺、钢板尺、水准仪、经纬仪、全站仪、平尺</td><td>每个桥架检测 1 组，检测位置见表 13.2.2-2 中图 1</td></tr>
<tr><td>2</td><td colspan="2">桥架对角线差 $\lvert D_1-D_2 \rvert$</td><td>5.0</td><td>4.0</td><td>每个桥架检测 1 组，检测位置见表 13.2.2-2 中图 1</td></tr>
<tr><td>3</td><td colspan="2">大车车轮的垂直偏斜 a（只许下轮缘向内偏斜，l 为测量长度）</td><td>$\frac{l}{400}$</td><td>$\frac{l}{450}$</td><td>每个车轮检验 1 次，检测位置见表 13.2.2-2 中图 2</td></tr>
<tr><td>4</td><td colspan="2">大车车轮的水平偏斜 P（同一轴线上一对车轮的偏斜方向应相反，l 为测量长度）</td><td>$\frac{l}{1000}$</td><td>$\frac{l}{1200}$</td><td>每个车轮检验 1 次，检测位置见表 13.2.2-2 中图 3</td></tr>
<tr><td rowspan="3">5</td><td rowspan="3">同一端梁下，车轮的同位差</td><td>2 个车轮时</td><td>2.0</td><td>1.5</td><td rowspan="3">每个车轮检验 1 次，检测位置见表 13.2.2-2 中图 4</td></tr>
<tr><td>2 个以上车轮时</td><td>3.0</td><td>2.5</td></tr>
<tr><td>同一平衡梁上车轮的同位差</td><td>1.0</td><td>1.0</td></tr>
<tr><td>6</td><td colspan="2">同一横截面上小车轨道标高相对差</td><td>3.0</td><td>2.5</td><td>在轨道接头处及其他部位间距 2m 布设测点</td></tr>
<tr><td rowspan="2">一般项目</td><td>1</td><td colspan="2">跨中上拱度 F（最大上拱度在跨度中部的 $L/10$ 范围内）</td><td colspan="2">$\frac{(0.9\sim1.4)L}{1000}$</td><td>在跨中及 1/3 跨度处布设测点，每个主梁均检测，检测位置见表 13.2.2-2 中图 5</td></tr>
<tr><td>2</td><td colspan="2">主梁的水平弯曲 f</td><td colspan="2">$\frac{L}{2000}$
且不大于 20mm</td><td>测量位置离上盖板约 100mm 的腹板处，每个主梁均检测，检测位置见表 13.2.2-2 中图 1</td></tr>
</table>

表 13.2.2－1（续）

项次		检验项目		质量标准 合格	质量标准 优良	检验方法	检验数量
一般项目	3	悬臂端上翘度 F_0		$\frac{(0.9\sim1.4)L_n}{350}$		钢丝线、垂球、钢尺、钢板尺、水准仪、经纬仪、全站仪、平尺	每个悬臂末端侧1个点，检测位置见表13.2.2－2中图6
	4	主梁上翼缘的水平偏斜 b（B 为主梁上翼缘宽度）		$\frac{B}{200}$			测量位置于长筋板处，每个主梁上翼缘均检测，按2m间距布设测点，检测位置见表13.2.2－2中图7
	5	主梁腹板的垂直偏斜 h（H 为主梁腹板的高度）		$\frac{H}{500}$			测量位置于长筋板处，每个主梁腹板均检测，按2m间距布设测点，检测位置见表13.2.2－2中图8
	6	腹板波浪度（1m平尺检查，δ 为主梁腹板厚度）	距上盖板1/3H以内区域	0.7δ			每个主梁腹板均检测，按2m间距布设测点，检测位置见表13.2.2－2中图9
			其余区域	1.0δ			
	7	大车跨度 L 偏差		±5.0	±4.0		大车两侧跨度均需测量，检测位置见表13.2.2－2中图5
	8	小车轨距 T 偏差		±3.0	±2.5		在轨道接头处及其他部位间距2m布设测点，检测位置见表13.2.2－2中图1
	9	小车轨道中心线与轨道梁腹板中心线位置偏差（δ 为轨道梁腹板厚度）		0.5δ	0.5δ		两根轨道均检测
	10	小车轨道侧向局部弯曲（任意2m内）		1.0	1.0		按间距2m布设测点
	11	小车轨道接头处高低差和侧面错位		1.0	1.0		每个接头均检测
	12	小车轨道接头间隙		2.0	2.0		每个接头均检测

表 13.2.2-2　启闭机结构件尺寸检测位置图示

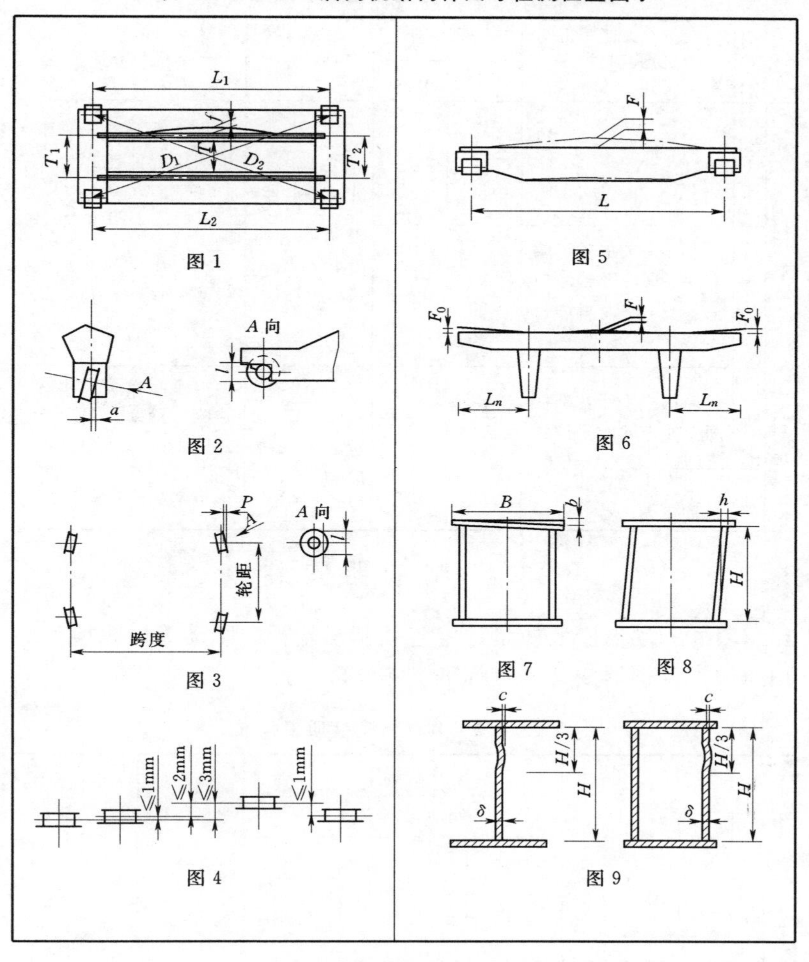

13.3　小车行走机构安装

13.3.1　小车行走机构安装质量评定包括小车跨度相对差 $|T_1-T_2|$ 等检验项目。

13.3.2　小车行走机构安装质量标准见表 13.3.2。

表 13.3.2 小车行走机构安装质量标准 单位：mm

项次		检验项目	质量标准		检验方法	检验数量
			合格	优良		
主控项目	1	小车跨度相对差 $\lvert T_1 - T_2 \rvert$	3.0	2.5	钢丝线、垂球、钢尺、钢板尺、水准仪、经纬仪、全站仪	每个小车检测1组，检测位置见表13.2.2-2中图1
	2	小车车轮的垂直偏斜 a（只许下轮缘向内偏斜，l 为测量长度）	$\frac{l}{400}$	$\frac{l}{450}$		每个车轮检验1次，检测位置见表13.2.2-2中图2
一般项目	1	对两根平行基准线每个小车轮水平偏斜	$\frac{l}{1000}$	$\frac{l}{1200}$	钢丝线、垂球、钢尺、钢板尺、水准仪、经纬仪、全站仪	每个车轮检验1次，检测位置见表13.2.2-2中图3
	2	小车主动轮和被动轮同位差	2.0	2.0		每个车轮检验1次

13.4 制动器安装

13.4.1 制动器安装质量评定包括制动轮径向跳动等检验项目。

13.4.2 制动器安装质量标准见表13.4.2。

表 13.4.2 制动器安装质量标准 单位：mm

项次		检验项目	质量标准			检验方法	检验数量
			制动轮直径 D				
			≤200	200～300	＞300		
一般项目	1	制动轮径向跳动	0.10	0.12	0.18	百分表	端面圆跳动在联轴器的结合面上测量。每个制动器均需检测
	2	制动轮端面圆跳动	0.15	0.20	0.25		
	3	制动带与制动轮的实际接触面积不小于总面积	75%				

13.5 桥式启闭机试运行

13.5.1 桥式启闭机试运行质量检验包括试运行前检查、试运行、静载试验、动载试验等项目。

13.5.2 桥式启闭机试运行质量标准见表 13.5.2。

表 13.5.2 桥式启闭机试运行质量标准

序号	检查项目			质量标准
1	试运行前检查	所有机械部件、连接部件，各种保护装置及润滑系统		安装、注油情况符合设计要求，并清除轨道两侧所有杂物
2		钢丝绳固定压板与缠绕反方向		牢固，缠绕方向正确
3		电缆卷筒、中心导电装置、滑线、变压器以及各电机的接线		正确，无松动，接地良好
4		双电机驱动的起升机构	电动机的转向	转向正确
5			吊点的同步性	两侧钢丝绳尽量调至等长
6		行走机构的电动机转向		转向正确
7		用手转动各机构的制动轮，使最后一根轴（如车轮轴、卷筒轴）旋转一周		无卡阻现象
8	试运行（起升机构和行走机构分别在行程内往返3次）	电动机		运行平稳，三相电流不平衡度不超过10%，并测量电流值
9		电气设备		无异常发热现象，控制器触头无烧灼现象
10		限位开关、保护装置及联锁装置		动作正确可靠
11		大、小车	行走时，车轮	无啃轨现象
12			运行时，导电装置	平稳，无卡阻、跳动及严重冒火花现象
13		机械部件		运转时，无冲击声及其他异常声音

表 13.5.2（续）

<table>
<tr><th>序号</th><th colspan="3">检查项目</th><th>质量标准</th></tr>
<tr><td>14</td><td rowspan="5">试运行（起升机构和行走机构分别在行程内往返3次）</td><td colspan="2">运行过程中，制动闸瓦</td><td>全部离开制动轮，无任何摩擦</td></tr>
<tr><td>15</td><td colspan="2">轴承和齿轮</td><td>润滑良好，轴承温度不超过65℃</td></tr>
<tr><td>16</td><td colspan="2">噪声</td><td>在司机座（不开窗）测得的噪声不应大于85dB（A）</td></tr>
<tr><td>17</td><td rowspan="2">双吊点启闭机</td><td>闸门吊耳轴中心线水平偏差</td><td>设计要求或使闸门顺利进入门槽</td></tr>
<tr><td>18</td><td>同步性</td><td>行程开关显示两侧钢丝绳等长</td></tr>
<tr><td>19</td><td rowspan="3">静载试验</td><td colspan="2">主梁上拱度和悬臂端上翘度</td><td>上拱度$\frac{(0.9\sim1.4)L}{1000}$（$L$为跨度），上翘度$\frac{(0.9\sim1.4)L_n}{350}$（$L_n$为悬臂长度）</td></tr>
<tr><td>20</td><td rowspan="2">小车分别停在主梁跨中和悬臂端起升1.25倍额定载荷</td><td>离地面100～200mm，停留10min，卸载</td><td>门架或桥架未产生永久变形</td></tr>
<tr><td>21</td><td>挠度测定</td><td>主梁挠度值：$\frac{L}{700}$（L为跨度），悬臂端挠度值：$\frac{L_n}{350}$（L_n为悬臂长度）</td></tr>
<tr><td>22</td><td>动载试验</td><td colspan="2">在起升1.1倍额定载荷后，作起升、下降、停车等试验，同时开动大车、小车两个机构，应延续达1h，检查各机构</td><td>动作灵敏、工作平稳可靠，各限位开关、安全保护连锁装置动作正确、可靠，各连接处无松动</td></tr>
</table>

14 门式启闭机安装工程

14.1 一般规定

14.1.1 门式启闭机宜以每一台的安装划分为一个单元工程。

14.1.2 门式启闭机安装由门架和大车行走机构、门腿、小车行走机构、制动器、电气设备安装等部分组成，其安装技术要求应符合 SL 381 的规定。在各部分安装完毕后应进行试运行。

14.1.3 门式启闭机出厂前，应进行整体组装和试运行，经检查合格，方可出厂。

14.1.4 门式启闭机单元工程安装质量验收评定时，应提供该设备进场检验记录、安装图样、安装记录、重大缺陷处理记录及试运行记录等。

14.2 门式启闭机安装

14.2.1 门架和大车行走机构、小车行走机构、制动器、电气设备及试运行质量标准应符合第 13 章桥式启闭机有关规定。电气设备安装应符合 SL 638 有关规定。

14.2.2 门式启闭机门腿安装质量标准见表 14.2.2。

14.2.3 门式启闭机试运行的质量标准应符合 13.5 节的规定。

表 14.2.2 门式启闭机门腿安装质量标准 单位：mm

项次		检验项目	质量标准		检验方法	检验数量
			合格	优良		
主控项目	1	门架支腿从车轮工作面到支腿上法兰平面高度相对差	8.0	6.0	钢尺、垂球、钢板尺	每个门腿测 1 组值

15 固定卷扬式启闭机安装工程

15.1 一 般 规 定

15.1.1 固定卷扬式启闭机宜以每1台的安装划分为一个单元工程。

15.1.2 固定卷扬式启闭机出厂前，应进行整体组装和空载模拟试验，有条件的应作额定载荷试验，经检验合格后，方可出厂。

15.1.3 固定卷扬式启闭机进场后，应按订货合同检查其产品合格证、随机构配件、专用工具及完整的技术文件等。

15.1.4 固定卷扬式启闭机减速器清洗后应注入新的润滑油，油位不应低于高速级大齿轮最低齿的齿高，但不应高于最低齿2倍齿高，其油封和结合面处不应漏油。

15.1.5 应检查基础螺栓埋设位置及螺栓伸出部分的长度是否符合安装要求。

15.1.6 钢丝绳应有序地逐层缠绕在卷筒上，不应挤叠、跳槽或乱槽。当吊点在下限时，钢丝绳留在卷筒上的缠绕圈数应不小于4圈，其中2圈作为固定用，另外2圈为安全圈，当吊点处于上限位置时，钢丝绳不应缠绕到圈筒绳槽以外。

15.1.7 固定卷扬式启闭机安装工程由启闭机位置、制动器安装、电气设备安装等部分组成，其安装技术要求应符合SL 381的规定，其中电气设备安装应符合SL 638有关规定。

15.1.8 制动器安装质量应符合桥式启闭机有关规定。

15.1.9 固定卷扬式启闭机单元工程安装质量验收评定时，应提供各部分安装图纸、安装记录、试运行记录以及进场检验记录等。

15.2 固定卷扬式启闭机安装

15.2.1 固定卷扬式启闭机安装质量评定包括纵、横向中心线与起吊中心线之差等检验项目。

15.2.2 固定卷扬式启闭机安装位置质量标准见表 15.2.2。

表 15.2.2 固定卷扬式启闭机安装位置质量标准 单位：mm

项次		检验项目	质量标准		检验方法	检验数量
			合格	优良		
主控项目	1	纵、横向中心线与起吊中心线之差	±3.0	±2.5	经纬仪、水准仪、全站仪、垂球、钢板尺	每台启闭机纵、横两个方向各测1值
	2	启闭机平台水平偏差（每延米）	0.5	0.4		
一般项目	1	启闭机平台高程偏差	±5.0	±4.0		每台启闭机四个角各测1值
	2	双卷筒串联的双吊点启闭机吊距偏差	±3.0	±2.5		

15.3 固定卷扬式启闭机试运行

15.3.1 固定卷扬式启闭机试运行由电气设备试验、无载荷试验、载荷试验等三部分组成。

15.3.2 固定卷扬式启闭机试运行质量标准见表 15.3.2。

表 15.3.2 固定卷扬式启闭机试运行质量标准

序号	检验项目		质量标准
1	电气设备试验	全部接线	符合图样规定
2		线路的绝缘电阻	＞0.5MΩ
3		试验中各电动机和电器元件温升	不超过各自的允许值
4	无载荷试验（全行程往返3次）	电动机	三相电流不平衡度不超过10%
5		电气设备	无异常发热现象
6		主令开关	启闭机运行到行程的上下极限位置，主令开关能发出信号并自动切断电源，使启闭机停止运转
7		机械部件	无冲击声及其他异常声音，钢丝绳在任何部位不与其他部件相摩擦

表 15.3.2（续）

序号	检验项目			质量标准
8	无载荷试验（全行程往返3次）	制动闸瓦		松闸时全部打开，闸瓦与制动轮间隙符合0.5～1.0mm的要求
9		快速闸门启闭机		利用直流松闸时，松闸直流电流值不大于名义最大电流值，松闸持续2min时电磁线圈的温度不大于100℃
10		轴承和齿轮		润滑良好，轴承温度不超过65℃
11	载荷试验（带闸门在设计水头工况下运行）	电动机		三相电流不平衡度不超过10%
12		电气设备		无异常发热现象，所有保护装置和信号准确可靠
13		机械部件		无冲击声，开式齿轮啮合状态满足要求
14		制动器		无打滑、无焦味和冒烟现象
15		机构各部分		无破裂、永久变形、连接松动或破坏
16		快速闸门启闭机	快速闭门时间	不超过设计值，闸门接近底槛的最大速度不超过5m/min
17			电动机或调速器	最大转速一般不超过电动机额定转速的2倍
18			离心式调速器的摩擦面最高温度	≤200℃

16 螺杆式启闭机安装工程

16.1 一 般 规 定

16.1.1 螺杆式启闭机宜以每一台的安装划分为一个单元工程。

16.1.2 螺杆式启闭机出厂前，应进行整体组装和试运行，经检查合格，方可出厂。到货后应按合同验收，并对其主要零部件进行复测、检查、登记。

16.1.3 检查基础螺栓埋设位置及螺栓伸出部分长度是否符合安装要求。

16.1.4 螺杆式启闭机安装由启闭机安装位置、电气设备安装等组成，其安装技术要求应符合 SL 381 的规定，安装完毕后应进行试运行。

16.1.5 螺杆式启闭机单元工程安装质量验收评定时，应提供产品到货验收记录、现场安装记录等资料。

16.2 螺杆式启闭机安装

16.2.1 螺杆式启闭机安装质量评定包括基座纵、横向中心线与闸门吊耳的起吊中心线之差等检验项目。

16.2.2 螺杆式启闭机安装质量标准见表 16.2.2。

表 16.2.2 螺杆式启闭机安装质量标准 单位：mm

<table>
<tr><th colspan="2" rowspan="2">项次</th><th rowspan="2">检验项目</th><th colspan="2">质量标准</th><th rowspan="2">检验方法</th><th rowspan="2">检验数量</th></tr>
<tr><th>合格</th><th>优良</th></tr>
<tr><td rowspan="3">主控项目</td><td>1</td><td>基座纵、横向中心线与闸门吊耳的起吊中心线之差</td><td>±1.0</td><td>±0.5</td><td rowspan="3">经纬仪、水准仪、全站仪、垂球、钢板尺</td><td rowspan="3">每台启闭机各项至少检测 1 个点</td></tr>
<tr><td>2</td><td>启闭机平台水平偏差（每延长米）</td><td>0.5</td><td>0.4</td></tr>
<tr><td>3</td><td>螺杆与闸门连接前铅垂度（每延长米）</td><td>0.2</td><td>0.2</td></tr>
</table>

表 16.2.2（续）

项次		检验项目	质量标准		检验方法	检验数量
			合格	优良		
一般项目	1	启闭机平台高程偏差	±5.0	±4.0	水准仪、塞尺	每台启闭机各项至少检测1个点
	2	机座与基础板局部间隙	0.2 非接触面不大于总接触面20%	0.2 非接触面不大于总接触面20%		

16.3 螺杆式启闭机试运行

16.3.1 螺杆式启闭机的试运行由电气设备测试、无载荷试验、载荷试验等三部分组成。

16.3.2 螺杆式启闭机试运行质量标准见表16.3.2。

表 16.3.2 螺杆式启闭机试运行质量标准

序号	检验项目		质量标准
1	电气设备测试	全部接线	符合图样规定
2		线路的绝缘电阻	＞0.5MΩ
3		试验中各电动机和电器元件温升	不超过各自的允许值
4	无载荷试验（全行程往返3次）	电动机	三相电流不平衡度不超过10%
5		行程限位开关	运行到上下限位置时，能发出信号并自动切断电源，使启闭机停止运转
6		机械部件	无冲击声及其他异常声音
7	载荷试验（在动水工况下闭门2次）	传动零件	运转平稳，无异常声音、发热和漏油现象
8		行程开关	动作灵敏可靠
9		载荷控制装置、高度指示装置的信号发送、接收	动作灵敏、指示正确、安全可靠
10		手摇或电机驱动	操作方便，运行平稳，传动皮带无打滑现象
11		双吊点启闭机	同步升降，无卡阻现象
12		地脚螺栓	螺栓紧固，无松动

17 液压式启闭机安装工程

17.1 一 般 规 定

17.1.1 液压启闭机宜以每一个液压系统的安装划分为一个单元工程。

17.1.2 液压式启闭机安装包括机架安装、钢梁与推力支座安装、油桶及贮油箱管道安装等部分，其安装技术要求应符合 SL 381 的规定。各部分安装完毕后应进行试运行。

17.1.3 液压式启闭机设备出厂前应进行整体组装和试验。设备运到现场后，应经检查，开箱验收后方可安装。

17.1.4 液压式启闭机单元工程安装质量验收评定时，应提供启闭机到货检验记录（资料）、安装记录、试运行记录等。

17.2 液压式启闭机安装

17.2.1 液压式启闭机机械系统的安装，主要包括机架、钢梁与推力支座的安装。

17.2.2 现场安装管路应进行整体循环油冲洗，冲洗速度宜达到紊流状态，滤网过滤精度应不低于 10μm，冲洗时间不应少于 30min。

17.2.3 现场注入的液压油型号、油量及油位应符合设计要求，液压油过滤精度应不低于 20μm。

17.2.4 液压式启闭机机械系统机架安装质量标准见表 17.2.4。

表 17.2.4 液压式启闭机机械系统机架安装质量标准

单位：mm

项次		检验项目	质量标准		检验方法	检验数量
			合格	优良		
主控项目	1	机架横向中心线与实际起吊中心线的距离	±2.0	±1.5	钢板尺、水准仪、经纬仪、全站仪、垂球	机架中心线应按门槽实际中心线测出

表 17.2.4（续）

项次		检验项目	质量标准		检验方法	检验数量
			合格	优良		
一般项目	1	机架高程偏差	±5.0	±4.0	钢板尺、水准仪、经纬仪、全站仪、垂球	启闭机四个角各测1个点
	2	双吊点液压式启闭机支撑面的高差	±0.5	±0.5		

17.2.5 液压式启闭机机械系统钢梁与推力支座安装质量标准见表 17.2.5。

表 17.2.5 液压式启闭机机械系统钢梁与推力支座安装质量标准

单位：mm

项次		检验项目		质量标准		检验方法	检验数量
				合格	优良		
主控项目	1	机架钢梁与推力支座组合面通隙		0.05	0.05	塞尺、水准仪、全站仪	沿组合面检查4～8个点
	2	推力支座顶面水平偏差（每延长米）		0.2	0.2		纵、横向各测1个点
一般项目	1	机架钢梁与推力支座的组合面	局部间隙	0.1	0.08		沿组合面检查4～8个点
			局部间隙深度	$\frac{1}{3}$组合面宽度	$\frac{1}{4}$组合面宽度		
			局部间隙累计长度	20%周长	15%周长		

17.3 液压式启闭机试运行

17.3.1 液压式启闭机试运行由试运行前检查、油泵试验、手动操作试验、自动操作试验、闸门沉降试验、双吊点同步试验等检验项目组成。

17.3.2 液压式启闭机试运行质量标准见表 17.3.2。

表 17.3.2 液压式启闭机试运行质量标准

序号	检验项目		质量标准
1	试运行前检查	门槽及运行区域	障碍物清除干净，闸门及油缸运行不受卡阻
2		液压系统的滤油芯	清洗或更换，试运行前液压系统的污染度等级应不低于 NAS9 级
3		环境温度	不低于设计工况的最低温度
4		机架固定	焊缝达到要求，地脚螺栓紧固
5		电器元件和设备	调试完毕，符合 GB 5226.1 有关规定
6	油泵试验	油泵溢流阀全部打开，连续空转 30min	无异常现象
7		管路充油运转试验的工作压力 50%、75%、100%	分别连续运转 5min，系统无振动、杂音、温升过高等现象。阀件及管路无漏油现象
8		排油检查	油泵在 1.1 倍工作压力下排油，无剧烈振动和杂音
9	手动操作试验	闸门升降	缓冲装置减速正常、闸门升降灵活、无卡阻
10	自动操作试验	闸门启闭	灵活、无卡阻。快速闭门时间符合设计要求
11	闸门沉降试验	活塞油封和管路系统漏油检查	将闸门提起，24h 内闸门沉降量不大于 100mm
12		警示信号和自动复位功能	24h 后，闸门沉降量超过 100mm 时，警示信号应提示；闸门沉降量超过 200mm 时，液压系统能自动复位；72h 内自动复位次数不大于 2 次
13	双吊点同步试验	同 1 台启闭机的两套油缸在全行程内同步运行	在行程内任意位置的同步偏差大于设计值时，如有自动纠偏装置，应自动投入纠偏装置

附录A 单元工程安装质量验收评定表及安装质量检查表（样式）

A.0.1 单元工程安装质量验收评定应采用表A.0.1。

表A.0.1 ×××单元工程安装质量验收评定表

<table>
<tr><td colspan="2">单位工程名称</td><td colspan="2">单元工程量</td><td colspan="2"></td></tr>
<tr><td colspan="2">分部工程名称</td><td colspan="2">安装单位</td><td colspan="2"></td></tr>
<tr><td colspan="2">单元工程名称、部位</td><td colspan="2">评定日期</td><td colspan="2">年 月 日</td></tr>
<tr><td rowspan="2">项次</td><td rowspan="2">项 目</td><td colspan="2">主控项目（个）</td><td colspan="2">一般项目（个）</td></tr>
<tr><td>合格数</td><td>其中优良数</td><td>合格数</td><td>其中优良数</td></tr>
<tr><td>1</td><td>×××部分安装（见表A.0.2-1）</td><td></td><td></td><td></td><td></td></tr>
<tr><td>2</td><td></td><td></td><td></td><td></td><td></td></tr>
<tr><td>…</td><td></td><td></td><td></td><td></td><td></td></tr>
<tr><td colspan="2">试运行效果</td><td colspan="4">________质量标准（见附表A.0.2-2）</td></tr>
<tr><td colspan="2">安装单位自评意见</td><td colspan="4">各项试验和单元工程试运行符合要求，各项报验资料符合规定。检验项目全部合格。检验项目优良率为____，其中主控项目优良率为____，单元工程安装质量验收评定等级为____
（签字，加盖公章） 年 月 日</td></tr>
<tr><td colspan="2">监理单位意见</td><td colspan="4">各项试验和单元工程试运行符合要求，各项报验资料符合规定。检验项目全部合格。检验项目优良率为____，其中主控项目优良率为____，单元工程安装质量验收评定等级为____
（签字，加盖公章） 年 月 日</td></tr>
<tr><td colspan="6">注1：主控项目和一般项目中的合格数指达到合格及其以上质量标准的项目个数。
注2：优良项目占全部项目百分率＝（主控项目优良数＋一般项目优良数）/检验项目总数×100％。</td></tr>
</table>

A.0.2 单元工程安装质量检查及试运行质量检查应分别采用表A.0.2-1和表A.0.2-2。

表A.0.2-1 ×××（部分）安装质量检查表

编号：__________　　　　　　　　　　　　　　　　　　日期：__________

<table>
<tr><td colspan="3">分部工程名称</td><td colspan="2"></td><td colspan="3">单元工程名称</td><td colspan="3"></td></tr>
<tr><td colspan="3">安装部位</td><td colspan="2"></td><td colspan="3">安装内容</td><td colspan="3"></td></tr>
<tr><td colspan="3">安装单位</td><td colspan="2"></td><td colspan="3">开/完工日期</td><td colspan="3"></td></tr>
<tr><td colspan="2" rowspan="2">项次</td><td rowspan="2">检验项目</td><td rowspan="2">允许偏差（mm）</td><td colspan="4">实测值（mm）</td><td rowspan="2">合格数</td><td rowspan="2">优良数</td><td rowspan="2">质量等级</td></tr>
<tr><td>1</td><td>2</td><td>3</td><td></td></tr>
<tr><td rowspan="3">主控项目</td><td>1</td><td></td><td></td><td></td><td></td><td></td><td></td><td></td><td></td><td></td></tr>
<tr><td>2</td><td></td><td></td><td></td><td></td><td></td><td></td><td></td><td></td><td></td></tr>
<tr><td></td><td></td><td></td><td></td><td></td><td></td><td></td><td></td><td></td><td></td></tr>
<tr><td rowspan="3">一般项目</td><td>1</td><td></td><td></td><td></td><td></td><td></td><td></td><td></td><td></td><td></td></tr>
<tr><td>2</td><td></td><td></td><td></td><td></td><td></td><td></td><td></td><td></td><td></td></tr>
<tr><td></td><td></td><td></td><td></td><td></td><td></td><td></td><td></td><td></td><td></td></tr>
<tr><td colspan="11">检查意见：</td></tr>
<tr><td colspan="11">主控项目共____项，其中合格____项，优良____项，合格率____，优良率____%。
一般项目共____项，其中合格____项，优良____项，合格率____，优良率____%。</td></tr>
<tr><td colspan="2">测量人</td><td colspan="2">年　月　日</td><td colspan="2">安装单位
评定人</td><td colspan="2">年　月　日</td><td>监理
工程师</td><td colspan="2">年　月　日</td></tr>
</table>

表 A.0.2-2 ××× 启闭机试运行质量检查表

编号：＿＿＿＿＿＿　　　　　　　　　　　　　　　日期：＿＿＿＿＿＿

单位工程名称		分部工程名称		单元工程量	
单元工程名称、部位			试运行日期	年　月　日	
项次	检验项目		质量标准	检测情况	结论
检查意见					
检验人	年　月　日	安装单位评定人	年　月　日	监理工程师	年　月　日

条 文 说 明

1 总 则

1.0.1 本标准规定了水工金属结构安装工程的单元工程划分原则，统一了安装检查验收工序，确定了安装质量项目（主控项目和一般项目）检验标准，规定了验收评定条件和要求，以达到严格过程控制，提高安装质量的目的。

1.0.2 本标准是《水利水电工程施工质量检验与评定规程》（SL 176—2007）系列标准中的组成部分，是水利水电建设工程施工安装项目（单位工程、分部工程、单元工程）中的单元工程安装质量验收评定标准，其适用范围自然应与现行水利水电建设工程质量检验、验收相关规范相匹配。

1.0.3 本标准的规定是水工金属结构安装质量最基本的要求，对于低于本标准要求的单元工程不应进行验收。

3 基 本 规 定

3.1 一 般 要 求

3.1.1 本条主要规定水工金属结构安装单元工程的划分。根据国务院发布的《建设工程质量管理条例》精神，把主持单元工程划分的单位规定为建设（监理）单位，而将原标准的工程质量监督单位改为备案单位。

3.1.2 为保证安装质量，安装单位应建立、健全质量管理体系，并重点作好下列质量控制工作：

（1）制定安装质量控制措施，明确质量检验程序，规范施工记录签认制度。

（2）安装工地应备有相关法规、技术标准、设计图样和技术文件及有关水工建筑物的布置图。

（3）专业检测及特殊作业人员应具有相应的资格证书并持证上岗。

（4）用于检测的计量器具，应经法定计量检定机构检定合格，并在有效期内使用。

（5）按订货合同检查验收到货的设备、构配件等的产品合格证，主要钢材、焊接材料、防腐材料等的质量证明书，出厂试验资料、安装图样以及产品使用维修说明书等，并进行登记、签认、归档。发现有质量问题的产品，应按合同规定处置。不合格产品不得安装。

3.2 单元工程安装质量验收评定

3.2.2～3.2.4 规定了单元工程验收评定的程序、内容、资料要求。单元工程安装完成后，应由施工单位自验自评合格后才可申请验收评定，否则建设（监理）单位不予受理；重要隐蔽单元工程和关键部位单元工程的验收评定，应由建设单位组织参建单位进行联合验收评定，并在此之前通知该工程的质量监督机构，以便质量监督机构可根据实际情况决定是否参加。

单元工程验收评定合格后，建设（监理）单位应及时签署结论，不能在事后补签（特殊情况下除外），责任单位、责任人及有关人员均应当场履行签认手续，这样做是防止漏签或造假。

单元工程安装质量验收评定的资料，施工记录一定要真实，叙事要清楚，时间、地点、施工部位、施工内容、质量情况（或问题）、施工方法、措施、施工结果、现场参加人员等，均应记录清楚，不应追记或造假。责任单位、责任人及有关人员应当场签认。

4 压力钢管安装工程

4.1 一 般 规 定

本节主要规定压力钢管安装的单元工程划分，安装技术要求，验收评定应提供的资料等。对于压力钢管的安装，本标准不分明管和暗管，这是因为其安装主要技术要求是一致的。而压力钢管安装、验收评定内容很多，针对本标准（压力钢管安装质量）是验收评定标准。应以“验收评定”这一核心内容作相应的规定；对于压力钢管安装的每一技术内容及其安装过程的质量要求，即“过程控制”应符合《水利工程压力钢管制造安装及验收规范》（SL 432）的规定；对于其安装质量验收评定相关的技术要求和质量标准，应符合本标准和相关专业标准的要求。

本节规定了在进行安装质量验收评定时，施工单位应提供相关的资料。这些资料主要有反映“过程控制”安装质量、检验项目（包括主控项目和一般项目）的安装记录及反映设备安装的各项试验和试运行记录等。

各章中的“一般规定”这一节，其规定的内容相近，不再重复。

4.2 管节安装

本节主要用列表方式规定了管节安装质量标准，并由安装质量检验项目（主控项目和一般项目）体现出来。其安装质量检验项目的设置、各项目的允许偏差（含合格级和优良级）、检验方法及检验数量等与原标准基本一致，除“钢管圆度”外，未做大的变动。

对于主控项目中的“钢管圆度”，根据 SL 432 的规定，除合格级的允许偏差为 $5D/1000$ 外，增加了极限偏差：最大应不大于 40mm；优良级的允许偏差为 $4D/1000$ 外，增加了极限偏差：最大应不大于 30mm 的规定。

4.3 焊接与检验

本节名称“焊接与检验”是原标准“焊缝质量”的更名，这是因为水工金属结构焊接的技术要求都集中在这一节叙述，本标准其他章节均可引用（不再在相关章节重复）。近几年来国内有关行业先后就这个标准化对象编制与发布了新的标准。如《钢结构工程施工质量验收规范》(GB 50205)、《水工金属结构焊接通用技术条件》(SL 36)、SL 432；对焊缝无损检测用的《金属熔化焊焊接接头射线照相》(GB/T 3323)、《钢焊缝手工超声波探伤方法和探伤结构分级》(GB 11345)、《无损检测　焊缝磁粉检测》(JB/T 6061)及《无损检测　焊缝渗透检测》(JB/T 6062)等。以上标准基本满足水工金属结构在焊接与检验技术领域中使用。

本节的重点是解决水工金属结构焊缝质量的检验与评价。为叙述方便，除4.3.1条和4.3.2条外，专门就焊缝外观质量和焊缝内部质量的检验项目、质量标准、检验方法及检验数量等在原标准基础上，根据上述新发布的标准，进行订正、修改和补充。

焊缝质量的检查，包括外观质量和内部质量检查，其外观检查可采用焊缝量规和5倍放大镜进行；其内部质量检验，对于一类、二类焊缝可采用射线、超声波、磁粉及渗透探伤等无损检测方法进行检验。

4.4 表面防腐蚀

本节规定的是水工金属结构表面防腐蚀技术要求。为统一表面防腐蚀质量标准，除本标准外，在实施水工金属结构表面防腐蚀时，应按《水工金属结构防腐蚀规范》(SL 105)、《涂装前钢材表面锈蚀等级和除锈等级》(GB 8923)及SL 432等标准执行。

水工金属结构表面防腐蚀质量标准（表4.4.3）中，其主控项目和一般项目是在原标准基础上，按本标准的要求，对质量控制项目作了一些调整，并对其部分质量控制项目的质量标准，按新近发布的相关标准进行修改或订正。本标准是对压力钢管的明管与暗管的表面防腐蚀实施统一质量标准，不再分述。水工金属结构表面防腐蚀验收评定时应提交的资料有：设计及其变更文件、原材料出厂合格证或复验报告，表面处理及涂装施工记录、质量项目检验记录（报告）等。

5　平面闸门埋件安装工程

5.1　一 般 规 定

本节规定了平面闸门埋件单元工程的划分，埋件安装标准及表面防腐蚀的技术要求，单元工程安装验收评定时应提供的资料等。

5.1.3　是将 SDJ 249.2—88 规定的“平面闸门埋件安装后，应用加固钢筋将其与预埋螺栓或插筋焊牢”，修订为“应用加固钢筋或调整螺栓，将其与预埋螺栓或插筋焊牢”。在可能的情况下采用“调整螺栓”与预埋螺栓或插筋焊牢的方法会更方便些。

5.2　平面闸门埋件安装

5.2.2　本条的几点说明如下：

（1）SDJ 249.2—88 表 2.0.2-1 中，项次 6 为“侧止水座板”。此次修改中，对“止水板”与“止水座板”做了明确的区分，即：止水板与止水座板是不同的。“止水板”是与橡胶水封相接触，达到止水效果的平板，一般采用不锈钢钢板焊接在门体或埋件上，经机械加工应达到一定的平面度和表面粗糙度；而“止水座板”是安装止水橡胶的基础板，板上布置有螺栓孔，通过止水压板并用螺栓将橡胶止水固定在水封坐板上。因此，按照延续性原则，后续文中将两种定义按各自意义明确更正。

（2）根据《产品几何技术规范（GPS）几何技术公差形状、方向和跳动公差标注》（GB/T 1182—2008）中“平面度”的定义，将 SDJ 249.2—88 表 2.0.2-1 中“工作表面波状不平度”修改为“工作表面平面度”，安装允许偏差值不变。

（3）补充了 SDJ 249.2—88 表 2.0.2-1 中遗漏的“主轨加工面在工作范围内的工作表面不平度（主控项目）”的安装允许偏差值。

6　平面闸门门体安装工程

6.1　一 般 规 定

本节规定了平面闸门门体安装单元工程的划分，平面闸门门体安装应符合本标准、《水利水电工程钢闸门设计规范》（SL 74）和《水利水电工程钢闸门制造、安装及验收规范》（GB/T 14173）等标准及表面防腐蚀的技术要求；规定了平面闸门门体单元工程安装质量验收评定时应提供的资料等。这些规定均为本标准的新增内容。

6.2　平面闸门门体安装

6.2.2　本条主要规定了平面闸门门体安装质量标准，在表6.2.2“止水橡皮”的主控项目第2项中“止水橡皮与滚轮或滑道面距离”，SDJ 249.2—88的“合格等级”规定的允许偏差为＋2mm、－1mm，这次修订时，根据GB/T 14173修改为±1.5mm更为合理，其他规定未做大的变动。

6.2.3　对于焊缝检查及平面闸门门体表面防腐蚀的相关技术要求，直接指出其应用标准，不再重复其相关规定。

6.2.4　本条规定了平面闸门的试验和试运行应按GB/T 14173等的规定进行。应当指出：闸门试验和试运行是该设备安装质量验收评定的重要一环，是验收评定合格标准中规定的三项要求之一，希望各单位作好试验和试运行工作，并按要求提交试验报告和试运行记录。

正常情况下，闸门安装好后，应在无水情况下做全行程启闭试验。启闭时，应对橡胶水封浇水润滑。有条件的单位，对工作闸门应做动水启闭试验，对事故闸门应做动水关闭试验。

闸门启闭试验过程中应检查滚轮等转动部位运行状态和闸门升降时有无卡阻，检查启闭设备左右两侧是否同步，以及检查橡胶水封有无损坏等，均应做好记录。

7　弧形闸门埋件安装工程

7.1　一 般 规 定

本节的规定与平面闸门埋件安装的一般规定基本相同，主要规定其单元工程的划分，埋件安装应符合的标准及表面防腐蚀的技术要求，单元工程安装质量验收评定应提供的资料。

7.2　弧形闸门埋件安装

弧形闸门埋件安装这一节，在文字表达和安装质量标准的表述上做了较大调整，但其主要安装质量项目和质量标准检验方法及检验数量等，基本维持 SDJ 249.2—88 规定。其中表 7.2.3 “埋件”的“一般项目”第 3 项“侧止水板中心线曲率半径”，是由 SDJ 249.2—88 中的“侧止水板中心线与铰座中心距离”修改而来，相应的允许偏差、检验方法及检验数量不变。

8　弧形闸门门体安装工程

8.1　一 般 规 定

本节是新增内容。主要规定该设备单元工程的划分，安装依据的标准及表面防腐蚀的技术要求，安装质量验收评定时应提供的资料。

8.1.3　本条规定弧形闸门门体单元工程安装质量验收评定时，应提供的资料，主要有闸门门体设计与安装图样、安装记录、安装质量项目（主控项目和一般项目）的检验记录、门体的焊接与表面防腐蚀记录以及弧形闸门试验与试运行记录等。这是新增条文，是验收评定工作的基础，安装单位应努力创造条件备好以上资料。

8.2　弧形闸门门体安装

8.2.2　表 8.2.2 “铰座”中“两铰座轴线同轴度”是由原标准

中“两铰座轴线相对位置的偏移”修改而来的。这是总结近10多年来投入运行的弧形闸门的运行经验，虽然先后采用了许多先进的同步控制系统，但仍有为数不少的弧形闸门还是在偏斜状态中运行。据分析其主要原因，是弧形闸门两侧铰座轴孔不同心，造成弧形闸门运行跑偏。随着全站仪等先进检测仪器（设备）的普及，根据相关专家意见，将“两铰座轴线的同轴度”的允许偏差由原标准的2.0mm改为1.0mm，实践证明效果良好。

8.2.4 本条是新增加条文，弧形闸门的试验及试运行是验收评定的重要内容，应按专业标准（或制造厂技术文件）进行相应试验和记录，为验收评定提供依据。

弧形闸门安装好后应做的相关试验有：

（1）无水情况下的全行程启闭试验。

（2）有条件时应做静动水启闭试验。

（3）试运行试验。通过启闭试验检查记录，闸门滚轮、支铰等转动部位的运行状况，观察弧形闸门升降过程中有无卡阻现象，检查启闭设备两侧是否同步以及橡胶水封有无损伤等情况。

10 人字闸门门体安装工程

10.2 人字闸门门体安装

10.2.2 表10.2.2中“顶底枢轴线同轴度”是在原标准相应项“顶、底枢轴线偏离值”修订而来，其允许偏差值不变。

表10.2.2中“旋转门叶，从全开到全关过程中斜接柱上任一点的跳动量”原标准分为两档，即：门宽小于12m和门宽大于12m，这次修订将其分为3档，即：门宽不大于12m、门宽为12～24m及门宽大于24m，并分别调整和规定了其允许偏差值。

表10.2.2中“底横梁在斜接柱一端的位移”是从原标准相应项目“底横梁在斜接柱一端的下垂度”修改而来的，并将其划分为顺水流方向和垂直方向，其允许偏差值重新做了规定。

10.2.4 本条是新增加条文，其质量标准应达到设计要求或符合专业标准的相关规定。这是一项重要检验项目，务必创造条件做好试验和试运行，并做好相应记录。

12 启闭机轨道安装工程

12.1 一般规定

本节是新增内容。规定了启闭机轨道安装单元工程的划分，启闭机轨道安装依据的标准，启闭机轨道单元工程安装质量验收评定时应提供的资料等。

12.2 轨道安装

12.2.2 本条规定了大车轨道安装质量标准。表12.2.2中各检验项目及质量标准是根据SL 381—2007第8.2.3条的规定制定的，不再区分轨距大小；增加轨道接地电阻一项；取消原标准“伸缩节接头间隙”项目；因SL 381—2007第8.2.3.3条与第8.2.3.4条偏差存在矛盾，将第8.2.3.4条轨距偏差修改为±4mm。

13 桥式启闭机安装工程

13.1 一般规定

本节是新增内容。规定了桥式启闭机单元工程的划分；规定了桥式启闭机安装应按本标准和SL 381等标准进行；规定了单元工程质量验收评定时应提供的资料等。

13.1.5 联轴器属成品件，现在大多数生产厂家组装完毕后运到现场，现场组装较少，因此，本次修订未列联轴器安装质量标准，若使用可参考《机械设备安装工程施工及验收通用规范》（GB 50231）。

13.2 桥架和大车行走机构安装

表13.2.2-1中各检验项目及质量标准是根据SL 381—2007第8.2.1～8.2.4条规定制定的，增加了一般项目中第1～

6、9、12 项，主要原因是产品出厂时一般未作整体试验，加上运输、保管、吊装过程中可能产生变形，故增加上述项目检查。

13.3 小车行走机构安装

表 13.3.2 中各检验项目及质量标准是根据 SL 381—2007 第 8.2.2 条、第 8.2.4 条规定制定的，其中主控项目第 2 项“小车车轮的垂直偏斜 a（只许下轮缘向内偏斜，l 为测量长度）”，原标准规定为“一般项目”，这次修订时，根据实际运行情况，该项目对小车的正常运行影响较大，将其调整为主控项目；根据 SL 381—2007 第 8.2 条取消原标准“小车轮对角线的相对差”和“小车跨度”两项。

13.5 桥式启闭机试运行

试运行前检查是新增项目。它是根据 SL 381 的规定确定的。它规定桥式启闭机试运行前应对机械部分和电气部分及相关环节进行全面检查，并达到试运行状态。

“试运行”是检验设备安装完毕，交付使用前的重要环节。总体上看试运行的主要内容包括：

（1）试运行前检查。主要检查安装是否符合设计要求，是否具备试运行条件。

（2）试运行。主要检查起升机构和运行机构，应在行程内，上、下往返 3 次；并检查电气和机械部分在运转状态下的情况。

（3）静载试验。主要检验启闭机各部件和金属结构的承载能力。静载试验结束后，启闭机各部件不应有破裂、（连接）松动和损坏等，检查其有无影响启闭机的安全和使用功能等问题。

（4）动载试验。主要是考核启闭机机构及制动器的工作性能。

以上 4 项试验的检验项目和质量标准详见表 13.5.2 所列，表中第 1～6 项试运行前的检查为新增项目，引用 SL 381—2007 第 8.3.2 条；同时还增加了啃轨和噪声控制标准。

整个试验及其检验的质量状况均应做好记录，并对试验结果是否达到设计要求（或专业标准的相关规定）得出结论。

14 门式启闭机安装工程

14.1 一 般 规 定

本节是新增加内容，主要规定了门式启闭机安装单元工程的划分，安装依据的标准，单元工程安装质量验收评定时应提交的资料等。

14.2 门式启闭机安装

门式启闭机安装与桥式启闭机的安装除门腿安装不同外，其他部分的安装基本相同。注意做好安装过程中各项检验项目的测试和记录，并应认真做好门式启闭机试运行时的记录，为单元工程安装质量验收评定提供依据。

根据 SL 381—2007 第 8.2.1.8 条，取消了原标准中的“门腿高度、上下端向平面和侧向立面对角线相对差、门腿的倾斜度”等检查项目，新增了“门架支腿从车轮工作面到支腿上法兰平面高度差”检查项目，并作为主控项目。

15 固定卷扬式启闭机安装工程

15.1 一 般 规 定

本节是新增加内容，规定了固定卷扬式启闭机安装中的启闭机安装位置和制动器、减速器、卷筒、钢丝绳等安装的技术要求，应按 SL 381 等的规定，做好安装记录和相关质量检验项目的检测工作等。

15.2 固定卷扬式启闭机安装

表 15.2.2 中各检验项目及质量标准是根据 SL 381—2007 第 5.2.2 条规定制定的。对于双吊点启闭机，为确保闸门正常运行，增加了双卷筒串联的双吊点启闭机吊距安装要求。

15.3 固定卷扬式启闭机试运行

固定式卷扬机的试运行包括电气设备试验、无载荷试验及载荷试验等。

（1）电气设备试验。试验前应检查其全部接线是否符合设计图纸规定，绝缘是否符合要求；试验中检查电动机及电气元件温升是否在允许范围内，各触头、元件运行正常。

（2）无载荷试验。主要考核机械与电气部分设备的安全，运转应正常。并检查这两部分设备运转情况，如电动机三相电流、电气设备（元件）有无异常、机械部分有无声音和咔嚓现象等。

（3）载荷试验。主要考核在设计水头工况下运转，主要机械与电气部分的功能。如动水启闭的工作闸门或动水闭、静水启的事故闸门状态等。试运行应做好记录并应作出是否符合设计要求的结论。

表 15.3.2 中 1～3 项根据 SL 381 增加电气设备试验项目，同时增加了快速闸门启闭机检查内容。

16 螺杆式启闭机安装工程

16.1 一 般 规 定

本节为新增内容，主要规定单元工程的划分，安装依据的标准，单元工程安装质量，验收评定时应提供的资料等。

16.2 螺杆式启闭机安装

表 16.2.2 的主控项目第 3 项“螺杆与闸门连接前铅垂度”是保证闸门正常运行的重要项目，原标准为一般项目，修订时调整为主控项目。

16.3 螺杆式启闭机试运行

螺杆式启闭机的试运行有电气设备试验、无载荷试验及载荷试验等。

（1）电气设备试验。试验前应检查其全部接线是否符合设计图纸规定，绝缘是否符合要求；试验中检查电动机及电气元件温升是否在允许范围内，各触头、元件运行正常。

（2）无载荷试验。主要是考核机械和电气在手摇运转时，应灵活、平稳、无卡阻；手、电两用机构中，其电气闭锁装置应安全可靠。电动机正反转运行时，应观察设备有无振动或其他不正常情况；对双电机驱动启闭机的情况，应注意旋转方向是否与螺杆升降方向一致等。

（3）载荷试验。主要考核螺杆启闭机的安全与使用功能。

表16.3.2中1～3项根据SL 381增加电气设备试验项目，同时增加了双吊点启闭机检查内容。

17 液压式启闭机安装工程

17.1 一般规定

本节为新增内容。主要规定单元工程的划分，安装依据的标准，单元工程安装质量，验收评定时应提供的资料等。

17.2 液压式启闭机安装

液压启闭机安装主要包括机械部分安装、液压部分安装及试运行。

（1）机械部分安装质量标准。在表17.2.4和表17.2.5有明确规定，其规定的各检测项目、允许偏差、检验数量在原标准基础上，根据SL 381进行了订正和局部修改。增加了“双吊点液压式启闭机支撑面的高差”，取消原标准中的“活塞杆每米铅垂度”和“活塞杆全长铅垂度”两项。

（2）液压系统的安装。主要包括液压缸、液压元件、油泵及管路系统等的安装，这部分内容是以条文形式规定的，其内容主要引用SL 381等相关专业标准的规定。

(3) 液压启闭机试运行。主要包括容器的试运行前检查、油泵试验、手动操作试验、自动操作试验、闸门沉降试验、双吊点同步试验等。其试运行的检验项目和质量标准根据 SL 381 在表 17.3.2 中列出。其质量标准均应达到。试运行中应做好检验记录，提交试运行的报告（资料）为液压启闭机安装质量验收评定提供依据。

水利水电工程单元工程施工质量验收评定标准——水轮发电机组安装工程

SL 636—2012　替代 SDJ 249.3—88

2012-09-19 发布　　2012-12-19 实施

前　言

根据水利部2004年水利行业标准制修订计划，按照《水利技术标准编写规定》(SL 1—2002) 的要求，修订《水利水电基本建设工程单元工程质量等级评定标准——水轮发电机组安装工程(试行)》(SDJ 249.3—88)。修订后的标准名称为《水利水电工程单元工程施工质量验收评定标准——水轮发电机组安装工程》。

本标准共 13 章 43 节 157 条和 2 个附录，主要技术内容包括：

——本标准的适用范围；

——单元工程划分的原则以及划分的组织和程序；

——单元工程施工质量验收评定的组织、条件、方法；

——水轮发电机组安装工程施工质量检验项目及质量标准、检验方法、检验数量。

本次修订的主要内容有：

——将原标准正文的“说明”修改补充为“总则”，并增加和修改了部分内容；

——增加了“术语”；

——增加了“基本规定”。明确了验收评定的程序，强化了在验收评定中对施工过程检验资料、施工记录的要求；

——增加了静止励磁装置及系统安装工程的内容，删去了原标准水轮发电机组试运行的检查和试验一章；

——改变了原标准中安装质量检验项目分类。将原标准中安装质量检验项目的“主要检查项目”和“一般检查项目”，统一改为“主控项目”和“一般项目”；

——对原标准附录中各种检查表的内容进行了调整和修改；

——增加了条文说明。

本标准为全文推荐。

本标准所替代标准的历次版本为：

——SDJ 249.3—88

本标准批准部门：**中华人民共和国水利部**

本标准主持机构：**水利部建设与管理司**

本标准解释单位：**水利部建设与管理司**

本标准主编单位：**水利部水利建设与管理总站**

本标准参编单位：**水利部小浪底水利枢纽建设管理局**

本标准出版、发行单位：**中国水利水电出版社**

本标准主要起草人：**张严明　钟光华　胡宝玉　杨诗鸿**
张忠生　詹奇峰　马新红　李　鹏
杨战伟　陈洪伟　杨铁荣

本标准审查会议技术负责人：**曹征齐　黄景湖**

本标准体例格式审查人：**陈登毅**

目　次

1 总　　则

1.0.1 为加强水利水电工程施工质量管理，统一水轮发电机组安装工程的单元工程施工质量验收评定标准，规范单元工程验收评定工作，制定本标准。

1.0.2 本标准适用于水利水电工程中符合下列条件之一的水轮发电机组安装工程的单元工程施工质量验收评定：

——单机容量 15MW 及以上；

——冲击式水轮机，转轮名义直径 1.5m 及以上；

——反击式水轮机中的混流式水轮机，转轮名义直径 2.0m 及以上；轴流式、斜流式、贯流式水轮机，转轮名义直径 3.0m 及以上。

单机容量和水轮机转轮名义直径小于上述规定的机组也可参照执行。

1.0.3 水轮发电机组安装工程的单元工程施工质量不符合本标准合格要求的，不应通过验收。

1.0.4 本标准的引用标准主要有以下标准：

《金属熔化焊接接头射线照相》(GB/T 3323)

《水轮发电机组安装技术规范》(GB/T 8564—2003)

《涡轮机油》(GB 11120)

《钢焊缝手工超声波探伤方法和探伤结果分级》(GB 11345)

《电气装置安装工程电气设备交接试验标准》(GB 50150)

《钢结构工程施工质量验收规范》(GB 50205)

《水利水电工程施工质量检验与评定规程》(SL 176)

《大中型水轮发电机静止整流励磁系统及装置试验规程》(DL/T 489)

《大中型水轮发电机静止整流励磁系统及装置技术条件》

(DL/T 583)

1.0.5 水轮发电机组安装工程的单元工程质量验收评定除应符合本标准外，尚应符合国家现行有关标准的规定。

2 术　　语

2.0.1 单元工程　separated item project

依据机组结构和质量考核要求，将机组划分成的若干个部分或部件，是施工质量考核的基本单位。

2.0.2 主控项目　dominant item

对单元工程的整体功能起决定作用或对安全、卫生、环境保护有重大影响的检验项目。

2.0.3 一般项目　general item

除主控项目外的检验项目。

3 基本规定

3.1 一般要求

3.1.1 单元工程划分应符合下列要求：

1 分部工程开工前应由建设或监理单位组织设计、施工等单位，根据本标准要求，共同划分单元工程。

2 建设单位应根据水轮发电机组的特性将部分单元工程确定为重要隐蔽单元工程和关键部位单元工程。

3 划分结果应以书面文件报送质量监督机构备案。

4 水轮发电机组安装单元工程宜按表 3.1.1 划分。

表 3.1.1 水轮发电机组安装单元工程划分表

工程名称及型式		单元工程
水轮机安装工程	立式反击式	尾水管里衬安装 转轮室、基础环、座环安装 蜗壳安装 机坑里衬及接力器基础安装 转轮装配 导水机构安装 接力器安装 转动部件安装 水导轴承及主轴密封安装 附件安装
	贯流式	尾水管安装 管形座安装 导水机构安装 轴承安装 转动部件安装
	冲击式	引水管路安装 机壳安装 喷嘴与接力器安装 转动部件安装 控制机构安装

表 3.1.1（续）

<table>
<tr><th colspan="2">工程名称及型式</th><th>单 元 工 程</th></tr>
<tr><td colspan="2">调速器及油压装置安装工程</td><td>油压装置安装
调速器（机械柜和电气柜）安装
调速系统静态调整试验</td></tr>
<tr><td rowspan="3">水轮发电机安装工程</td><td>立式</td><td>上、下机架安装
定子安装
转子安装
制动器安装
推力轴承和导轴承安装
机组轴线调整</td></tr>
<tr><td>卧式</td><td>定子和转子安装
轴承安装</td></tr>
<tr><td>灯泡式</td><td>主要部件安装
总体安装</td></tr>
<tr><td colspan="2">静止励磁装置及系统安装工程</td><td>励磁装置及系统安装
励磁系统试验</td></tr>
<tr><td colspan="2">主阀及附属设备安装工程</td><td>蝴蝶阀安装
球阀安装
筒形阀安装
伸缩节安装
附件和操作机构安装</td></tr>
<tr><td colspan="2">机组管路安装工程</td><td>管路焊接和安装</td></tr>
</table>

3.1.2 单元工程安装质量验收评定，应在单元工程检验项目的检验结果达到本标准要求，并具备完整的各种施工记录的基础上进行。

3.1.3 单元工程安装质量检验项目分为主控项目和一般项目。安装质量标准中的优良、合格标准采用同一标准的，其质量标准的评定由监理单位（建设单位）会同施工单位商定。

3.1.4 单元工程安装质量各类项目的检验，应采用随机布点和监理工程师现场指定部位相结合的方式进行。检验方法及数量应符合本标准和相关标准的规定。

3.1.5 单元工程安装质量验收评定表及其备查资料的制备由工程施工单位负责，其纸张的规格宜采用国际标准 A4（210mm×297mm），验收评定表一式4份，备查资料（含影像资料）一式2份，其中验收评定表及其备查资料各1份应由监理单位保存，其余应由施工单位保存。

3.1.6 水轮发电机组安装中，涉及焊缝的焊接与检验应按 GB 50205规定进行，其焊缝的焊接质量应按设计要求检验其外观质量和内部质量。采用无损检测的焊缝射线探伤按 GB/T 3323 和超声波探伤按 GB 11345 的规定进行。

3.2 单元工程安装质量验收评定

3.2.1 单元工程安装质量验收评定应具备下列条件：

1 单元工程所有施工项目已完成，施工现场具备验收的条件。

2 单元工程所有施工项目的有关质量缺陷已处理完毕或有监理单位批准的处理意见。

3.2.2 单元工程安装质量验收评定应按下列程序进行：

1 施工单位对已经完成的单元工程安装质量进行自检。

2 施工单位自检合格后，应向监理单位申请复核。

3 监理单位收到申请后，应在8h内进行复核，并核定单元工程质量等级。

4 重要隐蔽单元工程和关键部位单元工程安装质量的验收评定应由建设单位（或委托监理单位）主持，应由建设、设计、监理、施工等单位的代表组成联合小组，共同验收评定，并应在验收前应通知工程质量监督机构。

3.2.3 单元工程安装质量验收评定应包括下列内容：

1 施工单位应做好下列工作：

1）施工单位的专职质检部门应首先对已经完成的单元工程安装质量进行自检，并填写检验记录。

2）施工单位自检合格后，填写单元工程安装质量验收评定表（附录A），应向监理单位申请复核。

2 监理单位应做好下列工作：

1） 应逐项检查报验资料是否真实、完整。

2） 对照有关图纸及有关技术文件，复核单元工程质量是否达到本标准要求。

3） 检查已完单元工程遗留问题的处理情况，核定本单元工程安装质量等级，复核合格后签署验收意见，履行相关手续。

4） 对验收中发现的问题提出处理意见。

3.2.4 单元工程安装质量验收评定应包括下列资料：

1 施工单位申请验收评定时，应提交下列资料：

1） 单元工程所含的全部检验项目检验记录资料。

2） 各项调试、检验记录资料。

3） 单元工程试运行的检验记录资料。

4） 施工单位专职质量检验员和检测员填写检验结果的单元工程安装质量验收评定表及质量检查表（附录A）。

2 监理单位应形成下列资料：

1） 监理单位对单元工程安装质量的平行检验资料。

2） 监理工程师签署质量复核意见的单元工程安装质量验收评定表及质量检查表。

3.2.5 单元工程安装质量检验项目质量标准分合格和优良两级，其标准应符合下列规定：

1 合格等级标准应符合下列规定：

1） 主控项目检测点应100%符合合格标准。

2） 一般项目检测点应90%及以上符合合格标准，其余虽有微小偏差，但不影响使用。

2 优良等级标准：在合格标准基础上，主控项目和一般项目的所有检测点应90%及以上符合优良标准。

3.2.6 单元工程安装质量评定分为合格和优良两个等级，其标准应符合下列规定：

1 合格等级标准应符合下列规定：

1）检验项目应符合3.2.5条1款的要求。

2）主要部件的调试及操作试验应符合本标准和相关专业标准的规定。

3）各项报验资料应符合本标准的要求。

2 优良等级标准：在合格等级标准基础上，有70%及以上的检验项目应达到优良标准，其中主控项目应全部达到优良标准。

3.2.7 单元工程施工质量验收评定未达到合格标准时，应及时进行处理，处理后应按下列规定进行验收评定：

1 经返工（或更换设备、部件）达到本标准要求，重新进行验收评定。

2 处理后，经有资质的检测机构检测，能达到设计要求的，其质量应评定为合格。

3 处理后，工程部分质量指标仍未达到设计要求时，经原设计单位复核，认为基本能满足工程使用要求，监理工程师检验认可，建设单位同意验收的，其质量可认定为合格，并按规定进行质量缺陷备案。

4 立式反击式水轮机安装工程

4.1 尾水管里衬安装

4.1.1 每台水轮机的尾水管里衬安装宜划分为一个单元工程。

4.1.2 尾水管里衬安装验收评定应在混凝土浇筑之前进行，按设计要求做好加固工作；应提供安装前的设备检验记录，机坑清扫测量记录，安装质量项目（主控项目和一般项目）的检验记录以及焊缝质量检查记录等，并由相关责任人签认的资料。

4.1.3 尾水管里衬安装质量标准见表4.1.3。

表 4.1.3 尾水管里衬安装质量标准

<table>
<tr><th colspan="2" rowspan="4">项次</th><th rowspan="4">检验项目</th><th colspan="10">质量标准</th><th rowspan="4">检验方法</th><th rowspan="4">检验数量</th></tr>
<tr><th colspan="5">合格</th><th colspan="5">优良</th></tr>
<tr><th colspan="5">转轮直径 D_1（mm）</th><th colspan="5">转轮直径 D_1（mm）</th></tr>
<tr><th>$D_1<3000$</th><th>$3000\leqslant D_1<6000$</th><th>$6000\leqslant D_1<8000$</th><th>$8000\leqslant D_1<10000$</th><th>$D_1\geqslant 10000$</th><th>$D_1<3000$</th><th>$3000\leqslant D_1<6000$</th><th>$6000\leqslant D_1<8000$</th><th>$8000\leqslant D_1<10000$</th><th>$D_1\geqslant 10000$</th></tr>
<tr><td rowspan="2">主控项目</td><td>1</td><td>肘管、锥管上管口中心及方位</td><td>4</td><td>6</td><td>8</td><td>10</td><td>12</td><td>3</td><td>5</td><td>6</td><td>8</td><td>10</td><td>挂钢琴线，用钢板尺</td><td>对称位置不少于8个点</td></tr>
<tr><td>2</td><td>焊缝</td><td colspan="10">无表面裂纹及明显咬边缺肉</td><td>PT/MT</td><td>全部</td></tr>
<tr><td rowspan="5">一般项目</td><td>1</td><td>锥管管口直径</td><td colspan="5">±0.0015D</td><td colspan="5">±0.0010D</td><td>挂钢琴线，用钢卷尺</td><td>按圆周对称不少于8个点</td></tr>
<tr><td>2</td><td>内壁焊缝错牙</td><td colspan="10">符合设计要求</td><td>钢板尺</td><td>全部</td></tr>
<tr><td>3</td><td>上管口高程</td><td>0～8</td><td>0～12</td><td>0～15</td><td>0～18</td><td>0～20</td><td>0～6</td><td>0～10</td><td>0～12</td><td>0～15</td><td>0～18</td><td>水准仪、钢板尺</td><td>对称位置不少8个点</td></tr>
<tr><td>4</td><td>肘管断面尺寸</td><td>±0.0015H（B，r）</td><td colspan="2">±0.0010H（B，r）</td><td colspan="2">±0.0012H（B，r）</td><td colspan="5">±0.0008H（B，r）</td><td>挂钢琴线，用钢卷尺</td><td>检查进出口断面</td></tr>
<tr><td>5</td><td>下管口</td><td colspan="10">与混凝土管口平滑过渡</td><td>目测</td><td>全部</td></tr>
<tr><td colspan="15">注1：D—锥管管口直径设计值，mm；H—断面高度，mm；B—断面长度，mm；r—断面弧段半径，mm。
注2：表中数值为允许偏差值，mm。</td></tr>
</table>

4.2 转轮室、基础环、座环安装

4.2.1 每台水轮机的转轮室、基础环、座环安装宜划分为一个单元工程。

4.2.2 转轮室、基础环、座环安装验收评定应在混凝土浇筑之前进行，按设计要求做好加固工作；应提供的资料包括清扫与检验记录表，机坑测量记录表，焊缝质量检验记录，安装调整实测记录等资料。

4.2.3 转轮室、基础环、座环安装质量标准见表4.2.3。

表4.2.3 转轮室、基础环、座环安装质量标准

<table>
<tr><th colspan="2" rowspan="4">项次</th><th colspan="3" rowspan="4">检验项目</th><th colspan="10">质量标准</th><th rowspan="4">检验方法</th><th rowspan="4">检验数量</th></tr>
<tr><th colspan="5">合格</th><th colspan="5">优良</th></tr>
<tr><th colspan="5">转轮直径 D_1（mm）</th><th colspan="5">转轮直径 D_1（mm）</th></tr>
<tr><th>$D_1<3000$</th><th>$3000\leqslant D_1<6000$</th><th>$6000\leqslant D_1<8000$</th><th>$8000\leqslant D_1<10000$</th><th>$D_1\geqslant 10000$</th><th>$D_1<3000$</th><th>$3000\leqslant D_1<6000$</th><th>$6000\leqslant D_1<8000$</th><th>$8000\leqslant D_1<10000$</th><th>$D_1\geqslant 10000$</th></tr>
<tr><td rowspan="6">主控项目</td><td>1</td><td colspan="3">中心及方位</td><td>2</td><td>3</td><td>4</td><td>5</td><td>6</td><td>1.5</td><td>2</td><td>3</td><td>4</td><td>5</td><td>挂钢琴线，用钢板尺</td><td>对称位置不少于8个点</td></tr>
<tr><td rowspan="4">2</td><td rowspan="4">安装顶盖和底环的法兰面平度</td><td rowspan="2">径向测量</td><td>现场不机加工</td><td colspan="5">≤0.05mm/m，最大不超过0.60</td><td colspan="5">≤0.04mm/m，最大不超过0.50</td><td rowspan="4">平衡梁、方型水平仪或水准仪或全站仪</td><td rowspan="4">一般不少于+x、-x、+y、-y 4个点</td></tr>
<tr><td>现场机加工</td><td colspan="5">0.25</td><td colspan="5">0.20</td></tr>
<tr><td rowspan="2">周向测量</td><td>现场不机加工</td><td>0.3</td><td colspan="2">0.4</td><td colspan="2">0.6</td><td>0.2</td><td colspan="2">0.3</td><td colspan="2">0.5</td></tr>
<tr><td>现场机加工</td><td colspan="5">0.35</td><td colspan="5">0.3</td></tr>
<tr><td>3</td><td colspan="3">转轮室圆度</td><td colspan="5">±10%设计平均间隙</td><td colspan="5">±8%设计平均间隙</td><td>挂钢琴线，用测杆</td><td>对称8个点</td></tr>
</table>

表 4.2.3（续）

项次		检验项目	质量标准										检验方法	检验数量
			合格					优良						
			转轮直径 D_1（mm）					转轮直径 D_1（mm）						
			$D_1<3000$	$3000\leqslant D_1<6000$	$6000\leqslant D_1<8000$	$8000\leqslant D_1<10000$	$D_1\geqslant 10000$	$D_1<3000$	$3000\leqslant D_1<6000$	$6000\leqslant D_1<8000$	$8000\leqslant D_1<10000$	$D_1\geqslant 10000$		
主控项目	4	基础环、座环及与转轮室同轴度	1.0	1.5	2.0	2.5	3	0.8	1.2	1.6	2.0	2.4	挂钢琴线，用测杆	在基础环、座环出口及转轮室对应位置各8个点
一般项目	1	高程	±3.0					±2.0					水准仪、钢板尺	1～2个点
	2	各组合缝间隙	符合 GB/T 8564 的要求										塞尺	全部
注：表中数值为允许偏差值，mm。														

4.3 蜗 壳 安 装

4.3.1 每台水轮机的蜗壳安装宜划分为一个单元工程。

4.3.2 蜗壳安装验收评定应在混凝土浇筑之前进行，按设计要求做好加固工作；应提供清扫、拼装和挂装记录，安装调试记录，焊缝质量检验记录及水压试验报告等资料。

4.3.3 蜗壳安装质量标准见表 4.3.3。

表 4.3.3 蜗壳安装质量标准

项次		检验项目	质量标准		检验方法	检验数量
			合格	优良		
主控项目	1	直管段中心与机组 Y 轴线距离	±0.003D	±0.002D	挂钢琴线，用钢卷尺	上下端各1个点

表 4.3.3（续）

<table>
<tr><th colspan="2" rowspan="2">项次</th><th colspan="2" rowspan="2">检验项目</th><th colspan="2">质量标准</th><th rowspan="2">检验方法</th><th rowspan="2">检验数量</th></tr>
<tr><th>合格</th><th>优良</th></tr>
<tr><td rowspan="6">主控项目</td><td>2</td><td colspan="2">直管段中心高程</td><td>±5</td><td>±4</td><td>水准仪、钢板尺</td><td>1个点</td></tr>
<tr><td rowspan="2">3</td><td rowspan="2">焊缝射线探伤</td><td>环缝</td><td>Ⅲ级</td><td>Ⅲ级一次合格率85%以上</td><td rowspan="2">射线探伤</td><td rowspan="2">按设计要求或GB/T 8564</td></tr>
<tr><td>纵缝与蝶形边</td><td>Ⅱ级</td><td>Ⅱ级一次合格率85%以上</td></tr>
<tr><td rowspan="2">4</td><td rowspan="2">焊缝超声波探伤</td><td>环缝</td><td>BⅡ级</td><td>BⅡ级一次合格率90%以上</td><td rowspan="2">超声波探伤</td><td rowspan="2">按设计要求</td></tr>
<tr><td>纵缝与蝶形边</td><td>BⅠ级</td><td>BⅠ级一次合格率90%以上</td></tr>
<tr><td>5</td><td colspan="2">蜗壳水压试验（有要求时）</td><td colspan="2">符合设计要求</td><td>打压</td><td>全部</td></tr>
<tr><td rowspan="6">一般项目</td><td>1</td><td colspan="2">最远点高程</td><td>±15</td><td>±12</td><td>水准仪、钢板尺</td><td>每节1个点</td></tr>
<tr><td>2</td><td colspan="2">定位节管口与基准线偏差</td><td>±5</td><td>±4</td><td>拉线用钢板尺</td><td>2个点</td></tr>
<tr><td>3</td><td colspan="2">定位节管口倾斜值</td><td>5</td><td>4</td><td>吊线锤用钢板尺</td><td>2个点</td></tr>
<tr><td>4</td><td colspan="2">最远点半径</td><td>±0.004R</td><td>±0.003R</td><td>经纬仪放点</td><td>每节1个点</td></tr>
<tr><td>5</td><td colspan="2">焊缝外观检查</td><td colspan="2">符合GB/T 8564的要求</td><td>目测和钢板尺</td><td>全部</td></tr>
<tr><td>6</td><td colspan="2">混凝土蜗壳钢衬焊缝</td><td colspan="2">无贯穿性缺陷</td><td>煤油渗透试验</td><td>全部</td></tr>
<tr><td colspan="8">注1：D—蜗壳进口直径，mm；R—最远点半径设计值，mm。
注2：表中数值为允许偏差值，mm。</td></tr>
</table>

4.4 机坑里衬及接力器基础安装

4.4.1 每台水轮机的机坑里衬及接力器基础安装宜划分为一个单元工程。

4.4.2 机坑里衬及接力器基础安装验收评定应在混凝土浇筑之前进行，按设计要求做好加固工作；应提供拼装检验记录，重要焊缝检查记录，安装调整检测记录等资料。

4.4.3 机坑里衬与接力器基础安装质量标准见表 4.4.3。

表 4.4.3 机坑里衬、接力器基础安装质量标准

项次		检验项目	质量标准										检验方法	检验数量
			合格					优良						
			转轮直径 D_1 (mm)					转轮直径 D_1 (mm)						
			$D_1<3000$	$3000\leqslant D_1<6000$	$6000\leqslant D_1<8000$	$8000\leqslant D_1<10000$	$D_1\geqslant10000$	$D_1<3000$	$3000\leqslant D_1<6000$	$6000\leqslant D_1<8000$	$8000\leqslant D_1<10000$	$D_1\geqslant10000$		
主控项目	1	接力器基础法兰垂直度 (mm/m)	≤0.30			≤0.25		≤0.20					方型水平仪	2 个点间隔 90°
	2	接力器基础法兰中心及高程 (mm)	±1.0	±1.5	±2.0	±2.5	±3.0	±1.0	±1.5	±1.5	±2.0	±2.5	挂钢琴线，用钢板尺	各 1 个点
一般项目	1	机坑里衬中心 (mm)	5	10	15	20		4	8	12	15		钢板尺	90° 交叉
	2	机坑里衬上口直径 (mm)	±5	±8	±10	±12		±3	±5	±8	±10		钢卷尺	不少于 8 个点
	3	接力器基础与机组基准线平行度 (mm)	1.0	1.5	2.0	2.5	3.0	<1.0	<1.5	1.5	2.0	2.5	挂钢琴线，用钢板尺	各 1 个点
	4	接力器基础中心至机组基准线距离 (mm)	±3.0					±2.0					用钢卷尺	各 1 个点
注：表中数值为允许偏差值。														

4.5 转 轮 装 配

4.5.1 每台水轮机的转轮装配宜划分为一个单元工程。

4.5.2 单元工程安装验收时应提供转轮现场组焊工艺要求，焊缝质量检验记录，各组合面检查记录，静平衡记录，转桨式转轮静平衡及漏油量检验记录、转轮圆度检验记录等资料，均应有负责人签认。

4.5.3 转轮装配质量标准分别见表 4.5.3－1～表 4.5.3－3。

表 4.5.3－1 转轮装配质量标准

<table>
<tr><th colspan="2" rowspan="2">项次</th><th colspan="3" rowspan="2">检验项目</th><th colspan="2">质量标准</th><th rowspan="2">检验方法</th><th rowspan="2">检验数量</th></tr>
<tr><th>合格</th><th>优良</th></tr>
<tr><td rowspan="13">主控项目</td><td>1</td><td colspan="3">分瓣转轮焊缝探伤</td><td>Ⅰ级</td><td>Ⅰ级一次合格率95%以上</td><td>超声波探伤</td><td>全部</td></tr>
<tr><td rowspan="10">2</td><td rowspan="10">转轮各部位圆度及同轴度</td><td rowspan="6">工作水头小于200m</td><td>止漏环</td><td rowspan="3">±10%设计间隙</td><td rowspan="3">±8%设计间隙</td><td rowspan="10">测圆架</td><td rowspan="10">均布不少于8个点</td></tr>
<tr><td>止漏环安装面</td></tr>
<tr><td>叶片外缘</td></tr>
<tr><td>引水板止漏圈</td><td rowspan="2">±15%设计间隙</td><td rowspan="2">±12%设计间隙</td></tr>
<tr><td>法兰护罩（兼作检修密封）</td></tr>
<tr><td>上冠外缘</td><td rowspan="2">±5%设计间隙</td><td rowspan="2">±4%设计间隙</td></tr>
<tr><td rowspan="4">工作水头不小于200m</td><td>下环外缘</td></tr>
<tr><td>上梳齿止漏环</td><td rowspan="2">±0.10mm</td><td rowspan="2">±0.08mm</td></tr>
<tr><td>下止漏环</td></tr>
<tr></tr>
<tr><td>3</td><td colspan="3">转轮单位质量允许不平衡量值（g·mm/kg）</td><td colspan="4">见表 4.5.3－2</td></tr>
<tr><td>4</td><td colspan="3">转桨式转轮允许每小时漏油量（mL/h）</td><td colspan="4">见表 4.5.3－3</td></tr>
</table>

表 4.5.3-1（续）

项次		检验项目		质量标准		检验方法	检验数量
				合格	优良		
一般项目	1	分瓣转轮焊缝错牙		≤0.50mm	<0.50mm	焊缝检验规	2～4个点
	2	分瓣转轮组合缝间隙		符合 GB/T 8564 的要求		塞尺	全部
	3	转轮上冠法兰	下凹值	≤0.07mm/m	≤0.06mm/m	塞尺	垂直方向4～8个点
			上凸值	≤0.03mm/m，最大不超过0.06mm	≤0.02mm/m，最大不超过0.04mm		
				对于主轴采用摩擦传递力矩的，一般不允许上凸			
	4	转轮叶片最低操作油压		≤15%工作油压	<15%工作油压	动作试验	2次
	5	连接螺栓伸长值		符合设计要求		百分表或传感器	全部

注：表中数值为允许偏差值。

表 4.5.3-2　转轮单位质量允许不平衡量值

项次	检验项目	质量标准												检验方法
		合格						优良						
		最大工作转速（r/min）						最大工作转速（r/min）						
		125	150	200	250	300	400	125	160	200	250	300	400	
主控项目	单位质量允许不平衡量值（g·mm/kg）	550	450	330	270	220	170	385	315	231	189	154	119	用静平衡专用工具检查，整体出厂的转轮由制造厂检验，出具记录；现场组焊的转轮检验配重至符合标准

注：表中数值为允许偏差值。

表 4.5.3-3　转桨式转轮允许每小时漏油量

项次	检验项目	质量标准										检验方法	检验数量
		合格					优良						
		转轮直径 D_1（mm）					转轮直径 D_1（mm）						
		$D_1<3000$	$3000\leqslant D_1<6000$	$6000\leqslant D_1<8000$	$8000\leqslant D_1<10000$	$D_1\geqslant10000$	$D_1<3000$	$3000\leqslant D_1<6000$	$6000\leqslant D_1<8000$	$8000\leqslant D_1<10000$	$D_1\geqslant10000$		
主控项目	每小时漏油量（mL/h）	5	7	10	12	15	4	6	9	11	14	量杯秒表	加压与未加压各1次
注：表中数值为单个桨叶密封漏油允许值。													

4.6 导水机构安装

4.6.1　每台水轮机的导水机构安装宜划分为一个单元工程。

4.6.2　单元工程安装验收时应提供各部件的圆度、水平度和间隙的安装测量记录等，并由责任人签认。

4.6.3　导水机构预装和安装质量标准分别见表 4.6.3-1 和表

表 4.6.3-1　导水机构预装和安装质量标准

项次		检验项目	质量标准										检验方法	检验数量
			合格					优良						
			转轮直径 D_1（mm）					转轮直径 D_1（mm）						
			$D_1<3000$	$3000\leqslant D_1<6000$	$6000\leqslant D_1<8000$	$8000\leqslant D_1<10000$	$D_1\geqslant10000$	$D_1<3000$	$3000\leqslant D_1<6000$	$6000\leqslant D_1<8000$	$8000\leqslant D_1<10000$	$D_1\geqslant10000$		
主控项目	1	各固定止漏环圆度	5%转轮止漏环设计间隙					4%转轮止漏环设计间隙					挂钢琴线用测杆	均布8个点
	2	各固定止漏环同轴度	0.15		0.20			0.12		0.15				8个点以上
	3	导叶局部立面间隙	见表 4.6.3-2											

表 4.6.3-1（续）

项次		检验项目	质量标准										检验方法	检验数量
			合格					优良						
			转轮直径 D_1（mm）					转轮直径 D_1（mm）						
			$D_1<3000$	$3000\leqslant D_1<6000$	$6000\leqslant D_1<8000$	$8000\leqslant D_1<10000$	$D_1\geqslant 10000$	$D_1<3000$	$3000\leqslant D_1<6000$	$6000\leqslant D_1<8000$	$8000\leqslant D_1<10000$	$D_1\geqslant 10000$		
一般项目	1	底环上平面水平	0.35	0.45		0.60		0.30	0.40		0.50		方型水平仪	x 向、y 向 2～4 个点
	2	端部间隙	按设计间隙控制										塞尺	全部
	3	导叶拐臂连杆两端高差	≤1.0					<1.0					用钢板尺、方型水平仪检查	全开和全关各1个点

注：表中数值为允许偏差值，mm。

4.6.3-2。对于导叶立面间隙项目，在用钢丝绳捆紧的情况下，用0.05mm塞尺检查，不能通过；局部间隙不应超过表4.6.3-2的要求。其间隙的总长度，不应超过导叶高度的25%。当设计有特殊要求（如导叶表面有抗磨涂层）时，应符合设计要求。

表 4.6.3-2　导叶局部立面间隙

项次	检验项目		质量标准										检验方法	检验数量
			合格					优良						
			导叶高度 h（mm）					导叶高度 h（mm）						
			$h<600$	$600\leqslant h<1200$	$1200\leqslant h<2000$	$2000\leqslant h<4000$	$h\geqslant 4000$	$h<600$	$600\leqslant h<1200$	$1200\leqslant h<2000$	$2000\leqslant h<4000$	$h\geqslant 4000$		
主控项目	局部立面间隙	无密封条导叶	0.05	0.10	0.13	0.15	0.20	0.04	0.08	0.10	0.12	0.15	不装，塞尺	全部
		带密封条导叶	0.15		0.20			0.12		0.15				

注：表中数值为允许偏差值，mm。

4.7 接力器安装

4.7.1 每台水轮机的接力器安装宜划分为一个单元工程。

4.7.2 单元工程验收时应提供有责任人签字的全部安装检测记录。

4.7.3 接力器安装质量标准见表4.7.3，对于接力器的压紧行程项目，偏差应符合制造厂设计要求，制造厂无要求时，应按表4.7.3的要求确定。

表4.7.3 接力器安装质量标准

<table>
<tr><th colspan="2" rowspan="4">项次</th><th colspan="2" rowspan="4">检验项目</th><th colspan="10">质量标准</th><th rowspan="4">检验方法</th><th rowspan="4">检验数量</th></tr>
<tr><th colspan="5">合格</th><th colspan="5">优良</th></tr>
<tr><th colspan="5">转轮直径 D_1（mm）</th><th colspan="5">转轮直径 D_1（mm）</th></tr>
<tr><th>$D_1 < 3000$</th><th>$3000 \leqslant D_1 < 6000$</th><th>$6000 \leqslant D_1 < 8000$</th><th>$8000 \leqslant D_1 < 10000$</th><th>$D_1 \geqslant 10000$</th><th>$D_1 < 3000$</th><th>$3000 \leqslant D_1 < 6000$</th><th>$6000 \leqslant D_1 < 8000$</th><th>$8000 \leqslant D_1 < 10000$</th><th>$D_1 \geqslant 10000$</th></tr>
<tr><td rowspan="4">主控项目</td><td>1</td><td colspan="2">接力器水平度（mm/m）</td><td colspan="5">≤0.10</td><td colspan="5">≤0.08</td><td>方型水平仪检查套筒或活塞杆</td><td>全关、中间、全开各1个点</td></tr>
<tr><td rowspan="3">2</td><td rowspan="3">接力器压紧行程（mm）</td><td>直缸接力器（导叶带密封条）</td><td>4～7</td><td>6～8</td><td>7～10</td><td>8～13</td><td>10～15</td><td>4～7</td><td>6～8</td><td>7～10</td><td>8～13</td><td>10～15</td><td rowspan="3">撤除油压测量活塞返回行程值</td><td rowspan="3">一般2次</td></tr>
<tr><td>直缸接力器（导叶无密封条）</td><td>3～6</td><td>5～7</td><td>6～9</td><td>7～12</td><td>9～14</td><td>3～6</td><td>5～7</td><td>6～9</td><td>7～12</td><td>9～14</td></tr>
<tr><td>摇摆接力器、单导叶接力器</td><td colspan="10">符合设计要求</td></tr>
<tr><td>一般项目</td><td>1</td><td colspan="2">两接力器活塞全行程偏差（mm）</td><td colspan="5">≤1.0</td><td colspan="5"><1.0</td><td>钢板尺</td><td>一般2次</td></tr>
<tr><td colspan="16">注：表中数值为允许偏差值。</td></tr>
</table>

4.8 转动部件安装

4.8.1 每台水轮机的转动部件安装宜划分为一个单元工程。

4.8.2 在单元验收时应提供各项目调整检测记录包括各部分间隙、摆度、水平度等记录表格，并由责任人签认。

4.8.3 转动部件安装质量检验标准见表4.8.3。

表4.8.3 转动部件安装质量检验标准

<table>
<tr><td colspan="2" rowspan="4">项次</td><td colspan="3" rowspan="4">检验项目</td><td colspan="8">质量标准</td><td rowspan="4">检验方法</td><td rowspan="4">检验数量</td></tr>
<tr><td colspan="4">合格</td><td colspan="4">优良</td></tr>
<tr><td colspan="4">转轮直径 D_1（mm）</td><td colspan="4">转轮直径 D_1（mm）</td></tr>
<tr><td>$D_1\leqslant 3000$</td><td>$3000<D_1\leqslant 6000$</td><td>$6000<D_1\leqslant 8000$</td><td>$D_1>8000$</td><td>$D_1\leqslant 3000$</td><td>$3000<D_1\leqslant 6000$</td><td>$6000<D_1\leqslant 8000$</td><td>$D_1>8000$</td></tr>
<tr><td rowspan="4">主控项目</td><td rowspan="3">1</td><td rowspan="3">转轮径向间隙</td><td colspan="2">额定水头小于200m</td><td colspan="4">各间隙与实际平均间隙之差不超过实际平均间隙的±20%</td><td colspan="4">各间隙与实际平均间隙之差不超过实际平均间隙的±15%</td><td rowspan="4">塞尺</td><td rowspan="4">8～12个点</td></tr>
<tr><td rowspan="2">额定水头不小于200m</td><td>外圆</td><td colspan="4" rowspan="2">各间隙与实际平均间隙之差不超过设计间隙的±10%</td><td colspan="4" rowspan="2">各间隙与实际平均间隙之差不超过设计间隙的±8%</td></tr>
<tr><td>迷宫环</td></tr>
<tr><td>2</td><td colspan="3">主轴法兰组合面</td><td colspan="8">0.03mm 塞尺不能通过；对于涂撒摩擦粉末介质的法兰面间隙按设计要求控制</td></tr>
<tr><td rowspan="3">一般项目</td><td rowspan="3">1</td><td colspan="2" rowspan="3">转轮安装高程（mm）</td><td>混流式</td><td>±1.5</td><td>±2.0</td><td>±2.5</td><td>±3</td><td>±1.0</td><td>±1.5</td><td>±2</td><td>±2.5</td><td rowspan="3">按GB/T 8564</td><td rowspan="3">2～4个点</td></tr>
<tr><td>轴流式</td><td>0～+2</td><td>0～+3</td><td>0～+4</td><td>0～+5</td><td>0～+1.5</td><td>0～+2.5</td><td>0～+3</td><td>0～+4</td></tr>
<tr><td>斜流式</td><td>0～+0.8</td><td>0～+1</td><td></td><td></td><td>0～+0.5</td><td>0～+0.8</td><td></td><td></td></tr>
</table>

表 4.8.3（续）

<table>
<tr><th colspan="2" rowspan="4">项次</th><th colspan="2" rowspan="4">检验项目</th><th colspan="8">质量标准</th><th rowspan="4">检验方法</th><th rowspan="4">检验数量</th></tr>
<tr><th colspan="4">合格</th><th colspan="4">优良</th></tr>
<tr><th colspan="4">转轮直径 D_1（mm）</th><th colspan="4">转轮直径 D_1（mm）</th></tr>
<tr><th>$D_1 \leqslant 3000$</th><th>$3000 < D_1 \leqslant 6000$</th><th>$6000 < D_1 \leqslant 8000$</th><th>$D_1 > 8000$</th><th>$D_1 \leqslant 3000$</th><th>$3000 < D_1 \leqslant 6000$</th><th>$6000 < D_1 \leqslant 8000$</th><th>$D_1 > 8000$</th></tr>
<tr><td rowspan="6">一般项目</td><td>2</td><td colspan="2">联轴螺栓伸长值</td><td colspan="8">符合设计要求</td><td>百分表或传感器</td><td>全部</td></tr>
<tr><td rowspan="2">3</td><td rowspan="2">操作油管摆度（mm）</td><td>固定铜瓦</td><td colspan="4">≤0.20</td><td colspan="4">≤0.15</td><td rowspan="2">盘车检查</td><td rowspan="2">4～8个点</td></tr>
<tr><td>浮动铜瓦</td><td colspan="4">≤0.30</td><td colspan="4">≤0.25</td></tr>
<tr><td>4</td><td colspan="2">受油器水平度</td><td colspan="4">≤0.05mm/m</td><td colspan="4">≤0.04mm/m</td><td>方型水平仪</td><td>x 向、y 向 1～2个点</td></tr>
<tr><td>5</td><td colspan="2">旋转油盘径向间隙</td><td colspan="4">≥70%设计值</td><td colspan="4">≥80%设计值</td><td>塞尺</td><td>2～4个点</td></tr>
<tr><td>6</td><td colspan="2">受油器对地绝缘</td><td colspan="8">≥0.5MΩ</td><td>尾水管无水时用兆欧表</td><td></td></tr>
<tr><td colspan="14">注：表中数值为允许偏差值。</td></tr>
</table>

4.9 水导轴承及主轴密封安装

4.9.1 每台水轮机的水导轴承及主轴密封安装宜划分为一个单元工程。

4.9.2 本单元验收时应提供该部件安装调整检测的原始记录并由责任人签认。

4.9.3 水导轴承及主轴密封安装质量标准见表 4.9.3。

表 4.9.3　水导轴承及主轴密封安装质量标准

<table>
<tr><th colspan="2" rowspan="2">项次</th><th colspan="2" rowspan="2">检验项目</th><th colspan="2">质量标准</th><th rowspan="2">检验方法</th><th rowspan="2">检验数量</th></tr>
<tr><th>合格</th><th>优良</th></tr>
<tr><td rowspan="6">主控项目</td><td rowspan="3">1</td><td rowspan="3">轴瓦间隙</td><td>分块瓦</td><td colspan="2">±0.02mm</td><td rowspan="3">塞尺</td><td>每块瓦1个点</td></tr>
<tr><td>筒式瓦</td><td colspan="2">实测平均总间隙的10%以内</td><td rowspan="2">4～6个点</td></tr>
<tr><td>橡胶瓦</td><td colspan="2">实测平均总间隙的10%以内</td></tr>
<tr><td>2</td><td colspan="2">轴承油槽渗漏试验</td><td colspan="2">4h无渗漏</td><td>煤油渗漏试验</td><td rowspan="2">1次</td></tr>
<tr><td>3</td><td colspan="2">轴承冷却器耐压试验</td><td colspan="2">符合GB/T 8564的要求</td><td>水压试验</td></tr>
<tr><td>4</td><td colspan="2">平板密封间隙</td><td colspan="2">轴向、径向间隙符合设计要求且在±20%实际平均间隙值以内</td><td>塞尺</td><td>4～6个点</td></tr>
<tr><td rowspan="5">一般项目</td><td>1</td><td colspan="2">工作密封动作检查</td><td colspan="2">符合设计要求</td><td>目测，有水量要求时测水量</td><td rowspan="3">1次</td></tr>
<tr><td>2</td><td colspan="2">轴瓦检查及研刮</td><td colspan="2">按设计要求控制</td><td>外观及着色</td></tr>
<tr><td>3</td><td colspan="2">检修密封充气试验</td><td colspan="2">充气0.05MPa无漏气</td><td>充气在水中检查</td></tr>
<tr><td>4</td><td colspan="2">检修密封径向间隙</td><td colspan="2">±20%设计间隙以内</td><td>塞尺</td><td>4～6个点</td></tr>
<tr><td>5</td><td colspan="2">组合面间隙检查</td><td colspan="2">按设计（制造）要求控制，如设计无技术要求可按GB/T 8564的要求</td><td>塞尺</td><td>全部</td></tr>
<tr><td colspan="8">注：表中数值为允许偏差值。</td></tr>
</table>

4.10　附 件 安 装

4.10.1　每台水轮机的附件安装宜划分为一个单元工程。

4.10.2　本单元验收时应提供相关附件安装调整和试验的原始记录并由责任人签认。

4.10.3　附件安装质量标准见表4.10.3，附件绝缘电阻应符合

GB/T 8564 规定的要求。

表 4.10.3　附件安装质量标准

<table>
<tr><td colspan="2" rowspan="2">项次</td><td rowspan="2">检验项目</td><td colspan="2">质量标准</td><td rowspan="2">检验方法</td><td rowspan="2">检验数量</td></tr>
<tr><td>合格</td><td>优良</td></tr>
<tr><td rowspan="2">主控项目</td><td>1</td><td>盘形阀阀座水平度(mm/m)</td><td>≤0.20</td><td>≤0.15</td><td>方型水平仪</td><td>$+x$ 和 $+y$ 方向</td></tr>
<tr><td>2</td><td>盘形阀密封面间隙</td><td colspan="2">无间隙</td><td>塞尺</td><td>周向均布 4～6 个点</td></tr>
<tr><td rowspan="5">一般项目</td><td>1</td><td>真空破坏阀，补气阀动作试验</td><td colspan="2">符合设计要求</td><td>动作试验</td><td>1～2 次</td></tr>
<tr><td>2</td><td>真空破坏阀，补气阀密封面间隙</td><td colspan="2">无间隙</td><td>塞尺</td><td>周向均布 4～6 个点</td></tr>
<tr><td>3</td><td>蜗壳及尾水管排水阀接力器严密性试验</td><td colspan="2">符合 GB/T 8564 的要求</td><td>水压或油压试验</td><td>1 次</td></tr>
<tr><td>4</td><td>盘形阀动作试验</td><td colspan="2">符合设计要求</td><td>动作试验</td><td>开关各 1 次</td></tr>
<tr><td>5</td><td>主轴中心补气管偏心度</td><td>不超过实际密封间隙平均值的 20%，最大不超过 0.3mm</td><td>不超过实际密封间隙平均值的 15%，最大不超过 0.25mm</td><td>塞尺</td><td>在密封处各测 4～6 个点</td></tr>
<tr><td colspan="7">注：表中数值为允许偏差值。</td></tr>
</table>

5 贯流式水轮机安装工程

5.1 尾水管安装

5.1.1 每台水轮机的尾水管安装宜划分为一个单元工程。

5.1.2 尾水管安装验收评定时应提供安装前的设备检查记录，机坑清扫测量记录，安装调试的检测记录及焊缝质量检验记录等，并由相关责任人签认。

5.1.3 尾水管安装质量标准见表5.1.3。

表5.1.3 尾水管安装质量标准

<table>
<tr><td colspan="2" rowspan="4">项次</td><td rowspan="4">检验项目</td><td colspan="6">质量标准</td><td rowspan="4">检验方法</td><td rowspan="4">检验数量</td></tr>
<tr><td colspan="3">合格</td><td colspan="3">优良</td></tr>
<tr><td colspan="3">转轮直径 D_1（mm）</td><td colspan="3">转轮直径 D_1（mm）</td></tr>
<tr><td>$D_1<3000$</td><td>$3000\leqslant D_1<6000$</td><td>$6000\leqslant D_1<8000$</td><td>$D_1<3000$</td><td>$3000\leqslant D_1<6000$</td><td>$6000\leqslant D_1<8000$</td></tr>
<tr><td rowspan="3">主控项目</td><td>1</td><td>管口法兰至转轮中心距离</td><td>±2.0</td><td>±2.5</td><td>±3.0</td><td>±1.5</td><td>±2.0</td><td>±2.5</td><td>钢卷尺（若先装管形座，应以其下游侧法兰为基准）</td><td>测上、下、左、右4个点</td></tr>
<tr><td>2</td><td>中心及高程</td><td>±1.5</td><td>±2.0</td><td>±2.5</td><td>±1.0</td><td>±1.5</td><td>±2.0</td><td>挂钢琴线用钢板尺</td><td>1～2个点</td></tr>
<tr><td>3</td><td>法兰面垂直平面度</td><td>0.8</td><td>1.0</td><td>1.2</td><td>0.6</td><td>0.8</td><td>1.0</td><td>经纬仪和钢板尺，测法兰面对机组中心线的垂直度</td><td>2～4个点</td></tr>
<tr><td>一般项目</td><td>1</td><td>管口法兰最大与最小直径差</td><td>≤3</td><td>≤4</td><td>≤5</td><td>≤2</td><td>≤3</td><td>≤4</td><td>挂钢琴线，用钢卷尺，有基础环的结构，指基础环上法兰</td><td>按圆周等分4～8个点</td></tr>
<tr><td colspan="11">注：表中数值为允许偏差值，mm。</td></tr>
</table>

5.2 管形座安装

5.2.1 每台水轮机的管形座安装宜划分为一个单元工程。

5.2.2 管形座安装验收评定时应提供的资料有：清扫检验记录，安装前机坑测量记录，焊缝质量检验记录，安装调试实测记录等，并由责任人签认。

5.2.3 管形座安装质量标准见表5.2.3。

表5.2.3 管形座安装质量标准

<table>
<tr><th colspan="2" rowspan="4">项次</th><th colspan="2" rowspan="4">检验项目</th><th colspan="6">质量标准</th><th rowspan="4">检验方法</th><th rowspan="4">检验数量</th></tr>
<tr><th colspan="3">合格</th><th colspan="3">优良</th></tr>
<tr><th colspan="3">转轮直径 D_1（mm）</th><th colspan="3">转轮直径 D_1（mm）</th></tr>
<tr><th>$D_1<3000$</th><th>$3000\leqslant D_1<6000$</th><th>$6000\leqslant D_1<8000$</th><th>$D_1<3000$</th><th>$3000\leqslant D_1<6000$</th><th>$6000\leqslant D_1<8000$</th></tr>
<tr><td rowspan="4">主控项目</td><td>1</td><td colspan="2">方位及高程（mm）</td><td>±2.0</td><td>±3.0</td><td>±4.0</td><td>±1.5</td><td>±2.0</td><td>±3.0</td><td>挂钢琴线，用钢卷尺</td><td rowspan="4">2～4个点</td></tr>
<tr><td>2</td><td colspan="2">最大尺寸法兰面垂直度及平面度（mm）</td><td>0.8</td><td>1.0</td><td>1.2</td><td>0.6</td><td>0.8</td><td>1.0</td><td>经纬仪和钢板尺</td></tr>
<tr><td>3</td><td colspan="2">法兰面至转轮中心距离（mm）</td><td>±2.0</td><td>±2.5</td><td>±3.0</td><td>±1.5</td><td>±2.0</td><td>±2.5</td><td>钢卷尺（若先装尾水管，应以其法兰为基准）</td></tr>
<tr><td>4</td><td colspan="2">下游侧内外法兰面的距离（mm）</td><td>0.6</td><td>1.0</td><td>1.2</td><td>0.5</td><td>0.8</td><td>1.0</td><td>经纬仪和钢板尺</td></tr>
<tr><td rowspan="5">一般项目</td><td>1</td><td colspan="2">法兰圆度（mm）</td><td>1.0</td><td>1.5</td><td>2.0</td><td>0.5</td><td>1.0</td><td>1.5</td><td>挂钢琴线，用钢卷尺</td><td rowspan="2">对称2～4个点</td></tr>
<tr><td rowspan="4">2</td><td rowspan="4">流道盖板</td><td>流道盖板竖井孔中心及位置（框架中心线与设计中心线偏差）(mm)</td><td>±2.0</td><td>±3.0</td><td>±4.0</td><td>±1.5</td><td>±2.0</td><td>±3.0</td><td>拉线用钢卷尺</td></tr>
<tr><td>基础框架高程（mm）</td><td colspan="3">±5.0</td><td colspan="3">±3.5</td><td rowspan="2">水准仪、钢板尺</td><td>2～4个点</td></tr>
<tr><td>基础框架四角高差（mm）</td><td>4.0</td><td>5.0</td><td>6.0</td><td>3.0</td><td>3.5</td><td>4.0</td><td>4个点</td></tr>
<tr><td>流道盖板竖井孔法兰水平度（mm/m）</td><td colspan="3">0.8</td><td colspan="3">0.6</td><td>方型水平仪</td><td>$+x$ 和 $+y$ 方向</td></tr>
<tr><td colspan="12">注：表中数值为允许偏差值。</td></tr>
</table>

5.3 导水机构安装

5.3.1 每台贯流式水轮机导水机构的安装宜划分为一个单元工程。

5.3.2 单元安装验收时应提供各部件圆度、水平和间隙的安装测量记录，由责任人签认。

5.3.3 导水机构安装质量标准见表 5.3.3。

表 5.3.3 导水机构安装质量标准

<table>
<tr><th colspan="2" rowspan="2">项次</th><th rowspan="2">检验内容</th><th colspan="2">质量标准</th><th rowspan="2">检验方法</th><th rowspan="2">检验数量</th></tr>
<tr><th>合格</th><th>优良</th></tr>
<tr><td rowspan="2">主控项目</td><td>1</td><td>内外导水环同轴度</td><td>≤0.5</td><td>≤0.4</td><td>挂钢琴线用钢板尺</td><td>对称各2个点</td></tr>
<tr><td>2</td><td>上游侧内外法兰面距离</td><td>≤0.4</td><td>≤0.3</td><td>经纬仪和钢板尺</td><td>2～4 个点</td></tr>
<tr><td rowspan="4">一般项目</td><td>1</td><td>导叶端部间隙</td><td colspan="2">符合设计要求</td><td rowspan="2">塞尺</td><td rowspan="2">全部</td></tr>
<tr><td>2</td><td>导叶立面间隙</td><td>局部不超过0.25，间隙的总长度不超过导叶高度的25%</td><td>局部不超过0.20，间隙的总长度不超过导叶高度的20%</td></tr>
<tr><td>3</td><td>接力器基础至基准线距离</td><td>±3.0</td><td>±2.0</td><td>钢卷尺</td><td>每个基础2个点</td></tr>
<tr><td>4</td><td>调速环与外导水环间隙</td><td colspan="2">符合设计要求</td><td>塞尺</td><td>4～8 个点</td></tr>
<tr><td colspan="7">注：表中数值为允许偏差值，mm。</td></tr>
</table>

5.4 轴承安装

5.4.1 每台水轮机的轴承安装宜划分为一个单元工程。

5.4.2 本单元验收时应提供该部件安装调整检测的原始记录并由责任人签认。

5.4.3 轴承安装质量标准见表 5.4.3。

表 5.4.3 轴承安装质量标准

项次		检验项目		质量标准		检验方法	检验数量
				合格	优良		
主控项目	1	轴瓦间隙		符合设计要求		用压铅法或用塞尺检查	2～4 个点
	2	镜板与主轴垂直度（mm）		0.05	0.04	用水平仪检查	对称 2～4 个点
一般项目	1	下轴瓦与轴颈接触角		符合设计要求但不大于 60°		用着色法检查	1 次
	2	轴承体各组合缝间隙		符合 GB/T 8564 的要求		用塞尺检查	全部
	3	轴瓦与轴承外壳配合接触面积	圆柱面配合	≥60%	≥70%	着色法	
			球面配合	≥75%	≥80%		

注：表中数值为允许偏差值。

5.5 转动部件安装

5.5.1 每台水轮机的转动部件安装宜划分为一个单元工程。

5.5.2 在单元验收时应提供各项目调整检测记录包括各部件间隙、摆度、水平度等记录表格，并由责任人签认。

5.5.3 转动部件安装质量标准见表 5.5.3，有对地绝缘要求的轴承绝缘电阻应符合 GB/T 8564 规定的要求。

表 5.5.3 转动部件安装质量标准

项次		检验项目	质量标准		检验方法	检验数量
			合格	优良		
主控项目	1	转轮耐压及动作试验	符合表 4.5.3-3 的要求		测定加压及未加压时的漏油量	1 次
	2	转轮允许每小时漏油量（mL/h）	符合设计要求		塞尺	对称均布 4～8 个点

表 5.5.3（续）

项次		检验项目		质量标准		检验方法	检验数量
				合格	优良		
一般项目	1	转轮与主轴法兰组合缝面间隙		无间隙，用0.03mm塞尺不能塞入	无间隙，用0.02mm塞尺不能塞入	塞尺	全部
	2	操作油管摆度值（mm）	固定瓦	≤0.15	＜0.10	盘车	周向4～8个点
			浮动瓦	≤0.20	＜0.15		
	3	主轴平板密封间隙		±20%设计间隙		塞尺	4～8个点
	4	转轮与主轴联轴螺栓伸长值		符合设计要求		百分表或传感器	全部

注：表中数值为允许偏差值。

6 冲击式水轮机安装工程

6.1 引水管路安装

6.1.1 每台水轮机的引水管路安装宜划分为一个单元工程。

6.1.2 引水管路安装验收评定时应提供的资料有清扫检验记录表，焊缝质量检验记录，安装、调整实测记录，并由责任人签认。

6.1.3 引水管路安装质量标准见表6.1.3。

表6.1.3 引水管路安装质量标准

项次		检验项目	质量标准		检验方法	检验数量
			合格	优良		
主控项目	1	引水管进口中心与机组坐标线距离	不超过进口直径的±2‰	±2‰	挂钢琴线，用钢板尺	1～2个点
	2	分流管叉管耐压试验	焊缝无渗漏，法兰无变形		水压	1次
一般项目	1	分流管法兰高程及垂直度	符合设计要求		水准仪、钢板尺、方型水平仪	2～4个点

注：表中数值为允许偏差值。

6.2 机壳安装

6.2.1 每台水轮机的机壳安装宜划分为一个单元工程。

6.2.2 机壳安装验收评定时应提供的资料有清扫检验记录表，焊缝质量检验记录，安装调整实测记录，并由责任人签认。

6.2.3 机壳安装质量标准见表6.2.3。

表 6.2.3 机壳安装质量标准

<table>
<tr><th colspan="2" rowspan="2">项次</th><th rowspan="2">检验项目</th><th colspan="2">质量标准</th><th rowspan="2">检验方法</th><th rowspan="2">检验数量</th></tr>
<tr><th>合格</th><th>优良</th></tr>
<tr><td rowspan="3">主控项目</td><td>1</td><td>卧式上法兰面水平度（mm/m）</td><td>≤0.04</td><td>≤0.03</td><td>方型水平仪</td><td>交叉方向2个点</td></tr>
<tr><td>2</td><td>卧式双轮机壳中心距（mm）</td><td>0～+1.0</td><td>0～+0.8</td><td>钢卷尺</td><td></td></tr>
<tr><td>3</td><td>立式机组各喷嘴法兰垂直度（mm/m）</td><td>≤0.30</td><td>≤0.20</td><td>方型水平仪</td><td>交叉方向2个点</td></tr>
<tr><td rowspan="6">一般项目</td><td>1</td><td>机壳组合缝</td><td colspan="2">符合 GB/T 8564 的要求</td><td rowspan="2">塞尺</td><td rowspan="2">全部</td></tr>
<tr><td>2</td><td>机壳组合缝安装面错牙（mm）</td><td>≤0.10</td><td>≤0.08</td></tr>
<tr><td>3</td><td>机壳中心位置（mm）</td><td>≤1.0</td><td>≤0.8</td><td>拉钢琴线用钢板尺</td><td rowspan="3">1～2 个点</td></tr>
<tr><td>4</td><td>机壳中心高程（mm）</td><td>±2.0</td><td>±1.5</td><td>水准仪钢板尺</td></tr>
<tr><td>5</td><td>卧式双轮机壳高差（mm）</td><td>≤1.0</td><td>≤0.8</td><td rowspan="2">水准仪</td></tr>
<tr><td>6</td><td>立式机组各喷嘴法兰高差（mm）</td><td>≤1.0</td><td>≤0.8</td><td>各 1 个点</td></tr>
<tr><td colspan="7">注：表中数值为允许偏差值。</td></tr>
</table>

6.3 喷嘴与接力器安装

6.3.1 每台水轮机的喷嘴与接力器安装宜划分为一个单元工程。

6.3.2 喷嘴与接力器安装验收评定时应提供的资料有：清扫检验记录表，安装调整实测记录，并由责任人签认。

6.3.3 喷嘴与接力器安装质量标准见表 6.3.3。

表 6.3.3 喷嘴与接力器安装质量标准

<table>
<tr><th colspan="2" rowspan="2">项次</th><th rowspan="2">检验项目</th><th colspan="2">质量标准</th><th rowspan="2">检验方法</th><th rowspan="2">检验数量</th></tr>
<tr><th>合格</th><th>优良</th></tr>
<tr><td>主控项目</td><td>1</td><td>喷嘴及接力器组装后动作试验</td><td colspan="2">符合 GB/T 8564 要求</td><td>在接力器处于关闭侧用塞尺检查喷针与喷嘴口无间隙</td><td>全部</td></tr>
</table>

表 6.3.3（续）

项次		检验项目	质量标准		检验方法	检验数量
			合格	优良		
主控项目	2	喷嘴中心与转轮节圆径向偏差	不超过 ±0.20%d_1	不超过 ±0.15%d_1	专用工具	1～2个点
	3	喷嘴及接力器严密性耐压试验	符合设计要求		水压或油压	1次
	4	喷嘴中心与水斗分水刃轴向偏差	不超过 ±0.50%W	不超过 ±0.35%W	专用工具	2～4个点均布
一般项目	1	折向器中心与喷嘴中心距	≤4.0	≤3.0	用专用工具检查	1～2个点
	2	缓冲器弹簧压缩长度与设计值偏差	±1.0	±0.8	在压力机上检查	1次
	3	各喷嘴的喷针行程的不同步偏差	≤2%设计值	<2%设计值	录制关系曲线检查	
	4	反向制动喷嘴中心线轴向/径向偏差	±5	±4	用专用工具检查	1～2个点

注1：d_1—转轮节圆直径，mm；W—水斗内侧最大宽度，mm；
注2：表中数值为允许偏差值，mm。

6.4 转动部件安装

6.4.1 每台水轮机的转动部件安装宜划分为一个单元工程。

6.4.2 在单元工程验收时应提供各项目调整检测记录，包括各部分间隙、摆度、垂直度的记录表格等，并由责任人签认。

6.4.3 转动部件安装质量标准见表6.4.3。

表 6.4.3 转动部件安装质量标准

项次		检验项目	质量标准		检验方法	检验数量
			合格	优良		
主控项目	1	主轴水平或垂直度（mm/m）	≤0.02	<0.02	方型水平仪	对称2～4个点

表 6.4.3（续）

<table>
<tr><th colspan="2" rowspan="2">项次</th><th colspan="2" rowspan="2">检验项目</th><th colspan="2">质量标准</th><th rowspan="2">检验方法</th><th rowspan="2">检验数量</th></tr>
<tr><th>合格</th><th>优良</th></tr>
<tr><td>主控项目</td><td>2</td><td colspan="2">主轴密封间隙偏差</td><td>不大于平均间隙的±20%</td><td>不大于平均间隙的±15%</td><td>塞尺或百分表</td><td>4～6 个点</td></tr>
<tr><td rowspan="9">一般项目</td><td>1</td><td colspan="2">转轮端面跳动量（mm/m）</td><td>不超过 0.05</td><td>≤0.04</td><td>盘车用百分表</td><td>4～8 个点</td></tr>
<tr><td>2</td><td colspan="2">转轮与挡水板间隙</td><td colspan="2">应符合设计要求</td><td>塞尺</td><td>周向 4～8 个点</td></tr>
<tr><td>3</td><td colspan="2">水斗分水刃旋转平面与喷管的法兰中心偏差</td><td>±0.5%W</td><td>±0.35%W</td><td>专用工具</td><td>4～8 个点</td></tr>
<tr><td rowspan="4">4</td><td rowspan="4">立式轴承装配</td><td>轴承法兰高程偏差（mm）</td><td>±2</td><td>±1.5</td><td>水平仪钢板尺</td><td>1～2 个点</td></tr>
<tr><td>轴承法兰水平（mm/m）</td><td>≤0.04</td><td><0.04</td><td>方型水平仪</td><td>对称 2～4 个点</td></tr>
<tr><td>油箱渗油试验</td><td colspan="2" rowspan="4">符合 GB/T 8564 的要求</td><td>煤油渗漏试验</td><td rowspan="2">1 次</td></tr>
<tr><td>冷却器耐压试验</td><td>水压试验</td></tr>
<tr><td rowspan="2">5</td><td rowspan="2">卧式轴承装配</td><td>轴瓦研刮</td><td>着色法</td><td rowspan="2">全部</td></tr>
<tr><td>轴瓦间隙</td><td>塞尺，压铅法</td></tr>
<tr><td colspan="8">注：表中数值为允许偏差值。</td></tr>
</table>

6.5 控制机构安装

6.5.1 每台水轮机的控制机构安装宜划分为一个单元工程。

6.5.2 单元安装验收评定时应提供的资料有：清扫检验记录，安装、调整等实测记录，并由责任人签认。

6.5.3 控制机构安装质量标准见表 6.5.3。

表 6.5.3　控制机构安装质量标准

<table>
<tr><td colspan="2" rowspan="2">项次</td><td rowspan="2">检验项目</td><td colspan="2">质量标准</td><td rowspan="2">检验方法</td><td rowspan="2">检验数量</td></tr>
<tr><td>合格</td><td>优良</td></tr>
<tr><td>主控项目</td><td>1</td><td>折向器与喷针协联关系偏差</td><td>≤2%设计值</td><td><2%设计值</td><td>检查协联关系</td><td>1次</td></tr>
<tr><td rowspan="5">一般项目</td><td>1</td><td>各元件水平或垂直度（mm/m）</td><td>≤0.10</td><td>≤0.08</td><td>用方型水平仪检查</td><td rowspan="3">全部</td></tr>
<tr><td>2</td><td>各元件中心（mm）</td><td>≤2.0</td><td>≤1.5</td><td>拉线用钢板尺检查</td></tr>
<tr><td>3</td><td>各元件高程（mm）</td><td colspan="2">±1.5</td><td>用水准仪钢板尺检查</td></tr>
<tr><td>4</td><td>折向器开口</td><td colspan="2">大于射流半径3mm，但不超过6mm</td><td>用钢板尺检查</td><td>1～2次</td></tr>
<tr><td>5</td><td>各折向器同步偏差</td><td colspan="2">≤2%设计值</td><td>钢板尺</td><td>全部</td></tr>
<tr><td colspan="7">注：表中数值为允许偏差值。</td></tr>
</table>

7 调速器及油压装置安装工程

7.1 油压装置安装

7.1.1 油压装置安装宜划分为一个单元工程。

7.1.2 单元工程安装验收评定时应提供的资料有：清扫检查记录，安装、调整、实测记录等，并由责任人签认。

7.1.3 油压装置安装质量标准见表7.1.3。

表7.1.3 油压装置安装质量标准

<table>
<tr><th colspan="2" rowspan="2">项次</th><th rowspan="2">检验项目</th><th colspan="2">质量标准</th><th rowspan="2">检验方法</th><th rowspan="2">检验数量</th></tr>
<tr><th>合格</th><th>优良</th></tr>
<tr><td rowspan="3">主控项目</td><td>1</td><td>压力罐、油管路及承压元件严密性试验</td><td colspan="2" rowspan="3">符合GB/T 8564的要求</td><td>油压试验</td><td>全部</td></tr>
<tr><td>2</td><td>油泵试运转</td><td>动作试验</td><td>1～2次</td></tr>
<tr><td>3</td><td>油压装置工作严密性</td><td>记录油压下降值换算</td><td>1次</td></tr>
<tr><td rowspan="3">一般项目</td><td>1</td><td>集油槽、压油罐中心、高程、水平度垂直度</td><td>符合GB/T 8564的要求</td><td>合格标准偏差值的70%以下</td><td>钢卷尺、水准仪、钢板尺</td><td>全部</td></tr>
<tr><td>2</td><td>油泵及电动机弹性联轴节的偏心和倾斜值（mm）</td><td>≤0.08</td><td>≤0.05</td><td>专用工具或塞尺</td><td>对称2～4个点</td></tr>
<tr><td>3</td><td>油压装置压力整定值</td><td colspan="2">符合GB/T 8564的要求</td><td>标准压力表校验</td><td>全部</td></tr>
<tr><td colspan="7">注：表中数值为允许偏差值。</td></tr>
</table>

7.2 调速器（机械柜和电气柜）安装

7.2.1 调速器（机械柜和电气柜）的安装宜划分为一个单元

工程。

7.2.2 单元工程安装质量验收评定时应提供的资料有：清扫检查记录，元部件的清洗、组装、调整及实测记录，并由责任人签认。

7.2.3 调速器（机械柜和电气柜）安装质量标准见表7.2.3。

表7.2.3 调速器（机械柜和电气柜）安装质量标准

项次		检验项目	质量标准		检验方法	检验数量
			合格	优良		
主控项目	1	柜内管路严密性检查	符合GB/T 8564的要求		油压试验	1次
主控项目	2	电液转换器灵敏度	符合设计要求		录制特性曲线	1次
主控项目	3	齿盘测速装置	齿头摆度及其与测速装置探头间距符合设计要求		百分表和卡尺	2～4个点
一般项目	1	机械、电气柜中心、高程、水平度、垂直度	符合GB/T 8564的要求	合格标准偏差值的70%以下	钢卷尺、水准仪、钢板尺和方形水平仪	全部
一般项目	2	各指示器及杠杆位置	≤1.0mm		游标卡尺	全部
一般项目	3	导叶及轮叶接力器在中间位置时回复机构水平度或垂直度	≤1.0mm/m		方型水平仪	全部
一般项目	4	电气回路绝缘检查	符合GB 50150的要求		兆欧表	全部
一般项目	5	稳压电源输出电压	±1%设计值		电压表	全部
一般项目	6	电气调节器死区、放大系数及线性度	符合设计要求和GB/T 8564的要求		录制关系曲线	1～2次
注：表中数值为允许偏差值。						

7.3 调速系统静态调整试验

7.3.1 调速系统静态调整试验宜划分为一个单元工程。

7.3.2 单元安装验收评定时应提供的资料为设备全面检查调试

记录，并由责任人签认。

7.3.3 调速系统静态调整试验质量标准见表7.3.3。

表7.3.3 调速系统静态调整试验质量标准

项次		检验项目	质量标准		检验方法	检验数量
			合格	优良		
主控项目	1	导叶及桨叶紧急关闭时间	±5%设计值		动作试验检查	2次
	2	事故配压阀关闭导叶时间	±5%设计值			
	3	分段关闭时间	±5%设计值			
	4	模拟手动、自动开停机及紧急停机	动作应正常，报警信号正确			1次
一般项目	1	导叶及轮叶最低操作油压	≤16%额定油压		无水情况下动作试验检查	1次
	2	手动、自动及各种控制方式切换	符合GB/T 8564的要求		动作试验检查	各1次
	3	模拟调速系统的各种故障	保护装置应可靠动作，报警信号正确			
	4	模拟电源故障	导叶、轮叶接力器应保持在故障前的位置			大、中、小三种开度各1次
注：表中数值为允许偏差值。						

8 立式水轮发电机安装工程

8.1 一 般 规 定

8.1.1 本章只规定了立式水轮发电机机械部分的质量标准，对于还有电气方面质量要求的定子、转子和轴承等单元工程的安装，其电气试验和绝缘电阻检查的项目及标准见 GB/T 8564。

8.1.2 有电气方面质量要求的单元工程，其有关电气试验和绝缘电阻检查项目应全部符合 GB/T 8564 规定的要求。

8.2 上、下机架安装

8.2.1 发电机的上、下机架安装宜划分为一个单元工程。

8.2.2 上、下机架安装验收评定时应提供的资料有：清扫检验记录表，焊缝质量检验记录，安装、调整、测试记录等，并由责任人签认。

8.2.3 上、下机架安装质量标准见表 8.2.3。

表 8.2.3 上、下机架安装质量标准

项次		检验项目	质量标准		检验方法	检验数量
			合格	优良		
主控项目	1	机架现场焊缝	按 GB/T 3323 和 GB 11345 对焊缝进行检查		射线和超声波探伤	全部
	2	机架中心（mm）	≤1.0	≤0.8	挂钢琴线用测杆	1～2个点
	3	机架水平（mm/m）	≤0.10	<0.08	水平梁加方型水平仪或水准仪加钢板尺	x，y 向各 1
	4	机架高程（mm）	±1.5	±1.0	水准仪、钢板尺	1～2个点

表 8.2.3（续）

<table>
<tr><th colspan="2" rowspan="2">项次</th><th colspan="2" rowspan="2">检验项目</th><th colspan="2">质量标准</th><th rowspan="2">检验方法</th><th rowspan="2">检验数量</th></tr>
<tr><th>合格</th><th>优良</th></tr>
<tr><td rowspan="2">主控项目</td><td rowspan="2">5</td><td rowspan="2">推力轴承座水平度（mm/m）</td><td>支柱螺栓式</td><td>≤0.04</td><td>≤0.03</td><td rowspan="2">水平梁加方型水平仪</td><td rowspan="2">x，y向各1</td></tr>
<tr><td>无支柱螺钉支撑的弹性油箱和多弹簧式</td><td>≤0.02</td><td>≤0.015</td></tr>
<tr><td rowspan="3">一般项目</td><td>1</td><td colspan="2">各组合缝间隙</td><td colspan="2">符合 GB/T 8564 的要求</td><td>塞尺</td><td>全部</td></tr>
<tr><td>2</td><td colspan="2">分瓣式推力轴承支座安装面平面度（mm）</td><td>≤0.20</td><td>≤0.15</td><td>钢板尺及塞尺</td><td>4～8个点</td></tr>
<tr><td>3</td><td colspan="2">推力轴承座中心（mm）</td><td>≤1.5</td><td>≤1.0</td><td>挂钢琴线用测杆</td><td>2～4个点</td></tr>
<tr><td colspan="8">注：表中数值为允许偏差值。</td></tr>
</table>

8.3 定子安装

8.3.1 每台发电机的定子安装宜划分为一个单元工程。

8.3.2 定子安装验收评定时应提供的资料有：清扫检验记录表，焊缝质量检验记录，安装、调整、测试记录等，并由责任人签认。

8.3.3 定子安装质量标准见表 8.3.3。

表 8.3.3 定子安装质量标准

<table>
<tr><th colspan="2" rowspan="2">项次</th><th rowspan="2">检验项目</th><th colspan="2">质量标准</th><th rowspan="2">检验方法</th><th rowspan="2">检验数量</th></tr>
<tr><th>合格</th><th>优良</th></tr>
<tr><td rowspan="3">主控项目</td><td>1</td><td>分瓣组装定子铁芯合缝间隙</td><td colspan="2">无间隙，线槽底部径向错牙不大于 0.30</td><td>塞尺及钢板尺</td><td>全部</td></tr>
<tr><td>2</td><td>定子圆度（各半径与平均半径之差）</td><td>±4.0%设计空气间隙</td><td>±3.5%设计空气间隙</td><td>测圆架或测杆</td><td>不少于12个点</td></tr>
<tr><td>3</td><td>定位筋内圆半径与设计值偏差</td><td>不大于空气间隙为±2%，最大不超过±0.50mm</td><td>设计空气间隙−1%～2%，最大不超过±0.40mm</td><td>测圆架</td><td>8～16个点</td></tr>
</table>

表 8.3.3（续）

<table>
<tr><th colspan="2" rowspan="2">项次</th><th rowspan="2">检验项目</th><th colspan="2">质量标准</th><th rowspan="2">检验方法</th><th rowspan="2">检验数量</th></tr>
<tr><th>合格</th><th>优良</th></tr>
<tr><td rowspan="2">主控项目</td><td>4</td><td>铁芯压紧度</td><td colspan="2">符合设计要求</td><td>钢尺测量</td><td>不少于8个点</td></tr>
<tr><td>5</td><td>定子线圈接头焊接</td><td>符合GB/T 8564的要求</td><td>返修率不大于5%</td><td>目测</td><td>全部</td></tr>
<tr><td rowspan="8">一般项目</td><td>1</td><td>分瓣定子机座组合缝间隙</td><td>用0.05mm塞尺，在螺钉及定位销周围不能通过</td><td>用0.04mm塞尺，在螺钉及定位销周围不能通过</td><td rowspan="2">塞尺</td><td rowspan="3">全部</td></tr>
<tr><td>2</td><td>机座与基础板组合缝</td><td colspan="2">符合 GB/T 8564 的要求</td></tr>
<tr><td>3</td><td>定位筋同一高度的弦长与平均值偏差</td><td>不大于平均值±0.25，积累值不超过0.40mm</td><td>不大于平均值±0.20，积累值不超过0.35mm</td><td>专用工具</td></tr>
<tr><td>4</td><td>铁芯高度</td><td colspan="2">符合 GB/T 8564 的要求</td><td>钢卷尺</td><td rowspan="2">不少于8个点</td></tr>
<tr><td>5</td><td>铁芯波浪度</td><td colspan="2">符合 GB/T 8564 的要求</td><td>水准仪</td></tr>
<tr><td>6</td><td>定子机座焊接</td><td>符合设计要求</td><td>返修率不大于15%</td><td>无损探伤</td><td>检查报告</td></tr>
<tr><td>7</td><td>线圈槽楔紧度</td><td>空隙长度不大于1/3槽楔长度</td><td>在合格基础上有50%空隙长度不大于1/5槽楔长度</td><td></td><td>抽查10%</td></tr>
<tr><td>8</td><td>汇流母线焊接</td><td>符合GB/T 8564的要求</td><td>无返修</td><td>目测</td><td>全部</td></tr>
<tr><td colspan="7">注：表中数值为允许偏差值。</td></tr>
</table>

8.3.4 定子相关电气试验应符合 GB/T 8564 规定的要求。

8.4 转子安装

8.4.1 每台发电机的转子安装宜划分为一个单元工程。

8.4.2 转子安装验收评定时应提供的资料有清扫检验记录表，焊缝质量检验记录，安装、调整、测试记录等，并由责任人签认。

8.4.3 转子装配质量标准见表8.4.3。

表8.4.3 转子装配质量标准

<table>
<tr><th colspan="2" rowspan="2">项次</th><th rowspan="2">检查项目</th><th colspan="8">质量标准</th><th rowspan="2">检验方法</th><th rowspan="2">检验数量</th></tr>
<tr><th colspan="4">合格</th><th colspan="4">优良</th></tr>
<tr><td rowspan="8">主控项目</td><td rowspan="4">1</td><td rowspan="4">转子整体偏心</td><td colspan="4">转速 n（r/min）</td><td colspan="4">转速 n（r/min）</td><td rowspan="4">由所测圆度计算</td><td rowspan="6">全部</td></tr>
<tr><td>$n<100$</td><td>$100\leqslant n<200$</td><td>$\geqslant200\leqslant n<300$</td><td>$n\geqslant300$</td><td>$n<100$</td><td>$100\leqslant n<200$</td><td>$\geqslant200\leqslant n<300$</td><td>$n\geqslant300$</td></tr>
<tr><td>$\leqslant0.5$</td><td>$\leqslant0.4$</td><td>$\leqslant0.3$</td><td>$\leqslant0.15$</td><td><0.5</td><td><0.4</td><td><0.3</td><td><0.15</td></tr>
<tr><td colspan="4">但不大于设计空气间隙的1.5%</td><td colspan="4">但不大于设计空气间隙的1.1%</td></tr>
<tr><td>2</td><td>磁轭圆度（半径与设计半径之差）</td><td colspan="4">±3.5%设计空气间隙</td><td colspan="4">±3.0%设计空气间隙</td><td rowspan="2">测圆架</td></tr>
<tr><td>3</td><td>转子圆度（半径与设计半径之差）</td><td colspan="4">±4.0%设计空气间隙</td><td colspan="4">±3.5%设计空气间隙</td></tr>
<tr><td>4</td><td>圆盘支架焊接</td><td colspan="8" rowspan="2">符合设计要求</td><td>无损探伤</td><td>出具报告</td></tr>
<tr><td>5</td><td>磁轭压紧度</td><td></td><td>不少于8个点</td></tr>
</table>

表 8.4.3（续）

<table>
<tr><th colspan="2" rowspan="2">项次</th><th rowspan="2">检查项目</th><th colspan="12">质 量 标 准</th><th rowspan="2">检验方法</th><th rowspan="2">检验数量</th></tr>
<tr><th colspan="6">合 格</th><th colspan="6">优 良</th></tr>
<tr><td rowspan="14">一般项目</td><td>1</td><td>各组合缝间隙</td><td colspan="12">符合 GB/T 8564 的要求</td><td>塞尺检</td><td rowspan="5">全部</td></tr>
<tr><td rowspan="2">2</td><td rowspan="2">轮臂下端各挂钩高程</td><td colspan="3">外直径小于 8m</td><td colspan="3">外直径不小于 8m</td><td colspan="3">外直径小于 8m</td><td colspan="3">外直径不小于 8m</td><td rowspan="2">水准仪
钢板尺</td></tr>
<tr><td colspan="3">≤1.0</td><td colspan="3">≤1.5</td><td colspan="3">≤1.0</td><td colspan="3">≤1.5</td></tr>
<tr><td>3</td><td>轮臂各键槽弦长</td><td colspan="12">符合设计要求</td><td>钢卷尺</td></tr>
<tr><td>4</td><td>轮臂键槽径向和切向倾斜度</td><td colspan="6">≤0.25mm/m，最大不超过 0.5</td><td colspan="6">≤0.20mm/m，最大不超过 0.4</td><td>挂钢琴线，用千分尺</td></tr>
<tr><td>5</td><td>制动闸板径向水平度</td><td colspan="6">≤0.50</td><td colspan="6"><0.50</td><td>方型水平仪</td><td>4～8个点</td></tr>
<tr><td>6</td><td>制动闸板周向波浪度</td><td colspan="12">整个圆周不大于 2.0</td><td>水准仪
钢板尺</td><td>8～12个点</td></tr>
<tr><td>7</td><td>磁轭键安装</td><td colspan="12">符合设计要求</td><td rowspan="3">钢卷尺</td><td>全部</td></tr>
<tr><td>8</td><td>磁轭压紧后周向高度差</td><td colspan="12">符合 GB/T 8564 的要求</td><td>沿周向 8～12 个截面测量</td></tr>
<tr><td>9</td><td>磁轭在同一截面内外高度差</td><td colspan="6">≤5.0</td><td colspan="6">≤4.0</td><td></td></tr>
<tr><td rowspan="3">10</td><td rowspan="3">磁极挂装中心高程</td><td colspan="6">磁极铁芯长度</td><td colspan="6">磁极铁芯长度</td><td rowspan="3">水准仪
钢板尺</td><td rowspan="3">8～12个点</td></tr>
<tr><td colspan="2">≤1.5m</td><td colspan="2">1.5～2.0m</td><td colspan="2">>2.0m</td><td colspan="2">≤1.5m</td><td colspan="2">1.5～2.0m</td><td colspan="2">>2.0m</td></tr>
<tr><td colspan="2">±1.0</td><td colspan="2">±1.5</td><td colspan="2">±2.0</td><td colspan="2">±1.0</td><td colspan="2">±1.5</td><td colspan="2">±2.0</td></tr>
<tr><td colspan="16">注：表中数值为允许偏差值，mm。</td></tr>
</table>

8.4.4 转动部件安装质量标准见表8.4.4。

表8.4.4 转动部件安装质量标准

<table>
<tr><th colspan="2" rowspan="2">项次</th><th rowspan="2">检验项目</th><th colspan="2">质量标准</th><th rowspan="2">检验方法</th><th rowspan="2">检验数量</th></tr>
<tr><th>合格</th><th>优良</th></tr>
<tr><td>主控项目</td><td>1</td><td>镜板水平度</td><td>≤0.02mm/m</td><td><0.02mm/m</td><td>方型水平仪</td><td>4～6个点</td></tr>
<tr><td rowspan="5">一般项目</td><td>1</td><td>热套推力头卡环轴向间隙</td><td colspan="2">用0.02mm塞尺检查，塞不进</td><td rowspan="2">塞尺</td><td rowspan="2">4～8个点</td></tr>
<tr><td>2</td><td>螺栓连接推力头连接面间隙</td><td colspan="2">用0.03mm塞尺检查，塞不进</td></tr>
<tr><td>3</td><td>转子中心体与主轴联轴螺栓伸长值</td><td rowspan="2">设计值的±10%</td><td rowspan="2">设计值的±6%</td><td rowspan="2">百分表</td><td rowspan="2">全部</td></tr>
<tr><td>4</td><td>转子中心体与上端轴联轴螺栓伸长值</td></tr>
<tr><td>5</td><td>定转子之间相对高差</td><td>不超过定子铁芯有效长度的±0.15%，但最大不超过±4.0mm</td><td>不超过定子铁芯有效长度的±0.12%，但最大不超过±3.5mm</td><td>水准仪钢板尺</td><td>4～8个点</td></tr>
<tr><td colspan="7">注：表中数值为允许偏差值。</td></tr>
</table>

8.4.5 转子相关电气试验应符合GB/T 8564规定的要求。

8.5 制动器安装

8.5.1 每台发电机的制动器安装宜划分为一个单元工程。

8.5.2 进行单元工程验收评定时应提供清扫检查记录、安装检验记录和调整试验记录。

8.5.3 制动器安装质量标准见表8.5.3。

表 8.5.3 制动器安装质量标准

项次		检验项目	质量标准		检验方法	检验数量
			合格	优良		
主控项目	1	制动器顶面高程差	±1.0mm		水准仪、钢尺	全部
	2	制动器与制动闸板间隙差	±20%设计间隙	±15%设计间隙	钢尺、塞尺	每个制动器1次
一般项目	1	制动器动作试验	动作灵活，正确复位		通压缩空气试验	全部
	2	制动器严密性试验	符合制造厂要求		油压试验	
	3	制动管路试验	符合设计要求		油压试验	1次
注：表中数值为允许偏差值。						

8.6 推力轴承和导轴承安装

8.6.1 每台发电机的推力轴承和导轴承安装宜划分为一个单元工程。

8.6.2 对油槽、冷却器、推力轴承的高压油顶起系统的主要部件，在安装前应按设计要求进行渗漏、耐压和动作试验检查，并作出记录。

8.6.3 进行单元工程安装质量验收评定时应提供各项安装检验记录和试验记录。

8.6.4 轴承安装质量标准见表8.6.4。

表 8.6.4 轴承安装质量标准

项次		检验项目	质量标准		检验方法	检验数量
			合格	优良		
主控项目	1	高压油顶起装置单向阀试验	无渗漏		反向加压在0.5倍、0.75倍、1.0倍、1.25倍工作压力下各停留10min	全部
	2	推力瓦受力调整	符合设计要求	小于允许偏差值的90%	百分表	

表 8.6.4（续）

项次		检验项目	质量标准		检验方法	检验数量
			合格	优良		
一般项目	1	推力轴瓦研刮	符合 GB/T 8564 的要求		瓦与镜板研磨	全部
	2	导轴瓦研刮	符合 GB/T 8564 的要求		着色法	
	3	轴承油槽渗漏试验	无渗漏		用煤油检查 4h	1 次
	4	油槽冷却器耐压试验	无异常		1.25 倍工作压力水压试验 30min	
	5	无调节结构推力瓦块间高差	符合设计要求	小于允许偏差值的 80%	百分表	全部
	6	轴承油质	符合 GB 11120 的规定		油化验单	每批抽检
	7	分块导轴瓦间隙调整	≤0.02mm	<0.02mm	百分表	全部
	8	挡油圈与机组同心度	中心偏差不大于 1mm，同时满足挡油圈与轴头径向距离偏差不超过±10%平均间隙		塞尺或百分表，钢尺	4～8 个点
注：表中数值为允许偏差值。						

8.6.5 轴承的绝缘电阻应符合 GB/T 8564 规定的要求。

8.7 机组轴线调整

8.7.1 每台水轮发电机组的轴线调整宜划分为一个单元工程。

8.7.2 进行单元工程安装验收评定时应提供调整检查记录。

8.7.3 机组轴线调整质量标准见表 8.7.3，其中水轮机导轴承处的绝对摆度在任何情况下，不应超过以下值：转速在 250r/min 以下的机组为 0.35mm；转速在 250～600r/min 以下的机组为 0.25mm；转速在 600r/min 及以上的机组为 0.20mm。

表 8.7.3 机组轴线调整质量标准

<table>
<tr><td colspan="2" rowspan="2">项次</td><td colspan="2" rowspan="2">检验项目</td><td colspan="6">质量标准</td><td rowspan="2">检验方法</td><td rowspan="2">检验数量</td></tr>
<tr><td colspan="5">合格</td><td>优良</td></tr>
<tr><td rowspan="8">主控项目</td><td rowspan="5">1</td><td rowspan="5">刚性盘车各部摆度</td><td rowspan="2">测量部位</td><td colspan="5">转速 n (r/min)</td><td rowspan="5">小于合格数据10%</td><td rowspan="8">百分表</td><td rowspan="8">4～8个点</td></tr>
<tr><td>$n \lt 150$</td><td>$150 \leqslant n \lt 300$</td><td>$300 \leqslant n \lt 500$</td><td>$500 \leqslant n \lt 750$</td><td>$n \geqslant 750$</td></tr>
<tr><td>发电机轴上、下导及法兰（相对摆度，mm/m）</td><td>0.03</td><td>0.03</td><td>0.02</td><td>0.02</td><td>0.02</td></tr>
<tr><td>水轮机轴导轴承轴颈（相对摆度，mm/m）</td><td>0.05</td><td>0.05</td><td>0.04</td><td>0.03</td><td>0.02</td></tr>
<tr><td>发电机集电环（绝对摆度，mm）</td><td>0.50</td><td>0.40</td><td>0.30</td><td>0.20</td><td>0.10</td></tr>
<tr><td rowspan="3">2</td><td rowspan="3">弹性盘车轴向摆度</td><td rowspan="3">镜板边缘跳动（mm）</td><td colspan="5">镜板直径</td><td rowspan="3">小于合格数据10%</td></tr>
<tr><td colspan="2">$\lt 2000$</td><td>2000～3500</td><td colspan="2">$\gt 3500$</td></tr>
<tr><td colspan="2">0.10</td><td>0.15</td><td colspan="2">0.20</td></tr>
<tr><td rowspan="2">一般项目</td><td>1</td><td colspan="2">多段轴轴线折弯（mm/m）</td><td colspan="5">≤0.04</td><td>$\lt 0.03$</td><td>盘车记录分析计算或吊钢琴线</td><td>分段各1处</td></tr>
<tr><td>2</td><td colspan="2">定、转子之间空气间隙</td><td colspan="5">±8%平均间隙</td><td>±7%平均间隙</td><td>塞尺</td><td>8～12个点</td></tr>
<tr><td colspan="12">注：表中数值为允许偏差值。</td></tr>
</table>

9　卧式水轮发电机安装工程

9.1　定子和转子安装

9.1.1　每台卧式发电机的定子与转子安装宜划分为一个单元工程。

9.1.2　定子与转子安装质量验收评定时应提供的资料有：清扫检验记录、安装、调整、测试记录，并由责任人签认。

9.1.3　定子与转子安装质量标准见表9.1.3。

表9.1.3　定子与转子安装质量标准

<table>
<tr><th colspan="2" rowspan="2">项次</th><th colspan="2" rowspan="2">检验项目</th><th colspan="2">质量标准</th><th rowspan="2">检验方法</th><th rowspan="2">检验数量</th></tr>
<tr><th>合格</th><th>优良</th></tr>
<tr><td rowspan="5">主控项目</td><td>1</td><td colspan="2">空气间隙</td><td>±8%
平均间隙</td><td>±7%
平均间隙</td><td>塞尺</td><td rowspan="5">4～8个点</td></tr>
<tr><td rowspan="4">2</td><td rowspan="4">主轴连接后各部摆度</td><td>各轴颈处</td><td>0.03</td><td>0.02</td><td rowspan="4">百分表</td></tr>
<tr><td>推力盘端面跳动</td><td colspan="2">0.02</td></tr>
<tr><td>联轴法兰处</td><td>0.10</td><td>0.08</td></tr>
<tr><td>滑环整流子处</td><td>0.20</td><td>0.15</td></tr>
<tr><td rowspan="5">一般项目</td><td>1</td><td colspan="2">定子与转子轴向中心</td><td colspan="2">符合制造厂规定</td><td>钢卷尺</td><td>4～8个点</td></tr>
<tr><td>2</td><td colspan="2">推力轴承轴向间隙（主轴窜动量）</td><td colspan="2">0.3～0.6</td><td rowspan="3">塞尺</td><td rowspan="2">2～4个点</td></tr>
<tr><td>3</td><td colspan="2">密封环与转轴间隙</td><td colspan="2">符合设计要求</td></tr>
<tr><td>4</td><td colspan="2">风扇叶片与导风装置平均间隙</td><td>±20%
平均间隙</td><td>±15%
平均间隙</td><td rowspan="2">4～8个点</td></tr>
<tr><td>5</td><td colspan="2">风扇叶片与导风装置轴向间隙</td><td colspan="2">符合设计要求，或不小于5.0</td><td>钢板尺</td></tr>
<tr><td colspan="8">注：表中数值为允许偏差值，mm。</td></tr>
</table>

9.1.4　定子和转子相关电气试验应符合GB/T 8564规定的要求。

9.2 轴承安装

9.2.1 卧式发电机的轴承安装宜划分为一个单元工程。

9.2.2 对油槽、冷却器、高压油顶起系统的主要部件，在安装前应按设计要求进行渗漏、耐压和动作试验检查，并作出记录。

9.2.3 单元工程验收评定时应出具各项调整、安装、测试记录等。

9.2.4 轴承安装质量标准见表 9.2.4。对于轴瓦与轴承外壳配合项目，上瓦与轴承盖应无间隙，并有 0.05mm 紧量；表内是指下瓦与轴承座承力面的配合要求；有绝缘要求的轴承座对地绝缘应符合 GB/T 8564 规定的要求。

表 9.2.4 轴承安装质量标准

项次		检验项目		质量标准		检验方法	检验数量
				合格	优良		
主控项目	1	轴瓦与轴颈间隙	顶部	符合设计要求		压铅法或塞尺	4～6个点
			两侧	顶部间隙的一半，两侧间隙差不应超过间隙值的 10%			
	2	推力轴瓦接触面积		≥75%总面积	≥80%总面积	轴瓦与轴颈研磨	1 次
	3	轴瓦与推力轴瓦接触点		1～3 个点/cm^2			
	4	轴承座中心（mm）		0.10	0.08	挂钢琴线用内径千分尺	1～2个点
一般项目	1	轴瓦与轴承外壳配合	圆柱面配合	≥60%	≥70%	着色法	全部
			球面配合	≥75%	≥80%		
	2	轴瓦与下部轴颈接触角		符合设计要求但不超过 60°		轴瓦与轴颈研磨	1 次

表 9.2.4（续）

项次		检验项目	质量标准		检验方法	检验数量
			合格	优良		
一般项目	3	轴承座油室渗漏试验	无异常		煤油试验 4h	1 次
	4	轴承座横向水平度（mm/m）	≤0.20	≤0.15	方型水平仪	2～4 个点
	5	轴承座轴向水平度（mm/m）	≤0.10	≤0.08		
	6	轴承座与基础板组合缝	符合 GB/T 8564 的要求		塞尺检	全部
注：表中数值为允许偏差值。						

10 灯泡式水轮发电机安装工程

10.1 主要部件安装

10.1.1 灯泡式发电机的主要部件安装宜划分为一个单元工程。

10.1.2 发电机主要部件安装质量验收评定时应提供的资料有：清扫检验记录，焊缝质量检验记录，安装、调整、测试记录等，并应由责任人签认。

10.1.3 灯泡式水轮发电机主要部件安装质量标准见表10.1.3。

表10.1.3 灯泡式水轮发电机主要部件安装质量标准

<table>
<tr><th colspan="2" rowspan="2">项次</th><th colspan="2" rowspan="2">检验项目</th><th colspan="2">质量标准</th><th rowspan="2">检验方法</th><th rowspan="2">检验数量</th></tr>
<tr><th>合格</th><th>优良</th></tr>
<tr><td rowspan="4">主控项目</td><td>1</td><td colspan="2">定子机座组合缝间隙</td><td colspan="2">螺栓及定位销周围0.05mm塞尺不能通过</td><td>塞尺</td><td>全部</td></tr>
<tr><td>2</td><td colspan="2">定子铁芯圆度</td><td>±4.0%空气间隙</td><td>±3.5%空气间隙</td><td>挂钢琴线用测杆</td><td>不少于12个测点</td></tr>
<tr><td>3</td><td colspan="2">机壳、顶罩焊缝</td><td colspan="2">符合GB/T 11345 Ⅱ级焊缝要求</td><td>超声波探伤仪</td><td>全部</td></tr>
<tr><td>4</td><td colspan="2">轴承支架中心</td><td>≤0.05</td><td>≤0.04</td><td>挂钢琴线，用钢板尺</td><td>1～2个点</td></tr>
<tr><td rowspan="6">一般项目</td><td>1</td><td colspan="2">定子铁芯组合缝间隙</td><td colspan="2">加垫后应无间隙，铁芯线槽底部径向错牙不大于0.3</td><td>塞尺</td><td>全部</td></tr>
<tr><td>2</td><td colspan="2">转子组装</td><td colspan="2">与本标准第8章立式机组要求相同</td><td></td><td></td></tr>
<tr><td rowspan="2">3</td><td rowspan="2">定子下游侧管形座把合孔分布圆与定子铁芯同心度</td><td>无倾斜和偏心结构</td><td colspan="2">中心偏差不大于1</td><td rowspan="3">挂钢琴线，用钢卷尺</td><td rowspan="3">4～8个点</td></tr>
<tr><td>有倾斜和偏心结构</td><td colspan="2">偏心及倾斜角符合图纸要求</td></tr>
<tr><td>4</td><td colspan="2">机壳、顶罩各法兰圆度</td><td colspan="2">±0.1%设计直径且最大不超过5.0</td></tr>
<tr><td>5</td><td colspan="2">顶罩各组合缝间隙</td><td colspan="2">符合GB/T 8564要求</td><td>塞尺</td><td>全部</td></tr>
<tr><td colspan="8">注：表中数值为允许偏差值，mm。</td></tr>
</table>

10.2 总 体 安 装

10.2.1 灯泡式发电机的总体安装宜划分为一个单元工程。

10.2.2 整体或现场组装的灯泡式水轮发电机，应按 GB/T 8564 规定进行电气试验，并符合要求。

10.2.3 总体安装验收评定时应提供安装质量项目的安装调整记录和试验记录，并由责任人签认。

10.2.4 总体安装质量标准见表 10.2.4。

表 10.2.4 总体安装质量标准

<table>
<tr><th colspan="2" rowspan="2">项次</th><th colspan="2" rowspan="2">检验项目</th><th colspan="2">质量标准</th><th rowspan="2">检验方法</th><th rowspan="2">检验数量</th></tr>
<tr><th>合格</th><th>优良</th></tr>
<tr><td rowspan="6">主控项目</td><td>1</td><td colspan="2">空气间隙</td><td>±8%
平均间隙</td><td>±7%
平均间隙</td><td rowspan="2">塞尺</td><td>6～8
个点</td></tr>
<tr><td>2</td><td colspan="2">正反向推力轴瓦总间隙</td><td>0.1</td><td>0.08</td><td rowspan="5">4～6
个点</td></tr>
<tr><td rowspan="4">3</td><td rowspan="4">主轴与转子连接后盘车检查各部摆度</td><td>各轴颈处</td><td>≤0.03</td><td><0.03</td><td rowspan="4">百分表</td></tr>
<tr><td>镜板端面跳动</td><td>≤0.05</td><td>≤0.03</td></tr>
<tr><td>联轴法兰处</td><td>≤0.10</td><td>≤0.08</td></tr>
<tr><td>滑环处</td><td>≤0.20</td><td>≤0.15</td></tr>
<tr><td rowspan="5">一般项目</td><td>1</td><td colspan="2">挡风板与转子径向、轴向间隙</td><td>0～+20%
设计值</td><td>0～+15%
设计值</td><td>钢板尺</td><td>4～6
个点</td></tr>
<tr><td>2</td><td colspan="2">机组整体严密性试验</td><td colspan="2">无渗漏现象</td><td></td><td rowspan="4">全部</td></tr>
<tr><td>3</td><td colspan="2">组合轴承端面密封间隙</td><td colspan="2">符合设计要求</td><td>塞尺</td></tr>
<tr><td>4</td><td colspan="2">联轴螺栓预紧力</td><td>±10%
设计值</td><td>±6%
设计值</td><td>扭力扳手或百分表测伸长值</td></tr>
<tr><td>5</td><td colspan="2">定子、转子轴向磁力中心</td><td colspan="2">符合 GB/T 8564
的规定</td><td></td></tr>
<tr><td colspan="8">注：表中数值为允许偏差值，mm。</td></tr>
</table>

11　静止励磁装置及系统安装工程

11.1　励磁装置及系统安装

11.1.1　励磁装置及系统安装包括励磁变压器、励磁调节器、功率柜、灭磁开关柜、电制动装置（如果有）以及励磁电缆等，宜划分为一个单元工程。

11.1.2　单元工程安装质量验收评定时应提供各项安装、调整、测试记录等，并应由责任人签认。

11.1.3　励磁装置及系统安装质量标准见表11.1.3。

表11.1.3　励磁装置及系统安装质量标准

<table>
<tr><th colspan="2" rowspan="2">项次</th><th rowspan="2">检验项目</th><th colspan="2">质量标准</th><th rowspan="2">检验方法</th><th rowspan="2">检验数量</th></tr>
<tr><th>合格</th><th>优良</th></tr>
<tr><td rowspan="4">主控项目</td><td>1</td><td>励磁变压器器身水平/垂直度（mm/m）</td><td>±2.0</td><td>±1.5</td><td>框型水平仪</td><td>交叉2～4个点</td></tr>
<tr><td>2</td><td>隔离绝缘</td><td colspan="2">符合设计要求</td><td>兆欧表</td><td rowspan="3">全部</td></tr>
<tr><td>3</td><td>盘柜接缝（mm）</td><td>≤2</td><td>≤1.5</td><td>钢板尺</td></tr>
<tr><td>4</td><td>盘柜与屏蔽电缆接地</td><td colspan="2">符合设计要求</td><td>检查</td></tr>
<tr><td rowspan="2">一般项目</td><td>1</td><td>位置、高程（mm）</td><td>±5</td><td>±3</td><td>钢卷尺</td><td rowspan="2">全部</td></tr>
<tr><td>2</td><td>电缆敷设</td><td colspan="2">整齐美观，盘柜内不存在中间接头，编号正确清晰</td><td>检查</td></tr>
<tr><td colspan="7">注：表中数值为允许偏差值。</td></tr>
</table>

11.2　励磁系统试验

11.2.1　励磁系统试验可按照DL/T 489进行，其试验结果应满足DL/T 489、GB 50150和DL/T 583的要求。

11.2.2　励磁系统试验标准，应符合附录B的规定。

12 主阀及附属设备安装工程

12.1 蝴蝶阀安装

12.1.1 每台蝴蝶阀的安装宜划分为一个单元工程。

12.1.2 单元工程安装质量验收评定时应提供蝴蝶阀安装、调整和试验记录等，并由责任人签认。

12.1.3 蝴蝶阀安装质量标准见表12.1.3。

表12.1.3 蝴蝶阀安装质量标准

<table>
<tr><th colspan="2" rowspan="2">项次</th><th colspan="4" rowspan="2">检验项目</th><th colspan="2">质量标准</th><th rowspan="2">检验方法</th><th rowspan="2">检验数量</th></tr>
<tr><th>合格</th><th>优良</th></tr>
<tr><td rowspan="5">主控项目</td><td>1</td><td colspan="4">阀体水平度及垂直度</td><td>直径大于4m的不大于0.5mm/m，其他不大于1mm/m</td><td>直径大于4m的不大于0.4mm/m，其他不大于0.8mm/m</td><td>方型水平仪</td><td>对侧各1处</td></tr>
<tr><td rowspan="3">2</td><td rowspan="3">活门关闭状态密封检查</td><td colspan="3">实心橡胶密封、金属硬密封或橡胶密封</td><td colspan="2">无间隙</td><td rowspan="3">塞尺</td><td rowspan="3">周向6～12个点</td></tr>
<tr><td colspan="2" rowspan="2">橡胶密封</td><td>未充气</td><td>±20%设计值</td><td>±15%设计值</td></tr>
<tr><td>充气后</td><td colspan="2">无间隙</td></tr>
<tr><td>3</td><td colspan="4">关闭严密性试验</td><td>漏水量不超过设计允许值</td><td>漏水量不超过设计允许值的80%</td><td>上游充水压，保持30min，测量漏水量，并折算至设计水头</td><td>1次</td></tr>
<tr><td rowspan="3">一般项目</td><td>1</td><td colspan="4">活门全开位置</td><td colspan="2">不超过±1°</td><td>按制造厂规定</td><td>1次</td></tr>
<tr><td>2</td><td colspan="4">阀体水流方向中心线</td><td>≤3</td><td>≤2</td><td rowspan="2">钢卷尺</td><td rowspan="2">1～2个点</td></tr>
<tr><td>3</td><td colspan="4">阀体上下游位置</td><td>≤10</td><td>≤8</td></tr>
</table>

表 12.1.3（续）

<table>
<tr><th colspan="2" rowspan="2">项次</th><th rowspan="2">检验项目</th><th colspan="2">质量标准</th><th rowspan="2">检验方法</th><th rowspan="2">检验数量</th></tr>
<tr><th>合格</th><th>优良</th></tr>
<tr><td>一般项目</td><td>4</td><td>锁锭动作试验</td><td colspan="2">包括行程开关接点应动作灵活、位置正确</td><td>现场用液压或手动操作</td><td>正反向各 1 处</td></tr>
<tr><td colspan="7">注：表中数值为允许偏差值，mm。</td></tr>
</table>

12.2 球 阀 安 装

12.2.1 每台球阀的安装宜划分为一个单元工程。

12.2.2 单元工程安装质量验收评定时，应提供球阀安装、调整和试验记录等，并由责任人签认。

12.2.3 球阀安装质量标准见表 12.2.3。

表 12.2.3 球阀安装质量标准

<table>
<tr><th colspan="2" rowspan="2">项次</th><th rowspan="2">检验项目</th><th colspan="2">质量标准</th><th rowspan="2">检验方法</th><th rowspan="2">检验数量</th></tr>
<tr><th>合格</th><th>优良</th></tr>
<tr><td rowspan="2">主控项目</td><td>1</td><td>阀体水平度及垂直度</td><td>直径大于 4m 的不大于 0.5mm/m，其他不大于 1mm/m</td><td>直径大于 4m 的不大于 0.4mm/m，其他不大于 0.8mm/m</td><td>方型水平仪</td><td>对侧各 1 处</td></tr>
<tr><td>2</td><td>关闭严密性试验</td><td>漏水量不超过设计允许值</td><td>漏水量不超过设计允许值的 80%</td><td>上游充水压，保持 30min，测量漏水量并折算至设计水头</td><td>1 次</td></tr>
<tr><td rowspan="3">一般项目</td><td>1</td><td>阀体水流方向中心线</td><td>≤3</td><td>≤2</td><td rowspan="2">钢卷尺</td><td rowspan="2">1～2 个点</td></tr>
<tr><td>2</td><td>阀体上下游位置</td><td>≤10</td><td>≤8</td></tr>
<tr><td>3</td><td>工作密封和检修密封与止水面间隙</td><td colspan="2">用 0.05mm 塞尺检查不能通过</td><td>塞尺</td><td>周向 4～8 个点</td></tr>
</table>

表 12.2.3（续）

项次		检验项目	质量标准		检验方法	检验数量
			合格	优良		
一般项目	4	密封环行程	符合设计要求		钢板尺	周向4～6个点
	5	活门转动检查	转动灵活，与固定部件的间隙不小于2			4～8个点
注：表中数值为允许偏差值，mm。						

12.3 筒形阀安装

12.3.1 每个筒形阀的安装项目宜划分为一个单元工程。

12.3.2 筒形阀装于座环与活动导叶之间，正式安装前，筒形阀应参与导水机构的预装，并做好配合标记。

12.3.3 单元工程验收评定时应提供各项检查、安装、调整和检验记录等，并应有责任人签认。

12.3.4 筒形阀安装质量标准见表 12.3.4。

表 12.3.4 筒形阀安装质量标准

项次		检验项目	质量标准		检验方法	检验数量
			合格	优良		
主控项目	1	接力器同步性	符合设计要求		上下操作	各1次
	2	密封压板平整度	过流面处不超过±1	过流面处不超过±0.8	钢板尺	每块压板
一般项目	1	阀体圆度	平均直径的±0.10%	平均直径的±0.08%	圆周等分实测8断面以上，每个断面测上、下口，用测杆	2×8个点
	2	阀体与导轨间隙	不超过设计间隙±10%	不超过设计间隙±8%	上、中、下三处塞尺检查，实测4个对称断面	3×4个点

表 12.3.4（续）

项次		检验项目	质量标准		检验方法	检验数量
			合格	优良		
一般项目	3	阀体密封面严密度	硬密封局部不大于1.0，总长不超过密封面的5%，软密封无间隙	硬密封局部不大于0.8，总长不超过密封面的3%，软密封无间隙	塞尺和钢卷尺	8～12个点
注：表中数值为允许偏差值，mm。						

12.4 伸缩节安装

12.4.1 伸缩节的安装宜划分为一个单元工程。

12.4.2 单元工程验收评定时，应提供伸缩节安装、调整和检测记录等，并应有责任人签认。

12.4.3 伸缩节安装质量标准见表12.4.3。

表 12.4.3 伸缩节安装质量标准

项次		检验项目	质量标准		检验方法	检验数量
			合格	优良		
主控项目	1	充水后漏水量	无滴漏		目测	1次
一般项目	1	填料式伸缩节伸缩距离	符合设计要求		钢卷尺	4～6个点
	2	焊缝检查	符合设计要求		检查原始记录，或抽检	全部

12.5 附件和操作机构安装

12.5.1 主阀的附件和操作机构的安装宜划分为一个单元工程，附件和操作机构包括与蝴蝶阀、球阀配套的油压装置、旁通阀、空气阀、手动阀、接力器以及筒形阀的接力器同步装置等。

12.5.2 阀门用的油压装置，其安装质量可参照本标准第7章有关规定。

12.5.3 单元工程安装质量验收评定时应提供安装、调整和试验记录等，并应有责任人签认。

12.5.4 附件和操作机构的安装质量标准见表12.5.4。

表12.5.4 附件和操作机构的安装质量标准

<table>
<tr><th colspan="2" rowspan="2">项次</th><th rowspan="2">检验项目</th><th colspan="2">质量标准</th><th rowspan="2">检验方法</th><th rowspan="2">检验数量</th></tr>
<tr><th>合格</th><th>优良</th></tr>
<tr><td rowspan="2">主控项目</td><td>1</td><td>阀门开、关时间</td><td colspan="2">符合设计要求</td><td>无水状态下用秒表计时</td><td rowspan="2">正反各1次</td></tr>
<tr><td>2</td><td>筒形阀操作检查</td><td colspan="2">同步偏差符合要求</td><td>实测各接力器行程及油压</td></tr>
<tr><td rowspan="3">一般项目</td><td>1</td><td>操作阀门接力器的位置、水平、垂直度、高程</td><td>符合GB/T 8564规定</td><td>合格偏差值的80%</td><td>钢卷尺、方型水平仪或水准仪</td><td rowspan="3">全部</td></tr>
<tr><td>2</td><td>旁通阀、空气阀接力器严密性试验</td><td colspan="2">符合GB/T 8564要求</td><td>水压或油压试验</td></tr>
<tr><td>3</td><td>操作系统严密性试验</td><td colspan="2">在1.25倍工作压力下30min无渗漏</td><td>目测</td></tr>
</table>

13　机组管路安装工程

13.0.1　机组的管路焊接和安装宜划分为一个单元工程。

13.0.2　油管路不应采用焊制弯头，钢制油管道内壁应按设计要求进行酸洗、中和及钝化处理或按 GB/T 8564—2003 附录 D 处理。

13.0.3　无压排水、排油管路应按设计要求顺坡敷设。测压管路应尽量减少急弯，不应出现倒坡。

13.0.4　单元工程安装质量验收评定时，应提供安装、检验记录和焊缝的检验记录等，并应由责任人签认。

13.0.5　机组管路安装质量标准见表 13.0.5。

表 13.0.5　机组管路安装质量标准

<table>
<tr><th colspan="2" rowspan="2">项次</th><th rowspan="2">检验项目</th><th colspan="2">质量标准</th><th rowspan="2">检验方法</th><th rowspan="2">检验数量</th></tr>
<tr><th>合格</th><th>优良</th></tr>
<tr><td rowspan="2">主控项目</td><td>1</td><td>工地加工管件强度耐压试验</td><td colspan="2">无渗漏及裂纹等异常现象</td><td>1.5 倍额定工作压力水压试验，但不小于 0.4MPa，保持 10min。可检查记录</td><td>全部</td></tr>
<tr><td>2</td><td>管路严密性耐压试验</td><td colspan="2">无渗漏现象</td><td>1.25 倍实际工作压力保持 30min</td><td>1 次</td></tr>
<tr><td rowspan="4">一般项目</td><td>1</td><td>管路过缝处理</td><td colspan="2">符合设计要求</td><td>目测</td><td>全部</td></tr>
<tr><td>2</td><td>明管位置和高程</td><td>≤10mm</td><td>≤8mm</td><td rowspan="3">钢尺</td><td rowspan="3">1/3～1/2</td></tr>
<tr><td>3</td><td>明管水平偏差</td><td>不超过 0.15%，且不超过 20mm</td><td>不超过 0.12%，且不超过 15mm</td></tr>
<tr><td>4</td><td>明管垂直偏差</td><td>不超过 0.2%，且不超过 15mm</td><td>不超过 0.15%，且不超过 12mm</td></tr>
</table>

表 13.0.5（续）

项次		检验项目	质量标准		检验方法	检验数量
			合格	优良		
一般项目	5	管路支架	牢固不晃动		目测	抽查1/3
	6	通流试验	通畅，不堵塞		通入相应介质检查	全部
	7	油管路清洁度	符合设计要求		查清洗记录，对怀疑处抽检	
	8	管路焊口错牙	不超过壁厚20%且不大于2mm	不超过壁厚15%且不大于1.5mm	钢板尺	全部
	9	焊缝检查	表面无裂纹、夹渣、气孔，咬边深度小于0.5mm，长度不超过10%焊缝长	无裂纹、夹渣、气孔和咬边等缺陷	目测	
注：表中数值为允许偏差值。						

附录A 单元工程安装质量验收评定表及质量检查表（样式）

A.0.1 单元工程安装质量验收评定应采用表A.0.1。

表A.0.1 单元工程安装质量验收评定表

<table>
<tr><td colspan="2">单位工程名称</td><td></td><td colspan="2">单元工程量</td><td colspan="2"></td></tr>
<tr><td colspan="2">分部工程名称</td><td></td><td colspan="2">安装单位</td><td colspan="2"></td></tr>
<tr><td colspan="2">单元工程名称、部位</td><td></td><td colspan="2">评定日期</td><td colspan="2">年　月　日</td></tr>
<tr><td rowspan="2">项次</td><td colspan="2" rowspan="2">项　目</td><td colspan="2">主控项目（个）</td><td colspan="2">一般项目（个）</td></tr>
<tr><td>合格数</td><td>优良数</td><td>合格数</td><td>优良数</td></tr>
<tr><td>1</td><td colspan="2">单元工程安装质量
（见表A.0.2-1）</td><td></td><td></td><td></td><td></td></tr>
<tr><td>2</td><td colspan="2"></td><td></td><td></td><td></td><td></td></tr>
<tr><td></td><td colspan="2"></td><td></td><td></td><td></td><td></td></tr>
<tr><td colspan="3">主要部件调试及操作试验符合本标准和相关专业标准的规定</td><td colspan="4">主要部件调试及操作试验质量（见表A.0.2-2）</td></tr>
<tr><td colspan="2">施工单位自评意见</td><td colspan="5">主要部件调试及操作试验符合要求，各项报验资料符合规定。检验项目全部合格。检验项目优良标准率为____，其中主控项目优良标准率为____，单元工程安装质量验收评定等级为：______。
（签字，加盖公章）　　年　月　日</td></tr>
<tr><td colspan="2">监理单位意见</td><td colspan="5">主要部件调试及操作试验符合要求，各项报验资料符合规定。检验项目全部合格。检验项目优良标准率为____，其中主控项目优良标准率为____，单元工程安装质量验收评定等级为：______。
（签字，加盖公章）　　年　月　日</td></tr>
<tr><td colspan="2">建设单位意见</td><td colspan="5">（签字，加盖公章）　　年　月　日</td></tr>
<tr><td colspan="7">注1：主控项目和一般项目中的合格数是指达到合格及以上质量标准的项目个数。
注2：检验项目优良标准率 $=\frac{\text{主控项目优良数}+\text{一般项目优良数}}{\text{检验项目总数}}\times 100\%$。
注3：对重要隐蔽单元工程和关键部位单元工程的安装质量验收评定应有设计、建设等单位的代表填写意见并签字；具体要求应满足SL 176的规定。
注4：本表所填“单元工程量”不作为施工单位工程量结算计量的依据。</td></tr>
</table>

A.0.2 单元工程安装及主要部件调试及操作试验质量检查应分别采用表 A.0.2－1、表 A.0.2－2。

表 A.0.2－1 单元工程安装质量检查表

编号：________ 日期：________

<table>
<tr><td colspan="3">分部工程名称</td><td colspan="2"></td><td colspan="3">单元工程名称</td><td colspan="3"></td></tr>
<tr><td colspan="3">安装部位</td><td colspan="2"></td><td colspan="3">安装内容</td><td colspan="3"></td></tr>
<tr><td colspan="3">安装单位</td><td colspan="2"></td><td colspan="3">开/完工日期</td><td colspan="3"></td></tr>
<tr><td colspan="2" rowspan="2">项次</td><td rowspan="2">检验项目</td><td rowspan="2">允许偏差（mm）</td><td colspan="4">检测值（mm）</td><td rowspan="2">合格数</td><td rowspan="2">优良数</td><td rowspan="2">质量标准等级</td></tr>
<tr><td>1</td><td>2</td><td>3</td><td></td></tr>
<tr><td rowspan="3">主控项目</td><td>1</td><td></td><td></td><td></td><td></td><td></td><td></td><td></td><td></td><td></td></tr>
<tr><td>2</td><td></td><td></td><td></td><td></td><td></td><td></td><td></td><td></td><td></td></tr>
<tr><td></td><td></td><td></td><td></td><td></td><td></td><td></td><td></td><td></td><td></td></tr>
<tr><td rowspan="3">一般项目</td><td>1</td><td></td><td></td><td></td><td></td><td></td><td></td><td></td><td></td><td></td></tr>
<tr><td>2</td><td></td><td></td><td></td><td></td><td></td><td></td><td></td><td></td><td></td></tr>
<tr><td></td><td></td><td></td><td></td><td></td><td></td><td></td><td></td><td></td><td></td></tr>
<tr><td colspan="11">检查意见：</td></tr>
<tr><td colspan="11">主控项目共____项，其中合格____项，合格率____；优良____项，优良率____。
一般项目共____项，其中合格____项，合格率____；优良____项，优良率____。</td></tr>
<tr><td colspan="2">检验人</td><td>（签字）
年 月 日</td><td>安装单位</td><td colspan="2">（盖章）
年 月 日</td><td>监理工程师</td><td colspan="2">（签字）
年 月 日</td><td>建设单位</td><td>（盖章）
年 月 日</td></tr>
</table>

表 A.0.2－2　单元工程主要部件调试及操作试验质量检查表

编号：__________　　　　　　　　　　　　　　　　　日期：__________

<table>
<tr><td colspan="3">分部工程名称</td><td colspan="2"></td><td colspan="2">单元工程名称</td><td colspan="2"></td></tr>
<tr><td colspan="3">安装部位</td><td colspan="2"></td><td colspan="2">安装内容</td><td colspan="2"></td></tr>
<tr><td colspan="3">安装单位</td><td colspan="2"></td><td colspan="2">试验日期</td><td colspan="2">年　月　日</td></tr>
<tr><td>项次</td><td colspan="3">检验项目</td><td colspan="2">调试及操作试验要求</td><td colspan="2">调试及操作试验情况</td><td>结果</td></tr>
<tr><td rowspan="4"></td><td>1</td><td colspan="2"></td><td colspan="2"></td><td colspan="2"></td><td rowspan="4"></td></tr>
<tr><td>2</td><td colspan="2"></td><td colspan="2"></td><td colspan="2"></td></tr>
<tr><td>3</td><td colspan="2"></td><td colspan="2"></td><td colspan="2"></td></tr>
<tr><td></td><td colspan="2"></td><td colspan="2"></td><td colspan="2"></td></tr>
<tr><td rowspan="4"></td><td>1</td><td colspan="2"></td><td colspan="2"></td><td colspan="2"></td><td rowspan="4"></td></tr>
<tr><td>2</td><td colspan="2"></td><td colspan="2"></td><td colspan="2"></td></tr>
<tr><td>3</td><td colspan="2"></td><td colspan="2"></td><td colspan="2"></td></tr>
<tr><td></td><td colspan="2"></td><td colspan="2"></td><td colspan="2"></td></tr>
<tr><td rowspan="4"></td><td>1</td><td colspan="2"></td><td colspan="2"></td><td colspan="2"></td><td rowspan="4"></td></tr>
<tr><td>2</td><td colspan="2"></td><td colspan="2"></td><td colspan="2"></td></tr>
<tr><td>3</td><td colspan="2"></td><td colspan="2"></td><td colspan="2"></td></tr>
<tr><td></td><td colspan="2"></td><td colspan="2"></td><td colspan="2"></td></tr>
<tr><td>检查
意见</td><td colspan="8"></td></tr>
<tr><td>检验人</td><td>（签字）
年　月　日</td><td>安装
单位</td><td>（盖章）
年　月　日</td><td>监理
工程师</td><td>（签字）
年　月　日</td><td>建设
单位</td><td colspan="2">（盖章）
年　月　日</td></tr>
</table>

附录B 励磁系统试验标准

表B 励磁系统试验标准

序号	试验项目		试验标准	检查方法
1	励磁变压器试验		符合DL/T 489—2006规定	检查试验记录
2	磁场断路器及灭磁开关试验			
3	非线性电阻及过电压保护装置试验			
4	功率整流元件的测试			
5	自动励磁调节器试验			
6	启励试验	零起升压试验	升压过程中发电机机端电压上升过程平稳无波动	
		自动升压试验	达到额定电压时，电压超调量不大于额定电压的10%，振荡次数不超过3次，调节时间不大于5s	
		软启励试验	发电机机端电压上升过程平稳无超调	
7	升降压及逆变灭磁特性试验		升降压变化平稳；逆变时可靠灭磁，无逆变颠覆现象	
8	自动/手动及两套自动调节通道的切换试验		切换过程可靠，发电机电压和无功功率无明显的波动	
9	空载状态下10%阶跃响应试验		电压超调量不大于额定电压的10%，振荡次数不超过3次，调节时间不大于5s	
10	电压整定范围及变化速度测试		自动控制方式下的电压整定范围在10%～110%额定定压范围内，在手动或备用控制方式下电压整定范围应在10%～110%额定定压范围内，整定电压变化速度应满足每秒不大于额定电压的1%且不小于额定电压的0.3%	

表 B（续）

序号	试验项目	试验标准	检查方法
11	测录带自动励磁调节器的发电机电压—频率特性	在47～52Hz范围，频率值每变化1%，机端电压的变化值不大于额定值的±0.25%	检查试验记录
12	电压/频率限制试验	机组频率降至47.5Hz时，电压/频率限制功能应开始动作，随着机组频率降低，机端电压自动降低且转子电流无明显增大；当频率降至45Hz时，发电机逆变灭磁	
13	PT断线模拟试验	励磁调节器从主用通道切至备用通道（或切至手动），机端电压或无功功率基本保持不变；PT断线恢复后，断线信号应自动复归	
14	整流功率柜均流试验	均流系数不应低于0.85	
15	发电机电压调差率的测定	机端电压调差率整定范围为±15%，级差不大于1%，调差特性应有较好的线性度	
16	发电机无功负荷调整及甩负荷试验	调整无功均匀无跳变；甩额定无功，电压超调量不大于15%额定值，振荡次数不超过3次，调节时间不大于5s	
17	发电机在空载和额定工况下的灭磁试验	符合设计要求	
18	过励磁限制功能试验	无功功率应被箝定在限制曲线整定值上且无明显摆动	
19	欠励磁限制功能试验	无功功率应被箝定在限制曲线整定值上且无明显摆动	
20	励磁系统各部分温升试验	励磁系统各部位温升不超过DL/T 583—2006中表1的规定	
21	励磁装置额定工况下24h运行	符合设计要求	

条文说明

1 总 则

1.0.1 为统一水轮发电机组安装工程单元工程施工质量验收评定方法和质量标准，按照严格过程控制、强化质量检验、规范验收评定工作、保证工程质量的原则，对原标准进行全面的修订。

本标准对水轮发电机组安装工程的单元工程划分、安装质量项目（主控项目和一般项目）和检验标准以及验收评定条件和程序等进行了规定。

1.0.2 本标准是《水利水电工程施工质量检验与评定规程》（SL 176—2007）系列标准之一，是水利建设工程施工项目（单位工程、分部工程、单元工程）中的单元工程施工质量验收评定标准。本标准适用范围以水轮发电机的单机容量或水轮机的转轮名义直径划分。单机容量和水轮机转轮名义直径小于本标准规定的也可参照执行。

本标准是针对单元工程施工质量的验收评定标准，不涉及分部工程、单位工程的验收。水轮发电机组试运行，是对机组及与其有关的水力机械辅助设备、发电电气设备、水工金属结构、水工建筑物的功能进行综合检验，超出单元工程验收范畴，故将原标准中的相关章节取消。

1.0.3 本标准对“水轮发电机组安装工程”规定施工质量检验项目、检验标准是单元工程施工质量的基本要求，对于低于本标准要求的“水轮发电机组安装单元工程”不应进行验收。

3 基本规定

3.1 一般要求

3.1.1 单元工程划分是一项重要工作，应由建设单位主持或授权监理单位组织设计、施工单位和有关人员，按本标准的要求划分单元工程。强调建设单位应对关键部位单元工程和重要隐蔽单元工程进行确定，并应由其负责。

机组管路安装工程的管路系统试验包括耐压试验和通流试验。

3.1.5 单元工程施工质量验收评定表及其备查资料的制备应由工程施工单位负责，其规格应满足国家有关工程档案管理的有关规定，验收评定表和备查资料的份数除应满足本标准要求外还应满足合同要求，本标准所指的备查资料也含影像资料。

3.2 单元工程安装质量验收评定

3.2.2～3.2.4 规定了单元工程验收评定的程序、内容、资料要求。

单元工程安装完成后，应由施工单位自验自评合格后才可申请验收评定，否则建设（监理）单位不予受理；重要单元工程的验收评定，应由建设单位组织参建单位进行联合验收评定，并在此之前通知该工程的安装质量监督机构，以便质量监督机构可根据实际情况决定是否参加。

单元工程验收评定合格后，建设（监理）单位应及时签署结论，不能在事后补签（特殊情况下除外），责任单位、责任人及有关责任人均应当场履行签认手续，这样做是防止漏签或造假。

单元工程安装质量验收评定的资料，施工记录一定要真实，叙事要清楚，时间、地点、施工部位、工序内容、质量情况（或问题）、施工方法、措施、施工结果、现场参加人员等，均应记录清楚，不应追记或造假。责任单位和责任人应当场签认。

3.2.5、3.2.6 SDJ 249.3—88 制定于 20 世纪 80 年代，随着安装技术、工艺水平的提高，SDJ 249.3—88 的质量等级评定标准偏低。本标准的质量评定等级标准较原标准提高，符合当前的实际情况。

3.2.7 本条规定了单元工程安装质量验收评定不合格的工程的

处理办法，并明确规定了不合格的单元工程不应申请验收评定。

4　立式反击式水轮机安装工程

4.1　尾水管里衬安装

4.1.2　强调按标准进行单元工程安装质量验收评定工作，保证记录的真实可靠性。

4.1.3　在 SDJ 249.3—88 基础上，增加了尾水管里衬肘管断面、下管口和焊缝的检验项目，主要指金属肘管以及现场拼接的焊缝，制造焊缝属于设备质量，不在此列。

4.2　转轮室、基础环、座环安装

4.2.2　强调按标准进行单元工程安装质量验收评定工作，保证记录的真实可靠性。

4.2.3　在 SDJ 249.3—88 基础上，增加了现场机加工的底环法兰检验项目，与《水轮发电机组安装技术规范》（GB/T 8564）保持一致。

4.3　蜗 壳 安 装

4.3.3　在 SDJ 249.3—88 基础上，增加了蜗壳安装焊缝外观检查和混凝土蜗壳钢衬焊缝检验项目。

4.4　机坑里衬及接力器基础安装

4.4.3　在 SDJ 249.3—88 基础上，按 GB/T 8564 要求，调整机坑里衬及接力器基础安装允许偏差，与 GB/T 8564 保持一致。

4.5　转 轮 装 配

4.5.3　调整转轮直径分类，与 GB/T 8564 保持一致。

4.6　导 水 机 构 安 装

4.6.3　在 SDJ 249.3—88 基础上，按 GB/T 8564 的要求，调整

导水机构允许偏差，增加筒形阀。

4.7 接力器安装

4.7.3 目前水轮机基本不采用环型接力器，因此删去环型接力器、刮板接力器项目。调整接力器安装允许偏差，与GB/T 8564保持一致。

4.8 转动部件安装

4.8.3 在SDJ 249.3—88基础上，按GB/T 8564的要求，调整转动部件安装允许偏差。

4.9 水导轴承及主轴密封安装

4.9.3 在SDJ 249.3—88基础上，按GB/T 8564的要求，调整水导轴承及主轴密封安装允许偏差。

4.10 附件安装

4.10.2 强调按标准进行单元工程安装质量验收评定工作，保证记录的真实可靠性。

4.10.3 在SDJ 249.3—88基础上，增加盘形阀动作试验和中心补气管偏心度检验项目，与GB/T 8564保持一致。

5 贯流式水轮机安装工程

5.1 尾水管安装

5.1.2 对贯流式水轮机安装单元工程的验收评定资料记录做出一般规定。

5.1.3 调整尾水管安装允许偏差，与GB/T 8564保持一致。

5.2 管形座安装

5.2.2 对贯流式水轮机安装单元工程的验收评定资料记录做出

一般规定。

5.2.3 调整管形座安装检验项目和允许偏差，与 GB/T 8564 保持一致。

5.3 导水机构安装

5.3.3 调整导水机构安装检验项目和允许偏差，与 GB/T 8564 保持一致。

5.4 轴承安装

5.4.3 SDJ 249.3—88 中的下轴瓦与轴颈接触角大于 60°，根据 GB/T 8564 要求，改为不大于 60°。

5.5 转动部件安装

5.5.2 对贯流式水轮机安装单元工程的验收评定资料记录做出一般规定。

5.5.3 调整转动部件安装质量标准允许偏差，与 GB/T 8564 保持一致。

6 冲击式水轮机安装工程

6.1 引水管路安装

6.1.2 对冲击式水轮机安装单元工程的验收评定资料记录做出一般规定。

6.1.3 根据 GB/T 8564，增加了引水管路安装质量标准内容。

6.2 机壳安装

6.2.2 对冲击式水轮机安装单元工程的验收评定资料记录做出一般规定。

6.2.3 增加了立式机组检验项目。

6.3 喷嘴与接力器安装

6.3.3 喷嘴与接力器安装质量标准内容与 SDJ 249.3—88 规定

基本一致。

6.4 转动部件安装

6.4.3 增加了轴承装配的检验项目。

6.5 控制机构安装

6.5.2 对冲击式水轮机安装单元工程的验收评定资料记录做出一般规定。

6.5.3 根据 GB/T 8564，偏流器改称折向器。

7 调速器及油压装置安装工程

7.1 油压装置安装

7.1.2 对调速器及油压装置安装单元工程验收评定的资料记录做出一般规定。

7.1.3 事故配压阀不属于油压装置的组成部件，因此在本条中删去。

7.2 调速器（机械柜和电气柜）安装

7.2.2 对调速器及油压装置安装单元工程验收评定的资料记录做出一般规定。

7.2.3 目前电液调速器已基本取代机械调速器，因此在本条中删去有关机械调速器的项目。

7.3 调速系统静态调整试验

7.3.2 对调速器及油压装置安装单元工程验收评定的资料记录做出一般规定。

7.3.3 本条强调调速系统的功能性调试，以保证其安全可靠的运行。

8 立式水轮发电机安装工程

8.1 一 般 规 定

8.1.1 对立式水轮发电机安装单元工程验收评定做出一般规定。由于旋转电机励磁采用静止励磁方式，SDJ 249.3—88 中的励磁机和永磁机不再列入本标准。

8.1.2 水轮发电机各部绝缘电阻和电气试验的检查记录、试验方法、质量标准等详见 GB/T 8564，本标准不涉及该部分内容。

8.2 上、下机架安装

8.2.3 参照 GB/T 8564 的规定，在 SDJ 249.3—88 基础上，增加了机架现场焊缝和推力轴承检验项目。

8.3 定 子 安 装

8.3.3 在 SDJ 249.3—88 基础上，增加了铁芯压紧度、定子绕组接头焊接、定子机座焊接、线圈槽楔紧度和汇流母线焊接 5 个检验项目。

8.4 转 子 安 装

8.4.3 根据 GB/T 8564 的要求，磁极挂装后的转子除检测圆度外还要控制其整体偏心值，以保证运行稳定性。

鉴于 SDJ 249.3—88 中的磁轭叠压系数，目前仅作为大中型发电机安装的参考标准，因此改为磁轭压紧度。

转子轮环下沉量与恢复值，一般和结构设计有关，故未作规定。

8.5 制 动 器 安 装

8.5.3 在 SDJ 249.3—88 基础上，增加了制动器动作试验检验项目。

8.6 推力轴承和导轴承安装

8.6.4 根据 GB/T 8564 的要求，对检验项目进行了适当的合并和删减。

8.7 机组轴线调整

8.7.3 机组轴线调整质量标准与 SDJ 249.3—88 基本一致。

9 卧式水轮发电机安装工程

9.1 定子和转子安装

9.1.2 对卧式水轮发电机安装单元工程验收评定的安装、调整、测试等资料和记录做出一般规定。
9.1.3 检验项目、允许偏差与 SDJ 249.3—88 基本一致。

9.2 轴承安装

9.2.3 对卧式水轮发电机安装单元工程验收评定的安装、调整、测试等资料和记录做出一般规定。
9.2.4 检验项目、允许偏差与 SDJ 249.3—88 基本一致。

10 灯泡式水轮发电机安装工程

10.1 主要部件安装

10.1.2 对灯泡式水轮发电机总体安装质量验收评定的资料记录做出一般规定。
10.1.3 对 SDJ 249.3—88 的检验项目进行了调整、补充。检验项目与允许偏差与 GB/T 8564 协调一致。

10.2 总体安装

10.2.3 对灯泡式发电机总体安装质量验收评定的安装、调整、试验记录等做出一般规定。

10.2.4 灯泡体下沉值主要由机组结构设计决定，故检验项目未列。

11 静止励磁装置及系统安装工程

鉴于静止励磁装置及系统安装工程，作为机组安装的重要组成部分，此内容单独成章。

11.1 励磁装置及系统安装

11.1.1 励磁装置及系统安装包括励磁变压器、励磁调节器、功率柜、灭磁开关柜、电制动装置等的安装、调整、测试，以及电缆敷设等内容，每台机组划分为一个单元工程。

11.1.2 励磁装置及系统单元工程安装质量验收评定时，安装单位应提供安装、检查、调整、测试记录等。

11.2 励磁系统试验

11.2.1 励磁系统试验可按照《大中型水轮发电机静止整流励磁系统及装置试验规程》（DL/T 489）进行，其试验结果应满足DL/T 489、《电气装置安装工程电气设备交接试验标准》（GB 50150）和《大中型水轮发电机静止整流励磁系统及装置技术条件》（DL/T 583）的要求，本标准不再重复该部分内容。

12 主阀及附属设备安装工程

12.1 蝴蝶阀安装

12.1.2 蝴蝶阀安装单元工程质量验收评定时，安装单位应提供安装、调整和试验记录，强度、严密性耐压试验记录和焊缝的检验记录等。

12.1.3 在SDJ 249.3—88基础上增加了蝴蝶阀活门全开位置检查和锁锭动作试验内容，允许偏差按GB/T 8564要求做了调整。

12.2 球阀安装

12.2.2 球阀安装单元工程质量验收评定时，安装单位应提供安装、调整和试验记录，强度、严密性耐压试验记录和焊缝的检验记录等。

12.2.3 在 SDJ 249.3—88 基础上增加了球阀活门转动检查，允许偏差按 GB/T 8564 做了调整。

12.3 筒形阀安装

本节为新增加内容。

12.3.3 筒形阀安装单元工程质量验收评定时，安装单位应提供安装、调整和检验记录。

12.3.4 鉴于国内筒形阀应用较少，其允许偏差参考了小浪底等水电厂筒形阀制造、安装要求。

12.4 伸缩节安装

12.4.2 伸缩节安装单元工程质量验收评定时，安装单位应提供安装、调整和检验记录，强度、严密性耐压试验记录和焊缝的检验记录等。

12.4.3 对 SDJ 249.3—88 的填料式伸缩节伸缩距离做了调整。补充了伸缩节充水后的漏水量、焊缝检查内容。

12.5 附件和操作机构安装

12.5.3 附件和操作机构安装单元工程质量验收评定时，安装单位应提供安装、调整和试验记录，强度、严密性耐压试验记录和焊缝的检验记录等。

12.5.4 增加了对阀门开、关时间，以及筒形阀操作检查等内容。

13 机组管路安装工程

本章内容适用于输送油水气等介质的机组管路安装单元

工程。

13.0.1 机组的管路安装主要包括管路、管件的制作，焊接和安装等。鉴于机组管路安装工作量较小，宜按每台机组划分为一个单元工程。

13.0.3 无压排水、排油管路敷设坡度应按设计要求进行。测压管路安装应符合设计要求，不应出现急弯。

13.0.4 机组管路安装单元工程质量验收评定时，安装单位应提供安装、检验记录，强度、严密性耐压试验记录和焊缝的检验记录等。

13.0.5 鉴于机组安装时现场制作的管路、管件较少，而制作又不属于安装工序，故调整了管件制作检验项目。

水利水电工程单元工程施工质量验收评定标准——水力机械辅助设备系统安装工程

SL 637—2012 替代 SDJ 249.4—88

2012-09-19 发布 2012-12-19 实施

前 言

根据水利部2004年水利行业标准制修订计划，按照《水利技术标准编写规定》（SL 1—2002）的要求，修订《水利水电基本建设工程单元工程质量等级评定标准——水力机械辅助设备安装工程（试行）》（SDJ 249.4—88）。修订后的标准名称为《水利水电工程单元工程施工质量验收评定标准——水力机械辅助设备系统安装工程》。

本标准共8章20节79条和1个附录，主要技术内容有：

——本标准的适用范围；

——单元工程划分的原则以及划分的组织和程序；

——单元工程施工质量验收评定的组织、条件、方法；

——水力机械辅助设备系统安装工程施工质量检验项目及质量标准、检验方法、检验数量。

本次修订的主要内容有：

——将原标准的“说明”修改为“总则”，并增加和修改了部分内容；

——增加了术语；

——增加了基本规定。明确了验收评定的程序，强化了在验收评定中对施工过程检验资料、施工记录的要求；

——改变了原标准中质量检验项目分类。将原标准中的“主要检查项目”、“一般检查项目”改为“主控项目”和“一般项目”；

——增加了水环式真空泵、潜水泵、滤水器、自动化元件(装置)、非电量监测装置等安装质量的验收评定标准；

——增加了条文说明。

本标准为全文推荐。

本标准所替代标准的历次版本为：

——SDJ 249.4—88

本标准批准部门：**中华人民共和国水利部**

本标准主持机构：**水利部建设与管理司**

本标准解释单位：**水利部建设与管理司**

本标准主编单位：**水利部水利建设与管理总站**

本标准参编单位：**河北省水利水电勘测设计研究院**

本标准出版、发行单位：**中国水利水电出版社**

本标准主要起草人：**张严明　张忠生　杨铁荣　杨亚伦　傅长锋　孙继江　孙景亮　杨铁树　栗保山**

本标准审查会议技术负责人：**曹征齐　黄景湖**

本标准体例格式审查人：**陈登毅**

目　次

1 总　　则

1.0.1 为加强水利水电工程施工质量管理，统一水力机械辅助设备系统安装工程的单元工程施工质量验收评定标准，规范单元工程验收评定工作，制定本标准。

1.0.2 本标准适用于符合下列条件之一的水轮发电机组的水力机械辅助设备系统安装工程的单元工程施工质量验收评定：

——单机容量 15MW 及以上；

——冲击式水轮机，转轮名义直径 1.5m 及以上；

——反击式水轮机中的混流式水轮机，转轮名义直径 2.0m 及以上；轴流式、斜流式、贯流式水轮机，转轮名义直径 3.0m 及以上。

单机容量和水轮机转轮名义直径小于上述规定的，以及其他水利水电工程中的水力机械辅助设备系统也可参照执行。

1.0.3 水力机械辅助设备系统安装工程的单元工程施工质量不符合本标准合格要求的，不应通过验收。

1.0.4 本标准的引用标准主要有以下标准：

《钢制压力容器》（GB 150）

《水轮发电机组安装技术规范》（GB/T 8564）

《泵的振动测量与评价方法》（GB/T 10889）

《水轮发电机组自动化元件（装置）及其系统基本技术条件》（GB/T 11805）

《通风与空调工程施工质量验收规范》（GB 50243）

《水利水电工程施工质量检验与评定规程》（SL 176）

《水电厂自动化元件（装置）及其系统运行维护与检修试验规程》（DL/T 619）

《水电厂非电量变送器、传感器运行管理与检验规程》（DL/T 862）

1.0.5 水力机械辅助设备系统安装工程的单元工程施工质量验收评定除应符合本标准外，尚应符合国家现行有关标准的规定。

2 术　语

2.0.1 单元工程　separated item project

依据设备的专业性质或系统管路的压力等级和质量考核要求，将水力机械辅助设备系统安装工程划分为具有共性的若干部分，是施工质量考核的基本单位。

2.0.2 主控项目　dominant item

对单元工程功能起决定作用或对安全、卫生、环境保护有重大影响的检验项目。

2.0.3 一般项目　general item

除主控项目以外的检验项目。

2.0.4 试运转　test run

水力机械辅助设备系统安装工程完毕后，为检查设备制造、安装质量和运行情况是否符合有关专业标准和技术文件要求而进行的初步验收试验。

3 基 本 规 定

3.1 一 般 要 求

3.1.1 单元工程划分应符合下列规定：

1 分部工程开工前应由建设单位或监理单位组织设计、施工等单位，根据本标准要求，共同划分单元工程。

2 建设单位应根据工程性质和部位确定重要隐蔽单元工程和关键部位单元工程。

3 划分结果应以书面形式报送质量监督机构备案。

4 单元工程宜按设备的专业性质或系统管路的压力等级进行划分。

3.1.2 单元工程安装质量验收评定，应在单元工程检验项目的检验结果、试运转达到本标准要求，并具备完整的各种施工记录的基础上进行。

3.1.3 单元工程安装质量检验项目分为主控项目和一般项目。安装质量标准中的优良、合格标准采用同一标准的，其质量标准的评定由监理单位（建设单位）会同施工单位商定。

3.1.4 单元工程安装质量等各类项目的检验，应采用随机布点和监理工程师现场指定部位相结合的方式进行。检验方法及数量应符合本标准和相关标准的规定。

3.1.5 单元工程安装质量验收评定表及其备查资料的制备由工程施工单位负责，其规格宜采用国际标准 A4（210mm × 297mm），验收评定表一式 4 份，备查资料一式 2 份，其中验收评定表及其备查资料各 1 份应由监理单位保存，其余应由施工单位保存。

3.1.6 承压设备及连接件的耐压试验标准除设计文件另有要求外，应执行下列标准：

1 强度耐压试验：试验压力应为 1.5 倍额定工作压力，但不低于 0.4MPa，保持 10min，无渗漏及裂纹等异常现象。

2 严密性耐压试验：试验压力应为 1.25 倍额定工作压力，但不低于 0.4MPa，保持 30min，无渗漏现象。

3 严密性试验：试验压力应为额定工作压力，保持 8h，无渗漏现象。

3.1.7 各类辅助设备安装位置质量标准见表 3.1.7。

表 3.1.7 辅助设备安装位置质量标准

<table>
<tr><th rowspan="2">项次</th><th rowspan="2">检验项目</th><th colspan="2">质量标准</th><th rowspan="2">检 验 方 法</th><th rowspan="2">检验数量</th></tr>
<tr><th>合格</th><th>优良</th></tr>
<tr><td>1</td><td>平面位置</td><td>±10</td><td>±5</td><td>钢板尺、钢卷尺</td><td rowspan="2">均布，不少于4个点</td></tr>
<tr><td>2</td><td>高程</td><td>+20
−10</td><td>+10
−5</td><td>水准仪或全站仪、钢板尺、钢卷尺</td></tr>
<tr><td colspan="6">注：表中数值为允许偏差值，mm。</td></tr>
</table>

3.1.8 与辅助设备配套的电气装置的安装质量标准不包括在本标准内。

3.2 单元工程安装质量验收评定

3.2.1 单元工程安装质量验收评定应具备下列条件：

1 单元工程所有施工项目已完成，并自检合格；施工现场具备验收的条件。

2 有关质量缺陷已处理完毕或有监理单位批准的处理意见。

3.2.2 单元工程安装质量验收评定应按下列程序进行：

1 施工单位对已经完成的单元工程安装质量进行自检。

2 施工单位自检合格后，应向监理单位申请复核。

3 监理单位收到申请后，应在 8h 内进行复核，并核定单元工程质量等级。

4 重要隐蔽单元工程和关键部位单元工程安装质量的验收评定应由建设单位（或委托监理单位）主持，应由建设、设计、监理、施工等单位的代表组成联合小组，共同验收评定，并应在验收前通知工程质量监督机构。

3.2.3 单元工程安装质量验收评定应包括下列内容：

1 施工单位应做好下列工作：

1） 施工单位的专职质检部门应首先对已经完成的单元工程安装质量进行自检，并填写检验记录。

2） 施工单位自检合格后，填写单元工程安装质量验收评定表（附录 A），应向监理单位申请复核。

2 监理单位应做好下列工作：

1） 应逐项核查报验资料是否真实、齐全、完整。

2） 对照有关图纸及有关技术文件，复核单元工程质量是否达到本标准要求。

3） 检查已完单元工程遗留问题的处理情况，核定本单元工程安装质量等级，复核合格后签署验收意见，履行相关手续。

4） 对验收中发现的问题提出处理意见。

3.2.4 单元工程安装质量验收评定应包括下列资料：

1 施工单位申请验收评定时，应提交下列资料：

1） 单元工程所含的全部检验项目检验记录资料。

2） 各项调试、检验记录资料。

3） 单元工程试运转的检验记录资料。

4） 施工单位专职质量检验员和检测员填写检验结果的单元工程安装质量验收评定表（附录 A）。

2 监理单位应提交下列资料：

1） 监理单位对单元工程安装质量的平行检测资料。

2） 监理工程师签署质量复核意见的单元工程安装质量验收评定表。

3.2.5 单元工程安装质量检验项目质量标准分为合格和优良两个等级，其标准应符合下列规定：

1 合格等级标准应符合下列规定：

1） 主控项目检测点应100%符合合格标准。

2）一般项目检测点应 90％及以上符合合格标准，其余虽有微小偏差，但不影响使用，经试运转符合要求。

2 优良等级标准：在合格标准基础上，主控项目和一般项目的所有检测点应 90％及以上符合优良标准。

3.2.6 单元工程安装质量评定分为合格和优良两个等级，其标准应符合下列规定：

1 合格等级标准应符合下列规定：

1）检验项目应符合 3.2.5 条 1 款的要求。

2）各项试验和试运转应符合本标准和相关专业标准的规定。

3）各项报验资料应符合本标准的要求。

2 优良等级标准：在合格等级标准基础上，有 70％及以上的检验项目应达到优良标准，其中主控项目应全部达到优良标准。

3.2.7 单元工程安装质量验收评定未达到合格标准时，应及时进行处理，处理后应按下列规定进行验收评定：

1 经返工（或更换设备、部件）达到本标准要求，重新进行验收评定。

2 处理后，经有资质的检测机构检测，能达到设计要求的，其质量应评定为合格。

3 处理后，工程部分质量指标仍未达到设计要求时，经原设计单位复核，认为基本能满足工程使用要求，监理工程师检验认可，建设单位同意验收的，其质量可认定为合格，并按规定进行质量缺陷备案。

4 空气压缩机与通风机安装工程

4.1 一般规定

4.1.1 一台或数台同型号的空气压缩机、通风机安装宜划分为一个单元工程。

4.1.2 单元工程安装质量验收评定时，应提供空气压缩机与通风机安装、调试、检验、检测记录，以及试运转检验记录。

4.2 空气压缩机安装

4.2.1 空气压缩机安装质量标准见表4.2.1。

表4.2.1 空气压缩机安装质量标准

<table>
<tr><th colspan="2" rowspan="2">项次</th><th rowspan="2">检验项目</th><th colspan="2">质量标准</th><th rowspan="2">检验方法</th><th rowspan="2">检验数量</th></tr>
<tr><th>合格</th><th>优良</th></tr>
<tr><td>主控项目</td><td>1</td><td>机座纵、横向水平度</td><td>0.10mm/m</td><td>0.08mm/m</td><td>水平仪</td><td rowspan="3">均布，不少于4个点</td></tr>
<tr><td rowspan="3">一般项目</td><td>1</td><td>皮带轮端面垂直度</td><td>0.50mm/m</td><td>0.30mm/m</td><td>水平仪、吊垂线、钢板尺、钢卷尺</td></tr>
<tr><td>2</td><td>皮带轮端面同面性</td><td>0.50mm</td><td>0.20mm</td><td>百分表、塞尺</td></tr>
<tr><td>3</td><td>空气压缩机内部清理</td><td colspan="2">畅通、无异物</td><td>观察、检测</td><td>全部</td></tr>
<tr><td colspan="7">注：表中数值为允许偏差值。</td></tr>
</table>

4.2.2 空气压缩机附属设备（如冷却器、气水分离器等）安装质量标准见表4.2.2。

4.2.3 空气压缩机空载试运转应符合下列要求：

1 空载启动空气压缩机，在检查各部位无异常现象后，再依次运转5min、30min和2h以上。

2　每次启动运转前空气压缩机润滑情况均正常。

3　运转中油压、油温和各摩擦部位的温度均符合设备技术文件的规定。

4　运转中各运动部件无异常声响，各紧固件无松动。

表 4.2.2　空气压缩机附属设备安装质量标准

<table>
<tr><th colspan="2" rowspan="2">项次</th><th rowspan="2">检验项目</th><th colspan="2">质量标准</th><th rowspan="2">检验方法</th><th rowspan="2">检验数量</th></tr>
<tr><th>合格</th><th>优良</th></tr>
<tr><td>主控项目</td><td>1</td><td>管口方位、地脚螺栓和基础的位置</td><td colspan="2">符合设计要求</td><td>钢板尺、钢卷尺、水平仪</td><td rowspan="3">全部</td></tr>
<tr><td rowspan="2">一般项目</td><td>1</td><td>附属管道</td><td colspan="2">清洁、畅通</td><td rowspan="2">观察、检测</td></tr>
<tr><td>2</td><td>管道与空气压缩机之间的连接</td><td colspan="2">符合设计要求</td></tr>
</table>

4.2.4　空气压缩机带负荷试运转应符合下列要求：

1　升压运转的程序、压力和运转时间符合设备技术文件的规定。当无规定时，按额定压力25%连续运转1h，额定压力50%、75%各连续运转2h，额定压力下连续运转不小于3h。

2　运转中油压不小于0.1MPa，曲轴箱或机身内润滑油的温度不大于70℃；无渗油、漏气、漏水现象。

3　各级排气、排水温度符合设备技术文件的规定。

4　各级安全阀动作压力正确，动作灵敏。

5　自动控制装置灵敏、可靠。

6　振动值符合设备技术文件的有关规定。

4.3　离心通风机安装

4.3.1　整体到货的离心通风机的安装质量标准应符合设备技术文件的有关规定。现场组装的离心通风机的安装质量标准见表4.3.1。

4.3.2　离心通风机试运转应符合下列要求。

1　点动电动机，各部位无异常现象和摩擦声响。

表 4.3.1　离心通风机安装质量标准

项次		检验项目	质量标准		检验方法	检验数量
			合格	优良		
主控项目	1	轴承孔对主轴轴线在平面内的对称度	0.06		塞尺、百分表	均布，不少于4个点
	2	机壳进风口或密封圈与叶轮进口圈的轴向插入深度	符合设备技术文件的规定或 $D/100$			
一般项目	1	轴承箱纵、横向水平度	符合设备技术文件的规定		水平仪	
	2	左、右分开式轴承箱中分面纵、横向水平度	纵向：0.04mm/m； 横向：0.08mm/m			
	3	主轴轴颈水平度	0.04mm/m			
	4	轴承箱两侧密封径向间隙之差	0.06		塞尺、百分表	
	5	滑动轴承轴瓦与轴颈安装	符合设备技术文件的规定			
	6	机壳与转子同轴度	2	1	拉线、钢板尺、钢卷尺	
	7	进风口与叶轮之间径向间隙	符合设备技术文件的规定或 $(1.5\sim3)D/1000$		塞尺、百分表	
	8	联轴器端面间隙	符合设备技术文件的规定			
	9	联轴器径向位移	0.025			
	10	轴线倾斜度	0.20mm/m	0.10mm/m		
	11	风机内部清理	畅通、无异物		观察、检测	全部

注 1：D—叶轮外径。

注 2：表中数值为允许偏差值，mm。

2　风机启动达到正常转速后，首先在调节门开度为0°～5°之间的小负荷运转，轴承温升稳定后连续运转时间不小于20min。

3　小负荷运转正常后，逐渐开大调节门但电动机电流不超过额定值，直至规定的负荷为止，连续运转时间不小于2h。

4　具有滑动轴承的大型通风机，负荷试运转2h后停机检查轴承，轴承无异常，当合金表面有局部研伤时，应进行修整，再连续运转不小于6h。

5　试运转中，滚动轴承温升不超过环境温度40℃；滑动轴承运行温度不超过65℃；轴承部位的振动速度有效值（均方根速度值）不应大于6.3mm/s。

6　电动机电流不超过额定值。

7　安全、保护和电控装置及仪表均灵敏、正确、可靠。

4.4　轴流通风机安装

4.4.1　整体到货的轴流通风机的安装质量标准应符合设备技术文件的有关规定。现场组装的轴流通风机的安装质量标准见表4.4.1。

4.4.2　轴流通风机试运转应符合下列要求：

1　启动时，各部位无异常现象。

2　启动后调节叶片时，电动机电流不大于其额定值。

3　运行时，风机无停留于喘振工况内的现象。

4　滚动轴承正常工作温度不大于70℃；瞬时最高温度不大于95℃，温升不超过55℃；滑动轴承的正常工作温度不大于75℃。

5　风机轴承的振动速度有效值不大于6.3mm/s。

6　主轴承温升稳定后，连续试运转时间不少于6h；停机后应检查管道的密封性和叶顶间隙。

7　电动机电流不超过额定值。

8　安全、保护和电控装置及仪表均灵敏、正确、可靠。

表 4.4.1　轴流通风机安装质量标准

项次		检验项目	质量标准		检验方法	检验数量
			合格	优良		
主控项目	1	垂直剖分机组主轴和进气室的同轴度	2	1	塞尺、百分表	均布，不少于4个点
	2	左、右分开式轴承座两轴承孔与主轴颈的同轴度	0.10	0.08		
	3	叶轮与主体风筒间隙或对应两侧间隙差	符合设备技术文件的规定，或 $D\leqslant600$ 时不大于±0.5，$600<D<1200$ 时不大于±1.0			
一般项目	1	机座纵、横向水平度	0.20mm/m	0.10mm/m	水平仪	
	2	水平剖分、垂直剖分机组纵、横向水平度	0.10mm/m	0.08mm/m		
	3	立式机组水平度				
	4	叶片安装角度	符合设备技术文件的规定，允许偏差为±2°		样板	
	5	联轴器端面间隙	符合设备技术文件的规定		塞尺、百分表	
	6	联轴器径向位移	0.025			
	7	轴线倾斜度	0.20mm/m	0.10mm/m		
	8	风机内部清理	畅通、无异物		观察、检测	全部

注 1：D—叶轮外径。
注 2：表中数值为允许偏差值，mm。

5 泵装置与滤水器安装工程

5.1 一 般 规 定

5.1.1 一台或数台同型号的泵装置、滤水器安装宜划分为一个单元工程。

5.1.2 单元工程安装质量验收评定时，应提供泵装置与滤水器安装、调试、检验、检测记录，以及试运转检验记录。

5.2 离 心 泵 安 装

5.2.1 离心泵安装质量标准见表5.2.1。

表5.2.1 离心泵安装质量标准

<table>
<tr><th colspan="2" rowspan="2">项次</th><th rowspan="2">检验项目</th><th colspan="2">质量标准</th><th rowspan="2">检验方法</th><th rowspan="2">检验数量</th></tr>
<tr><th>合格</th><th>优良</th></tr>
<tr><td rowspan="3">主控项目</td><td>1</td><td>叶轮和密封环间隙</td><td colspan="2" rowspan="2">符合设备技术文件的规定</td><td>压铅法、塞尺、百分表</td><td rowspan="6">均布，不少于4个点</td></tr>
<tr><td>2</td><td>联轴器径向位移</td><td rowspan="2">钢板尺、塞尺、百分表</td></tr>
<tr><td>3</td><td>轴线倾斜度</td><td>0.20mm/m</td><td>0.10mm/m</td></tr>
<tr><td rowspan="4">一般项目</td><td>1</td><td>机座纵、横向水平度</td><td>0.10mm/m</td><td>0.08mm/m</td><td>水平仪</td></tr>
<tr><td>2</td><td>多级泵叶轮轴向间隙</td><td colspan="2">大于推力头轴向间隙</td><td rowspan="2">钢板尺、塞尺、百分表</td></tr>
<tr><td>3</td><td>联轴器端面间隙</td><td colspan="2">符合设备技术文件的规定</td></tr>
<tr><td>4</td><td>离心泵内部清理</td><td colspan="2">畅通、无异物</td><td>观察、检测</td><td>全部</td></tr>
</table>

5.2.2 离心泵试运转应符合下列要求：

1 离心泵在额定负荷下试运转不小于2h。

2 各固定连接部位无松动、渗漏现象。

3 转子及各运动部件运转正常，无异常声响和摩擦现象。

4 附属系统的运转正常，管道连接牢固无渗漏。

5 滑动轴承的温度不大于70℃，滚动轴承的温度不大于80℃。

6 各润滑点的润滑油温度、密封液和冷却水的温度均符合设备技术文件的规定。

7 机械密封的泄漏量不大于5mL/h，填料密封的泄漏量不大于表5.2.2的规定，且温升正常。

8 水泵压力、流量符合设计规定。

9 需要测量轴承体处振动值的水泵，在运转无空蚀的条件下测量；振动速度有效值的测量方法按GB/T 10889的有关规定执行。

10 电动机电流不超过额定值。

11 安全保护和电控装置及各部分仪表均灵敏、正确、可靠。

表5.2.2 填料密封的泄漏量允许值

水泵设计流量 (m^3/h)	≤50	50～100	100～300	300～1000	>1000
泄漏量 (mL/ min)	15	20	30	40	60

5.3 水环式真空泵安装

5.3.1 水环式真空泵安装质量标准见表5.3.1。

表5.3.1 水环式真空泵安装质量标准

<table>
<tr><th colspan="2" rowspan="2">项次</th><th rowspan="2">检验项目</th><th colspan="2">质量标准</th><th rowspan="2">检验方法</th><th rowspan="2">检验数量</th></tr>
<tr><th>合格</th><th>优良</th></tr>
<tr><td rowspan="2">主控项目</td><td>1</td><td>联轴器径向位移</td><td colspan="2">符合设备技术文件的规定</td><td rowspan="2">钢板尺、塞尺、百分表</td><td rowspan="2">均布，不少于4个点</td></tr>
<tr><td>2</td><td>轴线倾斜度</td><td>0.20mm/m</td><td>0.10mm/m</td></tr>
</table>

表 5.3.1（续）

<table>
<tr><th colspan="2" rowspan="2">项次</th><th rowspan="2">检验项目</th><th colspan="2">质量标准</th><th rowspan="2">检验方法</th><th rowspan="2">检验数量</th></tr>
<tr><th>合格</th><th>优良</th></tr>
<tr><td rowspan="3">一般项目</td><td>1</td><td>机座纵、横向水平度</td><td>0.10mm/m</td><td>0.08mm/m</td><td>水平仪</td><td rowspan="2">均布，不少于4个点</td></tr>
<tr><td>2</td><td>联轴器端面间隙</td><td colspan="2">符合设备技术文件的规定</td><td>钢板尺、塞尺、百分表</td></tr>
<tr><td>3</td><td>真空泵内部清理</td><td colspan="2">畅通、无异物</td><td>观察、检测</td><td>全部</td></tr>
</table>

5.3.2 气水分离器安装质量标准见表 5.3.2。

表 5.3.2 气水分离器安装质量标准

<table>
<tr><th colspan="2" rowspan="2">项次</th><th rowspan="2">检验项目</th><th colspan="2">质量标准</th><th rowspan="2">检验方法</th><th rowspan="2">检验数量</th></tr>
<tr><th>合格</th><th>优良</th></tr>
<tr><td>主控项目</td><td>1</td><td>本体水平度</td><td>1.0mm/m</td><td>0.5mm/m</td><td>钢板尺、钢卷尺、水平仪</td><td rowspan="2">均布，不少于4个点</td></tr>
<tr><td rowspan="3">一般项目</td><td>1</td><td>本体中心</td><td>±5</td><td>±3</td><td>水准仪或全站仪、钢板尺、钢卷尺</td></tr>
<tr><td>2</td><td>进水孔与外部供水管连接管道</td><td colspan="2" rowspan="2">畅通、无异物</td><td rowspan="2">观察、检测</td><td rowspan="2">全部</td></tr>
<tr><td>3</td><td>气水分离器内部清理</td></tr>
<tr><td colspan="7">注：表中数值为允许偏差值，mm。</td></tr>
</table>

5.3.3 水环式真空泵试运转应符合下列要求：

1 泵在规定的转速下和工作范围内进行试运转，连续试运转时间不少于 30min。

2 水环式真空泵真空度调节阀调整至合适的开度，泵填料函处的冷却水管道畅通。

3 泵的供水正常；水温和供水压力符合设备技术文件的规定。

4　轴承的温升不高于30℃，其温度不高于75℃。

5　各连接部件严密，无泄漏现象。

6　运转中无异常声响和异常振动。

7　电动机电流不超过额定值。

5.4　深井泵安装

5.4.1　深井泵安装质量标准见表5.4.1。

表5.4.1　深井泵安装质量标准

<table>
<tr><th colspan="2" rowspan="2">项次</th><th rowspan="2">检验项目</th><th colspan="2">质量标准</th><th rowspan="2">检验方法</th><th rowspan="2">检验数量</th></tr>
<tr><th>合格</th><th>优良</th></tr>
<tr><td rowspan="2">主控项目</td><td>1</td><td>叶轮轴向窜动量</td><td colspan="2">6～8</td><td>钢板尺、钢卷尺</td><td rowspan="9">均布，不少于4个点</td></tr>
<tr><td>2</td><td>泵轴提升量</td><td colspan="2" rowspan="3">符合设备技术文件的规定</td><td>钢板尺、塞尺、百分表</td></tr>
<tr><td rowspan="8">一般项目</td><td>1</td><td>各级叶轮与密封环间隙</td><td>游标卡尺</td></tr>
<tr><td>2</td><td>叶轮轴向间隙</td><td rowspan="2">钢板尺、钢卷尺</td></tr>
<tr><td>3</td><td>叶轮与导流壳轴向间隙</td><td colspan="2">符合设备技术文件的规定，锁紧装置应牢固</td></tr>
<tr><td>4</td><td>泵轴伸出长度</td><td>≤2</td><td>≤1</td><td>钢板尺，拧紧出水叶壳后检测</td></tr>
<tr><td>5</td><td>泵轴与电动机轴线偏心</td><td>0.15</td><td>0.10</td><td>游标卡尺、钢板尺、塞尺、百分表</td></tr>
<tr><td>6</td><td>泵轴与电动机轴线倾斜度</td><td>0.50mm/m</td><td>0.20mm/m</td><td>钢板尺、百分表、塞尺</td></tr>
<tr><td>7</td><td>机座纵、横向水平度</td><td>0.10mm/m</td><td>0.08mm/m</td><td>水平仪</td></tr>
<tr><td>8</td><td>扬水管连接</td><td colspan="2">符合设备技术文件的规定</td><td>钢板尺、钢卷尺</td><td>全部</td></tr>
<tr><td colspan="7">注：表中数值为允许偏差值，mm。</td></tr>
</table>

5.4.2 深井泵在额定负荷下连续试运转不小于2h，应符合下列要求：

1 各固定连接部位无松动及渗漏。

2 转子及各运动部件运转正常，无异常声响和摩擦现象。

3 附属系统的运转正常，管道连接牢固无渗漏。

4 滑动轴承的温度不大于70℃。滚动轴承的温度不大于80℃。

5 各润滑点的润滑油温度、密封液和冷却水的温度均应符合设备技术文件的规定。

6 水泵压力、流量应符合设计规定。

7 深井泵在泵座填料处温升正常时，轴封泄漏量不大于表5.4.2的规定。

8 需要测量轴承体处振动值的水泵，在运转无空蚀的条件下测量；振动速度有效值的测量方法可按GB/T 10889的有关规定执行。

9 电动机电流不超过额定值。

10 安全、保护和电控装置及各部分仪表均灵敏、正确、可靠。

表5.4.2 轴封泄漏量允许值

水泵设计流量(m^3/h)	≤50			50～150			150～350			>350	
泵座出口压力(MPa)	≤0.5	0.5～1.0	>1.0	≤0.5	0.5～1.0	>1.0	≤0.5	0.5～1.0	>1.0	≤0.5	>0.5
泄漏量(mL/min)	30	40	60	40	50	65	50	60	70	60	80

5.5 潜水泵安装

5.5.1 潜水泵安装质量标准见表5.5.1。

表 5.5.1 潜水泵安装质量标准

<table>
<tr><th colspan="2" rowspan="2">项次</th><th rowspan="2">检验项目</th><th colspan="2">质量标准</th><th rowspan="2">检验方法</th><th rowspan="2">检验数量</th></tr>
<tr><th>合格</th><th>优良</th></tr>
<tr><td rowspan="2">主控项目</td><td>1</td><td>潜水泵、电缆线安装前浸水试验</td><td colspan="2">符合设备技术文件的规定</td><td>检测、试验</td><td rowspan="2">全部</td></tr>
<tr><td>2</td><td>潜水泵安装</td><td colspan="2">符合设计要求和设备技术文件的规定</td><td>检查、检测</td></tr>
</table>

5.5.2 潜水泵在额定负荷下试运转不小于2h，应符合下列要求：

1 各固定连接部位无松动及渗漏。

2 运转正常，无异常声响和摩擦现象。

3 管道连接应牢固无渗漏。

4 水泵压力、流量符合设计要求。

5 安全、保护和电控装置及仪表均灵敏、正确、可靠。

6 电动机电流不超过额定值。

5.6 油泵安装

5.6.1 油泵用油质量应符合设备技术文件的规定或有关标准要求。

5.6.2 齿轮油泵安装质量标准见表5.6.2。

表 5.6.2 齿轮油泵安装质量标准

<table>
<tr><th colspan="2" rowspan="2">项次</th><th rowspan="2">检验项目</th><th colspan="2">质量标准</th><th rowspan="2">检验方法</th><th rowspan="2">检验数量</th></tr>
<tr><th>合格</th><th>优良</th></tr>
<tr><td rowspan="3">主控项目</td><td>1</td><td>齿轮与泵体径向间隙</td><td colspan="2">0.13～0.16</td><td>塞尺、百分表</td><td rowspan="3">均布，不少于4个点</td></tr>
<tr><td>2</td><td>联轴器径向位移</td><td colspan="2" rowspan="2">符合设备技术文件的规定</td><td rowspan="2">钢板尺、塞尺、百分表</td></tr>
<tr><td>3</td><td>轴线倾斜度</td></tr>
</table>

表 5.6.2（续）

项次		检验项目	质量标准		检验方法	检验数量
			合格	优良		
一般项目	1	机座纵、横向水平度	0.20mm/m	0.10mm/m	水平仪	均布，不少于4个点
	2	齿轮与泵体轴向间隙	0.02～0.03		压铅法	
	3	联轴器端面间隙	符合设备技术文件的规定		钢板尺、塞尺、百分表	
	4	轴中心	0.10	0.08		
	5	油泵内部清理	畅通、无异物		观察、检测	全部
注：表中数值为允许偏差值，mm。						

5.6.3 螺杆油泵安装质量标准见表5.6.3。

表 5.6.3 螺杆油泵安装质量标准

项次		检验项目	质量标准		检验方法	检验数量
			合格	优良		
主控项目	1	螺杆与衬套间隙	符合设备技术文件的规定		塞尺、百分表	均布，不少于4个点
	2	联轴器径向位移			钢板尺、塞尺、百分表	
	3	轴中心	0.05	0.03		
一般项目	1	机座纵、横向水平度	0.05mm/m	0.03mm/m	水平仪	
	2	螺杆接触面	符合设备技术文件的规定		着色法	
	3	螺杆端部与止推轴承间隙			压铅法	
	4	轴线倾斜度			钢板尺、百分表、塞尺	
	5	联轴器端面间隙				
	6	油泵内部清理	畅通、无异物		观察、检测	全部
注：表中数值为允许偏差值，mm。						

5.6.4 油泵在空载情况下运转1h和在额定负荷的25%、50%、75%、100%各运转30min，应符合下列要求：

1 运转中无异常声响和异常振动，各结合面无松动、无渗漏。

2 油泵外壳振动值不大于0.05mm。轴承温升不应高于35℃或不应比油温高20℃。

3 齿轮油泵的压力波动不超过设计值的±1.5%。

4 油泵输油量不小于铭牌标示流量。

5 机械密封的泄漏量符合设备技术文件的规定。

6 螺杆油泵停止时不反转。

7 安全阀工作灵敏、可靠。

8 油泵电动机电流不超过额定值。

5.7 滤水器安装

5.7.1 滤水器安装质量标准见表5.7.1。

5.7.1 滤水器安装质量标准

<table>
<tr><th colspan="2" rowspan="2">项次</th><th rowspan="2">检验项目</th><th colspan="2">质量标准</th><th rowspan="2">检验方法</th><th rowspan="2">检验数量</th></tr>
<tr><th>合格</th><th>优良</th></tr>
<tr><td>主控项目</td><td>1</td><td>本体水平度</td><td>1mm/m</td><td>0.5mm/m</td><td>钢板尺、钢卷尺、水平仪</td><td rowspan="2">均布，不少于4个点</td></tr>
<tr><td rowspan="2">一般项目</td><td>1</td><td>本体中心</td><td>±5</td><td>±3</td><td>水准仪或全站仪、钢板尺</td></tr>
<tr><td>2</td><td>滤水器内部清理</td><td colspan="2">畅通、无异物</td><td>观察、检测</td><td>全部</td></tr>
<tr><td colspan="7">注：表中数值为允许偏差值，mm。</td></tr>
</table>

5.7.2 滤水器在额定负荷下，手动、自动启动清污系统，分别连续运转1h，应符合下列要求：

1 滤水器各转动部件未出现卡阻、拒动现象，电气控制箱上的各信号工作正常，阀门开关位置正确。

2 运转中无异常声响和异常振动，各连接部分无松动、无渗漏。

3 滤水器压力、压差、流量应符合设计规定。

4 电动机电流不超过额定值。

5 安全、保护和电控装置及仪表均灵敏、正确、可靠。

6 水力监测装置与自动化元件装置安装工程

6.1 一 般 规 定

6.1.1 每台机组或公用的水力监测仪表、非电量监测装置、自动化元件（装置）安装宜划分为一个单元工程。

6.1.2 单元工程安装质量验收评定时，应提供水力监测装置与自动化元件装置产品质量检查记录，以及校验、安装、测试、试验、检测记录。

6.2 水力监测仪表、非电量监测装置安装

6.2.1 水力监测仪表、非电量监测装置安装前，应按有关规定进行校验，校验合格后方可安装。

6.2.2 水力监测仪表、非电量监测装置安装质量标准见表6.2.2。

表6.2.2 水力监测仪表、非电量监测装置安装质量标准

项次		检验项目	质量标准		检验方法	检验数量
			合格	优良		
主控项目	1	仪表、装置接口严密性	无渗漏		观察、检测	全部
	2	电气装置接口	接线正确、可靠		试验、观察、检测	
一般项目	1	仪表、装置设计位置	±10	±5	钢板尺、钢卷尺	均布，不少于4个点
	2	仪表盘、装置盘设计位置	±20	±10		
	3	仪表盘、装置盘垂直度	3mm/m	2mm/m	吊垂线、钢板尺、钢卷尺	
	4	仪表盘、装置盘水平度			水平尺	
	5	仪表盘、装置盘高程	±5	±3	水准仪或全站仪、钢板尺	
	6	取压管位置	±10	±5	钢板尺、钢卷尺	
注：表中数值为允许偏差值，mm。						

6.2.3 水位计、流量监测装置安装除应执行本标准外，尚应符合设计要求和设备技术文件的规定。

6.2.4 非电量监测装置系统检验应符合下列要求：

1 非电量监测装置系统在投运前，进行系统检验并作出记录，确认合格后方可使用。

2 非电量监测装置系统检验项目主要包括：电气性能测试、静态性能测试、稳定性检查、动态性能测试和影响量试验。具体检验项目应根据被检产品的技术规范、实际使用要求及测试条件加以确定。

3 非电量监测装置检验的一般规定、检验方法及质量要求、检验结果确认，按照 DL/T 862 的有关规定执行。

6.3 自动化元件（装置）安装

6.3.1 自动化元件（装置）应按照 GB/T 11805 的有关规定，在安装前认真检查产品质量并记录。外表应无明显损伤，接线接口标志和校准状态标识应完整、清晰、正确，接插件应接触可靠，介质通道应畅通、无异物及污垢，接口螺纹完好。

6.3.2 自动化元件（装置）安装前，安装、调试人员应经过培训，并应熟悉有关技术规范与资料，以保证安装、调试质量。

6.3.3 自动化元件（装置）安装质量标准见表 6.3.3。

表 6.3.3 自动化元件（装置）安装质量标准

<table>
<tr><th colspan="2" rowspan="2">项次</th><th rowspan="2">检验项目</th><th colspan="2">质量标准</th><th rowspan="2">检验方法</th><th rowspan="2">检验数量</th></tr>
<tr><th>合格</th><th>优良</th></tr>
<tr><td>主控项目</td><td>1</td><td>元件(装置)接口严密性</td><td colspan="2">无渗漏</td><td>观察、检测</td><td>全部</td></tr>
<tr><td rowspan="2">一般项目</td><td>1</td><td>元件（装置）设计位置</td><td>±10</td><td>±5</td><td>钢板尺、钢卷尺</td><td rowspan="2">均布，不少于 4 个点</td></tr>
<tr><td>2</td><td>元件（装置）高程</td><td>±5</td><td>±3</td><td>水准仪或全站仪、钢板尺</td></tr>
<tr><td colspan="7">注：表中数值为允许偏差值，mm。</td></tr>
</table>

6.3.4 自动化元件（装置）系统检验应符合下列要求：

1 自动化元件（装置）在投运前，进行系统检验并作出记录，确认合格后方可使用。

2 自动化元件（装置）系统试验的一般规定、试验内容、试验项目、质量标准、试验方法等，可按照DL/T 619的有关规定执行。

7 水力机械系统管道安装工程

7.1 一 般 规 定

7.1.1 同介质的管道宜划分为一个单元工程。如单元工程范围过大，可按同介质管道的工作压力等级划分为若干个单元工程。

7.1.2 管子、管件、管道附件及阀门在使用前，应按设计要求核对其规格、材质及技术参数，并对其外观进行检查，其表面要求为：无裂纹、缩孔、夹渣、粘砂、漏焊、重皮等缺陷；表面应光滑，不应有尖锐划痕；凹陷深度不应超过 1.5mm，凹陷最大尺寸不应大于管子周长的 5%，且不大于 40mm。

7.1.3 管子弯制、防腐、防结露应符合设计要求及有关规定。

7.1.4 阀门与伸缩节安装应符合设计要求、制造厂家技术文件以及国家、行业现行有关标准的规定。

7.2 管道制作及安装

7.2.1 预埋压力管道在混凝土浇筑前，应按 3.1.6 条的规定作耐压试验。无压管道按 0.4MPa 压力进行耐压试验。试验合格后方可浇筑混凝土。

7.2.2 消防供水管道安装除应执行本标准外，尚应符合国家、行业现行有关标准的规定。塑料管道安装、埋设应符合设计要求和国家、行业现行有关标准的规定。

7.2.3 管件制作质量标准见表 7.2.3。

7.2.4 管道、管件焊接质量标准见表 7.2.4-1。

7.2.5 管道埋设质量标准见表 7.2.5。

7.2.6 明管安装质量标准见表 7.2.6。

7.2.7 通风管道制作、安装质量标准见表 7.2.7。

表 7.2.3　管件制作质量标准

项次		检验项目	质量标准		检验方法	检验数量
			合格	优良		
主控项目	1	管截面最大与最小管径差	≤8%	≤6%	外卡钳、钢板尺、钢卷尺	均布，不少于4个点
	2	环形管半径	≤±2%R	<±2%R	样板、钢板尺、钢卷尺	
一般项目	1	弯曲角度	±3mm/m且全长不大于10	±2mm/m且全长不大于8		
	2	折皱不平度	≤3%D	≤2.5%D	外卡钳、钢板尺、钢卷尺	
	3	环形管平面度	≤±20	≤±15	拉线、钢板尺、钢卷尺	
	4	Ω形伸缩节尺寸	±10	±5	样板、钢板尺、钢卷尺	
	5	Ω形伸缩节平直度	3mm/m且全长不超过10	2mm/m且全长不超过8	拉线、钢板尺、钢卷尺	
	6	三通主管与支管垂直度	≤2%H	≤1.5%H	角尺、钢板尺、钢卷尺	
	7	锥形管长度	≥3(D_1-D_2)	≥2(D_1-D_2)	钢板尺、钢卷尺	
	8	锥形管两端直径及圆度	不大于±1%D且不大于±2			
	9	同心锥形管偏心率	不大于1%D_1且不大于±2	小于1%D_1且不大于±1.5		
	10	卷制焊管端面倾斜	≤D/1000		角尺、钢板尺、钢卷尺	
	11	卷制焊管周长	≤±L/1000		钢板尺、钢卷尺	
	12	焊接弯头的曲率半径	≥1.5D			

注1：R—环管曲率半径；D—管子、弯头、锥形管公称直径；H—三通支管高度；D_1—管子大头直径；D_2—管子小头直径；L—焊管设计周长。

注2：90°弯头的分节数不宜少于4。

注3：表中数值为允许偏差值，mm。

表 7.2.4-1　管道、管件焊接质量标准

项次		检验项目	质量标准		检验方法	检验数量
			合格	优良		
主控项目	1	焊缝质量检查	符合 GB/T 8564 的有关规定		按规定方法	全部
一般项目	1	管子、管件的坡口型式、尺寸	壁厚不大于 4mm 的选用Ⅰ形坡口，对口间隙为1～2mm；壁厚大于 4mm 的选用 70°Ⅴ形坡口，对口间隙及钝边均为 0～2mm		角尺、钢板尺、钢卷尺	
	2	管子、管件组对时	内壁应做到平齐，内壁错边量不应超过壁厚的 20%，且不大于 2mm。坡口表面上不应有裂缝、夹层等缺陷			
	3	法兰盘与管子中心线	垂直，偏斜值不大于表 7.2.4-2 的规定			

表 7.2.4-2　法兰盘与管子中心线垂直偏斜值

单位：mm

管子公称直径	<100	100～250	250～400	>400
法兰盘外沿最大偏斜	±1.5	±2	±2.5	±3

表 7.2.5　管道埋设质量标准

项次		检验项目	质量标准		检验方法	检验数量
			合格	优良		
主控项目	1	管道出口位置	±10	±5	钢板尺、钢卷尺	全部
	2	管道过缝处理	符合设计要求		观察、检测	
	3	管道内部清扫及除锈	符合设计要求和现行有关标准规定			

表 7.2.5（续）

项次		检验项目	质量标准		检验方法	检验数量
			合格	优良		
一般项目	1	与设备连接的预埋管出口位置	±10	±5	钢板尺、钢卷尺	全部
	2	管口伸出混凝土面的长度	≥300			
	3	管子与墙面的距离	符合设计要求		吊垂线、钢板尺、钢卷尺	
	4	管口封堵	可靠		观察、检测	
	5	排水、排油管道的坡度	与流向一致，并符合设计要求		钢板尺、钢卷尺	
注：表中数值为允许偏差值，mm。						

表 7.2.6　明管安装质量标准

项次		检验项目	质量标准		检验方法	检验数量
			合格	优良		
主控项目	1	明管平面位置(每10m内)	±10且全长不大于20	±5且全长不大于15	拉线、钢板尺、钢卷尺	每10m检查1处；不足10m检查1处
	2	管道内部清扫及除锈	符合设计要求和现行有关标准规定		观察、检测	全部
一般项目	1	明管高程	±5	±4	水准仪或全站仪、钢板尺	均布，不少于4个点
	2	立管垂直度	2mm/m且全长不大于15	1.5mm/m且全长不大于10	吊垂线、钢板尺、钢卷尺	
	3	排管平面度	≤5	≤3	水准仪或全站仪、钢板尺	
	4	排管间距	0～+5	0～+3	钢板尺、钢卷尺	
	5	排水、排油管道坡度	与流向一致，并符合设计要求			全部
	6	水平管弯曲度	不大于1.5mm/m且全长不大于20	不大于1.0mm/m且全长不大于15		均布，不少于4个点
注：表中数值为允许偏差值，mm。						

表 7.2.7　通风管道制作、安装质量标准

项次		检验项目	质量标准		检验方法	检验数量
			合格	优良		
主控项目	1	管道内部清扫及检查	符合设计要求和现行有关标准规定		观察、检测	全部
一般项目	1	风管直径或边长	符合设计要求		钢板尺、钢卷尺	均布，不少于4个点
	2	风管法兰直径或边长				
	3	风管与法兰垂直度			角尺、钢板尺、钢卷尺	
	4	横管水平度	3mm/m 且全长不大于20	2mm/m 且全长不大于10	水准仪或全站仪、钢板尺	
	5	立管垂直度	2mm/m 且全长不大于20	2mm/m 且全长不大于15	吊垂线、钢板尺、钢卷尺	
注：表中数值为允许偏差值，mm。						

7.2.8　阀门、容器、管件及管道系统试验标准见表7.2.8。

表 7.2.8　阀门、容器、管件及管道系统试验标准

项次		试验项目	试验性质	试验压力(MPa)	试压时间	质量标准	检验数量
主控项目	1	1.0MPa及以上阀门	严密性	1.25P	10min	无渗漏	全部
	2	自制有压容器及管件	强度	1.5P并大于0.4	10min	无渗漏等异常现象	
	3	自制有压容器及管件	严密性	1.25P并大于0.4	30min	无渗漏且压降小于5%	
				1P	12h		
	4	无压容器	渗漏	满水静置	24h	无渗漏	
	5	系统管道	强度	1.5P并大于0.4	10min	无渗漏等异常现象	
	6	系统管道	严密性	1.25P并大于0.4	30min	无渗漏	
	7	通风系统漏风量测试	符合GB 50243的有关要求				
	8	系统清洗、检查	符合设计要求和现行有关标准规定				
注：P—额定工作压力。							

8　箱、罐及其他容器安装工程

8.1　一 般 规 定

8.1.1　一台或数台同型号箱、罐及其他容器安装宜划分为一个单元工程。

8.1.2　油罐到货验收时应重点检查油罐出厂前按设备技术文件要求所做的渗漏试验，并核验合格证书。

8.1.3　贮气罐到货验收应按国家有关规定和行业标准执行。

8.1.4　施工单位制作的钢制压力容器的制造、检验、验收及质量评定应按 GB 150 的有关规定执行。

8.2　箱、罐及其他容器安装

8.2.1　箱、罐及其他容器安装前，应检查、清理容器内部，保证清洁。

8.2.2　箱、罐及其他容器安装质量标准见表 8.2.2。

表 8.2.2　箱、罐及其他容器安装质量标准

<table>
<tr><th colspan="2" rowspan="2">项次</th><th rowspan="2">检验项目</th><th colspan="2">质量标准</th><th rowspan="2">检验方法</th><th rowspan="2">检验数量</th></tr>
<tr><th>合格</th><th>优良</th></tr>
<tr><td>主控项目</td><td>1</td><td>安全、监测、保护装置</td><td colspan="2">整定准确、灵敏、可靠，符合设备技术文件的规定</td><td>试验、检测</td><td>全部</td></tr>
<tr><td rowspan="4">一般项目</td><td>1</td><td>卧式容器水平度</td><td>≤L/1000</td><td>≤10</td><td>水平仪或U形水平管</td><td rowspan="4">均布，不少于4个点</td></tr>
<tr><td>2</td><td>立式容器垂直度</td><td>不大于H/1000，且不超过10</td><td>≤5</td><td>吊垂线、钢板尺、钢卷尺</td></tr>
<tr><td>3</td><td>高程</td><td rowspan="2">±10</td><td rowspan="2">±5</td><td rowspan="2">水准仪或全站仪、钢板尺</td></tr>
<tr><td>4</td><td>中心线位置</td></tr>
<tr><td colspan="7">注1：L—容器长度；H—容器高度。
注2：表中数值为允许偏差值，mm。</td></tr>
</table>

附录A 单元工程安装质量验收评定表及质量检查表（样式）

A.0.1 单元工程安装质量验收评定应采用表A.0.1。

表A.0.1 单元工程安装质量验收评定表

<table>
<tr><td colspan="2">单位工程名称</td><td></td><td colspan="2">单元工程量</td><td colspan="2"></td></tr>
<tr><td colspan="2">分部工程名称</td><td></td><td colspan="2">安装单位</td><td colspan="2"></td></tr>
<tr><td colspan="2">单元工程名称、部位</td><td></td><td colspan="2">评定日期</td><td colspan="2">年 月 日</td></tr>
<tr><td rowspan="2">项次</td><td rowspan="2" colspan="2">项　目</td><td colspan="2">主控项目</td><td colspan="2">一般项目</td></tr>
<tr><td>合格数</td><td>优良数</td><td>合格数</td><td>优良数</td></tr>
<tr><td>1</td><td colspan="2">单元工程安装质量
（见表A.0.2-1）</td><td></td><td></td><td></td><td></td></tr>
<tr><td>2</td><td colspan="2"></td><td></td><td></td><td></td><td></td></tr>
<tr><td></td><td colspan="2"></td><td></td><td></td><td></td><td></td></tr>
<tr><td colspan="3">各项试验和试运转符合本标准和相关专业标准的规定</td><td colspan="4">单元工程试运转质量（见表A.0.2-2）</td></tr>
<tr><td colspan="2">安装单位自评意见</td><td colspan="5">各项试验和单元工程试运转符合要求，各项报验资料符合规定。检验项目全部合格。检验项目优良标准率为＿，其中主控项目优良标准率为＿，单元工程安装质量验收评定等级为：＿。
（签字，加盖公章）　年 月 日</td></tr>
<tr><td colspan="2">监理单位意见</td><td colspan="5">各项试验和单元工程试运转符合要求，各项报验资料符合规定。检验项目全部合格。检验项目优良标准率为＿，其中主控项目优良标准率为＿，单元工程安装质量验收评定等级为：＿。
（签字，加盖公章）　年 月 日</td></tr>
<tr><td colspan="2">建设单位意见</td><td colspan="5">（签字，加盖公章）　年 月 日</td></tr>
<tr><td colspan="7">注1：主控项目和一般项目中的合格数是指达到合格及以上质量标准的项目个数。
注2：检验项目优良标准率＝（主控项目优良数＋一般项目优良数）/检验项目总数×100％。
注3：对重要隐蔽单元工程和关键部位单元工程的安装质量验收评定应有设计、建设等单位的代表填写意见并签字。具体要求应满足SL 176的规定。
注4：本表所填“单元工程量”不作为施工单位工程量结算计量的依据。</td></tr>
</table>

A.0.2 单元工程安装及试运转质量检查应采用表 A.0.2－1、表 A.0.2－2。

表 A.0.2－1 单元工程安装质量检查表

编号：__________ 日期：__________

<table>
<tr><td colspan="3">分部工程名称</td><td></td><td colspan="5">单元工程名称</td><td colspan="2"></td></tr>
<tr><td colspan="3">安装部位</td><td></td><td colspan="5">安装内容</td><td colspan="2"></td></tr>
<tr><td colspan="3">安装单位</td><td></td><td colspan="5">开/完工日期</td><td colspan="2"></td></tr>
<tr><td colspan="2" rowspan="2">项次</td><td rowspan="2">检验项目</td><td rowspan="2">允许偏差（mm）</td><td colspan="4">检测值（mm）</td><td rowspan="2">合格数</td><td rowspan="2">优良数</td><td rowspan="2">质量标准等级</td></tr>
<tr><td>1</td><td>2</td><td>3</td><td>…</td></tr>
<tr><td rowspan="3">主控项目</td><td>1</td><td></td><td></td><td></td><td></td><td></td><td></td><td></td><td></td><td></td></tr>
<tr><td>2</td><td></td><td></td><td></td><td></td><td></td><td></td><td></td><td></td><td></td></tr>
<tr><td></td><td></td><td></td><td></td><td></td><td></td><td></td><td></td><td></td><td></td></tr>
<tr><td rowspan="3">一般项目</td><td>1</td><td></td><td></td><td></td><td></td><td></td><td></td><td></td><td></td><td></td></tr>
<tr><td>2</td><td></td><td></td><td></td><td></td><td></td><td></td><td></td><td></td><td></td></tr>
<tr><td></td><td></td><td></td><td></td><td></td><td></td><td></td><td></td><td></td><td></td></tr>
<tr><td colspan="11">检查意见：</td></tr>
<tr><td colspan="11">主控项目共____项，其中合格____项，合格率____；优良____项，优良率____。
一般项目共____项，其中合格____项，合格率____；优良____项，优良率____。</td></tr>
</table>

<table>
<tr><td>检验人</td><td>（签字）
年　月　日</td><td>安装单位</td><td>（盖章）
年　月　日</td><td>监理工程师</td><td>（签字）
年　月　日</td><td>建设单位</td><td>（盖章）
年　月　日</td></tr>
</table>

表 A.0.2-2　单元工程试运转质量检查表

编号：＿＿＿＿＿＿　　　　　　　　　　　　　　　　　　　　　日期：＿＿＿＿＿＿

分部工程名称		单元工程名称	
安装部位		安装内容	
安装单位		试运转日期	年　月　日

项次	检验项目		试运转要求	试运转情况	结果
	1				
	2				
	3				
	1				
	2				
	3				
	1				
	2				
	3				

检查意见	

检验人	（签字） 年　月　日	安装单位	（盖章） 年　月　日	监理工程师	（签字） 年　月　日	建设单位	（盖章） 年　月　日

条文说明

1 总则

1.0.1 为统一水力机械辅助设备系统安装工程单元工程施工质量验收评定方法和质量标准，按照严格过程控制、强化质量检验、规范验收评定工作、保证工程质量的原则，对原标准进行全面的修订。

本标准对水力机械辅助设备系统安装工程的单元工程划分、安装质量项目（主控项目和一般项目）和检验标准以及验收评定条件和程序等进行了规定。

1.0.2 本标准是《水利水电工程施工质量检验与评定规程》(SL 176—2007) 系列标准之一，是水利水电工程施工项目（单位工程、分部工程、单元工程）中的单元工程施工质量验收评定标准。其适用范围以水轮发电机组的单机容量或水轮机的转轮名义直径划分。单机容量和水轮机转轮名义直径小于本标准规定的也可参照执行。

1.0.3 本标准对水力机械辅助设备系统安装工程的安装质量项目、检验标准作出规定，是单元工程施工质量的基本要求，低于本标准合格要求的单元工程不应验收。

3 基本规定

3.1 一般要求

3.1.1 单元工程划分是一项重要工作，应由建设单位主持或授权监理单位组织设计、施工单位和有关人员，按本标准的要求划分单元工程。强调建设单位应对关键部位单元工程和重要隐蔽单元工程进行确定，并应由其负责。

3.1.5 单元工程施工质量验收评定表及其备查资料的制备应由

工程施工单位负责，其规格应满足国家有关工程档案管理的有关规定，验收评定表和备查资料的份数除应满足本标准要求外还应满足合同要求，本标准所指的备查资料也含影像资料。

3.2 单元工程安装质量验收评定

3.2.2～3.2.4 规定了单元工程验收评定的程序、内容、资料要求。

单元工程安装完成后，应由施工单位自验自评合格后才可申请验收评定，否则建设（监理）单位不予受理；重要隐蔽单元工程和关键部位单元工程的验收评定，应由建设单位组织参建单位进行联合验收评定，并在此之前通知该工程的安装质量监督机构，以便质量监督机构可根据实际情况决定是否参加。

单元工程验收评定合格后，建设（监理）单位应及时签署结论，不能在事后补签（特殊情况下除外），责任单位、责任人及有关责任人均应当场履行签认手续，这样做是防止漏签或造假。

单元工程安装质量验收评定的资料、施工记录一定要真实，叙事要清楚，时间、地点、施工部位、工序内容、质量情况（或问题）、施工方法、措施、施工结果、现场参加人员等，均应记录清楚、准确，不应追记或造假。责任单位和责任人应当场签认。

3.2.5、3.2.6 SDJ 249.4—88 制定于 20 世纪 80 年代，随着安装技术、工艺水平的提高，SDJ 249.4—88 的质量等级评定标准偏低。本标准的质量评定等级标准较 SDJ 249.4—88 提高，符合当前的实际情况。

3.2.7 本条规定了单元工程安装质量验收评定不合格的工程的处理办法，并明确规定了不合格的单元工程不应申请验收评定。

4 空气压缩机与通风机安装工程

4.2 空气压缩机安装

4.2.1 本节针对的是整体出厂的空气压缩机。考虑到目前水利水电工程中应用的空气压缩机均为整体出厂安装的情况，因此取消了 SDJ 249.4—88 中解体安装的条款。

整体出厂的空气压缩机在出厂前均进行了不少于 2～3h 的满负荷连续试运转，经试验合格才出厂。在出厂前对气缸、活塞等进行了油封防锈，而油封内含有石蜡，这就要求应清洗洁净，防止石蜡堵塞气路和油路，以免引起爆炸。

整体安装的空气压缩机的机座安装水平度应在下列部位进行测量：

（1）卧式空气压缩机、对称平衡型空气压缩机应在机身滑道面或其他基准面上测量。

（2）立式空气压缩机应拆去气缸盖，并在气缸顶平面上测量。

（3）其他型式的空气压缩机应在主轴外露部分或其他基准面上测量。

4.2.3 根据《压缩机、风机、泵安装工程施工及验收规范》（GB 50275）的有关规定，修订了空气压缩机空载试运转的要求，目的是检查各运动部件在空载下运转是否正常，同时达到跑合的作用。

4.2.4 根据 GB 50275 的有关规定，修订了空气压缩机带负荷试运转的要求。本条规定是针对出厂前已作整机试运转检验的产品，对于出厂前未进行试运转的产品，应根据制造厂有关技术文件的规定和有关订货合同的规定进行试运转。

4.3 离心通风机安装

本节是根据 GB 50275 的有关规定以及相关专业标准结合实际运行经验制定的。用新的振动评价标准取代了旧的双振幅值则更科学、更准确。

4.4 轴流通风机安装

本节是根据 GB 50275 的有关规定以及相关专业标准结合实

际运行经验制定的。根据各施工单位的现场经验和用户的要求，将连续试运转时间定为不少于6h。

5 泵装置与滤水器安装工程

5.2 离心泵安装

5.2.2 离心泵试运转前一般是使用人力盘动检查，试运转时是由电动机带动。离心泵一经投入试运转，即为负荷试运转。离心泵试运转时，首先应注意运转的声音应均匀、平稳、无异常振动。附属系统如冷却水系统等，应无漏油、漏水、漏气等现象。轴承温度、油温、冷却水温均不应超过规定值。其轴承运转温度系根据《离心泵技术条件（Ⅰ类）》(GB/T 16907)、《离心泵技术条件(Ⅱ类)》(GB/T 5656）等有关标准规定的。机械密封和填料密封的泄漏量要求是根据国家现行有关泵质量分级标准规定的。

《泵的振动测量与评价方法》（GB/T 10889）中，对各类泵的振动均方根值均有计算方法。

5.3 水环式真空泵安装

本节为新增加的内容。

5.3.2 水环式真空泵成套供货一般包括气水分离器。气水分离器与泵连接的质量好坏直接影响着泵的安装质量，本条对气水分离器安装质量作了规定。

5.3.3 水环式真空泵试运转要求是根据《水环真空泵和水环压缩机》（JB/T 7255）和《水环真空泵和水环压缩机试验方法》(GB/T 13929)的有关规定并结合实际运行经验制定的。

5.4 深井泵安装

5.4.1 深井泵泵体组装时应将泵轴水平放置使各级叶轮和叶轮壳的锥面相互吻合，安装过程中下泵管的夹具应加衬垫紧固好，严防设备堕入井中，对于螺纹连接的井管夹具应夹持在离螺纹约

200mm处。用传动联轴器连接的深井泵，两轴端面应清洁，结合严密，且接口应在联轴器中部；用泵管连接的深井泵接口及泵的结合部件应加合适的涂料，但螺纹接口不应填麻丝，管子端面应与轴承支架端面紧密结合，螺纹连接管节应与泵管充分拧紧，对泵管连接处无轴承支架者，两管端面应位于螺纹连接管长度的中部位置，错位不应大于5mm。泵座安装时，应使泵座平稳均匀地套在传动轴上，泵座与泵管的连接法兰应对正，并对称均匀地拧紧连接螺栓，泵座的二次灌浆应在底座校正合格后进行。

本条强调了深井泵叶轮轴向窜动量的检查。泵的叶轮轴是出厂前预装好的经搬运和运输后有时会有变化，因此有必要在就位前复查其轴向窜动量是否符合设备技术文件的规定。以免在安装时因其误差而影响安装质量。

5.4.2 根据《长轴离心深井泵技术条件》（JB/T 443）和《长轴离心深井泵产品质量分等》（JB/T 53292）的有关规定并结合实际运行经验，对深井泵试运转条款作出修订。

5.5 潜水泵安装

本节为新增加的内容。

5.5.1 潜水泵安装前应做好浸水试验，电缆线应紧附在出水管上并避免过分用力。

5.6 油泵安装

5.6.4 根据《输油齿轮泵》（JB/T 6434）和《螺杆泵试验方法》（GB 9064）以及螺杆泵技术条件的有关规定并结合实际运行经验，修订了油泵试运转的要求。

5.7 滤水器安装

本节为新增加的内容。

5.7.1 滤水器安装质量标准尚无国家标准或行业标准。各设备生产厂家生产的滤水器型式、结构大体相同。根据水利水电工程的实践经验和通常作法，本条款只做了一般性规定。

6 水力监测装置与自动化元件装置安装工程

6.2 水力监测仪表、非电量监测装置安装

6.2.1 工程中所用仪表（装置）未经校验就安装的情况屡见不鲜。水力监测仪表（装置）应在规定的有效期限内经持有计量检测部门认可证书的单位校验，才能发挥应有的作用。

6.2.2 根据水利水电工程实践经验和通常作法，修订了水力监测仪表安装质量要求。增加了非电量监测装置安装质量要求。

6.2.3 近年来大中型水利水电工程中水位计、流量监测装置被大量应用，并发挥着日益重要的作用，其安装质量至关重要。目前常用的水位计主要有：超声波水位计、液位变送器等。流量监测装置主要有：超声波流量计、电磁流量计、压差流量监测装置等。但目前尚无国家、行业安装质量标准，更多的是按照设备制造厂家和设计要求施工。

6.2.4 增加了非电量监测装置安装检验内容。

随着计算机监控技术的发展，非电量监测装置被大量采用。非电量监测装置是实现水电厂测试和自动监控的首要环节，成为水电厂自动控制和状态监测系统不可缺少的“耳目”。

非电量监测装置安装、检验应符合《水电厂非电量变送器、传感器运行管理与检验规程》（DL/T 862）的有关规定。

6.3 自动化元件（装置）安装

本节为新增加的内容。

自动化元件（装置）是实现水电厂测试和自动监控的执行环节，成为水电厂自动控制和状态监测系统不可缺少的“耳目”。随着水电厂自动化水平的提高，特别是计算机的广泛应用，这些自动化元件已得到广泛应用。

考虑到水利水电工程中的自动化元件（装置）种类繁多，新产品层出不穷，很难统一具体安装质量标准，本标准只做了一般性规定。

本节主要参考和引用了《水轮发电机组自动化元件（装置）及其系统基本技术条件》（GB/T 11805）、《水电厂自动化元件（装置）及其系统运行维护与检修试验规程》（DL/T 619）的有关规定。

7 水力机械系统管道安装工程

7.1 一般规定

管子、管件、附件及阀门的规格、材质及技术参数应符合设计要求。工作压力在 1.6MPa 以上的管道应采用无缝钢管。

管子弯制应符合设计要求。设计无规定时，应符合下列规定：管子冷弯时，弯曲半径不小于管径的 4 倍；管子热弯时，弯曲半径不小于管径的 3.5 倍。采用弯管机热弯时，弯曲半径不小于管径的 1.5 倍。管子热弯时加热应均匀，升温应缓慢，温度一般应为 750～1050℃，加温次数一般不超过 3 次；Ω 形伸缩节应用一根管子弯成，并保持在同一平面内。

管子弯曲时其断面变为椭圆、管壁受附加的环向应力影响，只有在与水平或垂直成 45°处受力较小。因此，对弯制有缝钢管的纵缝位置作出了规定。管子弯制后应无裂纹、分层、过烧等缺陷。

增加了管道防腐、防结露施工要求内容。管道防腐、防结露应按设计要求施工。无设计规定的可按下列要求进行：防腐施工前，要清除管道、管件表面污物、锈斑，使之露出金属光泽，焊缝处应无焊渣及毛刺。明设管道、管架刷防锈漆两道，面漆两道，埋设管道防腐应符合设计要求；空气湿度和日温差较大地区的水电厂，供排水管道表面应采取防结露措施。在金属管壁除锈刷两道防锈漆后，可涂抹防结露材料数层，其厚度可根据介质条件（介质温度、环境温度、相对湿度等），按保冷计算确定。防结露材料可按用户要求配置成各种颜色。

7.2 管道制作及安装

7.2.2 考虑到消防供水管道安装的特殊性，其安装除应符合本标准外，还应符合《水喷雾灭火系统设计规范》（GB 50219）等的规定。考虑到塑料管道在给排水工程中的应用日益广泛，特别是硬聚氯乙烯给水管（PVC－U）制造、安装技术日益成熟，水利水电工程也开始应用的实际情况，特别是室外管道中大有取代铸铁管道之势。因此，增加了本条内容。塑料管道的安装、埋设应符合设计要求和《埋地聚乙烯给水管道工程技术规程》（CJJ 101）以及其他相关标准的有关规定。

7.2.3 对 SDJ 249.4—88 条文做了补充和修订。增加了锥形管长度、同心锥形管偏心率、焊接弯头的曲率半径等管件制作质量标准。

7.2.4 本条主要根据《水轮发电机组安装技术规范》（GB/T 8564）的有关规定进行了修订。

7.2.5 管道在混凝土中埋设时管口伸出混凝土的长度应根据管径的大小和安装方法来确定，一般直径 15mm 以上的管道伸出长度不小于 300mm，管径小于 15mm 的管道，外伸长度可适当缩短，一般不小于法兰的安装尺寸为宜。

管道预埋时，钢管的连接应用焊接法；铸铁管宜采用承插式法。管道埋设后，管口要封堵，以免浇筑时混凝土及其他杂物掉入管内，堵塞管道。

管道过混凝土伸缩缝和沉陷缝时，其过缝措施应符合设计要求。

8 箱、罐及其他容器安装工程

8.1 一 般 规 定

8.1.2 油罐出厂前的工厂渗漏试验非常重要，必不可少。一般制造厂均具有详细的检验规定和完备的检测手段以及质量保证体系。大型水利水电工程的油罐体积较大，有时工地现场试验条件不易具备，因此，工厂试验显得更加重要。油罐应具有出厂检测合格证明，否则不允许使用。

8.1.3 贮气罐属于压力容器类，且工作压力有逐步升高的趋势，带来的安全问题不容忽视。此类产品的制作应具有特种设备安全监督管理部门颁发的制造许可证。贮气罐出厂前的工厂强度严密耐压试验至关重要。贮气罐应具有合格证明，否则不允许出厂。

8.1.4 本条是针对具有压力容器制造相应资质的施工单位作出的规定。钢制压力容器的制造、检验、验收及质量评定应执行《钢制压力容器》（GB 150）的有关规定。

8.2 箱、罐及其他容器安装

8.2.2 在 SDJ 249.4—88 基础上，补充、调整了箱、罐及其他容器安装质量标准。

水利水电工程单元工程施工质量验收评定标准——发电电气设备安装工程

SL 638—2013 替代 SDJ 249.5—88

2013-08-08 发布 2013-11-08 实施

前 言

根据水利部2004年水利行业标准制修订计划，按照《水利技术标准编写规定》（SL 1—2002）的要求，修订《水利水电基本建设工程单元工程质量等级评定标准——发电电气设备安装工程（试行）》（SDJ 249.5—88）。修订后的标准名称定为《水利水电工程单元工程施工质量验收评定标准——发电电气设备安装工程》。

本标准共22章41节163条和1个附录，主要技术内容包括：

——本标准的适用范围；

——单元工程划分的原则以及划分的组织和程序；

——单元工程施工质量验收评定的组织、条件、方法；

——发电电气设备安装工程施工质量检验项目及质量要求、检验方法。

本次修订的主要内容有：

——将原标准正文的说明修改补充为总则，并增加和修改了部分内容；
——增加了术语；
——正文中增加了基本规定。明确了验收评定的程序，强化了在验收评定中对施工过程检验资料、施工记录的要求；
——改变了原标准中质量检验项目分类。将原标准中安装质量检验项目的“主要检查（检验）项目”和“一般检查（检验）项目”等统一规定为“主控项目”和“一般项目”两类；
——取消了原标准中油断路器安装工程、保护网安装工程两章内容；
——调整了原标准中干式电抗器安装工程、厂用变压器安装工程、硬母线安装工程、蓄电池安装工程四章内容，并依据内容将安装工程名称相应调整为电抗器与消弧线圈安装工程、厂用变压器安装工程、金属封闭母线装置安装工程、直流系统安装工程；
——增加了六氟化硫（SF_6）断路器安装工程、真空断路器安装工程、计算机监控系统安装工程、通信系统安装工程四章内容；
——增加了条文说明。

本标准为全文推荐。

本标准所替代标准的历次版本为：

——SDJ 249.5—88

本标准批准部门：**中华人民共和国水利部**
本标准主持机构：**水利部建设与管理司**
本标准解释单位：**水利部建设与管理司**
本标准主编单位：**水利部建设管理与质量安全中心**
本标准编写单位：**黄河万家寨水利枢纽有限公司**
本标准出版、发行单位：**中国水利水电出版社**

本标准主要起草人：张严明　张忠生　王兴朝　支余庆
张耀普　高云峰　李亚萍　刘新军
黄　玮　单方庆　任仲伟　孙得龙
姚景涛　刘微微　杨　刚　何根生
张　涛　张炳如　谭　辉

本标准审查会议技术负责人：章秋实

本标准体例格式审查人：陈登毅

目　次

1 总 则

1.0.1 为加强水利水电工程施工质量管理，统一发电电气设备安装工程单元工程安装质量验收评定标准，规范单元工程质量验收评定工作，制定本标准。

1.0.2 本标准适用于大中型水电站发电电气设备安装工程中，下列电气设备安装工程单元工程质量验收评定：

——额定电压为26kV及以下电压等级的发电电气一次设备安装工程；

——发电电气、升压变电电气二次设备安装工程；

——水电站通信系统安装工程。

小型水电站同类设备安装工程的质量验收评定可参照执行。

1.0.3 安装质量不符合本标准要求的单元工程，不应通过验收。

1.0.4 本标准的引用标准主要有以下标准：

《电气装置安装工程　高压电器施工及验收规范》(GB 50147)

《电气装置安装工程　电力变压器、油浸电抗器、互感器施工及验收规范》(GB 50148)

《电气装置安装工程　母线装置施工及验收规范》(GB 50149)

《电气装置安装工程　电气设备交接试验标准》(GB 50150)

《电气装置安装工程　电缆线路施工及验收规范》(GB 50168)

《电气装置安装工程　接地装置施工及验收规范》(GB 50169)

《电气装置安装工程　盘、柜及二次回路接线施工及验收规范》(GB 50171)

《电气装置安装工程　蓄电池施工及验收规范》(GB 50172)

《110kV～500kV架空送电线路施工及验收规范》(GB 50233)

《电气装置安装工程　低压电器施工及验收规范》(GB 50254)

《电气装置安装工程　起重机电气装置施工及验收规范》(GB 50256)

《电气装置安装工程　1kV 及以下配线工程施工及验收规范》（GB 50258）

《电气装置安装工程　电气照明装置施工及验收规范》（GB 50259）

《起重设备安装工程施工及验收规范》（GB 50278）

《建筑电气工程施工质量验收规范》（GB 50303）

《水利水电工程施工质量检验与评定规程》（SL 176）

1.0.5　发电电气设备安装工程单元工程安装质量验收评定除应执行本标准外，尚应符合国家现行有关标准的规定。

2 术　语

2.0.1 单元工程　separated item project

依据设备性质、施工部署和质量考核要求将发电电气设备划分为若干个安装项目完成的最小综合体，是安装质量考核的基本单位。宜以一台或一组同类电气设备的安装划分为一个单元工程，如一台变压器、一组断路器等。

2.0.2 主控项目　dominant item

对安全、卫生、环保有重大影响，对发电电气设备功能起决定性作用的检验项目。

2.0.3 一般项目　general item

主控项目以外的检验项目。

3 基 本 规 定

3.1 一 般 要 求

3.1.1 单元工程的划分应符合下列规定：

1 分部工程开工前应由建设单位或监理组织设计、施工等单位，根据本标准要求，共同划分单元工程。

2 建设单位应根据工程性质和部位确定重要隐蔽和关键部位单元工程。

3 划分结果应以书面形式报送质量监督机构备案。

3.1.2 单元工程安装质量验收评定，应在单元工程检验项目的检验结果、试运转达到本标准要求，并具备完整安装记录的基础上进行。

3.1.3 检验项目分为主控项目和一般项目。

3.1.4 单元工程安装质量验收评定表及其备查资料的制备应由工程施工单位负责，其规格宜采用国际标准 A4（210mm×297mm），验收评定表一式 4 份，备查资料一式 2 份，其中验收评定表及其备查资料一份应由监理单位保存，其余应由施工单位保存。

3.1.5 工业电视监视系统安装工程应参照有关规定进行质量验收评定。

3.2 单元工程安装质量验收评定

3.2.1 单元工程安装质量验收评定应具备以下条件：

1 单元工程所有安装项目已完成，施工现场具备验收的条件。

2 单元工程所有安装项目的有关质量缺陷已处理完毕。

3 所用设备、材料均符合国家和相关行业的有关技术标准要求。

4 安装的电气设备均具有产品质量合格文件。

5 单元工程验收时提供的技术资料均符合验收规范规定。

6 具备质量检验所需的检测手段。

3.2.2 单元工程安装质量验收评定应按以下程序进行：

1 施工单位对已经完成的单元工程安装质量进行自检。

2 施工单位自检合格后，应向监理单位申请复核。

3 监理单位收到申请后，应在1个工作日内进行复核，并评定单元工程质量等级。

4 重要隐蔽单元工程和关键部位单元工程安装质量的验收评定应由建设单位（或委托监理单位）主持，应由建设、设计、监理、施工等单位的代表联合组成质量验收评定小组，共同验收评定，并应在验收前通知工程质量监督机构。

3.2.3 单元工程安装质量验收评定应包括以下内容：

1 施工单位应做好以下工作：

1) 施工单位的质检部门应首先对已经完成的单元工程安装质量进行自检，并填写单元工程（部分）质量检查表（附录A表A.0.2）。

2) 施工单位自检合格后，填写单元工程安装质量验收评定表（附录A表A.0.1），向监理单位申请复核。

2 监理单位应做好以下工作：

1) 对照相关图纸及有关技术文件，复核单元工程质量是否满足本标准要求。

2) 检查已完单元工程遗留问题的处理情况，核定本单元工程安装质量等级，复核合格后签署验收意见，履行相关手续。

3) 对验收中发现的问题提出处理意见。

3.2.4 单元工程安装质量验收评定应包括下列资料：

1 施工单位申请验收评定时，应提交下列资料：

1) 单元工程的安装记录和设备到货验收资料。

2) 制造厂提供的产品说明书、试验记录、合格证件及安装图纸等资料。

3) 备品备件、专用工器具及测量仪器清单。

4) 设计变更及修改等资料。

5）安装调整试验和动作试验记录。

6）单元工程试运行的检验记录资料。

7）重要隐蔽单元工程隐蔽前的影像资料。

8）由施工单位质量检验员填写的单元工程安装质量验收评定表（附录A表A.0.1）、单元工程（部分）质量检查表（附录A表A.0.2）。

2 监理单位应形成下列资料：

1）监理单位对单元工程安装质量的平行检验资料。

2）监理工程师签署质量复核意见的单元工程安装质量验收评定表及单元工程（部分）质量检查表。

3.2.5 单元工程质量评定分为合格和优良两个等级，其标准应符合下列规定：

1 单元工程质量同时满足下列标准时，其质量评为合格：

1）主控项目应全部符合本标准的质量要求。

2）单元工程所含各质量检验部分中的一般项目质量与本标准有微小出入，但不影响安全运行和设计效益，且不超过该单元工程一般项目的30%。

2 单元工程质量同时满足下列标准时，其质量评为优良：

1）主控项目和一般项目均应全部符合本标准的质量要求。

2）电气试验及操作试验中未出现故障。

3.2.6 当达不到合格标准时，应及时处理。处理后的质量等级应按下列规定进行验收评定：

1 经全部返工（或更换设备、部件）达到本标准要求，重新评定质量等级。

2 处理后，应经有资质的检测机构检测，能达到本标准或设计文件要求的，其质量评定为合格。

3 处理后的工程部分质量指标仍达不到设计文件要求时，经原设计单位复核，认为基本能满足工程使用要求，监理工程师检验认可，建设单位同意验收的，其质量可认定为合格，并按规定进行质量缺陷备案。

4 六氟化硫（SF_6）断路器安装工程

4.1 一 般 规 定

4.1.1 本章适用于额定电压为26kV及以下六氟化硫(SF_6)断路器安装工程质量验收评定。发电机出口断路器(GCB)安装工程质量验收评定本章中未涉及的检验项目可参照GB 50147相关章节执行。

4.1.2 一组六氟化硫（SF_6）断路器安装工程宜为一个单元工程。

4.1.3 六氟化硫（SF_6）断路器安装工程质量检验内容应包括外观、安装、六氟化硫（SF_6）气体的管理及充注、电气试验及操作试验等部分。

4.2 安 装 及 检 查

4.2.1 六氟化硫（SF_6）断路器外观质量标准见表4.2.1。

表4.2.1 六氟化硫（SF_6）断路器外观质量标准

项次		检验项目	质量要求	检验方法
主控项目	1	外观	1）零部件及配件齐全、无锈蚀和损伤、变形； 2）瓷套表面光滑无裂纹、缺损，铸件无砂眼； 3）绝缘部件无变形、受潮、裂纹和剥落，绝缘良好，绝缘拉杆端部连接部件牢固可靠	观察检查
	2	操作机构	零件齐全，轴承光滑无卡涩，铸件无裂纹，焊接良好	观察检查
一般项目	1	密封材料	组装用的螺栓、密封垫、密封脂、清洁剂和润滑脂等符合产品技术文件要求	观察检查
	2	密度继电器、压力表	有产品合格证明和校验报告	检查
	3	均压电容、合闸电阻	技术数值符合产品技术文件要求	检查

4.2.2 六氟化硫（SF_6）断路器安装质量标准见表 4.2.2。

表 4.2.2 六氟化硫（SF_6）断路器安装质量标准

项次		检验项目	质量要求	检验方法
主控项目	1	各部件密封	密封槽面清洁，无划伤痕迹	观察检查
	2	螺栓紧固	力矩值符合产品技术文件要求	扳动检查
	3	设备载流部分及引下线连接	1）设备接线端子的接触表面平整、清洁、无氧化膜，并涂以薄层电力复合脂，镀银部分应无挫磨； 2）设备载流部分的可挠连接无折损、表面凹陷及锈蚀； 3）连接螺栓齐全、紧固，紧固力矩应符合 GB 50149 的规定	观察检查 扳动检查
	4	接地	符合设计文件和产品技术文件要求，且无锈蚀、损伤，连接牢靠	观察检查 导通检查
	5	二次回路	信号和控制回路应符合 GB 50171 的规定	试验检查
一般项目	1	基础及支架	1）基础中心距离及高度允许误差为±10mm； 2）预留孔或预埋件中心线允许误差为±10mm； 3）预埋螺栓中心线允许误差为±2mm； 4）支架或底架与基础的垫片不宜超过 3 片，其总厚度不大于 10mm	测量检查
	2	吊装	无碰撞和擦伤	观察检查
	3	吸附剂	现场检查产品包装符合产品技术文件要求，必要时进行干燥处理	观察检查

4.2.3 六氟化硫（SF_6）气体的管理及充注质量标准见表 4.2.3。

表 4.2.3 六氟化硫（SF_6）气体的管理及充注质量标准

项次		检验项目	质量要求	检验方法
主控项目	1	充气设备及管路	洁净，无水分、油污，管路连接部分无渗漏	观察检查 试验检查
	2	充气前断路器内部真空度	符合产品技术文件要求	真空表测量
	3	充气后六氟化硫（SF_6）气体含水量及整体密封试验	1）与灭弧室相通的气室六氟化硫（SF_6）气体含水量，应小于 150μL/L； 2）不与灭弧室相通的气室六氟化硫（SF_6）气体含水量，应小于 250μL/L； 3）每个气室年泄漏率不大于 1%	微水仪测量 检漏仪测量
	4	六氟化硫（SF_6）气体压力检查	各气室六氟化硫（SF_6）气体压力符合产品技术文件要求	压力表检查
一般项目	1	六氟化硫（SF_6）气体监督管理	应符合 GB 50147 的规定	试验检查

4.2.4 六氟化硫（SF_6）断路器电气试验及操作试验质量标准见表 4.2.4。

表 4.2.4 六氟化硫（SF_6）断路器电气试验及操作试验质量标准

项次		检验项目	质量要求	检验方法
主控项目	1	绝缘电阻	符合产品技术文件要求	兆欧表测量
	2	导电回路电阻	符合产品技术文件要求	回路电阻测试仪测量
	3	分、合闸线圈绝缘电阻及直流电阻	符合产品技术文件要求	兆欧表测量 仪表测量

表 4.2.4（续）

项次		检验项目	质量要求	检验方法
主控项目	4	操动机构试验	1）位置指示器动作正确可靠，分、合位置指示与断路器实际分、合状态一致； 2）断路器及其操作机构的联动正常，无卡阻现象，辅助开关动作正确可靠	操作检查
	5	分、合闸时间，分、合闸速度，触头的分、合闸同期性及配合时间	应符合 GB 50150 的规定及产品技术文件要求	开关特性测试仪测量
	6	密度继电器、压力表和压力动作阀	压力显示正常，动作值符合产品技术文件要求	试验检查
	7	交流耐压试验	应符合 GB 50150 的规定，试验中耐受规定的试验电压而无破坏性放电现象	交流耐压试验设备试验

5 真空断路器安装工程

5.1 一 般 规 定

5.1.1 本章适用于额定电压为3～35kV的户内式真空断路器安装工程质量验收评定。

5.1.2 一组真空断路器安装工程宜为一个单元工程。

5.1.3 真空断路器安装工程质量检验内容应包括外观、安装、电气试验及操作试验等部分。

5.1.4 高压开关柜中的配电真空断路器可与高压开关柜一并进行质量验收评定。

5.2 安 装 及 检 查

5.2.1 真空断路器外观质量标准见表5.2.1。

表5.2.1 真空断路器外观质量标准

项次		检验项目	质量要求	检验方法
主控项目	1	导电部分	1）设备接线端子的接触表面平整、清洁、无氧化膜，镀银层完好； 2）设备载流部分的可挠连接无折损、表面凹陷及锈蚀； 3）真空断路器本体两端与外部连接的触头洁净光滑、镀银层完好，触头弹簧齐全、无损伤	观察检查
	2	绝缘部件	无变形、受潮	观察检查
一般项目	1	外观	1）绝缘隔板齐全、完好； 2）灭弧室、瓷套与铁件间应粘合牢固、无裂纹及破损； 3）相色标志清晰、正确	观察检查
	2	断路器支架	焊接良好，外部防腐层完整	观察检查

5.2.2 真空断路器安装质量标准见表5.2.2。

表5.2.2 真空断路器安装质量标准

项次		检验项目	质量要求	检验方法
主控项目	1	导电部分	设备导电部分连接可靠，接线端子搭接面和螺栓紧固力矩应符合GB 50149的规定	扳动检查
	2	弹簧操作机构	1）分、合闸闭锁装置动作灵活，复位准确，扣合可靠； 2）机构分、合位置指示与设备实际分、合状态一致； 3）三相联动连杆的拐臂应在同一水平面上，拐臂角度应一致	观察检查 操作检查
	3	接地	接地牢固，导通良好	观察检查 导通检查
	4	二次回路	信号和控制回路应符合GB 50171的规定	试验检查
一般项目	1	基础或支架	1）中心距离及高度允许误差为±10mm； 2）预留孔或预埋件中心线允许误差为±10mm； 3）预埋螺栓中心线允许误差为±2mm	测量检查
	2	本体安装	安装垂直、固定牢固、相间支持瓷件在同一水平面上	观察检查

5.2.3 真空断路器电气试验及操作试验质量标准见表5.2.3。

表5.2.3 真空断路器电气试验及操作试验质量标准

项次		检验项目	质量要求	检验方法
主控项目	1	绝缘电阻	整体及绝缘拉杆绝缘电阻值应符合GB 50150的规定及产品技术文件要求	兆欧表测量
	2	导电回路电阻	符合产品技术文件要求	回路电阻测试仪测量

表 5.2.3（续）

项次		检验项目	质量要求	检验方法
主控项目	3	分、合闸线圈及合闸接触器线圈的绝缘电阻和直流电阻	符合产品技术文件要求	兆欧表测量 直流电阻测试仪测量
	4	操动机构试验	1）位置指示器动作应正确可靠，分、合位置指示与设备实际分、合状态一致； 2）断路器及其操作机构的联动正常，无卡阻现象，辅助开关动作正确可靠	操作检查
	5	主触头分、合闸的时间，分、合闸的同期性，合闸时触头的弹跳时间	应符合 GB 50150 的规定	开关特性测试仪测量
	6	交流耐压试验	应符合 GB 50150 的规定	交流耐压试验设备试验
	7	并联电阻、电容	符合产品技术文件要求	测量检查

6 隔离开关安装工程

6.1 一般规定

6.1.1 本章适用于额定电压为3～35kV的户内式隔离开关（包括接地开关）安装工程质量验收评定。

6.1.2 一组隔离开关安装工程宜为一个单元工程。

6.1.3 隔离开关安装工程质量检验内容应包括外观、安装、电气试验及操作试验等部分。

6.2 安装及检查

6.2.1 隔离开关外观质量标准见表6.2.1。

表6.2.1 隔离开关外观质量标准

<table>
<tr><th colspan="2">项次</th><th>检验项目</th><th>质量要求</th><th>检验方法</th></tr>
<tr><td rowspan="2">主控项目</td><td>1</td><td>瓷件</td><td>1）瓷件无裂纹、破损，瓷铁胶合处粘合牢固；
2）法兰结合面平整、无外伤或铸造砂眼</td><td>观察检查</td></tr>
<tr><td>2</td><td>导电部分</td><td>可挠软连接无折损，接线端子（或触头）镀层完好</td><td>观察检查</td></tr>
<tr><td rowspan="2">一般项目</td><td>1</td><td>开关本体</td><td>无变形和锈蚀，涂层完整，相色正确</td><td>观察检查</td></tr>
<tr><td>2</td><td>操动机构</td><td>操动机构部件齐全，固定连接件连接紧固，转动部分涂有润滑脂</td><td>观察检查
扳动检查</td></tr>
</table>

6.2.2 隔离开关安装质量标准见表6.2.2。

表 6.2.2　隔离开关安装质量标准

项次		检验项目	质量要求	检验方法
主控项目	1	导电部分	1）触头表面平整、清洁，载流部分表面无严重凹陷及锈蚀，载流部分的可挠连接无折损； 2）触头间接触紧密，两侧的接触压力均匀，并符合产品文件技术要求。当采用插入连接时，导体插入深度符合产品技术文件要求； 3）设备连接端子涂以薄层电力复合脂。连接螺栓齐全、紧固，紧固力矩应符合 GB 50149 的规定	观察检查 扳动检查
	2	支柱绝缘子	1）支柱绝缘子与底座平面（V 型隔离开关除外）垂直、连接牢固，同相各支柱绝缘子的中心线在同一垂直平面内； 2）同相各绝缘子支柱的中心线在同一垂直平面内	测量检查
	3	传动装置	1）拉杆与带电部分的距离应符合 GB 50149 的规定； 2）传动部件安装位置正确，固定牢靠；传动齿轮啮合准确； 3）定位螺钉调整、固定符合产品技术文件要求； 4）所有传动摩擦部位，应涂以适合当地气候的润滑脂	观察检查 扳动检查 测量检查
	4	操动机构	1）安装牢固，各固定部件螺栓紧固，开口销必须分开； 2）机构动作平稳，无卡阻、冲击； 3）限位装置准确可靠；辅助开关动作与隔离开关动作一致、接触准确可靠； 4）分、合闸位置指示正确	观察检查 扳动检查
	5	接地	接地牢固，导通良好	观察检查 导通检查
	6	二次回路	机构箱内信号和控制回路应符合 GB 50171 的规定	试验检查

表 6.2.2（续）

项次		检验项目	质量要求	检验方法
一般项目	1	基础或支架	1）中心距离及高度允许误差为±10mm； 2）预留孔或预埋件中心线允许误差为±10mm； 3）预埋螺栓中心线允许误差为±2mm	测量检查
	2	本体安装	1）安装垂直、固定牢固、相间支持瓷件在同一水平面上； 2）相间距离允许误差为±10mm，相间连杆在同一水平线上	观察检查

6.2.3 隔离开关电气试验及操作试验质量标准见表6.2.3。

表 6.2.3 隔离开关电气试验及操作试验质量标准

项次		检验项目	质量要求	检验方法
主控项目	1	绝缘电阻	应符合 GB 50150 的规定及产品技术文件要求	兆欧表测量
	2	导电回路电阻	符合产品技术文件要求	回路电阻测试仪测量
	3	交流耐压试验	应符合 GB 50150 的规定	交流耐压试验设备试验
	4	三相同期性	符合产品技术文件要求	试验仪器测量
	5	操动机构线圈的最低动作电压值	符合产品技术文件要求	试验仪器测量
	6	操动机构试验	1）电动机及二次控制线圈和电磁闭锁装置在其额定电压的80%～110%范围内时，隔离开关主闸刀或接地闸刀分、合闸动作可靠； 2）机械或电气闭锁装置准确可靠	操作检查 试验仪器测量

7 负荷开关及高压熔断器安装工程

7.1 一般规定

7.1.1 本章适用于额定电压为3～26kV的负荷开关及高压熔断器安装工程质量验收评定。

7.1.2 一组负荷开关或一组高压熔断器安装工程宜为一个单元工程。

7.1.3 负荷开关及高压熔断器安装工程质量检验内容应包括外观、安装、电气试验及操作试验等部分。

7.2 安装及检查

7.2.1 负荷开关及高压熔断器外观质量标准见表7.2.1。

表7.2.1 负荷开关及高压熔断器外观质量标准

项次		检验项目	质量要求	检验方法
一般项目	1	负荷开关	1）部件齐全、完整； 2）灭弧筒内产生气体的有机绝缘物应完整无裂纹；绝缘子表面清洁，无裂纹、破损、焊接残留斑点等缺陷，瓷瓶与金属法兰胶装部位牢固密实； 3）支柱绝缘子无裂纹、损伤，无修补； 4）操动机构零部件齐全，所有固定连接部分应紧固，转动部分涂有润滑脂； 5）带油负荷开关外露部分及油箱清理干净，油位正常，油质合格，无渗漏	观察检查 扳动检查
	2	高压熔断器	1）零部件齐全、无锈蚀，熔管无裂纹、破损； 2）熔丝的规格符合设计文件要求，且无弯折、压扁或损伤	观察检查

7.2.2 负荷开关及高压熔断器安装质量标准见表7.2.2。

表7.2.2 负荷开关及高压熔断器安装质量标准

项次		检验项目	质量要求	检验方法
主控项目	1	导电部分	1）负荷开关触头表面平整、清洁，载流部分表面无严重凹陷及锈蚀，载流部分的可挠连接无折损； 2）负荷开关合闸主固定触头与主刀接触紧密，两侧的接触压力均匀，分闸时三相灭弧刀片应同时跳离固定灭弧触头。当采用插入连接时，导体插入深度符合产品技术文件要求； 3）设备连接端子涂以薄层电力复合脂。连接螺栓齐全、紧固，紧固力矩应符合GB 50149的规定	观察检查 扳动检查
	2	支柱绝缘子	1）支柱绝缘子与底座平面垂直、连接牢固，同一绝缘子柱的各绝缘子中心线应在同一垂直线上； 2）同相各绝缘子支柱的中心线在同一垂直平面内	测量检查
	3	传动装置	1）拉杆与带电部分的距离应符合GB 50149的规定； 2）传动部件安装位置正确，固定牢靠；传动齿轮啮合准确； 3）定位螺钉调整、固定符合产品技术文件要求； 4）所有传动摩擦部位，应涂以适合当地气候的润滑脂	观察检查 扳动检查 测量检查
	4	操动机构	1）安装牢固，各固定部件螺栓紧固，开口销必须分开； 2）机构动作平稳，无卡阻、冲击； 3）分、合闸位置指示正确	观察检查 扳动检查
	5	接地	接地牢固，导通良好	观察检查 导通检查
	6	二次回路	信号和控制回路应符合GB 50171的规定	试验检查

表 7.2.2（续）

项次		检验项目	质量要求	检验方法
一般项目	1	基础或支架	1）中心距离及高度允许误差为±10mm； 2）预留孔或预埋件中心线允许误差为±10mm； 3）预埋螺栓中心线允许误差为±2mm	测量检查
	2	本体安装	1）安装垂直、固定牢固、相间支持瓷件在同一水平面上； 2）相间距离允许误差为±10mm，相间连杆在同一水平线上	观察检查
	3	熔丝	熔丝的规格符合设计文件要求，且无弯曲、压扁或损伤	观察检查

7.2.3 负荷开关及高压熔断器电气试验及操作试验质量标准见表 7.2.3。

表 7.2.3 负荷开关及高压熔断器电气试验及操作试验质量标准

项次		检验项目	质量要求	检验方法
主控项目	1	绝缘电阻	应符合 GB 50150 的规定及产品技术文件要求	兆欧表测量
	2	导电回路电阻	应符合 GB 50150 的规定及产品技术文件要求	回路电阻测试仪测量
	3	交流耐压试验	应符合 GB 50150 的规定	交流耐压试验设备试验
	4	三相同期性	负荷开关三相触头接触的同期性和分闸状态时触头间净距及拉开角度符合产品技术文件要求	仪器测量
	5	操动机构线圈最低动作电压	符合产品技术文件要求	仪器测量
	6	操动机构试验	1）电动机及二次控制线圈和电磁闭锁装置在其额定电压的 80%～110% 范围内时，隔离开关主闸刀或接地闸刀分、合闸动作可靠； 2）机械或电气闭锁装置准确可靠	操作检查试验仪器测量
	7	高压熔断器熔丝直流电阻	高压限流熔丝管熔丝的直流电阻值与同型产品相比无明显差别	仪表测量

8 互感器安装工程

8.1 一 般 规 定

8.1.1 本章适用于干式电压（电流）互感器安装工程质量验收评定。

8.1.2 一组电压（电流）互感器安装工程宜为一个单元工程。

8.1.3 互感器安装工程质量检验内容应包括外观、安装、电气试验等部分。

8.2 安装及检查

8.2.1 互感器外观质量标准见表 8.2.1。

表 8.2.1 互感器外观质量标准

项次		检验项目	质量要求	检验方法
一般项目	1	铭牌标志	完整、清晰	观察检查
	2	外观	完整、附件齐全、无锈蚀及机械损伤	观察检查
	3	铁芯	无变形且清洁紧密、无锈蚀	观察检查
	4	二次接线板引线端子及绝缘	连接牢固，绝缘完好	观察检查
	5	绝缘夹件及支持物	牢固，无损伤，无分层开裂	观察检查
	6	螺栓	无松动，附件完整	观察检查 扳动检查

8.2.2 互感器安装质量标准见表 8.2.2。

表 8.2.2 互感器安装质量标准

项次		检验项目	质量要求	检验方法
主控项目	1	本体安装	1）支架安装面应水平； 2）并列安装时排列整齐，同一组互感器极性方向一致； 3）母线式电流互感器等电位线与一次导体接触紧密、可靠； 4）零序电流互感器的安装，不应使构架或其他导磁体与互感器铁芯直接接触，不构成闭合磁回路	观察检查
	2	接地	1）电压互感器铁芯接地可靠；电压互感器的一次绕组中性点接地符合设计文件要求； 2）电流互感器备用二次绕组端子先短路后接地	观察检查 导通检查
一般项目	1	连接螺栓	齐全、紧固	观察检查 扳动检查

8.2.3 互感器电气试验质量标准见表 8.2.3。

表 8.2.3 互感器电气试验质量标准

项次		检验项目	质量要求	检验方法
主控项目	1	绕组绝缘电阻	应符合 GB 50150 的规定或产品技术文件要求	兆欧表测量
	2	铁芯夹紧螺栓绝缘电阻	应符合 GB 50150 的规定或产品技术文件要求	兆欧表测量
	3	接线组别和极性	符合设计文件要求，与铭牌和标志相符	测量检查
	4	变比检查	符合设计文件要求及产品技术文件要求	测量检查
	5	交流耐压试验	应符合 GB 50150 的规定	交流耐压试验设备试验

表 8.2.3（续）

项次		检验项目	质量要求	检验方法
主控项目	6	绕组直流电阻	1）电压互感器绕组直流电阻测量值与换算到同一温度下的出厂值比较，一次绕组相差不宜大于10%，二次绕组相差不宜大于15%； 2）同型号、同规格、同批次电流互感器一次、二次绕组的直流电阻测量值与其平均值的差异不宜大于10%	直流电阻测试仪测量
	7	励磁特性	1）当继电保护对电流互感器的励磁特性有要求时，应进行励磁特性曲线试验，试验结果符合产品技术文件要求； 2）电压互感器励磁曲线测量应符合应 GB 50150 的规定	测量检查
	8	误差	应符合 GB 50150 的规定或产品技术文件要求	测量检查

9 电抗器与消弧线圈安装工程

9.1 一般规定

9.1.1 本章适用于额定电压为 26kV 及以下干式电抗器与消弧线圈安装工程质量验收评定。

9.1.2 同一电压等级、同一设备单元的干式电抗器与消弧线圈安装工程宜为一个单元工程。

9.1.3 电抗器与消弧线圈安装工程质量检验内容应包括外观、安装、电气试验等部分。

9.2 安装及检查

9.2.1 电抗器与消弧线圈外观质量标准见表 9.2.1。

表 9.2.1 电抗器与消弧线圈外观质量标准

项次		检验项目	质量要求	检验方法
主控项目	1	电抗器支柱及线圈	1）支柱及线圈绝缘无损伤和裂纹； 2）线圈无变形	观察检查
一般项目	1	电抗器外观	1）各部位螺栓连接紧固； 2）支柱绝缘子及其附件齐全，支柱绝缘子瓷铁浇装连接牢固； 3）磁性材料各部件固定牢固； 4）线圈外部的绝缘漆完好；各部油漆完整	扳动检查 观察检查
	2	消弧线圈外观	1）铭牌及接线图标志齐全清晰； 2）附件齐全完好，绝缘子外观光滑，无裂纹	观察检查

9.2.2 电抗器安装质量标准见表 9.2.2。

表 9.2.2 电抗器安装质量标准

项次		检验项目	质量要求	检验方法
主控项目	1	本体及附件安装	1）各部位无变形损伤，且固定牢固、螺栓紧固； 2）铁芯一点接地； 3）三相垂直排列绕组绕向中间相与上下两相相反且三相中心线一致。两相重叠，一相并列，绕组绕向两相相反；另一相与上面相同。三相水平排列，绕组绕向相同。底层的所有支柱绝缘子接地良好，其余的支柱绝缘子不接地； 4）附近安装的二次电缆和二次设备间采取防电磁干扰的措施，二次电缆的接地线不构成闭合回路	观察检查
	2	二次回路	信号和控制回路应符合 GB 50171 的规定	试验检查
一般项目	1	保护网	1）采用金属围栏时，金属围栏有明显断开点，并不通过接地线构成闭合回路； 2）保护网网门开启灵活且只能向外侧开启，门锁齐全；且网眼牢固，均匀一致	观察检查

9.2.3 消弧线圈安装质量标准见表 9.2.3。

表 9.2.3 消弧线圈安装质量标准

项次		检验项目	质量要求	检验方法
主控项目	1	铁芯	紧固件无松动，有且只有一点接地	观察检查
	2	绕组	接线牢固正确，表面无放电痕迹及裂纹	观察检查
	3	引出线	绝缘层无损伤、裂纹，裸露导体无毛刺尖角，防松件齐全、完好，引线支架固定牢固，无损伤	观察检查 扳动检查

表 9.2.3（续）

项次		检验项目	质量要求	检验方法
主控项目	4	外壳及本体接地	应符合 GB 50169 的规定或产品技术文件要求	观察检查
	5	二次回路	信号和控制回路应符合 GB 50171 的规定	传动检查
一般项目	1	相色标志	相色标志齐全、正确	观察检查
	2	开启门接地	应符合 GB 50169 的规定或产品技术文件要求	观察检查

9.2.4 电抗器电气试验质量标准见表 9.2.4。

表 9.2.4 电抗器电气试验质量标准

项次		检验项目	质量要求	检验方法
主控项目	1	绕组连同套管的绝缘电阻、吸收比或极化指数	应符合 GB 50150 的规定	兆欧表测量
	2	绕组连同套管的直流电阻	1）测量应在各分接头的所有位置上进行，实测值与出厂值的变化规律一致； 2）三相绕组直流电阻值相互间差值不大于三相平均值的 2%； 3）与同温下产品出厂值比较相应变化不大于 2%	直流电阻测试仪测量
	3	绕组连同套管的交流耐压试验	应符合 GB 50150 的规定	交流耐压试验设备试验
	4	干式电抗器额定电压下冲击合闸试验	进行 5 次，每次间隔为 5min，无异常现象	试验检查

9.2.5 消弧线圈电气试验质量标准见表 9.2.5。

表 9.2.5　消弧线圈电气试验质量标准

项次		检验项目	质量要求	检验方法
主控项目	1	绕组连同套管的绝缘电阻、吸收比或极化指数	应符合 GB 50150 的规定	兆欧表测量
	2	绕组连同套管的直流电阻	1）测量应在各分接头的所有位置上进行，实测值与出厂值的变化规律一致； 2）与同温下产品出厂值比较相应变化不大于2%	直流电阻测试仪测量
	3	与铁芯绝缘的各紧固件的绝缘电阻	应符合 GB 50150 的规定或产品技术条件文件要求	兆欧表测量
	4	绕组连同套管的交流耐压试验	应符合 GB 50150 的规定	交流耐压试验设备试验

10 避雷器安装工程

10.1 一 般 规 定

10.1.1 本章适用于额定电压为26kV及以下发电、配电及厂用电系统中的金属氧化物避雷器安装工程质量验收评定。

10.1.2 同一电压等级的金属氧化物避雷器安装工程宜为一个单元工程。

10.1.3 金属氧化物避雷器安装工程质量检验内容应包括外观、安装、电气试验等部分。

10.2 安 装 及 检 查

10.2.1 金属氧化物避雷器外观质量标准见表10.2.1。

表10.2.1 金属氧化物避雷器外观质量标准

项次		检验项目	质量要求	检验方法
主控项目	1	外观	1）密封完好，设备型号符合设计文件要求； 2）瓷质或硅橡胶外套外观光洁、完整、无裂纹； 3）金属法兰结合面平整，无外伤或铸造砂眼； 4）底座绝缘良好	观察检查
	2	安全装置	完整、无损	观察检查

10.2.2 金属氧化物避雷器安装质量标准见表10.2.2。

10.2.3 金属氧化物避雷器电气试验质量标准见表10.2.3。

表 10.2.2　金属氧化物避雷器安装质量标准

项次		检验项目	质量要求	检验方法
主控项目	1	本体安装	1）垂直度符合产品技术文件要求，绝缘底座安装应水平； 2）并列安装的避雷器三相中心在同一直线上，相间中心距离允许偏差为10mm	观察检查 测量检查
	2	接地	符合设计文件要求，接地引下线连接固定牢靠	观察检查 扳动检查
一般项目	1	连接	1）连接螺栓齐全、紧固； 2）各连接处的金属接触表面平整、无氧化膜，并涂以薄层电力复合脂； 3）引线的连接不应使设备端子受到超过允许的承受应力	观察检查 扳动检查
	2	放电计数器	调至同一值	观察检查
	3	相色标志	清晰、正确	观察检查

表 10.2.3　金属氧化物避雷器电气试验质量标准

项次		检验项目	质量要求	检验方法
主控项目	1	绝缘电阻	1）电压等级1kV以上用2500V兆欧表，绝缘电阻值不低于1000MΩ； 2）电压等级1kV及以下用500V兆欧表测量，绝缘电阻值不低于2MΩ； 3）基座绝缘电阻值不低于5MΩ	兆欧表测量
	2	直流参考电压和0.75倍直流参考电压下的泄漏电流	0.75倍直流参考电压下的泄漏电流值不大于50μA，或符合产品技术条件要求	仪器测量
	3	工频参考电压和持续电流	应符合GB 50150的规定	仪器测量
	4	工频放电电压	应符合GB 50150的规定	仪器测量
	5	放电计数器	动作可靠	雷击计数器测试器试验

11　高压开关柜安装工程

11.1　一般规定

11.1.1　本章适用于发、配电装置中固定式和手车式高压开关柜安装工程质量验收评定。

11.1.2　同一电压等级的高压开关柜安装工程宜为一个单元工程。

11.1.3　高压开关柜安装工程质量检验内容应包括外观检查、安装、电气试验等部分。

11.2　安装及检查

11.2.1　高压开关柜外观质量标准见表11.2.1。

表11.2.1　高压开关柜外观质量标准

项次		检验项目	质量要求	检验方法
主控项目	1	柜内元件	1）开关柜内断路器、负荷开关、熔断器、隔离开关、接地开关、避雷器等元件符合本标准中同类电气设备质量标准； 2）柜内设备与各构件间连接应牢固	观察检查 扳动检查
一般项目	1	外观	1）开关柜间隔排列顺序符合设计文件要求； 2）开关柜无变形及受损，防腐完好	观察检查

11.2.2　高压开关柜安装质量标准见表11.2.2-1～表11.2.2-3。

表 11.2.2-1　高压开关柜安装质量标准

项次		检验项目	质量要求	检验方法
主控项目	1	高压开关柜安装	1）固定式高压开关柜紧固件完好、齐全，固定牢固； 2）手车推拉灵活、轻便，无卡阻、碰撞；具有相同额定值和结构的组件，具有互换性； 3）安全隔离板开启应灵活，并应随手车的进出而相应动作； 4）手车推入工作位置后，动触头顶部与静触头底部的间隙，应符合产品技术文件要求	观察检查 操作检查
	2	闭锁装置	1）机械闭锁、电气闭锁动作正确、可靠； 2）开关柜“五防”功能符合产品技术文件要求	操作检查 检查报告
	3	接地	1）成列开关柜的接地母线，应有两处明显的与接地网可靠连接点； 2）金属柜门与接地的金属构架连接符合产品技术文件要求	观察检查
	4	二次回路及元件	1）手车或抽屉的二次回路连接插件（插头与插座）应接触良好，并应有锁紧措施； 2）仪表、继电器等二次元件的防振措施应可靠； 3）信号和控制回路应符合GB 50171的规定	操作检查 试验检查
一般项目	1	基础安装	1）型钢顶部标高符合产品技术文件要求，没有要求时宜高出抹平地面10mm； 2）基础型钢允许偏差应符合表11.2.2-2的规定	观察检查 测量检查
	2	柜体安装	开关柜安装垂直度、水平偏差以及柜面偏差和柜间接缝的允许偏差应符合表11.2.2-3的规定	测量检查

表 11.2.2－2　基础型钢安装允许偏差值

项　　目	允许偏差	
	mm/m	mm/全长
不直度	＜1	＜5
水平度	＜1	＜5
位置偏差及不平行度	—	＜5

表 11.2.2－3　开关柜安装允许偏差

项　　目		允许偏差
垂直度		＜1.5mm/m
水平偏差	相邻两盘顶部	＜2mm
	成列盘顶部	＜2mm
盘间偏差	相邻两盘边	＜1mm
	成列盘面	＜5mm
盘间接缝		＜2mm

11.2.3　开关柜内断路器、负荷开关、熔断器、隔离开关、接地开关、避雷器等元件的电气试验操作试验，应符合本标准中同类电气设备质量标准。

12 厂用变压器安装工程

12.1 一般规定

12.1.1 本章适用于额定电压为26kV及以下，且单台额定容量为3150kVA及以下的厂用变压器安装工程质量验收评定。

12.1.2 一组或一台厂用变压器安装工程宜为一个单元工程。

12.1.3 厂用变压器安装工程质量检验内容应包括外观及器身、本体及附件安装、电气试验等部分。

12.2 安装及检查

12.2.1 厂用变压器外观及器身质量标准见表12.2.1。

表12.2.1 厂用变压器外观及器身质量标准

项次		检验项目	质量要求	检验方法
主控项目	1	器身	1）器身检查应符合GB 50148的规定或产品技术文件要求； 2）各部件无损伤、变形、无移动； 3）所有螺栓紧固并有防松措施；绝缘螺栓无损坏，防松绑扎完好； 4）油浸变压器箱体完好，无渗漏	观察检查 扳动检查
	2	铁芯	1）外观无碰伤变形； 2）铁芯一点接地； 3）铁芯各紧固件紧固，无松动； 4）铁芯绝缘良好	观察检查 扳动检查
	3	绕组	1）绕组接线表面无放电痕迹及裂纹； 2）各绕组线圈排列整齐，间隙均匀，油路畅通； 3）绕组压钉（或垫块）紧固，绝缘完好，防松螺母锁紧	观察检查 扳动检查

表 12.2.1（续）

项次		检验项目	质量要求	检验方法
主控项目	4	引出线	1）绝缘包扎紧固，无破损、拧弯； 2）固定牢固，绝缘距离符合设计文件要求； 3）裸露部分无毛刺或尖角，焊接良好； 4）与套管接线正确，连接牢固	观察检查 扳动检查
	5	调压切换装置	1）无励磁调压切换装置各分接头与线圈连接紧固、正确，接点接触紧密、弹性良好，切换装置拉杆、分接头凸轮等完整无损，转动盘动作灵活、密封良好，指示器指示正确； 2）有载调压切换装置的分接开关、切换开关接触良好，位置显示一致，分接引线连接牢固、正确，切换开关部分密封良好	观察检查 操作检查
一般项目	1	到货检查	1）油箱及所有附件齐全，无锈蚀或机械损伤，密封良好； 2）各连接部位螺栓齐全，紧固良好； 3）套管包装完好，表面无裂纹、伤痕、充油套管无渗油现象，油位指示正常	观察检查 扳动检查
	2	外壳及附件	1）铭牌及接线图标志齐全清晰； 2）附件齐全完好，绝缘子外观光滑，无裂纹	观察检查

12.2.2 厂用干式变压器本体及附件安装质量标准见表12.2.2。

表 12.2.2 厂用干式变压器本体及附件安装质量标准

项次		检验项目	质量要求	检验方法
主控项目	1	铁芯	紧固件无松动，有且只有一点接地	观察检查 扳动检查
	2	绕组	接线牢固正确，表面无放电痕迹及裂纹	观察检查 扳动检查

表 12.2.2（续）

项次		检验项目	质量要求	检验方法
主控项目	3	引出线	绝缘层无损伤、裂纹，裸露导体无毛刺尖角，防松件齐全、完好，引线支架固定牢固，无损伤	观察检查 扳动检查
	4	温控装置	指示正确，动作可靠	观察检查
	5	冷却风扇	电动机及叶片安装牢固、转向正确，无异常现象	观察检查
一般项目	1	相色标志	正确、清晰	观察检查
	2	接地	应符合 GB 50169 的规定或产品技术文件要求	观察检查

12.2.3 厂用油浸变压器本体及附件安装质量标准见表 12.2.3。

表 12.2.3 厂用油浸变压器本体及附件安装质量标准

项次		检验项目	质量要求	检验方法
主控项目	1	本体就位	1）安装位置符合设计文件要求； 2）本体与基础配合牢固； 3）若与封闭母线连接时，套管中心线与封闭母线中心线相符合	观察检查 扳动检查
	2	气体继电器	1）经校验整定，动作整定值符合产品技术文件要求； 2）水平安装方向与产品标示一致，连通管升高坡度符合产品技术文件要求； 3）集气盒按产品技术文件要求充注变压器油并进行排气检查且密封严密，进线孔封堵严密； 4）观察窗挡板处于打开位置	操作检查 观察检查
	3	安全气道	1）内壁清洁干燥； 2）膜片完整、无变形	观察检查

表 12.2.3（续）

项次		检验项目	质量要求	检验方法
主控项目	4	有载调压切换装置	1）机构固定牢固，操作灵活； 2）切换开关触头及其连接线完整无损，接触良好； 3）切换装置工作顺序及切换时间符合产品技术文件要求，机械、电气联锁动作正确； 4）位置指示器动作正常、指示正确； 5）油箱密封良好，油的电气强度符合产品技术文件要求	扳动检查 观察检查 传动检查 仪器测量
	5	注、排绝缘油	应符合 GB 50148 的规定或产品技术文件要求	观察检查
一般项目	1	储油柜及吸湿器	1）储油柜清洁干净、安装方向正确； 2）油位表动作灵活，其指示与实际油位相符； 3）吸湿器与储油柜连接管密封良好，吸湿剂干燥，油封油位在油面线上	观察检查 传动检查
	2	测温装置	1）温度计安装前经校验整定，指示正确； 2）温度计座注绝缘油，且严密无渗油现象； 3）膨胀式温度计细金属软管不应压扁和急剧扭曲，弯曲半径不小于 50mm	资料检查 观察检查

12.2.4 厂用变压器电气试验质量标准见表 12.2.4。

表 12.2.4 厂用变压器电气试验质量标准

项次		检验项目	质量要求	检验方法
主控项目	1	绕组连同套管一起的绝缘电阻、吸收比	绝缘电阻值不低于产品出厂试验值的 70%	兆欧表测量

表 12.2.4（续）

项次		检验项目	质量要求	检验方法
主控项目	2	与铁芯绝缘的各紧固件及铁芯的绝缘电阻	持续 1min 无闪烙及击穿现象	2500V 兆欧表测量
	3	绕组连同套管的直流电阻	1）容量等级为 1600kVA 及以下的三相变压器，各相差值小于平均值的 4%；线间测值的相互差值应小于平均值的 2%；1600kVA 以上三相变压器，各相测值相互差值小于平均值的 2%；线间测值相互差值应小于平均值的1%； 2）与同温下产品出厂实测值比较，相应变化不大于 2%； 3）由于变压器结构等原因，差值超过第 1）项时，可只按第 2）项比较，并应说明原因	直流电阻测试仪测量
	4	相位	相位正确	仪表测量
	5	三相变压器的接线组别和单相变压器引出线极性	与设计要求及铭牌标记和外壳符号相符	仪表测量
	6	所有分接头的电压比	与制造厂铭牌数据相比无明显差别，且符合变压比的规律，差值应符合 GB 50150 的规定	仪器测量
	7	有载调压装置的检查试验	应符合 GB 50150 的规定	仪器测量
	8	油浸式变压器绝缘油试验	应符合 GB 50150 的规定或产品技术文件要求	仪器测量
	9	绕组连同套管的交流耐压试验	应符合 GB 50150 的规定	交流耐压试验设备试验
	10	冲击合闸试验	应符合 GB 50150 的规定	试验检查

13 低压配电盘及低压电器安装工程

13.1 一 般 规 定

13.1.1 本章适用于交流50Hz、额定电压500V及以下的低压配电盘（包括动力配电箱）及低压电器安装工程质量验收评定。

13.1.2 一排或一个区域的低压配电盘及低压电器安装工程宜为一个单元工程。

13.1.3 低压配电盘及低压电器安装工程质量检验内容应包括基础及本体安装、配线及低压电器安装、电气试验等部分。

13.2 安 装 及 检 查

13.2.1 低压配电盘基础及本体安装质量标准见表13.2.1。

表13.2.1 低压配电盘基础及本体安装质量标准

项次		检验项目	质量要求	检验方法
主控项目	1	成套柜的安装	1）机械闭锁、电气闭锁动作准确可靠； 2）动触头与静触头的中心线一致，触头接触紧密； 3）二次回路辅助开关的切换接点动作准确，接触可靠	观察检查 操作检查
	2	抽屉式配电柜的安装	1）抽屉推拉灵活轻便，无卡阻、碰撞现象； 2）抽屉的机械联锁或电气联锁装置动作正确可靠，断路器分闸后，隔离触头才能分开； 3）抽屉与柜体间的二次回路连接插件接触良好	观察检查 操作检查

表 13.2.1（续）

项次		检验项目	质量要求	检验方法
主控项目	3	手车式柜的安装	1）手车推拉灵活轻便，无卡阻、碰撞现象；安全隔离板开启灵活； 2）手车推入工作位置后，动触头顶部与静触头底部的间隙符合产品技术文件要求； 3）手车和柜体间的二次回路连接插件接触良好； 4）手车与柜体间的接地触头接触紧密，当手车推入柜内时，其接地触头应比主触头先接触，拉出时接地触头比主触头后断开； 5）检查防止电气误操作的“五防”装置齐全，并动作灵活可靠	观察检查 测量检查 操作检查
	4	接地或接零	1）抽屉与柜体间的接触及柜体框架的接地应良好； 2）基础型钢接地明显可靠，接地点数不少于2； 3）低压配电开关柜接地母线（PE）和零母线（N）的隔离或连接、重复接地符合设计文件要求	观察检查 测量检查
一般项目	1	基础安装	1）符合设计文件要求，基础型钢允许偏差应符合表 11.2.2－2 的规定； 2）基础型钢顶部宜高出抹平地面10mm；手车式成套柜按产品技术文件要求执行	观察检查 测量检查 操作检查
	2	柜体安装	1）盘面及盘内清洁，无损伤，漆层完好，盘面标志齐全、正确清晰；紧固件完好、齐全； 2）开关柜安装垂直度、水平偏差以及柜面偏差和柜间接缝的允许偏差应符合表 11.2.2－3 的规定； 3）悬挂式动力配电箱箱体与地面及周围建筑物的距离符合设计文件要求，箱门开关灵活、门锁齐全； 4）落地式配电箱的底部宜抬高，室内应高出地面 50mm，室外应高出地面 200mm 以上； 5）成套柜内照明齐全	观察检查 测量检查 扳动检查

13.2.2 低压配电盘配线及低压电器安装质量标准见表13.2.2。

表13.2.2 低压配电盘配线及低压电器安装质量标准

<table>
<tr><th colspan="2">项次</th><th>检验项目</th><th>质量要求</th><th>检验方法</th></tr>
<tr><td rowspan="4">主控项目</td><td>1</td><td>硬母线及电缆</td><td>1）母线及电缆排列整齐，有两个电源的动力配电箱，母线相位的排列应一致，电缆绝缘外观良好；
2）裸露母线的电气间隙不小于12mm，漏电距离不小于20mm；
3）硬母线连接螺栓齐全、紧固，紧固力矩应符合GB 50149的规定；
4）小母线截面符合设计文件要求，且标志齐全、清晰、正确；
5）母线相序排列、相色标志正确</td><td>观察检查
测量检查
扳动检查</td></tr>
<tr><td>2</td><td>二次回路接线</td><td>应符合本标准表17.2.3的规定的有关规定</td><td>—</td></tr>
<tr><td>3</td><td>低压电器安装</td><td>1）低压断路器、低压隔离开关、刀开关、转换开关及熔断器组合电器、漏电保护器及消防电器设备、低压接触器及电动机启动器、控制器、继电器及行程开关、变频装置及电阻器、电磁铁、熔断器的安装应符合GB 50254的规定及产品技术文件要求；
2）操作切换把手转动灵活，接点分合准确可靠，弹力充足；
3）熔断器熔体规格及自动开关、继电保护装置的整定值符合设计文件要求；
4）仪表经校验合格，安装位置正确，固定牢固，指示准确</td><td>观察检查
试验检查</td></tr>
<tr><td>4</td><td>接地或接零</td><td>电器的金属外壳，框架的接地或接零，应符合GB 50169的规定及设计文件要求</td><td>观察检查
导通检查</td></tr>
<tr><td rowspan="2">一般项目</td><td>1</td><td>低压电器的安装</td><td>1）电器外壳及玻璃片完好、无破裂；
2）信号灯、光字牌、按钮、电铃、电笛、事故电钟等动作和显示正确；
3）各电器安装位置正确，便于拆换，固定牢固；型号、规格应符合设计文件要求，外观应完好，且附件齐全，排列整齐，固定牢固，密封良好</td><td>观察检查
扳动检查
试验检查</td></tr>
<tr><td>2</td><td>引入线、柜内电缆配线</td><td>用于连接门上的电器可动部位的导线及引入盘、柜内的电缆及其芯线的安装应符合表17.2.3的规定</td><td>—</td></tr>
</table>

13.2.3 低压配电盘及低压电器电气试验质量标准见表13.2.3。

表13.2.3 低压配电盘及低压电器电气试验质量标准

项次		检验项目	质量要求	检验方法
主控项目	1	绝缘电阻	1）馈电线路大于0.5MΩ； 2）二次回路绝缘电阻值不小于1MΩ，比较潮湿的地方不小于0.5MΩ	兆欧表测量
	2	交流耐压试验	1）当回路绝缘电阻值大于10MΩ时，用2500V兆欧表摇测1min，无闪络击穿现象；当回路绝缘电阻值在1～10MΩ时，做1000V交流耐压试验，时间1min，无闪络击穿现象； 2）回路中的电子元件不应参加交流耐压试验，48V及以下电压等级配电装置不做交流耐压试验	兆欧表试验 交流耐压试验 设备试验
	3	电压线圈动作值校验	线圈吸合电压不大于额定电压85%，释放电压不小于额定电压的5%；短时工作的合闸线圈应在额定电压的85%～110%范围内，分励线圈应在额定电压的75%～110%范围内均能可靠工作	仪表测量
	4	直流电阻	测量电阻器和变阻器的直流电阻值，其差值分别符合产品技术条件的规定，电阻值应满足回路使用的要求	仪表测量
	5	相位	检查配电装置内不同电源的馈线间或馈线两侧的相位一致	仪表测量

14 电缆线路安装工程

14.1 一般规定

14.1.1 本章适用于额定电压为35kV以下电力电缆、控制电缆线路安装工程质量验收评定。

14.1.2 同一电压等级的电力电缆安装工程、同一控制系统的控制电缆安装工程宜分别为一个单元工程。

14.1.3 电缆线路安装工程质量检验内容包括电缆支架安装、电缆管加工及敷设、控制电缆敷设、35kV以下电力电缆敷设、电气试验等部分。

14.2 安装及检查

14.2.1 电缆支架安装质量标准见表14.2.1-1、表14.2.1-2。

表14.2.1-1 电缆支架安装质量标准

项次		检验项目	质量要求	检验方法
主控项目	1	支架层间距离	符合设计文件要求，当无设计要求时，支架层间距离可采用表14.2.1-2的规定，且层间净距不小于2倍电缆外径加10mm	观察检查 测量检查
	2	钢结构竖井	竖井垂直偏差小于其长度的0.2%，对角线的偏差小于对角线长度的0.5%；支架横撑的水平误差小于其宽度的0.2%	观察检查 测量检查
	3	接地	金属电缆支架全长均接地良好	观察检查 导通检查
一般项目	1	电缆支架加工	1）电缆支架平直，无明显扭曲，切口无卷边、毛刺； 2）支架焊接牢固，无变形，横撑间的垂直净距与设计偏差不大于5mm； 3）金属电缆支架防腐符合设计文件要求	观察检查 测量检查

表 14.2.1-1（续）

项次		检验项目	质量要求	检验方法
一般项目	2	电缆支架安装	1）电缆支架安装牢固； 2）各支架的同层横档水平一致，高低偏差不大于 5mm； 3）托架、支吊架沿桥架走向左右偏差不大于 10mm； 4）支架与电缆沟或建筑物的坡度相同； 5）电缆支架最上层及最下层至沟顶、楼板或沟底、地面的距离符合设计文件要求，设计无要求时，应符合 GB 50168 的规定； 6）支架防火符合专项设计文件要求	观察检查 扳动检查 测量检查

表 14.2.1-2　电缆支架层间允许最小距离值　单位：mm

电缆类型和敷设特征		支（吊）架	桥架
控制电缆明敷		120	200
电力电缆明敷	10kV 及以下（除 6～10kV 交联聚乙烯绝缘外）	150～200	250
	6～10kV 交联聚乙烯绝缘	200～250	300
电缆敷于槽盒内		$h+80$	$h+100$
注：h 为槽盒外壳高度。			

14.2.2　电缆管制作及敷设质量标准见表 14.2.2。

表 14.2.2　电缆管制作及敷设质量标准

项次		检验项目	质量要求	检验方法
一般项目	1	弯管制作	1）管口无毛刺和尖锐棱角；金属管内表面光滑、无毛刺；外表面无穿孔、裂缝，无显著的凹凸不平及锈蚀； 2）电缆管的弯曲半径与所穿电缆的弯曲半径应一致，每根管的弯头不超过 3 个，直角弯头不超过 2 个； 3）管子弯制后无裂纹或显著的凹瘪，其弯扁程度不宜大于管子外径的 10%	观察检查 测量检查

表 14.2.2（续）

项次		检验项目	质量要求	检验方法
一般项目	2	敷设及连接	1）固定牢固，并列敷设的电缆管管口高度、弯曲弧度一致，裸露的金属管防腐处理符合设计文件要求； 2）电缆管连接严密牢固，出入电缆沟、竖井、隧道、建筑、盘（柜）及穿入管子时，出入口封闭，管口密封； 3）敷设预埋管道过沉降缝或伸缩缝需做过缝处理； 4）与电缆管敷设相关的防火符合专项设计文件要求	观察检查

14.2.3 控制电缆敷设质量标准见表 14.2.3-1～表 14.2.3-3。

表 14.2.3-1 控制电缆敷设质量标准

项次		检验项目	质量要求	检验方法
主控项目	1	电缆头制作	1）电缆芯线无损伤，芯线之间及芯线对地绝缘良好； 2）电缆头制作所用的材料应清洁干燥，绝缘良好； 3）制作工艺正确，包扎紧密、整齐、密封良好	观察检查 兆欧表测量
	2	防火设施	电缆防火设施安装符合设计文件要求	—
一般项目	1	敷设路径	符合设计文件要求	—
	2	电缆检查	1）电缆无机械损伤，无中间接头； 2）电缆绝缘层无损伤，铠装电缆的铠装层不松散； 3）电缆绝缘良好，绝缘电阻应符合表 14.2.3-2 的要求	观察检查 兆欧表测量
	3	厂房内、隧道、沟道内敷设	1）铠装电缆防腐处理符合设计文件要求； 2）电缆排列整齐，无交叉叠压，电缆引出方向一致，备用长度一致，相互间距一致； 3）电缆最小弯曲半径不小于 10D（D 为电缆外径）	观察检查 测量检查

表 14.2.3-1（续）

项次		检验项目	质量要求	检验方法
一般项目	4	管道内敷设	1）管道内应清洁无杂物、积水，电缆进出管口密封； 2）裸铠装电缆与其他有外护层的电缆不应穿入同一管内	观察检查
	5	直埋电缆敷设	1）电缆埋置深度不小于0.7m，电缆应有适量裕度； 2）电缆之间、电缆与其他管道或建筑物之间的最小净距应符合表14.2.3-3的要求；严禁电缆平行敷设于管道上下面； 3）直埋电缆的沿线方位标志或标桩牢固明显	观察检查 测量检查
	6	电缆固定	1）垂直敷设或超过45°倾斜敷设的电缆在每个支架上固定；水平敷设的电缆在电缆首末两端及转弯处固定； 2）电缆各固定支持点间的距离符合设计文件要求，无设计文件要求时，水平敷设时各支持点间距不大于800mm，垂直敷设时各支持点间距不大于1000mm； 3）电缆固定牢固，裸铅包电缆固定处设有软衬垫保护	观察检查
	7	标志牌	电缆线路编号、型号、规格及起讫地点字迹清晰不易脱落、规格统一、挂装牢固	观察检查

表 14.2.3-2　电缆绝缘电阻允许值　　单位：MΩ

控制电缆绝缘类别		每公里绝缘电阻（20℃时测量值）
聚乙烯绝缘		≥100
橡皮绝缘		≥50
聚氯乙烯绝缘	$1.5mm^2$ 以下截面导线	≥40
	其他截面导线	≥10

表 14.2.3-3　电缆之间、电缆与其他管道或建筑物之间的最小净距

单位：m

项　　目	平行	交叉
控制电缆间	—	0.50
杆基础（边线）	1.00	—
建筑物基础（边线）	0.60	—
排水沟	1.00	0.50

14.2.4　35kV以下电力电缆敷设质量标准见表14.2.4-1、表14.2.4-2。

表 14.2.4-1　35kV以下电力电缆敷设质量标准

项次		检验项目	质量要求	检验方法
主控项目	1	电缆敷设前检查	1）电缆型号、电压、规格符合设计文件要求； 2）电缆外观完好，无机械损伤；电缆封端严密	观察检查
	2	终端头和接头制作	1）线芯绝缘无损伤，包绕绝缘层间无间隙和折皱； 2）连接线芯用的连接管和线鼻子规格与线芯相符，压接和焊接表面光滑、清洁且连接可靠； 3）直埋电缆接头盒的金属外壳及金属护套防腐符合设计文件要求； 4）电缆终端头和接头成型后密封良好、无渗漏，电缆两端终端头各相相位一致； 5）电缆终端头和接头的金属部件涂层完好、相色正确	观察检查 仪器测量
	3	电缆支持点距离	全塑型电缆水平敷设时各支持点间距不大于400mm，垂直敷设时各支持点间距不大于1000mm；其他电缆水平敷设时各支持点间距不大于800mm，垂直敷设时各支持点间距不大于1500mm，固定方式符合设计文件要求	观察检查 测量检查
	4	电缆最小弯曲半径	应符合表14.2.4-2的规定	测量检查
	5	防火设施	电缆防火设施安装符合设计文件要求	—

表 14.2.4-1（续）

项次		检验项目	质量要求	检验方法
一般项目	1	敷设路径	符合设计文件要求	—
	2	直埋敷设	1）直埋电缆表面距地面埋设深度不小于0.7m； 2）电缆之间，电缆与其他管道、道路、建筑物等之间平行和交叉时的最小净距应符合GB 50168的规定； 3）电缆上、下部铺以不小于100mm厚的软土或沙层，并加盖保护板，覆盖宽度超过电缆两侧各50mm； 4）直埋电缆在直线段每隔50～100m处、电缆接头处、转弯处、进入建筑物等处，有明显的方位标志或标桩	观察检查 测量检查
	3	管道内敷设	1）钢制保护管内敷设的交流单芯电缆，三相电缆应共穿一管； 2）管道内径符合设计文件要求，管内壁光滑、无毛刺； 3）保护管连接处平滑、严密、高低一致； 4）管道内部无积水，无杂物堵塞。穿入管中电缆的数量符合设计要求，保护层无损伤	观察检查
	4	沟槽内敷设	1）槽底填砂厚度为槽深的1/3； 2）沟槽上盖板完整，接头标志完整、正确； 3）电缆与热力管道、热力设备之间的净距，平行时不小于1m，交叉时不小于0.5m； 4）交流单芯电缆排列方式符合设计文件要求	观察检查 测量检查
	5	桥梁上敷设	1）悬吊架设的电缆与桥梁架构之间的净距不小于0.5m； 2）在经常受到振动的桥梁上敷设的电缆，有防振措施	观察检查 测量检查

表 14.2.4-1（续）

项次		检验项目	质量要求	检验方法
一般项目	6	电缆接头布置	1）并列敷设的电缆，其接头的位置宜相互错开； 2）明敷电缆的接头托板托置固定牢靠； 3）直埋电缆接头应有防止机械损伤的保护结构或外设保护盒。位于冻土层内的保护盒，盒内宜注入沥青	观察检查
	7	电缆固定	1）垂直敷设或超过45°倾斜敷设的电缆在每个支架上固定牢靠； 2）水平敷设的电缆，在电缆两端及转弯、电缆接头两端处固定牢靠； 3）单芯电缆的固定符合设计文件要求； 4）交流系统的单芯电缆或分相后的分相铅套电缆的固定夹具不构成闭合磁路	观察检查
	8	标志牌	电缆线路编号、型号、规格及起讫地点字迹清晰不易脱落，规格统一、挂装牢固	观察检查

表 14.2.4-2　电缆最小弯曲半径与其外径的比值范围

电缆型式		多芯	单芯
橡皮绝缘电缆	无铅包、钢铠护套	10D	
	裸铅包护套	15D	
	钢铠护套	20D	
塑料绝缘电缆	无铠装	15D	20D
	有铠装	12D	15D
注：D 为电缆外径。			

14.2.5　35kV以下电力电缆电气试验质量标准见表14.2.5-1、表14.2.5-2。

表 14.2.5-1　35kV 以下电力电缆电气试验质量标准

项次		检验项目	质量要求	检验方法
主控项目	1	电缆线芯对地或对金属屏蔽层和各线芯间绝缘电阻	应符合 GB 50150 的规定	兆欧表测量
	2	直流耐压试验及泄漏电流测量	应符合 GB 50150 的规定	直流耐压试验设备试验
	3	交流耐压试验	橡塑电缆交流耐压试验标准应符合表 14.2.5-2 的规定	交流耐压试验设备试验
	4	相位检测	两端相位一致并与电网相位相符合	仪器测量
	5	交叉互联系统试验	应符合 GB 50150 的规定	仪器测量

表 14.2.5-2　橡塑电缆交流耐压试验标准

额定电压 U_0/U (kV)	试验电压	时间 (min)
18/30 及以下	$2.5U_0$（或 $2U_0$）	5（或 60）
21/35	$2U_0$	60
注：不具备上述试验条件或有特殊规定时，可采用施加正常系统相对地电压 24h 方法代替。		

15 金属封闭母线装置安装工程

15.1 一 般 规 定

15.1.1 本章适用于金属封闭母线装置安装工程质量验收评定。

15.1.2 同一电压等级、同一设备单元的金属封闭母线装置安装工程宜为一个单元工程。

15.1.3 金属封闭母线装置安装工程质量检验内容应包括外观及安装前检查、安装、电气试验等部分。

15.2 安 装 及 检 查

15.2.1 金属封闭母线装置外观及安装前检查质量标准见表15.2.1。

表 15.2.1 金属封闭母线装置外观及安装前检查质量标准

项次		检验项目	质量要求	检验方法
一般项目	1	外观	1）母线表面应光洁平整，无裂纹、折叠、夹杂物及变形、扭曲等缺陷； 2）成套母线各段标志清晰，附件齐全，外壳无变形，内部无损伤；螺栓连接的母线搭接面应平整，镀层覆盖均匀、完好； 3）母线及金属构件涂漆均匀，无起层、皱皮等缺陷	观察检查
	2	安装前检查	1）核对母线及其他连接设备的安装位置及尺寸； 2）外壳内部、母线表面、绝缘支撑件及金属表面洁净； 3）绝缘及工频耐压试验符合产品技术文件要求	测量检查 兆欧表测量 交流耐压试验 设备试验

15.2.2 金属封闭母线装置安装质量标准见表15.2.2。

表15.2.2 金属封闭母线装置安装质量标准

<table>
<tr><th colspan="2">项次</th><th>检验项目</th><th>质量要求</th><th>检验方法</th></tr>
<tr><td rowspan="4">主控项目</td><td>1</td><td>母线调整</td><td>1）离相封闭母线相邻两母线外壳的中心距离应符合设计文件要求，尺寸允许偏差为±5mm；
2）母线与设备端子的连接距离应符合设计文件要求；采用伸缩节连接时，尺寸允许偏差为±10mm；
3）外壳与设备端子罩法兰间的连接距离应符合设计文件要求；当采用橡胶伸缩套连接时，尺寸允许偏差为±10mm；
4）母线导体或外壳采用对接焊口连接方式时，纵向尺寸允许偏差为±5mm；
5）母线导体或外壳采用搭接焊连接方式时，纵向允许偏差为±15mm；
6）离相封闭母线中的导体和外壳的同心度允许偏差为±5mm；
7）外壳短路板安装符合产品技术文件要求</td><td>测量检查</td></tr>
<tr><td>2</td><td>母线焊接</td><td>母线焊接采用气体保护焊，焊接接头直流电阻不大于规格尺寸均相同的原材料直流电阻的1.05倍。母线焊接应符合GB 50149的规定</td><td>观察检查
探伤检查
试验检查</td></tr>
<tr><td>3</td><td>母线螺栓连接</td><td>连接螺栓用力矩扳手紧固，紧固力矩值应符合GB 50149的规定</td><td>扳动检查</td></tr>
<tr><td>4</td><td>母线外壳及支持结构金属部分接地</td><td>1）全连式离相封闭母线的外壳应一点或多点通过短路板接地，至少在其中一处短路板上有一个可靠的接地点；
2）不连式离相封闭母线的每一段外壳有且仅有一点接地；
3）共箱封闭母线的外壳间应有可靠的电气连接，其中至少有一段外壳应可靠接地</td><td>观察检查
导通检查</td></tr>
</table>

表 15.2.2（续）

项次		检验项目	质量要求	检验方法
一般项目	1	母线吊装检查	无碰撞和擦伤	观察检查
	2	密封检查	1）穿墙板与封闭母线外壳间密封符合设计文件要求； 2）微正压金属封闭母线安装后密封良好	观察检查
	3	母线与电气设备连接	母线与电气设备的装配及接线符合设计文件要求	观察检查 测量检查

15.2.3 金属封闭母线装置电气试验质量标准见表 15.2.3。

表 15.2.3 金属封闭母线装置电气试验质量标准

项次		检验项目	质量要求	检验方法
主控项目	1	绝缘电阻	应符合 GB 50150 的规定及产品技术文件要求	兆欧表测量
	2	相位检测	相位正确	仪表测量
	3	交流耐压试验	应符合 GB 50150 的规定	交流耐压试验设备试验

16 接地装置安装工程

16.1 一 般 规 定

16.1.1 本章适用于接地装置安装工程质量验收评定。

16.1.2 厂房、大坝、升压站接地装置安装工程宜分别为一个单元工程，独立避雷系统接地装置安装工程宜为一个单元工程。

16.1.3 接地装置安装工程质量检验内容应包括接地体安装、接地装置的敷设连接、接地装置的接地阻抗测试等部分。

16.2 安 装 及 检 查

16.2.1 接地体安装质量标准见表16.2.1。

表 16.2.1 接地体安装质量标准

项次		检验项目	质量要求	检验方法
主控项目	1	自然接地体选择及人工接地体制作	1）自然接地体选择符合设计文件要求，无要求时，应符合GB 50169的规定； 2）人工接地体制作材料及规格符合设计文件要求，无要求时，应符合GB 50169的规定	观察检查 测量检查
	2	接地体埋设	1）垂直接地体间距满足设计文件要求，无设计要求时间距不小于其长度2倍； 2）水平相邻两接地体间距满足设计文件要求，无设计要求时不宜小于5m； 3）顶面埋设深度符合设计文件要求，无要求时，不宜小于0.6m，角钢、钢管、钢棒等接地体应垂直配置。接地体引出线的垂直部分和接地装置连接（焊接）部位外侧100mm范围内做防腐处理	观察检查 测量检查
一般项目	1	接地体与建筑物间距离	接地体与建筑物间距离符合设计要求，无设计要求时大于1.5m	测量检查
	2	降阻剂	材料选择符合设计要求并符合国家现行技术标准，通过国家相应机构对降阻剂的检验测试，并有合格证件	观察检查

16.2.2 接地装置的敷设连接质量标准见表16.2.2。

表16.2.2 接地装置的敷设连接质量标准

项次		检验项目	质量要求	检验方法
主控项目	1	接地体（线）连接	1）接地体与接地体、接地体与接地干线连接、焊接后的接地线接头防腐等符合设计文件要求； 2）接地干线在不同的两点及以上与接地网相连接，自然接地体在不同的两点及以上与接地干线或接地网相连接； 3）接地体（线）采用搭接焊，扁钢搭接长度为其宽度的2倍，且至少有三个棱边焊牢；圆钢搭接长度为其直径的6倍；圆钢与扁钢焊接长度为圆钢直径的6倍； 4）接地体（线）为铜与铜或铜与钢的连接工艺采用热剂焊（放热焊接）时，熔接接头与被连接的导体完全包在接头里，热剂焊接头表面光滑，无贯穿性和气孔	观察检查 测量检查 导通检查
	2	明敷接地线安装	1）安装位置合理，便于检查； 2）支持件间的距离，水平直线部分宜为0.5～1.5m，垂直部分宜为1.5～3m，转弯部分宜为0.3～0.5m； 3）沿建筑物墙壁水平敷设的接地线与地面距离宜为250～300mm；接地线与墙壁间隙宜为10～15mm； 4）接地线跨越建筑物伸缩缝、沉降缝处时设置补偿器； 5）导体全长度或区间段及每个连接部位附近表面，涂以用15～100mm宽度相等的绿色和黄色相间的条纹标识。当使用胶带时，应使用双色胶带。中性线涂淡蓝色标识； 6）在接地线引向建筑物的入口处和在检修用临时接地点处，均应刷白色底漆并标以黑色记号； 7）供临时接地线使用的接线板和螺栓符合设计文件要求	观察检查 测量检查

表 16.2.2（续）

项次		检验项目	质量要求	检验方法
主控项目	3	避雷针（线、带、网）的接地	1）避雷针（带）与引下线之间的连接应采用焊接或热剂焊； 2）避雷针（带）的引下线及接地装置使用的紧固件均使用镀锌制品； 3）独立避雷针的接地装置与接地网的地中距离不应小于 3m； 4）独立避雷针（线）应设置独立的集中接地装置。当有困难时，该接地装置可与接地网连接，但避雷针与主接地网的地下连接点至 35kV 及以下设备与主接地网的地下连接点，沿接地体的长度不应小于 15m； 5）发电厂、变电站配电装置的构架或屋顶上的避雷针（含悬挂避雷线的构架）在其附近装设集中接地装置，并与主接地网连接	观察检查 测量检查 导通检查
	4	其他电气装置的接地	携带式和移动式电气设备的接地、输电线路杆塔的接地、调度楼和通信站等二次系统的接地、电力电缆终端金属护层的接地、配电电气装置的接地、建筑物电气装置的接地应符合设计文件要求，无要求时，应符合 GB 50169 的规定	观察检查 导通检查

16.2.3 接地装置的接地阻抗测试质量标准见表 16.2.3。

表 16.2.3 接地装置的接地阻抗测试质量标准

项次		检验项目	质量要求	检验方法
主控项目	1	有效接地系统	$Z \leqslant 2000/I$ 或 $Z \leqslant 0.5\Omega$（当 $I > 4000$A 时）	接地阻抗测试仪测试
	2	非有效接地系统	1）当接地网与 1kV 及以下电压等级设备共用接地时，接地阻抗 $Z \leqslant 120/I$； 2）当接地网仅用于 1kV 以上设备时，接地阻抗 $Z \leqslant 250/I$； 3）上述两种情况下，接地阻抗不宜大于 10Ω	接地阻抗测试仪测试

表 16.2.3（续）

项次		检验项目	质量要求	检验方法
主控项目	3	1kV 以下电力设备	1）当总容量不小于 100kVA 时，接地阻抗不宜大于 4Ω； 2）当总容量小于 100kVA 时，则接地阻抗允许大于 4Ω，但不大于 10Ω	接地阻抗测试仪测试
	4	独立避雷针	接地阻抗不宜大于 10Ω	接地阻抗测试仪测试
一般项目	1	有架空地线线路杆塔	应符合 GB 50150 的规定	接地阻抗测试仪测试
	2	无架空地线线路杆塔	1）非有效接地系统的钢筋混凝土杆、金属杆，接地阻抗不宜大于 30Ω； 2）中性点不接地的低压电力网线路的钢筋混凝土杆、金属杆，接地阻抗不宜大于 50Ω； 3）低压进户线绝缘子铁脚的接地阻抗，接地阻抗不宜大于 30Ω	接地阻抗测试仪测试

注：I 为经接地装置流入地中的短路电流，A；Z 为考虑季节变化的最大接地阻抗，Ω。

17　控制保护装置安装工程

17.1　一 般 规 定

17.1.1　本章适用于交直流控制保护装置及二次回路安装工程质量验收评定。

17.1.2　机组单元、升压站、公用辅助系统控制保护装置安装工程宜分别为一个单元工程。

17.1.3　控制保护装置安装工程质量检验内容应包括盘柜安装、盘柜电器安装、二次回路接线、模拟动作试验及试运行等部分。

17.2　安 装 及 检 查

17.2.1　控制盘、柜安装质量标准见表 17.2.1。

表 17.2.1　控制盘、柜安装质量标准

项次		检验项目	质量要求	检验方法
一般项目	1	基础安装	1）符合设计文件要求，允许偏差应符合表 11.2.2－2 的规定； 2）基础型钢接地明显可靠，接地点数应大于 2	测量检查 观察检查
	2	盘、柜	1）盘、柜单独或成列安装时允许偏差应符合表 11.2.2－3 的规定； 2）盘、柜本体与基础型钢宜采用螺栓连接，连接紧固；若采用焊接固定，每台柜体焊点不少于 4 处； 3）盘面清洁、漆层完好，标志齐全、正确、清晰； 4）柜门及门锁开关灵活，柜门密封良好； 5）同一接地网的各相邻设备接地线之间的直流电阻值不大于 0.2Ω； 6）盘、柜接地牢固、可靠；盘、柜内接地铜排截面及与二次等电位接地网连接的导体截面不小于 $50mm^2$，连接宜采用压接方式。装有电器的可动门接地用软导线与柜体连接可靠	测量检查 观察检查 扳动检查

表 17.2.1（续）

项次		检验项目	质量要求	检验方法
一般项目	3	端子箱（板）安装	1）端子箱安装牢固，密封良好，并安装在便于运行检查的位置，成列安装的端子箱排列整齐； 2）端子箱接地牢固、可靠，并经二次等电位接地网接地；端子箱内接地铜排截面及与二次等电位接地网连接的导体截面不小于 $50mm^2$，连接宜采用压接方式； 3）端子板安装牢固，端子板无损伤，绝缘及接地良好，每个端子每侧接线不得超过 2 根，接线紧固、排列整齐。回路电压值超过 400V 者，端子板有足够的绝缘并涂以红色标志	观察检查 测量检查 扳动检查 导通检查

17.2.2 控制盘、柜电器安装质量标准见表 17.2.2。

表 17.2.2 控制盘、柜电器安装质量标准

项次		检验项目	质量要求	检验方法
一般项目	1	电器元件	1）元件完好、标志清楚、附件齐全，固定牢固，型号、规格符合设计文件要求； 2）继电保护装置检验合格，测量仪表校验合格； 3）信号装置显示准确、工作可靠； 4）电流试验端子及切换压板装置接触良好，相邻压板间距离满足安全操作要求； 5）操作切换把手动作灵活，接点动作正确； 6）熔断器规格、自动开关的整定值符合设计文件要求； 7）小母线安装平直、固定牢固，连接处接触良好，两侧标志牌齐全、标志清楚正确；小母线与带电金属体之间的电气间隙值不小于 12mm； 8）盘上装有装置性设备或其他有接地要求的电器，其外壳可靠接地； 9）带有照明的盘、柜，内部照明完好	观察检查 操动试验 导通检查 扳动检查

表 17.2.2（续）

项次		检验项目	质量要求	检验方法
一般项目	2	端子排	1）端子排无损坏，固定牢固，绝缘良好； 2）端子排序号符合设计文件要求，端子排便于更换且接线方便；离地高度宜大于 350mm； 3）强、弱电端子宜分开布置； 4）正、负电源之间以及经常带电的正电源与合闸或跳闸回路之间，宜以空端子隔开； 5）电流回路应经过试验端子，其他需断开的回路宜经特殊端子或试验端子。试验端子接触良好； 6）接线端子与导线截面匹配，潮湿环境宜采用防潮端子	观察检查 扳动检查
	3	控制保护系统时钟	系统时钟应采用全厂卫星对时系统时钟信号	观察检查

17.2.3 控制保护装置二次回路接线质量标准见表 17.2.3。

表 17.2.3 控制保护装置二次回路接线质量标准

项次		检验项目	质量要求	检验方法
主控项目	1	盘、柜内配线	电流回路采用电压值不低于 500V 的铜芯绝缘导线，其截面不应小于 $2.5mm^2$；电压及其他回路截面不小于 $1.5mm^2$；弱电回路在满足载流量和电压降及机械强度的情况下，可采用不小于 $0.5mm^2$ 截面的绝缘导线	测量检查
	2	回路绝缘电阻	1）二次回路的每一支路的绝缘电阻值均不小于 1MΩ；在较潮湿的地方，可不小于 0.5MΩ； 2）小母线在断开所有其他并联支路时，不应小于 10MΩ	兆欧表检查
	3	回路交流耐压试验	试验电压为 1000V，当回路绝缘电阻值在 10MΩ 以上，可采用 2500V 兆欧表代替，试验持续时间 1min 或符合产品技术文件要求	测量检查

表 17.2.3（续）

项次		检验项目	质量要求	检验方法
主控项目	4	回路接线	1）接线正确，并符合设计文件要求； 2）导线与电气元件间连接牢固可靠； 3）盘、柜内导线不应有接头，芯线无损伤； 4）电缆芯线和所配导线的端部标明其回路编号或端子号，编号正确，字迹清晰且不易褪色； 5）配线整齐、清晰、美观，导线绝缘良好，无损伤； 6）每个接线端子的每侧接线宜为1根，不应超过2根。对于插接式端子，不同截面的两根导线不应接在同一端子上；对于螺栓连接端子，当接两根导线时，两根导线中间加平垫片	观察检查 对线检查
	5	接地	1）二次回路接地及控制电缆金属屏蔽层应使用截面积不小于 $4mm^2$ 多股铜线和盘柜接地铜排通过螺栓相连或符合设计文件要求； 2）二次回路接地应设专用螺栓； 3）二次回路经二次等电位接地网接地； 4）电流互感器、电压互感器二次回路有且仅有一点接地	观察检查
一般项目	1	用于连接门上的电器、控制台板等可动部位的导线	1）采用多股软导线，敷设长度有适当裕度； 2）线束应有加强绝缘层外套； 3）导线与电器连接时，端部绞紧，并加终端附件或搪锡，无松散、断股； 4）可动部位两端设卡子固定	观察检查
	2	引入盘、柜内的电缆及其芯线	1）引入盘、柜的电缆排列整齐，编号清晰，避免交叉，并固定牢固，不应使所接的端子排受到机械应力； 2）铠装电缆在进入盘、柜后，将钢带切断，切断处的端部扎紧，并将钢带接地； 3）保护、控制等逻辑回路的控制电缆屏蔽层按设计文件要求的接地方式接地； 4）橡胶绝缘的芯线应外套绝缘管保护； 5）盘、柜内的电缆芯线，按垂直或水平有规律配置，备用芯长度留有适当裕量； 6）强、弱电回路不应使用同一根电缆，并分别成束分开排列	观察检查

17.2.4 在全部设备安装完毕并按定值整定后，应分系统进行模拟试验，以验证二次回路的正确性。在条件具备时，应进行整体模拟动作试验。模拟动作试验过程中各电器元件及电气回路均应动作正确，符合设计文件要求。

18 计算机监控系统安装工程

18.1 一 般 规 定

18.1.1 本章适用于水电站计算机监控系统站控级（厂站级或上位机）设备和现地控制单元（LCU）设备安装工程质量验收评定。

18.1.2 计算机监控系统站控级设备、每组现地控制单元（LCU）安装工程宜分别为一个单元工程。

18.1.3 计算机监控系统安装工程质量检验内容应包括设备安装、盘柜电器安装、二次回路接线、模拟动作试验及试运行等部分。

18.2 安 装 及 检 查

18.2.1 计算机监控系统设备安装质量标准见表18.2.1。

18.2.2 计算机监控系统盘、柜电器安装应符合17.2.2条的规定。

18.2.3 计算机监控系统二次回路接线应符合17.2.3条的规定。

18.2.4 计算机监控系统模拟动作试验质量标准见表18.2.4。

表18.2.1 计算机监控系统设备安装质量标准

项次		检验项目	质量要求	检验方法
主控项目	1	设备安装	应符合第17章的规定	—
	2	接地	应符合第17章的规定	—
	3	监控系统时钟	1）监控系统时钟应采用全厂卫星对时系统时钟信号； 2）全厂卫星对时系统应符合设计文件要求	观察检查

表 18.2.1（续）

项次		检验项目	质量要求	检验方法
一般项目	1	安装前产品外观检查	1）产品表面无明显的凹痕，划伤、裂痕、变形和污染等。表面涂镀层均匀，无起泡、龟裂、脱落和磨损； 2）金属部件无松动及其他机械损伤。内部元器件安装及内部连线正确牢固，无松动； 3）键盘开关按钮和其他控制部件操作灵活可靠，接线端子布置及内部布线合理美观、标志清晰	观察检查
	2	站控级设备的布置、摆放	1）布置在中控室和机房内的计算机控制台、计算机工作台、打印机、工作台及各种工作站、服务器、计算机及外围设备等，摆放整齐、美观、与周围环境和谐，并便于运行人员工作； 2）各种工作站、服务器、计算机及外围设备外观完好；键盘、鼠标、开关、按钮和各种控制部件的操作灵活可靠	观察检查 操作检查

表 18.2.4　计算机监控系统模拟动作试验质量标准

项次		试验项目	质量要求	检验方法
主控项目	1	模拟量数据采集与处理功能测试	模拟量显示、登录及越、复限记录正确，其越、复限报警值，登录及人机接口显示内容符合产品技术文件要求	试验检查
	2	数字量数据采集与处理功能测试	数字量数据采集与处理功能正确，符合产品技术文件要求	试验检查
	3	计算量数据采集与处理功能测试	计算量数据采集与处理功能正确，符合产品技术文件要求	试验检查

表 18.2.4（续）

项次		试验项目	质量要求	检验方法
主控项目	4	数据输出通道测试	1）数字量输出通道测试正确，并与实际设置一致； 2）模拟量输出通道测试正确，模拟量输出精度符合产品技术文件要求	试验检查
	5	控制功能测试	各种控制功能符合产品技术文件要求，且最终的控制流程及设置的有关参数与现场设备要求一致	试验检查
	6	功率调节功能测试	1）有功功率调节品质满足运行要求，并应在不同水头时重复该试验，以确定多种水头下对应的最佳有功功率调节参数； 2）无功功率调节品质应满足运行要求	试验检查
	7	系统时钟及不同现地控制单元（LCU）之间的事件分辨率测试	1）系统各人机接口设备时钟与全厂卫星对时系统时钟一致； 2）不同现地控制单元（LCU）之间的事件分辨率符合产品技术文件要求	试验检查
	8	应用软件编辑功能测试	根据规定对受检产品的应用软件编辑功能（如各种画面、测点、定义、表格、控制流程的修改、增删等）进行测试符合产品技术文件要求	操作检查
	9	系统自诊断及自恢复功能测试	1）系统加电或重新启动，系统正常启动； 2）系统自恢复功能正常； 3）报警和记录正确； 4）热备冗余配置设备的备用设备工作正常； 5）主、备设备切换正常，符合产品技术文件要求	操作检查

表 18.2.4（续）

项次		试验项目	质量要求	检验方法
主控项目	10	实时性性能指标检查及测试	1）模拟量输入信号突变到画面上数据显示改变时间测试（在模拟量输入信号突变条件下进行）符合产品技术文件要求； 2）数字量输入变位到画面上画块或数据显示改变或发出报警信息音响的时间测试符合产品技术文件要求； 3）控制命令发出到画面响应时间符合产品技术文件要求；命令发出到现地控制单元（LCU）开始执行控制输出时间符合产品技术文件要求； 4）人机接口响应时间测试符合产品技术文件要求； 5）双机切换时间符合产品技术文件要求，切换过程中不应出错或出现死机	试验检查
	11	CPU 负荷率、内存占有率、磁盘使用率等性能指标	性能指标符合产品技术文件要求	观察检查
	12	自动发电控制（AGC）功能测试	1）“厂站”方式下 AGC 功能测试符合产品技术文件要求； 2）“调度”方式下 AGC 功能测试符合产品技术文件要求； 3）人机接口功能测试符合产品技术文件要求； 4）各种控制方式下 AGC 运算结果正确； 5）AGC 的各种约束条件测试符合产品技术文件要求； 6）AGC 的各种保护功能测试符合产品技术文件要求	仿真程序模拟控制对象行为

表 18.2.4（续）

项次		试验项目	质量要求	检验方法
主控项目	13	自动电压控制（AVC）功能测试	1）“厂站”方式下AVC功能测试符合产品技术文件要求； 2）“调度”方式下AVC功能测试符合产品技术文件要求； 3）人机接口功能测试符合产品技术文件要求； 4）各种控制方式下AVC运算结果正确； 5）AVC的各种约束条件测试符合产品技术文件要求； 6）AVC的各种保护功能测试符合产品技术文件要求	仿真程序模拟控制对象行为
一般项目	1	外部通信功能	与各级调度及其他外部系统和设备（如与水情、厂内信息管理系统及保护、自动装置、智能仪表等）的通信功能进行测试，符合产品技术文件要求。对具有冗余配置的通道，通道切换正常	试验检查
	2	其他功能	电厂设备运行管理及指导功能、数据处理功能、合同中规定的其他功能。 其测试结果符合产品技术文件要求和合同要求	试验检查

19 直流系统安装工程

19.1 一 般 规 定

19.1.1 本章适用于直流系统安装工程质量验收评定，包括24V及以上，容量为30Ah及以上铅酸蓄电池组安装工程、不间断电源装置（UPS）安装工程、逆变电源装置（INV）安装工程。

19.1.2 直流系统安装工程宜为一个单元工程。

19.1.3 直流系统安装工程质量检验内容应包括直流系统安装、直流系统试验及试运行等部分。

19.1.4 蓄电池室的通风、采暖、防爆、防火及照明等设施的安装均应符合GB 50172的规定，并应符合设计文件要求。

19.2 安 装 及 检 查

19.2.1 直流系统盘柜安装应符合17.2.1条、17.2.2条、17.2.3条的规定。

19.2.2 蓄电池安装前检查质量标准见表19.2.2。

表19.2.2 蓄电池安装前检查质量标准

项次		检验项目	质量要求	检验方法
一般项目	1	安装前检查	1）阀控蓄电池壳体无渗漏和变形；极柱、连接条、安全阀等部件齐全、无损伤；极性正确，正负极及端子有明显标志； 2）防酸蓄电池槽无裂纹，槽盖密封良好，接线端柱无变形、极性正确；防酸栓、催化栓、连接条等部件齐全无损伤；滤气帽通气性能良好；透明的蓄电池槽内极板无严重受潮变形；槽内部件齐全无损伤	观察检查

19.2.3 蓄电池安装质量标准见表 19.2.3。

表 19.2.3 蓄电池安装质量标准

项次		检验项目	质量要求	检验方法
一般项目	1	母线及电缆引线	1）蓄电池室内硬母线安装，应符合 GB 50149 的规定； 2）母线平直、排列整齐、弯曲度一致，防酸蓄电池母线全长均涂刷耐酸色漆； 3）母线焊接牢固，表面光滑；引出线宜短，以减少大电流放电时压降； 4）电缆引出线有正、负性标志，正极为棕色，负极为蓝色； 5）蓄电池间的连接条电压降不大于 8mV	观察检查 扳动检查 仪表检查
	2	阀控蓄电池本体安装	1）连接正确、螺栓紧固； 2）不同规格、不同批次、不同厂家的蓄电池不能混用； 3）极柱干净、无灰尘； 4）单体编号贴牢、清晰； 5）应有安装后电池单体开路电压和电池组总电压记录文件	观察检查 扳动检查
	3	防酸蓄电池本体安装	1）安装平稳，间距均匀，蓄电池的排列符合设计文件要求； 2）连接条及抽头接线正确，接头连接部分涂以电力复合脂，螺栓紧固； 3）用耐酸材料标明单体蓄电池编号，编号清晰、正确； 4）温度计、密度计、液面线放在易于检查的一侧	观察检查 扳动检查
	4	防酸蓄电池配液与注液	应符合 GB 50172 的规定	观察检查 仪表测量
	5	绝缘电阻检查	1）电压为 220V 的蓄电池组不小于 200kΩ； 2）电压为 110V 的蓄电池组不小于 100kΩ； 3）电压为 48V 的蓄电池组不小于 50kΩ	兆欧表测量

19.2.4 蓄电池充放电质量标准见表 19.2.4。

表 19.2.4 蓄电池充放电质量标准

项次		检验项目	质量要求	检验方法
主控项目	1	初充电	符合产品技术文件要求	观察检查 测量检查
	2	阀控蓄电池组容量试验	阀控蓄电池组容量试验的恒流限压充电电流和恒流放电电流均为 I_{10}，额定电压为 2V 的蓄电池，放电终止电压为 1.8V；额定电压为 6V 的组合式电池，放电终止电压为 5.25V；额定电压为 12V 的组合蓄电池，放电终止电压为 10.5V。只要其中一个蓄电池放到了终止电压，应停止放电。在三次充放电循环之内，若达不到额定容量值的 100%，此组蓄电池为不合格	仪表测量
	3	防酸蓄电池组容量试验	防酸蓄电池组容量试验的恒流充电电流及恒流放电电流均为 I_{10}，其中一个单体蓄电池放电终止电压到 1.8V 时，应停止放电。在三次充放电循环之内，若达不到额定容量值的 100%，此组蓄电池为不合格	仪表测量
	4	其他	1）初充电结束后，防酸蓄电池电解液的密度及液面高度需调整到规定值，并应再进行 0.5h 的充电，使电解液混合均匀； 2）防酸蓄电池组首次放电终了时电池密度应符合产品技术条件的规定； 3）充、放电结束后，对透明槽的电池，应检查内部情况，极板不得有严重变形弯曲或活性物质严重剥落； 4）首次放电完毕后，应按产品技术要求进行充电，间隔时间不宜超过 10h	观察检查 仪器测量

19.2.5 不间断电源装置（UPS）试验及试运行质量标准见表19.2.5。

表19.2.5 不间断电源装置（UPS）试验及试运行质量标准

项次		检验项目	质量要求	检验方法
主控项目	1	绝缘电阻	1）UPS额定电压不大于60V绝缘电阻值大于2MΩ； 2）UPS额定电压大于60V绝缘电阻值大于10MΩ； 3）隔离变绝缘电阻值不小于10MΩ	兆欧表测量
	2	启动试验	1）按步骤操作时启动正常； 2）在无交流输入情况下，依靠蓄电池能正常启动	试验检查
	3	切换试验	符合产品技术文件要求	试验检查
	4	保护及告警	符合设计文件及产品技术文件要求	试验检查
	5	带载试验	正常带载、蓄电池带载均正常	试验检查
	6	通信	正常	试验检查
	7	接地	良好	导通检查
	8	试运行	72h试运行正常。检查表计、显示器指示正常，控制特性符合设计文件及产品技术文件要求，装置工作正常	试验检查
一般项目	1	面板显示	显示正常	观察检查
	2	蓄电池	应符合19.2.2条、19.2.3条、19.2.4条的规定	—

19.2.6 逆变电源装置（INV）试验及试运行质量检验项目应符合表19.2.5的相关规定。

19.2.7 高频开关充电装置试验及试运行质量标准见表19.2.7。

表19.2.7 高频开关充电装置试验及试运行质量标准

项次		检验项目	质量要求	检验方法
主控项目	1	耐压及绝缘试验	1）耐压时无闪络、击穿； 2）母线及各支路绝缘电阻值不小于10MΩ	观察检查 试验检查

表 19.2.7（续）

项次		检验项目	质量要求	检验方法
主控项目	2	启动试验	启动正常，符合产品技术文件要求	试验检查
	3	绝缘监察及保护、告警	1）当直流系统发生接地故障或绝缘水平下降到产品技术要求设定值时，绝缘监察装置可靠动作； 2）当直流母线电压高于产品技术要求的上限设定值或者低于下限设定值时，电压监察装置，可靠动作； 3）发生故障时，装置可靠发出告警信号	观察检查 试验检查
	4	充电转换试验	符合产品技术文件要求	试验检查
	5	通信	正常	试验检查
	6	接地	良好	导通检查
	7	试运行	72h试运行正常。检查表计、显示器指示正常，装置工作正常	试验检查
一般项目	1	面板显示	显示正常	观察检查
	2	蓄电池	应符合19.2.2条、19.2.3条、19.2.4条的规定	—

20 电气照明装置安装工程

20.1 一般规定

20.1.1 本章适用于水电站厂房内外、变电站等处电气照明装置安装工程质量验收评定。

20.1.2 整个照明系统安装工程宜为一个单元工程。

20.1.3 电气照明装置安装工程质量检验内容应包括配管及敷设、配线、照明配电箱安装、灯器具安装等部分。

20.2 安装及检查

20.2.1 配管及敷设质量标准见表 20.2.1。

表 20.2.1 配管及敷设质量标准

项次		检验项目	质量要求	检验方法
主控项目	1	保护管加工	应符合 GB 50258 的规定	观察检查 测量检查
	2	配管	1）路径、位置、方式符合设计文件要求； 2）管路配置弯曲半径及弯扁度应符合 GB 50303 的规定； 3）管口平整、光滑； 4）明配管水平、垂直敷设的允许误差为 0.15%，全长偏差不应大于管内径的 1/2	观察检查 测量检查
	3	接线盒安装	1）装设位置符合设计文件要求； 2）固定（埋设）牢固、无损伤	观察检查

表 20.2.1（续）

项次		检验项目	质量要求	检验方法
主控项目	4	管路连接	1）固定均匀、合理； 2）普通螺纹钢管连接牢固，跨接接地线焊接可靠；防爆螺纹钢管连接涂电力复合脂均匀，接地跨接线可靠；钢套管连接，管口对正，焊接牢固、严密；紧固螺钉连接，紧密，无松动； 3）塑料管连接胶合牢固； 4）暗配钢管与盒（箱）采用焊接连接，管口宜高出盒（箱）内壁 3～5mm，并补涂防腐漆；明配钢管或暗配的镀锌钢管与盒（箱）连接采用锁紧螺母或护圈帽固定，用锁紧螺母固定的管端螺纹宜外露锁紧螺母 2～3 丝扣； 5）过渡式，用软管保护，管口包扎紧密；用专用接头软管，连接可靠，密封良好	观察检查 测量检查
	5	其他	1）隔离密封件填充料光滑，无龟裂； 2）管路处配合处密封良好； 3）管路及附件防腐、接地或接零符合设计文件要求	观察检查

20.2.2 电气照明装置配线质量标准见表 20.2.2。

表 20.2.2 电气照明装置配线质量标准

项次		检验项目	质量要求	检验方法
主控项目	1	导线敷设	1）导线无纽结、死弯和绝缘层损坏等缺陷； 2）导线敷设平直整齐、绑扎牢固； 3）导线连接牢固，包扎紧密，不损伤芯线； 4）接地线连接牢固，接触良好； 5）导线在补偿装置内的长度有适当裕量； 6）导线间及对地的绝缘电阻值不小于 0.5MΩ	观察检查 拉动检查 兆欧表测量

表 20.2.2（续）

项次		检验项目	质量要求	检验方法
主控项目	2	保护管内配线	1）穿管绝缘导线线芯最小截面：铜芯 $1mm^2$，铝芯 $2.5mm^2$； 2）管内导线无接头和扭接，绝缘无损伤； 3）管内导线总截面不大于管截面积的40%； 4）接线紧固，导线绝缘电阻值大小于0.5MΩ	观察检查 测量检查 兆欧表测量
	3	塑料护套线配线	1）导线无扭绞、死弯和绝缘层损伤等缺陷； 2）敷设平直、整齐、固定牢固； 3）线路固定点间距、水平、垂直的允许偏差，固定点间距为±5mm，水平度±5mm，垂直度±5mm； 4）导线应连接牢固，绑扎紧密，不损伤芯线； 5）导线之间及对地绝缘电阻值不小于0.5MΩ	观察检查 测量检查 兆欧表测量

20.2.3 照明配电箱安装质量标准见表20.2.3。

表 20.2.3 照明配电箱安装质量标准

项次		检验项目	质量要求	检验方法
主控项目	1	绝缘电阻	不小于0.5MΩ	兆欧表测量
	2	配电箱	1）安装位置、高度符合设计文件要求； 2）配电箱安装垂直允许偏差为±3mm；暗设的箱面板紧贴墙壁；箱体安装牢固，涂层完整； 3）配电箱上回路标志正确、清晰	观察检查 扳动检查
	3	配电箱内电器	1）排列整齐，固定牢固； 2）380V及以下电压的裸露载流部分与非绝缘金属部分间表面距离不小于20mm	观察检查 扳动检查 测量检查
	4	接地和接零	符合设计文件要求	—
一般项目	1	各相负荷分配	符合设计文件要求	—

20.2.4 灯器具安装质量标准见表20.2.4。

表20.2.4 灯器具安装质量标准

项次		检验项目	质量要求	检验方法
主控项目	1	灯具、开关、插座安装	1）灯具、开关、插座安装牢固，位置正确，高度符合设计文件要求。开关应切断相线。暗开关、暗插座应贴墙面； 2）同一室内安装的开关、插座允许偏差不大于5mm，成排安装的开关、插座允许偏差不大于1mm；暗开关（暗插座）垂直度小于0.15%； 3）同一室内成排灯具安装应横平竖直，高度在同一平面；嵌入顶棚装饰灯边框在一条直线上	观察检查 测量检查
	2	事故照明	事故照明有专门标志及应急疏导指示	观察检查
	3	36V及以下照明变压器安装	1）电源侧应有短路保护，其熔丝的额定电流不应大于变压器的额定电流； 2）外壳、铁芯和低压侧的任意一端或中性点，均应接地或接零	观察检查
	4	灯具金属外壳的接地	必须接地或接零的灯具金属外壳与接地（接零）网之间应有明显标志的专用接地螺钉连接牢固	观察检查 导通检查
一般项目	1	灯具配件	齐全无机械损伤、变形、涂层剥落等缺陷	观察检查
	2	引向每个灯具导线线芯最小截面	最小截面应符合GB 50259的规定	测量检查

表 20.2.4（续）

项次		检验项目	质量要求	检验方法
一般项目	3	一般灯具及开关、插座安装	1）同场所的交直流或不同电压的插座有明显区别，不应互相插入； 2）灯具吊杆用钢管直径不小于10mm，钢管壁厚度不小于1.5mm； 3）日光灯和高压水银灯与其附件的配套规格一致； 4）吊链灯具的灯线不应受拉力，灯线应与吊链编叉在一起； 5）金属卤化物等的电源线经接线柱连接，电源线不得靠近灯具表面，灯具与触发器和限流器必须配套使用； 6）投光灯的底座及支架固定牢固，枢轴沿需要的光轴方向拧紧固定	观察检查 测量检查
	4	顶棚上灯具的安装	1）灯具固定在专设的框架上，电源线不贴近灯具外壳； 2）矩形灯具边缘与顶棚面装修直线平行。对称安装的灯具，纵横中心轴线的偏斜度不大于5mm； 3）日光灯管组合的灯具，灯管排列整齐，金属或塑料间隔片无弯曲、扭斜缺陷	观察检查 测量检查
	5	室外灯具安装	符合设计文件要求	—
	6	密封有特殊要求的灯具	符合设计文件及产品技术文件要求	—

20.2.5 电气照明装置电力电缆敷设应符合14.2.4条的规定。

21 通信系统安装工程

21.1 一般规定

21.1.1 本章适用于水电站通信系统安装工程质量验收评定。

21.1.2 通信系统安装工程宜为一个单元工程。

21.1.3 通信系统安装工程质量检验内容应包括一次设备安装、防雷接地系统安装、微波天线及馈线安装、同步数字体系（SDH）传输设备安装、载波机及微波设备安装、脉冲编码调制（PCM）设备安装、程控交换机安装、电力数字调度交换机安装、通信电源系统安装、电力光缆线路安装等部分。

21.1.4 根据工程具体情况，亦可将通信系统安装工程列为单位工程或分部工程。当列为单位工程或分部工程时，可调整项目划分。

21.2 安装及检查

21.2.1 通信系统一次设备安装质量标准见表21.2.1。

表21.2.1 通信系统一次设备安装质量标准

项次		检验项目	质量要求	检验方法
一般项目	1	耦合电容器安装	1）外观检查：瓷件无损伤，耦合电容器无渗漏，法兰螺栓连接紧固，型号符合设计文件要求； 2）顶盖上紧固螺栓牢靠，引线连接良好，接地良好、牢固； 3）两节或多节耦合电容器叠装时，按制造厂的编号安装； 4）电气试验应符合GB 50150的规定及产品技术文件要求	观察检查 检查报告 扳动检查

表 21.2.1（续）

项次		检验项目	质量要求	检验方法
一般项目	2	阻波器安装	1）外观检查：支柱及线圈绝缘无损伤及裂纹；线圈无变形；支柱绝缘子机器附件齐全； 2）安装前进行了频带特性及内部避雷器相应的试验； 3）三相阻波器水平度宜一致，支柱绝缘子完好，受力均匀； 4）悬式阻波器主线圈吊装时，其轴线宜对地垂直； 5）阻波器内部电容器、避雷器连接良好，固定牢靠。引下线连接良好，固定牢靠	观察检查 扳动检查
	3	结合滤波器安装	无损伤，安装牢固、端正，与设备连接接触良好，固定牢固	扳动检查

21.2.2 通信系统防雷接地系统安装质量标准见表 21.2.2。

表 21.2.2 通信系统防雷接地系统安装质量标准

项次		检验项目	质量要求	检验方法
主控项目	1	通用检查	1）通信站应采用联合接地，接地电阻小于 5Ω； 2）通信站防雷与接地工程所使用材料的型号、规格符合设计文件要求； 3）防雷与接地系统的所有连接可靠，连接采用焊接时，应符合表 16.2.2 的规定	接地电阻测试仪测量 测量检查 观察检查
	2	接闪器安装	1）避雷针的数量、安装位置、避雷网的网格尺寸及避雷带的安装位置符合设计文件要求； 2）避雷针采用热镀锌圆钢或钢管焊接而成，其高度、直径符合设计文件要求； 3）避雷网或避雷带采用热镀锌圆钢或扁钢，每个焊接点可靠电气导通。焊点处经防腐处理； 4）接闪器无脱焊、折断、腐蚀现象。固定点支撑件间距均匀，固定可靠。避雷带平正顺直，跨越变形缝、伸缩缝的补偿措施及避雷带支持件间距符合设计文件要求； 5）避雷装置的地线与设备、电源的地线连接良好； 6）室外避雷装置的地线在室外单独与接地网连接，连接良好； 7）高于接闪器的金属物，与建筑物屋面的接闪器电气连接良好；接闪器上无附着其他电气线路	观察检查 测量检查

表 21.2.2（续）

项次		检验项目	质量要求	检验方法
主控项目	3	引下线敷设	1）引下线的规格、数量、安装位置及相邻两根引下线之间的距离、断接卡的设置符合设计文件要求； 2）引下线装设牢固、无急弯；引下线上无其他电气线路； 3）当利用建筑物主体钢筋、和金属地板构架等作为接地引下线时，钢筋自身上、下连接点采用搭焊接，且其上端应与房顶避雷装置、下端应与接地网、中间应与各层均压网或环形接地母线焊接成电气上连通的笼式接地系统	观察检查 测量检查
	4	接地体（线）安装	接地体安装应符合表 16.2.1 的规定	—
	5	等电位连接	1）通信站的等电位连接结构、接地汇集线、接地汇流排以及垂直接地主干线的材料、规格、安装位置符合设计文件要求； 2）各种等电位连接端子处有清晰的标识； 3）敷设在金属管内的非屏蔽电缆，其金属管电气连通，在雷电防护区交界处做等电位连接并接地； 4）楼顶的各种金属设施均分别与楼顶避雷接地线就近电气连通，在楼面敷设的各类电源线、信号线均在两端做接地处理，且每隔 5～10m 与避雷带就近电气连接一次； 5）接地汇接线或接地汇流排表面无毛刺、明显伤痕、残余焊渣，安装平整端正、连接牢固，绝缘导线的绝缘层无老化龟裂现象	观察检查 测量检查
	6	工作及保护接地	1）接地线在穿越墙壁、楼板和地坪处有套管保护，采用金属管时与接地线做电气连通； 2）接至通信设备或接地汇流排上的接地线，用镀锌螺栓连接，连接可靠； 3）接地线使用黄绿相间色标的铜质绝缘导线，地线成端物理连接良好、标识清晰，不应在接地线中加装开关或熔断器； 4）接地线敷设短直、整齐，无盘绕； 5）机房接地母线与接地网连接点数为 2 点； 6）负直流电源正极电源侧直接接地；负直流电源正极通信设备侧直接接地； 7）机房直流馈电线屏蔽层直接接地，电缆屏蔽层两端接地；铠装电缆进入机房前铠装与屏蔽同时接地； 8）设备机架接地线必须使用压接式接地端子，外连地线规格、连接方式符合设计文件要求； 9）各设备与接地母线单独直接连接，音频电缆备用线在配线架上接地	观察检查 测量检查

表 21.2.2（续）

<table>
<tr><th colspan="2">项次</th><th>检验项目</th><th>质量要求</th><th>检验方法</th></tr>
<tr><td rowspan="2">主控项目</td><td>7</td><td>天线铁塔及天馈线接地</td><td>1）天线铁塔各金属构件间可靠电气连通；
2）天线馈线的金属外护层在塔顶、离塔处和机房外分别作接地处理，高于 60m 的铁塔在塔身中部增加接地点，机房外侧接地点经室外汇流排直接与地网连接，不应直接连接在塔身上，馈线破口处防水处理完好；
3）机房接地网与铁塔地网连接可靠</td><td>观察检查
测量检查</td></tr>
<tr><td>8</td><td>浪涌保护器（SPD）安装</td><td>1）各级 SPD 的安装位置，数量、型号、SPD 连接导线的型号规格、SPD 两端引入线长度等符合设计文件要求；
2）SPD 表面平整、光洁、无划伤、无裂痕，标志完整清晰；
3）SPD 连接导线安装平直、美观、牢固、可靠；
4）连接导体相线颜色为黄、绿、红色，中性线颜色为浅蓝色，保护线颜色为绿/黄双色线；
5）SPD 内置脱离器中的热熔丝、热熔线圈或热敏电阻等限流元件导通良好；
6）安装在配电系统中的 SPD 的最大持续工作电压（U_C）符合设计文件要求</td><td>观察检查
测量检查</td></tr>
</table>

21.2.3 通信系统微波天线及馈线安装质量标准见表 21.2.3。

表 21.2.3 通信系统微波天线及馈线安装质量标准

项次		检验项目	质量要求	检验方法
主控项目	1	天线调整	1）天线与座架连接固定牢固，不相对摆动； 2）天线方位角，仰俯角调整符合设计文件要求； 3）天线馈源的极化方向符合设计文件要求； 4）天线接收场强调测、天线焦距符合设计文件要求	扳动检查 场强测试仪

表 21.2.3（续）

项次		检验项目	质量要求	检验方法
主控项目	2	微波馈线敷设	馈线弯曲半径和扭转符合设计文件要求	测量检查
	3	微波馈线连接	1）可调节波导焊接垂直、平整牢固、焊锡均匀； 2）馈线气闭试验不大于 20kPa，气压试验 24h 后压力大于 5kPa	观察检查 扳动检查 检查报告
一般项目	1	天线安装	座架安装位置正确，安装牢固	观察检查 扳动检查
	2	天线调整	1）拼装式天线主反射面组装接缝平齐、均匀； 2）喇叭辐射器防尘罩粘合牢固； 3）主反射面保护罩安装正确，受力均匀	观察检查 扳动检查
	3	天线馈源安装	1）天线馈源和波导接口符合馈线走向要求； 2）天线馈源安装加固合理，不受外力； 3）天线馈源各部件连接面清洁、接触良好	观察检查
	4	馈线敷设	1）馈线平直无扭曲、裂纹； 2）馈线敷设整齐美观、无交叉； 3）馈线加固受力点位置在波导法兰盘上； 4）馈线加固间距：矩形硬波导馈线 2m，圆硬波导馈线 3m，椭圆软波导馈线 1～1.5m	观察检查 扳动检查 测量检查
	5	馈线连接	1）可调节波导长度允许误差为±2mm； 2）射频同轴电缆的裁截、剖头、翻边检查符合设计文件要求； 3）馈线接地检查符合设计文件要求	测量检查 观察检查

21.2.4 通信系统同步数字体系（SDH）传输设备安装质量标准见表21.2.4。

表21.2.4 通信系统同步数字体系（SDH）传输设备安装质量标准

项次		检验项目	质量要求	检验方法
主控项目	1	电缆成端和保护	1）同轴电缆连接器和线缆物理连接良好，各层开剥尺寸与电缆插头相适合； 2）同轴电缆头组装配件齐全，装配牢固； 3）屏蔽线端头处理，剖头长度一致，与同轴接线端子的外导体接触良好； 4）剖头热缩处理时热缩套管长度适中，热缩均匀	观察检查
	2	接地	应符合表21.2.2的规定	观察检查
	3	单机测试及功能检查	电源及设备告警功能检查、光接口检查与测试、电接口检查与测试、以太网接口检查与测试、PDH和ATM等接口的检查与测试等符合设计文件及产品技术文件要求	测试检查
	4	系统性能测试及功能检查	系统误码性能测试、系统抖动性能测试、时钟选择、倒换功能检查、公务电话检查、SDH网络自动保护倒换功能检查、环回功能检查、光通道储备电平复核、以太网透传功能检查等符合设计文件及产品技术文件要求	测试检查
	5	网管系统功能检查	告警挂历功能检查、故障管理功能检查、安全管理功能检查、配置管理功能检查、性能管理功能检查等符合设计文件要求	观察检查
一般项目	1	铁架安装	1）铁架的安装位置符合设计文件要求，允许偏差为±50mm； 2）列铁架成一直线，允许偏差为±30mm；列间撑铁的安装符合设计文件要求； 3）铁架安装完整牢固，零件齐全，铁架间距离均匀；铁件的漆面完整无损； 4）光纤护槽的安装符合设计文件要求	观察检查 测量检查

表 21.2.4（续）

项次		检验项目	质量要求	检验方法
一般项目	2	机架安装	1）机架的安装位置、固定方式符合设计文件要求； 2）机架安装端正牢固，垂直偏差不大于机架高度的1‰； 3）机架间隙不得大于3mm，列内机面平齐，机架门开关顺畅；机架全列允许偏差为±10mm； 4）光纤分配架（ODF）、数字配线架（DDF）端子板的位置、安装排列及各种标识符合设计文件要求。ODF架上法兰盘的安装位置正确、牢固，方向一致； 5）机架外电源线型号规格符合设计文件要求； 6）机架外联电源线颜色正负极性分开；机架外联电源线整根布放； 7）2M接线端子配线依据2M接口板容量全额配线； 8）机架及各种缆线标示清晰、准确、固定可靠； 9）配线架跳线环安装位置平直整齐	观察检查 测量检查
	3	电缆布放	1）缆线槽道（或走线架）安装、电缆布放路由符合设计文件要求； 2）电缆布放排列整齐，电缆弯曲半径不小于电缆直径或厚度的10倍；设备电缆与交流电源线、直流电源线、软光纤分开布放，间距大于50mm； 3）电缆无中间接头，电缆两端出线整齐一致，预留长度满足维护要求； 4）槽道内电缆顺直，不溢出槽道，拐弯适度，电缆进出槽道绑扎整齐； 5）走道电缆捆绑牢固，松紧适度、紧密、平直、无扭绞，绑扎线扣均匀、整齐、一致，活扣扎带间距为10～20cm； 6）架间电缆及布线的两端有明显标识，无错接、漏接。插接部件牢固，接触良好	测量检查 观察检查

表 21.2.4（续）

项次		检验项目	质量要求	检验方法
一般项目	4	光纤连接线布放	1）光纤连接线的规格、程式、光纤连接线布放路由走符合设计文件要求； 2）光纤连接线布放在专用槽道，布放在共用槽道内的有套管保护。无套管保护部分用活扣扎带绑扎，扎带不扎得过紧； 3）光纤连接线在槽道内顺直，无明显扭绞； 4）预留光纤的盘放曲率半径不小于40mm，无扭绞	测量检查
	5	数字、UTP配线架跳线布放	1）跳线电缆的规格、程式符合设计文件或产品技术文件要求； 2）跳线的走向、路由符合设计文件要求； 3）跳线布放顺直，捆扎牢固，松紧适度； 4）对于设备间的非屏蔽五类电缆跳线总长度不超过100m； 5）设备间的非屏蔽五类电缆跳线弯曲半径至少为电缆外径的4倍	观察检查
	6	网管设备安装	1）网管设备的安装位置符合设计文件要求； 2）网管设备的操作终端、显示器等摆放平稳、整齐； 3）网管设备的线缆布放满足“缆线布放及成端”的相关规定	观察检查
	7	光放大器	输入/输出功率（增益）、增益平坦度、噪声系数符合设计文件要求	光波信号发生器/光衰减器/光功率计/光谱分析仪

21.2.5 通信系统载波机及微波设备安装质量标准见表21.2.5。

表21.2.5 通信系统载波机及微波设备安装质量标准

<table>
<tr><th colspan="2">项次</th><th>检验项目</th><th>质量要求</th><th>检验方法</th></tr>
<tr><td rowspan="2">主控项目</td><td>1</td><td>子架安装</td><td>接插件接触良好</td><td>观察检查</td></tr>
<tr><td>2</td><td>电缆成端和保护</td><td>芯线焊接端正、牢固</td><td>观察检查</td></tr>
<tr><td rowspan="6">一般项目</td><td>1</td><td>机架安装</td><td>1）垂直允许误差为±3mm；
2）机架间隙不大于3mm；
3）机架固定牢靠</td><td>测量检查
扳动检查
观察检查</td></tr>
<tr><td>2</td><td>子架安装</td><td>1）子架面板布置符合设计文件要求；
2）子架安装位置正确，排列整齐；
3）网管设备安装符合设计文件要求</td><td>对比检查
观察检查</td></tr>
<tr><td>3</td><td>光纤连接</td><td>1）光纤编扎布线顺直，无扭绞；
2）光纤绑扎松紧适度</td><td>观察检查</td></tr>
<tr><td>4</td><td>数字配线架跳线</td><td>整齐，绑扎松紧适度</td><td>观察检查</td></tr>
<tr><td>5</td><td>保护接口安装</td><td>接触良好</td><td>观察检查</td></tr>
<tr><td>6</td><td>电缆成端和保护</td><td>应符合表21.2.4的规定</td><td>观察检查</td></tr>
</table>

21.2.6 通信系统脉冲编码调制设备（PCM）安装质量标准见表21.2.6。

表21.2.6 通信系统脉冲编码调制设备（PCM）安装质量标准

<table>
<tr><th colspan="2">项次</th><th>检验项目</th><th>质量要求</th><th>检验方法</th></tr>
<tr><td rowspan="3">主控项目</td><td>1</td><td>设备安装、缆线布放及成端</td><td>应符合表21.2.4的规定</td><td></td></tr>
<tr><td>2</td><td>单机技术指标</td><td>铃流电压测试：输出电压的测试符合产品技术文件要求</td><td>测量检查</td></tr>
<tr><td>3</td><td>音频通道收/发电平测试</td><td>音频通道收、发电平产品技术文件要求</td><td>测量检查</td></tr>
</table>

表 21.2.6（续）

项次		检验项目	质量要求	检验方法
主控项目	4	信令功能检查	1）连接交换机和电话机，检查 FXO 和 FXS 接口的信令功能正常； 2）模拟发送 M 信令，检查 E 线信令接收功能正常	测量检查
	5	数据通道误码率	64k 数据通道误码测试结果符合设计文件要求	测量检查
	6	2M 通道保护倒换功能	在具有 2M 通道保护倒换的系统中，2M 通道倒换时，数据通道误码指标符合产品技术文件要求	测量检查
	7	话路时隙交叉连接功能检查	符合产品技术文件要求	测量检查
	8	网管系统检查	符合设计文件要求	比对检查

21.2.7 程控交换机安装质量标准见表 21.2.7。

表 21.2.7 程控交换机安装质量标准

项次		检验项目	质量要求	检验方法
主控项目	1	设备安装、缆线布放及成端	应符合表 21.2.4 的规定	观察检查
	2	系统检查测试	1）系统初始化正常； 2）系统程序、交换数据自动/人工再装入正常； 3）系统自动/人工再启动正常； 4）系统的交换功能、系统的维护管理功能、系统的信号方式、系统告警功能等符合设计文件及产品技术文件要求	—

21.2.8 电力数字调度交换机安装质量标准见表 21.2.8。

表 21.2.8 电力数字调度交换机安装质量标准

项次		检验项目	质量要求	检验方法
主控项目	1	合格证	电力工业通信设备质量检验测试中心入网许可证和出厂合格证	观察检查
	2	设备安装、缆线布放及成端	应符合表 21.2.4 的规定	观察检查
	3	系统检查测试	单机特性、可靠性、系统功能等符合设计文件及产品技术文件要求	—

21.2.9 通信电源系统安装应符合本标准第 19 章的相关规定。

21.2.10 站内光纤复合架空地线（OPGW）电力光缆线路安装质量标准见表 21.2.10。

表 21.2.10 站内光纤复合架空地线（OPGW）电力光缆线路安装质量标准

项次		检验项目	质量要求	检验方法
主控项目	1	引下光缆敷设	1）引下光缆路径应符合设计文件要求； 2）引下光缆顺直美观，每隔 1.5～2m 有一个固定卡具，引下光缆弯曲半径不得小于 40 倍的光缆直径	观察检查
	2	余缆架安装	1）余缆架固定可靠； 2）余缆盘绕整齐有序，无交叉和扭曲受力，捆绑点不少于 4 处；每条光缆盘留量应不小于光缆放至地面加 5m	观察检查

表 21.2.10（续）

项次		检验项目	质量要求	检验方法
主控项目	3	接续盒安装	1）站内龙门架线路终端接续盒安装高度为1.5～2m； 2）接续盒采用帽式金属外壳，安装固定可靠、无松动，防水密封措施良好； 3）光缆光纤接续色谱对应正确； 4）远端监测接续点光纤单点双向平均熔接损耗值小于0.05dB	测量检查
	4	导引光缆敷设	1）由接续盒引下的导引光缆至电缆沟地埋部分应穿热镀锌钢管保护，钢管两端做防水封堵； 2）光缆在电缆沟内部分穿管保护并分段固定，保护管外径大于35mm； 3）光缆在两端及沟道转弯处有明显标识，光缆敷设弯曲半径不小于缆径的25倍	观察检查
	5	光纤分配架（ODF）安装	1）安装位置、机架固定、机架接地符合设计文件要求； 2）机架倾斜小于3mm，子架排列整齐，尾纤布放、固定绑扎整齐一致； 3）接续光纤盘留量不少于500mm，软光缆弯曲半径静态下不小于缆径的10倍，光纤序号排列准确无误； 4）余缆布放、固定绑扎整齐一致； 5）标识整齐、清晰、准确	观察检查
	6	全程测试	1）单向光路衰耗双向全程测试结果、双向全程平均衰耗、光缆全程总衰耗符合设计文件要求； 2）光纤排序无误	OTDR/光源/光功率计

21.2.11 全介质自承式光缆（ADSS）电力光缆线路安装质量标准见表 21.2.11。

表 21.2.11 全介质自承式光缆（ADSS）电力光缆线路安装质量标准

项次		检验项目	质量要求	检验方法
主控项目	1	安装	1）起/止杆（塔）型、杆（塔）号、耐张段数/长度符合设计文件要求； 2）光缆盘号及端别正确；光缆盘长符合设计文件要求； 3）光缆与障碍物最小垂直净距离、在杆塔上的安装位置以及防震装置安装位置和数量符合设计文件要求； 4）光缆弧垂、耐张线夹、悬垂线夹应符合 GB 50233 的规定； 5）螺旋减振器、防震锤、护条线、引下线夹、电晕环符合设计文件要求； 6）接续盒安装杆（塔）号、位正确、密封良好； 7）地埋部分穿管、沟道（穿管）保护、固定、建筑物内保护符合设计文件要求； 8）穿管弯曲半径不小于 25 倍缆径；管口封堵密封良好； 9）室内盘留长度及固定、余缆架、余缆盘留长度及固定符合设计文件要求	观察检查
一般项目	1	一般要求	盘留、接续、全程测试、配盘、配纤等应符合表 21.2.10 的规定	—

22 起重设备电气装置安装工程

22.1 一 般 规 定

22.1.1 本章适用于额定电压为500V以下各式起重设备、电动葫芦的电气装置和3kV及以下滑接线安装工程质量验收评定。

22.1.2 一台起重设备电气装置安装工程宜为一个单元工程。

22.1.3 起重设备电气装置安装工程质量检验内容应包括外部电气设备安装、配线安装、电气设备保护装置安装、变频调速装置检查及调整试验、电气试验、试运转及负荷试验等部分。

22.2 安 装 及 检 查

22.2.1 起重设备电气装置外部电气设备安装质量标准见表22.2.1-1、表22.2.1-2。

表22.2.1-1 起重设备电气装置外部电气设备安装质量标准

项次		检验项目	质量要求	检验方法
主控项目	1	滑接线安装	1）接触面平正无锈蚀，导电良好； 2）额定电压为0.5kV以下的滑接线，其相邻导电部分和导电部分对接地部分之间的净距不小于30mm； 3）起重机在终端位置时，滑接器与滑接线末端距离不小于200mm；固定装设的滑接线，其终端支架与滑接线末端的距离不大于800mm； 4）滑接线平直、固定牢固。连接处平滑，其高低差小于0.5mm，滑接线之间的距离一致，其中心线与起重机轨道的实际中心线保持平行，最大偏差为±10mm；滑接线之间的水平允许偏差或垂直允许偏差为±10mm； 5）伸缩补偿装置安装符合设计文件要求； 6）分段供电滑接线、安全式滑接线安装质量标准除符合上述规定外，尚应符合表22.2.1-2的规定	观察检查 测量检查

表 22.2.1-1（续）

项次		检验项目	质量要求	检验方法
主控项目	2	滑接器安装	1）支架固定牢靠，绝缘子和绝缘衬垫无裂纹、破损，导电部分对地绝缘良好，相间及对地距离应符合 GB 50256 的规定； 2）滑接器沿滑接线全长可靠接触并有适当压力，滑动自如； 3）滑接器与滑接线的接触面平整、光滑、无锈蚀，压紧弹簧压力符合设计文件要求； 4）槽型滑接器与可调滑杆间移动灵活； 5）自由悬吊滑接线的轮型滑接器高出滑接线中间托架不小于 10mm； 6）桥式起重机滑接器中心线与滑接线的中心线对正，沿滑接线全长任何位置的允许偏差为±15mm	观察检查 测量检查
一般项目	1	绝缘子及支架安装	1）绝缘子、绝缘套管无机械损伤及缺陷；表面清洁；绝缘性能良好；绝缘子与支架和滑接线的钢固定件之间，加设红钢纸垫片； 2）支架安装平正牢固，间距均匀，并在同一水平面或垂直面上；支架不应安装在建筑物伸缩缝和轨道梁结合处	观察检查 测量检查
	2	滑接线伸缩补偿装置安装	1）伸缩补偿装置安装在与建筑物伸缩缝距离最近的支架上； 2）在伸缩补偿装置处，滑接线留有 10～20mm 的间隙，间隙两端的滑接线端头加工圆滑，接触面安装在同一水平面上，其两端间高差不大于 1mm； 3）伸缩补偿装置间隙的两侧，有滑接线支持点，支持点与间隙的距离，不宜大于 150mm； 4）间隙两侧的滑接线，采用软导线跨越并留有裕量	观察检查 测量检查

表 22.2.1-1（续）

项次		检验项目	质量要求	检验方法
一般项目	3	滑接线连接	1）有足够机械强度，且无明显变形； 2）接头处的接触面平正光滑，其高差不大于0.5mm，连接后高出部分修整平正； 3）导线与滑接线连接时，滑接线接头处应镀锡或加焊有电镀层的接线板	观察检查 测量检查
	4	悬吊式软电缆安装	1）悬挂装置的电缆夹与软电缆可靠固定，电缆夹间的距离不宜大于5m； 2）软电缆悬挂装置沿滑道移动灵活、无跳动、卡阻； 3）软电缆移动段的长度，比起重机移动距离长15%～20%，并加装牵引绳，牵引绳长度短于软电缆移动段的长度； 4）软电缆移动部分两端，分别与起重机、钢索或型钢滑道牢固固定	观察检查 扳动检查 测量检查
	5	卷筒式软电缆安装	1）起重机移动时，不应挤压软电缆； 2）安装后软电缆与卷筒应保持适当拉力，但卷筒不得自由转动； 3）卷筒的放缆和收缆速度，应与起重机移动速度一致；利用重砣调节卷筒时，电缆长度和重砣的行程应相适应； 4）起重机放缆到终端时，卷筒上应保留两圈以上的电缆	观察检查
	6	软电缆吊索和自由悬吊滑接线安装	1）终端固定装置和拉紧装置的机械强度，应符合设计文件要求； 2）当滑接线和吊索长度不大于25m时，终端拉紧装置的调节余量不应小于0.1m；当滑接线和吊索长度大于25m时，终端拉紧装置的调节余量不应小于0.2m； 3）滑接线或吊索拉紧时的弛度允许偏差为±20mm； 4）滑接线与终端装置之间的绝缘可靠	测量检查 测量检查

表 22.2.1-2　分段供电滑接线、安全式滑接线安装质量标准

<table>
<tr><th colspan="2">项次</th><th>检验项目</th><th>质量要求</th><th>检验方法</th></tr>
<tr><td rowspan="2">主控项目</td><td>1</td><td>分段供电滑接线</td><td>1）各分段电源允许并联运行时，分段间隙应为 20mm；不允许并联运行时，分段间隙比滑接器与滑接线接触长度大 40mm；3kV 滑接线符合设计文件要求；
2）不允许并联运行的滑接线间隙处，托板与滑接线的接触面在同一水平面上；
3）滑接线分段间隙的两侧相位一致</td><td>观察检查
测量检查
仪表测量</td></tr>
<tr><td>2</td><td>安全式滑接线</td><td>1）连接平直，支架夹安装牢固，各支架夹之间的距离小于 3m；
2）支架的安装，当设计无规定时，宜焊接在轨道下的垫板上；当固定在其他地方时，做好接地连接，接地电阻值小于 4Ω；
3）绝缘护套完好，无裂纹及破损；
4）滑接器拉簧完好灵活，耐磨石墨片与滑接线可靠接触，滑动时不跳弧</td><td>观察检查
接地电阻测试仪测量</td></tr>
</table>

22.2.2　起重设备电气装置配线安装质量标准见表 22.2.2。

表 22.2.2　起重设备电气装置配线安装质量标准

<table>
<tr><th colspan="2">项次</th><th>检验项目</th><th>质量要求</th><th>检验方法</th></tr>
<tr><td>一般项目</td><td>1</td><td>配线</td><td>1）配线排列整齐，接线紧固，接线编号清晰、正确；
2）在易受机械损伤、热辐射或有润滑油滴落部位，电线或电缆应装于钢管、线槽、保护罩内或采取隔热保护措施；
3）电线或电缆穿过钢结构的孔洞处，孔洞无毛刺并采取保护措施</td><td>观察检查</td></tr>
</table>

表 22.2.2（续）

项次		检验项目	质量要求	检验方法
一般项目	2	电缆敷设	1）电缆排列整齐，不宜交叉；强电与弱电电缆宜分开敷设，电缆两端标牌齐全、正确； 2）固定敷设的电缆卡固良好，支持点距离不大于1m； 3）固定敷设的电缆弯曲半径大于电缆外径的5倍；移动敷设的电缆弯曲半径大于电缆外径的8倍	观察检查 测量检查
	3	电线管、线槽敷设	1）电线管、线槽固定牢固； 2）起重机安装在露天时，敷设的钢管管口向下或有其他防水措施； 3）起重机上安装的所有电线管管口应加装护口套； 4）线槽敷设应符合电线或电缆敷设的要求，电线或电缆的进出口处，采取保护措施	观察检查 扳动检查

22.2.3 起重设备电气设备保护装置安装质量标准见表22.2.3。

表 22.2.3 起重设备电气设备保护装置安装质量标准

项次		检验项目	质量要求	检验方法
主控项目	1	配电盘、柜	1）配电盘、柜的安装，应符合GB 50171的规定，电气设备的接线正确，电气回路动作正常； 2）配电盘、柜的安装采用螺栓紧固并有防松措施，不应焊接固定； 3）户外式起重设备配电盘、柜的防雨装置安装正确、牢固； 4）低压电器的安装应符合GB 50254的规定	观察检查 扳动检查
一般项目	1	电阻器	1）电阻器直接叠装不应超过4箱，当超过4箱时应采用支架固定，并保持适当间距；当超过6箱时另列一组； 2）电阻器的盖板或保护罩安装正确，固定可靠	观察检查 扳动检查

表 22.2.3（续）

项次		检验项目	质量要求	检验方法
一般项目	2	制动装置	1）处于非制动状态时，闸带、闸瓦与闸轮的间隙均匀，且无摩擦； 2）制动装置动作迅速、准确、可靠； 3）当起重设备的某一机构是由两组在机械上互不联系的电动机驱动时，其制动装置的动作时间一致	操作检查 检查报告
	3	行程限位开关、撞杆	1）起重设备行程限位开关动作正确； 2）撞杆安装牢固，撞杆宽度、长度满足设计文件要求，并保证行程限位开关可靠动作	观察检查 测量检查 扳动检查
	4	控制器	1）控制器的安装位置，便于操作和维修； 2）操作手柄或手轮的安装高度，便于操作与监视，操作方向宜与机构运行的方向一致	检查报告 观察检查
	5	照明装置	1）起重设备主断路器切断电源后，照明不应断电； 2）灯具配件齐全，悬挂牢固，运行时灯具无剧烈摆动； 3）照明回路应设置专用零线或隔离变压器； 4）安全变压器或隔离变压器安装牢固，绝缘良好	观察检查 操作检查 扳动检查 测量检查
	6	保护装置	1）当起重设备的某一机构是由两组在机械上互不联系的电动机驱动时，两台电动机有同步运行和同时断电的保护装置； 2）防止桥架扭斜的联锁保护装置灵敏可靠； 3）信号正确、可靠	操作检查
	7	起重量限制器调试	1）起重量限制器综合误差不大于8%； 2）当载荷达到额定起重量的90%时，限制器应能发出提示性报警信号； 3）当载荷达到额定起重量的110%时，限制器应能自动切断起升机构电动机电源，并发出禁止性报警信号	操作检查

22.2.4 起重设备电气装置变频调速装置安装质量标准见表22.2.4。

表22.2.4 起重设备电气装置变频调速装置安装质量标准

项次		检验项目	质量要求	检验方法
主控项目	1	回路绝缘试验	主回路绝缘电阻值大于5MΩ，控制回路绝缘电阻值大于1MΩ	测量检查
	2	运行参数设置	符合设计文件要求	—
	3	回路检查	1）主回路接线牢固，开关动作灵活，触点接触可靠； 2）主回路、控制回路电压符合设计文件或产品技术文件要求； 3）控制电缆屏蔽层一端可靠接地； 4）控制回路动作正确可靠	观察检查 导通检查 仪表测量
	4	操动试验	动作可靠，信号指示正确	操作检查
	5	转速调整、带负载工况	符合设计文件要求	试验检查
	6	接地	经变频器接地端子可靠接地，接地电阻值不大于10Ω	接地电阻测试仪测量
一般项目	1	变频器安装位置	安装位置符合设计或产品技术文件要求，变频器在金属支架上用螺栓固定牢固	观察检查 扳动检查
	2	制动用放电电阻器安装	固定在金属板上，散热空间符合产品技术文件要求	观察检查
	3	变频器接线	正确、牢固	观察检查
	4	阻尼器和变频器间连接	连接正确；盘外连接时两根导线绞在一起，导线长度不大于5m	测量检查
	5	各部件检查	无异常音响、发热现象	观察检查
	6	电阻元件及变频器温升	符合设计文件或产品技术文件要求	检查报告
	7	通风及冷却系统	风机运转良好，风道清洁无堵塞	操作检查
	8	盘内照明、音响信号装置	灯具及门开关工作良好；音响信号正确、清晰、可靠	操作检查

22.2.5 起重设备电气装置电气试验质量标准见表22.2.5。

表22.2.5 起重设备电气装置电气试验质量标准

项次		检验项目	质量要求	检验方法
主控项目	1	绝缘电阻测量	1）低压电气设备的绝缘电阻值大于0.5MΩ； 2）配电装置及馈电线路的绝缘电阻值大于0.5MΩ； 3）滑接线各相间及对地的绝缘电阻值大于0.5MΩ； 4）二次回路的绝缘电阻值大于1MΩ	测量检查
	2	交流耐压试验	动力配电盘和二次回路均应进行交流耐压试验，试验电压为1000V，时间1min，无异常	交流耐压试验设备试验

22.3 试运转及负荷试验

22.3.1 起重设备全部安装完毕后应进行试运转，试运转前必须保证各系统完好，各保护装置动作灵敏可靠、正确。

22.3.2 首先进行空载试运转试验，空载试运转应分别进行各挡位下的起升、小车运行、大车运行和取物装置的动作试验，次数不少于3次。

22.3.3 空载试运转试验正常后应进行静载试验和动载试验，该两项试验应与机械试运转项目配合完成，并符合GB 50278的规定。

附录A 单元工程安装质量验收评定表及质量检查表（样式）

A.0.1 单元工程安装质量验收评定应采用表A.0.1。

表A.0.1 ×××单元工程安装质量验收评定表

<table>
<tr><td colspan="2">单位工程名称</td><td></td><td>单元工程量</td><td></td></tr>
<tr><td colspan="2">分部工程名称</td><td></td><td>安装单位</td><td></td></tr>
<tr><td colspan="2">单元工程名称、部位</td><td></td><td>评定日期</td><td>年 月 日</td></tr>
<tr><td colspan="2">项　目</td><td colspan="3">检　验　结　果</td></tr>
<tr><td rowspan="2">××检查</td><td>主控项目</td><td colspan="3"></td></tr>
<tr><td>一般项目</td><td colspan="3"></td></tr>
<tr><td rowspan="2">×××安装</td><td>主控项目</td><td colspan="3"></td></tr>
<tr><td>一般项目</td><td colspan="3"></td></tr>
<tr><td rowspan="2">×××</td><td>主控项目</td><td colspan="3"></td></tr>
<tr><td>一般项目</td><td colspan="3"></td></tr>
<tr><td colspan="2">施工单位自评意见</td><td colspan="3">安装质量检验主控项目____项，全部符合本标准的质量要求；一般项目____项，与本标准有微小出入的____项，所占比率为____%。质量要求操作试验或试运行符合本标准的要求，操作试验或试运行________出现故障，单元工程等级评定为________________。
（签字，加盖公章）　　年　月　日</td></tr>
<tr><td colspan="2">监理单位意见</td><td colspan="3">安装质量检验主控项目____项，全部符合本标准的质量要求；一般项目____项，与本标准有微小出入的____项，所占比率为____%。质量要求操作试验或试运行符合本标准的要求，操作试验或试运行________出现故障，单元工程等级评定为________________。
（签字，加盖公章）　　年　月　日</td></tr>
<tr><td colspan="5">注：对重要隐蔽单元工程和关键部位单元工程的安装质量验收评定应有设计、建设等单位的代表填写意见并签字。具体要求应满足SL 176的规定。</td></tr>
</table>

A. 0. 2 单元工程中各部分安装质量检查应采用表 A. 0. 2。

表 A. 0. 2 ×××安装单元工程（部分）质量检查表

编号：________　　　　　　　　　　　　　　　　　　　日期：________

<table>
<tr><td colspan="3">分部工程名称</td><td></td><td>单元工程名称</td><td></td></tr>
<tr><td colspan="3">安装内容</td><td colspan="3"></td></tr>
<tr><td colspan="3">安装单位</td><td></td><td>开、完工日期</td><td></td></tr>
<tr><td colspan="3">项　目</td><td>质量标准</td><td>检验结果</td><td>检验人（签字）</td></tr>
<tr><td rowspan="6">××××</td><td rowspan="3">主控项目</td><td>1</td><td></td><td></td><td></td></tr>
<tr><td>2</td><td></td><td></td><td></td></tr>
<tr><td>⋮</td><td></td><td></td><td></td></tr>
<tr><td rowspan="3">一般项目</td><td>1</td><td></td><td></td><td></td></tr>
<tr><td>2</td><td></td><td></td><td></td></tr>
<tr><td>⋮</td><td></td><td></td><td></td></tr>
<tr><td colspan="6">检查意见：
主控项目共______项，其中符合本标准质量要求______项；
一般项目共______项，其中符合本标准质量要求______项，与本标准有微小出入______项。</td></tr>
<tr><td colspan="2">安装单位</td><td colspan="2">（盖章）
年　月　日</td><td>监理工程师</td><td>（签字）
年　月　日</td></tr>
</table>

条 文 说 明

1 总　　则

1.0.1 本标准规定了发电电气设备安装单元工程的划分，确定了安装质量项目（主控项目和一般项目）的检验标准，规定了验收评定条件和要求，以达到严格过程控制，提高安装质量的目的。

1.0.2 通信系统在水电站的作用日益重要，通信手段从单一载波通信发展为微波、光纤、卫星通信、载波通信并存的通信方式，并在电站控制、保护、遥测中起着重要作用，故增加了第21章“通信系统安装工程”。

1.0.3 本标准对发电电气设备安装工程的安装质量项目、检验标准作出了规定，是单元工程验收评定的基本要求，低于本标准合格要求的发电电气设备安装单元工程不应验收通过。

3 基 本 规 定

3.1 一 般 要 求

3.1.1

2 强调建设单位应对重要隐蔽单元工程和关键部位单元工程进行确定，并应由其负责。

3.1.4 单元工程施工质量验收评定表及其备查资料，其规格需满足国家有关工程档案管理的有关规定，验收评定表和备查资料的份数除满足本标准要求外还要满足合同要求，本标准所指的备查资料也含影像资料。

3.2 单元工程安装质量验收评定

3.2.2～3.2.4 规定了单元工程验收评定的程序、内容、资料要求。

单元工程安装完成后，应由施工单位自验自评合格后方可申请验收评定，否则建设（监理）单位不予受理；重要隐蔽单元工程和关键部位单元工程的验收评定，应由建设单位组织参建单位进行联合验收评定，并在此之前通知该工程的质量监督机构，以便质量监督机构可根据实际情况决定是否参加。

单元工程验收评定合格后，建设（监理）单位应及时签署结论，不能在事后补签（特殊情况下除外），责任单位、责任人及有关责任人均应当场履行签认手续，这样做是防止漏签或造假。

单元工程安装质量验收评定的资料、施工记录一定要真实，叙事要清楚，时间、地点、施工部位、工序内容、质量情况（或问题）、施工方法、措施、施工结果、现场参加人员等，均应记录清楚、准确，不应追记或造假。责任单位和责任人应当场签认。

3.2.5 SDJ 249.6—88 中对检验项目合格的要求为“基本达到质量标准”，没有具体量化指标，不方便操作。本次修订对“基本达到质量标准”项目数量做出了规定，较 SDJ 249.6—88 有所提高，符合当前的实际情况。

4 六氟化硫（SF_6）断路器安装工程

本章为新增章节，编写时主要参考了 GB 50147—2010、GB 50150—2006 等标准的相关内容。

4.2 安装及检查

4.2.1 瓷件外观检查时若瓷套有隐伤，法兰结合面不平整或不严密，会引起严重漏气甚至瓷套爆炸，检查时应重视；六氟化硫（SF_6）断路器的密封是否良好，是考核其可靠性的主要指标之一，故强调了组装用的密封材料应符合产品技术文件的要求。

4.2.3 充气前断路器内部气室应抽真空至规定指标，真空度为 133×10^{-6} MPa，再继续抽气 30min，记录真空度（A），再隔

5h，读真空度（B），若 $B-A<133\times10^{-6}$ MPa，则可认为合格，否则应进行处理并重新抽真空至合格为止；充气后断路器内六氟化硫（SF_6）气体含水量及整体密封试验是依照 GB 50150—2006 制定的。

4.2.4 操作机构试验可分为合闸操作、脱扣操作、模拟操动试验三部分，具体可参照 GB 50150—2006 相关规定执行。

5 真空断路器安装工程

本章为新增章节，编写时主要参考了 GB 50147—2010、GB 50150—2006 等标准的相关内容。

5.1 一 般 规 定

5.1.1 真空断路器在我国近十几年来得到了广泛应用，额定电流达到 3150A、开断电流达到 50kA 的较好水平，并已应用到 35kV 电压等级。本章将真空断路器的适用范围规定为3～35kV。

5.1.4 为了便于高压开关柜安装工程质量验收评定，将高压开关柜中的配电真空断路器与高压开关柜一并进行质量验收评定。

5.2 安 装 及 检 查

5.2.1 真空断路器、手车式开关柜运到现场后，要及时检查，尤其对灭弧室、绝缘部件以及开关柜的手车等要重点检查。

5.2.2 目前真空断路器已做到本体和机构一体化设计制造，真空断路器安装比其他断路器简单，现场安装检查调整内容较少，主要是通过电气试验及操作试验对产品的性能进行验证。

6 隔离开关安装工程

6.1 一 般 规 定

6.1.1 在原标准基础上，明确了本章适用于额定电压为 3～35kV 的户内式隔离开关（包括接地开关）安装工程质量验收评定。

6.2 安装及检查

6.2.2 触头调整、隔离开关与母线或电缆连接中，取消了用塞尺检查的规定，改用导电回路电阻测试进行检验。

6.2.3 交流耐压试验和操动机构的试验是参照 GB 50150—2006 修订的。GB 50150—2006 中未对导电回路电阻测试提出要求，本条提出回路电阻测试符合制造厂技术文件要求。

7 负荷开关及高压熔断器安装工程

7.2 安装及检查

7.2.2 高压熔断器安装时，应注意检查熔管、熔丝质量及规格是否符合要求，并按规定进行安装。触头调整、负荷开关与母线或电缆连接中，取消了用塞尺检查的规定，改用导电回路电阻测试进行检验。

7.2.3 负荷开关及高压熔断器电气试验及操作试验是参照 GB 50150—2006 修订的。

8 互感器安装工程

8.1 一般规定

8.1.1 本条规定了本章的适用范围，鉴于 26kV 及以下电压等级的油浸式互感器已较少使用，故本章取消了原标准中油浸式互感器的相关内容。

8.2 安装及检查

8.2.2 由于互感器的型式、规格不同，布置也不尽相同，所以安装水平误差未做出规定，但其安装面应水平；对于同一型式，同一电压等级的互感器，并列安装时应排列整齐、极性方向一致。为保证互感器安全投入运行，互感器接地规定为主控项目。

8.2.3 互感器的电气试验检验项目均规定为主控项目。

9 电抗器与消弧线圈安装工程

在原标准基础上，本章名称修订为电抗器与消弧线圈安装工程。在原标准干式电抗器安装工程基础上，新增了消弧线圈的相关内容。新增内容参照 GB 50148—2010、GB 50150—2006 标准制定。

9.1 一般规定

9.1.1 油浸式电抗器与消弧线圈安装工程质量验收评定时，本章中未涉及到的部分可参照 GB 50148—2010 的相关规定执行。

9.2 安装及检查

9.2.2 干式空心电抗器周围的强磁场对二次设备及二次电缆会产生影响，室内安装时应注意安装距离，附近的二次电缆屏蔽应单侧接地。干式电抗器铁芯及夹件接地应一点接地，避免由于多点接地而产生涡流。

10 避雷器安装工程

10.1 一般规定

10.1.1 避雷器有排气式和阀式两大类。阀式避雷器分为碳化硅避雷器和金属氧化物避雷器（又称氧化锌避雷器）。氧化锌避雷器由于保护性能良好，目前处于市场主导地位，本条对氧化锌避雷器的外观检查、安装及电气试验作了规定，其他类型的避雷器可参照本标准以及产品技术文件要求执行。氧化锌避雷器的试验项目和质量要求是参照 GB 50147—2010、GB 50150—2006、《交流无间隙金属氧化物避雷器》（GB 11032—2010）修订的。

10.2 安装及检查

10.2.2 避雷器引线横向拉力过大会损坏避雷器，故要求拉力不超过产品的技术规定。

10.2.3 直流参考电压是在对应于直流参考电流下，在避雷器试品上测得的直流电压值。主要目的是检验避雷器的动作特性和保护特性，测量值应符合 GB 11032—2010 的相关规定；工频参考电压是无间隙金属氧化物避雷器的一个重要参数，它表明阀片的伏安特性曲线饱和点的位置。测量金属氧化物避雷器在持续运行电压下持续电流能有效地检验金属氧化物避雷器的质量状况，测量值应符合 GB 11032—2010 的相关规定。

11 高压开关柜安装工程

11.2 安装及检查

11.2.3 本节将高压开关柜内电气设备的电气试验设为一条。

12 厂用变压器安装工程

12.1 一般规定

12.1.1 增加了厂用干式变压器安装工程质量验收评定标准，本条对厂用变压器电压等级及容量上做了明确规定。

12.2 安装及检查

12.2.1 厂用干式变压器需进行铁芯、绕组的检查，厂用油浸变压器需要吊芯检查时，需进行铁芯、绕组的检查。检查铁芯时，注意铁芯有无多点接地。铁芯的固定由穿芯螺丝改为夹件、压钉等方式，检查时注意这些部件的绝缘状况。引出线检查时，要校核其绝缘距离是否合格，引出线的裸露部分应无毛刺和尖角，以防运行中发生放电击穿。

12.2.4 有载调压切换装置的检查和试验，要求厂用变压器带电前应进行切换过程试验，且循环操作后进行所有分接头下直流电阻和电压比测量，以检测调压切换后可能出现的故障。

13　低压配电盘及低压电器安装工程

13.1　一般规定

13.1.1　本章适用于交流额定电压500V及以下的低压配电盘（包括动力配电箱）及低压电器安装工程质量验收评定。特殊情况下的低压电器（如防爆型、防腐型、高原型）其安装质量及验收评定应参照国家现行标准执行。

13.2　安装及检查

13.2.2　配线安装检查部分硬母线螺栓紧固连接的搭接面的质量检验，取消了沿用多年的用塞尺检查的方法，规定采用力矩扳手紧固螺栓。

在原标准基础上，增加了对变频装置质量要求的相关内容。电动机软启动装置安装的质量要求包含在电动机启动装置安装质量要求中。

14　电缆线路安装工程

14.2　安装及检查

14.2.1　为避免电缆发生故障时危及人身安全，电缆支架（包括架桥）均应有良好的接地，电缆支架较长时还应根据设计进行多点接地。普通型电缆支架的固定一般直接焊接在预埋铁件上。本条对电缆支架安装的位置的误差提出了要求，桥架的支吊架位置纵向偏差过大可能会使安装后的梯架在支吊点悬空而不能与支吊架直接接触。横向偏差过大可能会使相邻梯架错位而无法连接或安装后的电缆架不直，影响美观。因此对桥架和支吊架的位置误差应予以控制。

14.2.2　规定电缆管加工弯管与所穿电缆的弯曲半径应一致，是为了保证电缆在穿管弯曲时不被损伤。电缆管的连接应严密牢固，出入地沟、隧道和建筑物管口应密封，是为了防火、防潮以及防止其他生物的出入使电缆损伤的措施。

14.2.5 按 GB 50150—2006 的规定，本条依此做了相应的修改，18/30kV 及以下电压等级的橡塑电缆可采用直流耐压试验，橡塑电缆优先采用 20～300Hz 的交流耐压试验。在 IEC 62017 引言中说明，宜避免对主绝缘作直流耐压试验，推荐采用 20～300Hz 的交流耐压试验，其试验电压为 $1.7U_0$，时间 1h；或以额定相电压加压替代，时间为 24h。故本条未将直流耐压试验作为电气试验检验项目。

15 金属封闭母线装置安装工程

15.1 一般规定

15.1.1 本章取消了硬母线装置安装工程质量验收评定内容，硬母线装置安装工程质量验收评定可参照 GB 50149—2010 执行。

15.2 安装及检查

15.2.1 由于封闭母线连接的设备较多，安装前检查有利于避免出现返工事件。封闭母线内绝缘子数量多，在安装前测量绝缘电阻和工频耐压试验，有助于排查出损坏的绝缘子。除了封闭母线与设备的连接一般采用螺栓连接外，封闭母线段间的连接多采用搭接焊接的连接方式，在安装封闭母线时应保证封闭母线与设备的连接在允许范围之内。

16 接地装置安装工程

16.1 一般规定

16.1.2 将厂房、大坝、升压站接地装置安装工程和独立避雷系统安装工程分别划分为一个单元工程，是为了便于接地装置安装质量验收评定。

16.2 安装及检查

16.2.1 本条主要考虑接地体互相的屏蔽影响而做出接地体之间距离的规定。

16.2.2 本条规定了对户外配电变压器、建筑物内配电装置室的配电变压器、架空线路安装避雷器等电气装置的接地要求；本条增加了开关站、变电所、GIS室均压带（网）以及调度楼、通信站接地装置的质量验收评定的内容。

16.2.3 接地阻抗首先应符合设计要求，当设计未明确规定时，本条对各种接地系统的接地阻抗作了规定，这些规定主要是依照GB 50150—2006修订的。

17 控制保护装置安装工程

17.1 一般规定

17.1.2 鉴于控制、保护装置类别较多，本条规定宜将机组单元、升压站、公用辅助系统控制保护装置安装工程各划分为一个单元工程。

17.2 安装及检查

17.2.1 本条对盘、柜安装质量标准做出了规定；根据GB 50150—2006的规定，增加了"同一接地网的各相邻设备接地线之间的直流电阻值不大于0.2Ω"。

17.2.3 本条规定了二次回路接线的质量标准，增加了二次回路接地及控制电缆金属屏蔽层接地导体使用截面积的规定。

17.2.4 模拟动作试验是对控制、保护设备工作是否正常的主要检验手段，验收及质量评定应在该项工作完成后进行。

18 计算机监控系统安装工程

本章为新增章节，安装质量验收评定标准主要参照《水电厂计算机监控系统试验验收规程》(DL/T 822—2002)编制。

18.1 一 般 规 定

18.1.1 计算机监控系统已在水电站广泛应用，故本标准增加了水电站计算机监控系统安装质量验收评定标准。梯级水电站计算机监控系统安装质量验收评定可参照执行。

18.2 安 装 及 检 查

18.2.1 计算机监控系统设备安装前的检查对安装质量有重要影响，本条规定应进行安装前产品外观检查。

目前电力系统已要求电站使用全厂统一卫星对时系统，计算机监控系统不再单独设置卫星对时系统，故本条规定监控系统时钟应采用全厂卫星对时系统时钟信号。

布置在中控室和机房的计算机控制台、工作台是水电站的控制、监测中心，对环境有较高的要求。本条规定应摆放整齐、与环境和谐、便于操作。

接地装置安装质量对计算机监控系统站控级设备的安全运行影响较大，故本条定其为主控项目。

19 直流系统安装工程

经广泛征求意见，本章名称修订为直流系统安装工程。在原标准蓄电池安装工程基础上，新增了阀控蓄电池、不间断电源设备(UPS)、逆变电源装置(INV)、高频开关充电装置的相关内容。新增内容参照 GB 50149—2010、《电力系统用蓄电池直流电源装置运行与维护技术规程》(DL/T 724—2000)、《电力用直流和交流一体化不间断电源设备》(DL/T 1074—2007)等制定。

19.2 安 装 及 检 查

19.2.4 新装蓄电池组按规定的恒定电流进行充电，蓄电池充满容量后，按产品技术文件要求的恒定电流进行放电，当其中一个蓄电池放至终止电压时为止。按式（1）进行容量计算：

$$C = I_f t \tag{1}$$

式中 C——蓄电池组容量，Ah；

I_f——恒定放电电流，A；

t——放电时间，h。

实测容量 C_t 按式（2）换算成25℃基准温度的容量：

$$C_e = \frac{C_t}{1 + K(t - 25)} \tag{2}$$

式中 C_e——25℃基准温度对应的蓄电池容量，Ah；

C_t——某一温度下对应的蓄电池容量，Ah；

t——放电开始时蓄电池温度，℃；

K——温度系数，10h率容量试验时，阀控式密封铅酸蓄电池，K=0.006/℃；防酸蓄电池，K=0.008/℃。

20 电气照明装置安装工程

鉴于瓷夹瓷柱在水电站照明装置安装工程中已较少使用，本章取消了这部分内容。

20.2 安装及检查

20.2.4 考虑到水电站某些工作场所环境潮湿及工作安全要求，需要使用安全电压等级的照明装置，故增加了36V及以下照明变压器安装的内容；蓄电池室、油处理室等工作场所应使用防爆隔爆型灯具，增加了密封有特殊要求的灯具安装的内容。

21 通信系统安装工程

本章为新增章节，安装质量验收评定标准主要参照《通信局（站）防雷与接地工程验收规范》（YD/T 5175—2009）、《SDH本地网光缆传输工程验收规范》（YD/T 5149—2007）、《固定电话交换设备安装工程验收规范》（YD/T 5077—2005）、《电力光纤通信工程验收规范》（DL/T 5344—2006）等编制。

21.1 一 般 规 定

21.1.1 通信系统随着设备容量不断增加，在控制、保护、自动化以及遥控、遥调应用中起着重要作用。

21.1.4 《水利水电工程施工质量检验与评定规程》（SL 176—2007）条文说明中将通信系统列为发电厂房单位工程中分部工程并说明：通信设备安装，单独招标时，可单列为单位工程；《电气装置安装质量检验及评定规程》（DL/T 5161.1—2002）将通信系统设备安装列为1个单位工程，一次设备安装、微波通信设备安装、通信蓄电池安装、通信系统接地等列为通信系统设备安装单位工程的分部工程，微波天线安装、微波馈线安装、程控交换机安装等相应列为单元工程；鉴于相关参考标准在通信设备安装工程项目划分尚不统一，为便于质量控制的实际操作，在项目划分时，可结合通信系统设备多少、投资占比与分标情况等因素适当调整。

21.2 安 装 及 检 查

21.2.1 载波通信一次设备安装包括耦合电容器、阻波器及结合滤波器的安装。本条主要参照GB 50147—2010第9章、第11章规定及《电气装置安装工程质量检验及评定规程　第2部分　高压电器施工质量检验》（DL/T 5161.2—2002）的有关内容编写。

21.2.5 载波机及微波设备分别是载波通信、微波通信的终端设备，本条规定了现场安装的基本质量要求，有特殊要求的参照相关标准或出厂技术文件执行。

21.2.7 程控交换机的调试按出厂技术文件要求进行。

21.2.9 通信电源系统安装应符合本标准第19章的相关规定，有特殊要求的参照相关标准或出厂技术文件执行。

21.2.10 光纤复合架空地线（OPGW）光缆的验收一般由电网组织竣工验收，本条只规定站内复合架空地线（OPGW）光缆线路的安装质量评定。

22　起重设备电气装置安装工程

22.2　安装及检查

22.2.1　按 GB 50256—1996 对具体的技术要求进行了增补，单列了分段供电滑接线、软电缆吊索和自由悬吊滑接线、安全式滑接线的内容；单列了悬吊式软电缆和卷筒式软电缆相关的内容。

22.2.2　按 GB 50256—1996 对具体的技术要求进行了增补，单列了电缆敷设和电线管、线槽敷设的相关内容。

22.2.3　按 GB 50256—1996 对具体的技术要求进行了增补，单列了电阻器、制动装置、行程限位开关及撞杆、控制器、照明装置及起重量限制器的调试等内容。

22.2.4　根据变频调速装置技术在起重设备中的广泛应用，增加了该部分内容。

水利水电工程单元工程施工质量验收评定标准——升压变电电气设备安装工程

SL 639—2013　替代 SDJ 249.6—88

2013－08－08 发布　　2013－11－08 实施

前　言

根据水利部2004年水利行业标准制修订计划，按照《水利技术标准编写规定》(SL 1—2002)的要求，修订《水利水电基本建设工程单元工程质量等级评定标准——升压变电电气设备安装工程(试行)》(SDJ 249.6—88)。修订后的标准名称定为《水利水电工程单元工程施工质量验收评定标准——升压变电电气设备安装工程》。

本标准共13章22节87条和1个附录。

本标准主要技术内容包括以下几个方面：

——本标准的适用范围；

——单元工程划分的原则以及划分的组织和程序；

——单元工程施工质量验收评定的组织、条件、方法；

——升压变电电气设备安装工程施工质量检验项目及质量要求、检验方法。

本次修订的主要内容有：

——将原标准正文的说明修改补充为总则，并增加和修改了部分内容；

——正文中增加了术语；

——正文中增加了基本规定。明确了验收评定的程序，强化了在验收评定中对施工过程检验资料、施工记录的要求；

——改变了原标准中质量检验项目分类。将原标准中安装质量检验项目的“主要检查（检验）项目”和“一般检查（检验）项目”等统一规定为“主控项目”和“一般项目”两类；

——取消了原标准中油断路器安装工程、空气断路器安装工程两章内容；

——调整了原标准中油浸互感器安装工程、充油电缆线路安装工程、户外式避雷器安装工程三章内容，并依据内容将安装工程名称相应调整为互感器安装工程、电力电缆安装工程、金属氧化物避雷器和中性点放电间隙安装工程；

——增加了管形母线装置安装工程一章内容；

——增加了条文说明。

本标准为全文推荐。

本标准所替代标准的历次版本为：

——SDJ 249.6—88

本标准批准部门：**中华人民共和国水利部**

本标准主持机构：**水利部建设与管理司**

本标准解释单位：**水利部建设与管理司**

本标准主编单位：**水利部建设管理与质量安全中心**

本标准编写单位：**黄河万家寨水利枢纽有限公司**

本标准出版、发行单位：**中国水利水电出版社**

本标准主要起草人：**张严明　张忠生　支余庆　高云峰**
李亚萍　刘新军　黄　玮　单方庆
任仲伟　孙得龙　姚景涛　刘微微
谭　辉

本标准审查会议技术负责人：**章秋实**

本标准体例格式审查人：**陈登毅**

目　次

1 总　　则

1.0.1 为加强水利水电工程施工质量管理，统一升压变电电气设备安装工程单元工程安装质量验收评定标准，规范单元工程质量验收评定工作，制定本标准。

1.0.2 本标准适用于大中型水电站升压变电电气设备安装工程中，下列电气设备安装工程单元工程的质量验收评定：

——额定电压为35～500kV的主变压器安装工程；

——额定电压为35～500kV的高压电气设备及装置安装工程。

小型水电站同类设备安装工程的质量验收评定可参照执行。

1.0.3 安装质量不符合本标准要求的单元工程，不应通过验收。

1.0.4 本标准的引用标准主要有以下标准：

《电力变压器　第3部分：绝缘水平、绝缘试验和外绝缘空气间隙》（GB 1094.3）

《交流无间隙金属氧化物避雷器》（GB 11032）

《电气装置安装工程　高压电器施工及验收规范》（GB 50147）

《电气装置安装工程　电力变压器、油浸电抗器、互感器施工及验收规范》（GB 50148）

《电气装置安装工程　母线装置施工及验收规范》（GB 50149）

《电气装置安装工程　电气设备交接试验标准》（GB 50150）

《电气装置安装工程　电缆线路施工及验收规范》（GB 50168）

《电气装置安装工程　接地装置施工及验收规范》（GB 50169）

《电气装置安装工程　盘、柜及二次回路接线施工及验收规范》（GB 50171）

《电气装置安装工程　35kV及以下架空电力线路施工及验收规范》（GB 50173）

《水利水电工程施工质量检验与评定规程》(SL 176)

1.0.5 升压变电电气设备安装工程单元工程安装质量验收评定除应执行本标准外，尚应符合国家现行有关标准的规定。

2 术　　语

2.0.1 单元工程　separated item project

依据设备性质、施工部署和质量考核要求将升压变电电气设备划分为若干个安装项目完成的最小综合体，是安装质量考核的基本单位。宜以一台或一组同类电气设备的安装划分为一个单元工程，如一台变压器、一组断路器等。

2.0.2 主控项目　dominant item

对安全、卫生、环保有重大影响，对变、送电功能起决定性作用的检验项目。

2.0.3 一般项目　general item

主控项目以外的检验项目。

2.0.4 气体绝缘金属封闭开关设备　GAS-insulated metal-enclosed switchgear

全部或部分采用气体而不采用处于大气压下的空气做绝缘介质的金属封闭开关设备，简称GIS。

3 基 本 规 定

3.1 一 般 要 求

3.1.1 单元工程的划分应符合下列规定：

1 分部工程开工前应由建设单位或监理组织设计、施工等单位，根据本标准要求，共同划分单元工程。

2 建设单位应根据工程性质和部位确定重要隐蔽和关键部位单元工程。

3 划分结果应以书面形式报送质量监督机构备案。

3.1.2 单元工程安装质量验收评定，应在单元工程检验项目的检验结果、试运行达到本标准要求，并具备完整安装记录的基础上进行。

3.1.3 检验项目分为主控项目和一般项目。

3.1.4 单元工程安装质量验收评定表及其备查资料的制备应由工程施工单位负责，其规格宜采用国际标准 A4（210mm×297mm），验收评定表一式 4 份，备查资料一式 2 份，其中验收评定表及其备查资料一份应由监理单位保存，其余应由施工单位保存。

3.2 单元工程安装质量验收评定

3.2.1 单元工程安装质量验收评定应具备以下条件：

1 单元工程所有安装项目已完成，施工现场具备验收的条件。

2 单元工程所有安装项目的有关质量缺陷已处理完毕。

3 所用设备、材料均符合国家和相关行业的有关技术标准要求。

4 安装的电气设备均具有产品质量合格文件。

5 单元工程验收时提供的技术资料均符合验收规范规定。

6 具备质量检验所需的检测手段。

3.2.2 单元工程安装质量验收评定应按以下程序进行：

1 施工单位对已经完成的单元工程安装质量进行自检。

2 施工单位自检合格后，应向监理单位申请复核。

3 监理单位收到申请后，应在1个工作日内进行复核，并评定单元工程质量等级。

4 重要隐蔽单元工程和关键部位单元工程安装质量的验收评定应由建设单位（或委托监理单位）主持，应由建设、设计、监理、施工等单位的代表联合组成质量验收评定小组，共同验收评定，并应在验收前通知工程质量监督机构。

3.2.3 单元工程安装质量验收评定应包括以下内容：

1 施工单位应做好以下工作：

1）施工单位的质检部门应首先对已经完成的单元工程安装质量进行自检，并填写单元工程（部分）质量检查表（附录A表A.0.2）。

2）施工单位自检合格后，填写单元工程安装质量验收评定表（附录A表A.0.1），向监理单位申请复核。

2 监理单位应做好以下工作：

1）对照有关图纸及有关技术文件，复核单元工程质量是否满足本标准要求。

2）检查已完单元工程遗留问题的处理情况，核定本单元工程安装质量等级，复核合格后签署验收意见，履行相关手续。

3）对验收中发现的问题提出处理意见。

3.2.4 单元工程安装质量验收评定应包括下列资料：

1 施工单位申请验收评定时，应提交下列资料：

1）单元工程的安装记录和设备到货验收资料。

2）制造厂提供的产品说明书、试验记录、合格证件及安装图纸等文件。

3）备品备件、专用工具及测量仪器清单。

4）设计变更及修改等资料。

5）安装调整试验和动作试验记录。

6）单元工程试运行的检验记录资料。

7）重要隐蔽单元工程隐蔽前的影像资料。

8）由施工单位质量检验员填写的单元工程安装质量验收评定表（附录 A 表 A.0.1）、单元工程（部分）质量检查表（附录 A 表 A.0.2）。

2 监理单位应形成下列资料：

1）监理单位对单元工程安装质量的平行检验资料。

2）监理工程师签署质量复核意见的单元工程安装质量验收评定表及单元工程（部分）质量检查表。

3.2.5 单元工程质量评定分为合格和优良两个等级，其标准应符合下列规定：

1 单元工程质量同时满足下列标准时，其质量评为合格：

1）主控项目应全部符合本标准质量要求。

2）单元工程所含各质量检验部分中的一般项目质量与本标准有微小出入，但不影响安全运行和设计效益，且不超过该单元工程一般项目的 30%。

2 单元工程质量同时满足下列标准时，其质量评为优良：

1）主控项目和一般项目均应全部符合本标准的质量要求。

2）电气试验及操作试验中未出现故障。

3.2.6 当达不到合格标准时，应及时处理。处理后的质量等级应按下列规定进行验收评定：

1 经全部返工（或更换设备、部件）达到本标准要求，重新评定质量等级。

2 处理后，应经有资质的检测机构检测，能达到本标准或设计文件要求的，其质量评定为合格；

3 处理后的工程部分质量指标仍达不到设计文件要求时，经原设计单位复核，认为基本能满足工程使用要求，监理工程师检验认可，建设单位同意验收的，其质量可认定为合格，并按规定进行质量缺陷备案。

4　主变压器安装工程

4.1　一般规定

4.1.1　本章适用于额定电压为500kV及以下，额定容量在6300kVA及以上的油浸式变压器安装工程质量验收评定。额定容量在6300kVA以下的油浸式变压器安装质量验收评定可参照执行。

4.1.2　一台（组）主变压器安装工程宜为一个单元工程。

4.1.3　主变压器安装工程质量检验内容应包括外观及器身检查、本体及附件安装、变压器注油及密封、电气试验及试运行等部分。

4.2　安装及检查

4.2.1　主变压器外观及器身检查质量标准见表4.2.1。

表4.2.1　主变压器外观及器身检查质量标准

项次		检验项目	质量要求	检验方法
主控项目	1	器身	1）各部位无油泥、金属屑等杂质； 2）各部件无损伤、变形、无移动； 3）所有螺栓紧固并有防松措施；绝缘螺栓无损坏，防松绑扎完好； 4）绝缘围屏（若有）绑扎应牢固，线圈引出处封闭符合产品技术文件要求	观察检查 扳动检查
	2	铁芯	1）外观无碰伤变形，铁轭与夹件间的绝缘垫完好； 2）铁芯一点接地； 3）铁芯各紧固件紧固，无松动； 4）铁芯绝缘合格	观察检查 扳动检查 兆欧表测量

表 4.2.1（续）

<table>
<tr><th colspan="2">项次</th><th>检验项目</th><th>质量要求</th><th>检验方法</th></tr>
<tr><td rowspan="3">主控项目</td><td>3</td><td>绕组</td><td>1）绕组裸导体外观无毛刺、尖角、断股、断片、拧弯，焊接符合要求，绝缘层完整，无缺损、变位；
2）各绕组线圈排列整齐、间隙均匀，油路畅通（有绝缘围屏者除外）无异物；
3）压钉紧固，防松螺母锁紧；
4）高压应力锥、均压屏蔽罩（500kV 高压侧）完好，无损伤；
5）绕组绝缘电阻值不低于出厂值的 70%</td><td>观察检查
扳动检查
兆欧表测量</td></tr>
<tr><td>4</td><td>引出线</td><td>1）绝缘包扎牢固，无破损，拧弯；
2）固定牢固，绝缘距离符合设计要求；
3）裸露部分无毛刺或尖角，焊接良好；
4）与套管接线正确，连接牢固</td><td>观察检查
扳动检查</td></tr>
<tr><td>5</td><td>调压切换装置</td><td>1）无励磁调压切换装置各分接头与线圈连接紧固、正确，接点接触紧密、弹性良好，切换装置拉杆、分接头凸轮等完整无损，转动盘动作灵活、密封良好，指示器指示正确；
2）有载调压切换装置的分接开关、切换开关接触良好，位置显示一致，分接引线连接牢固、正确，切换开关部分密封良好</td><td>观察检查
操作检查</td></tr>
<tr><td rowspan="2">一般项目</td><td>1</td><td>到货检查</td><td>1）油箱及所有附件齐全，无锈蚀或机械损伤，密封良好；
2）各连接部位螺栓齐全，紧固良好；
3）套管包装完好，表面无裂纹、伤痕、充油套管无渗油现象，油位指示正常；
4）充气运输的变压器，气体压力保持在 0.01～0.03MPa；
5）电压在 220kV 及以上，容量 150MVA 及以上的变压器在运输和装卸过程中三维冲击加速度均不大于 3g 或符合制造厂要求</td><td>观察检查</td></tr>
<tr><td>2</td><td>回罩</td><td>1）器身在空气中的暴露时间应符合 GB 50148 的规定；
2）法兰连接紧固，结合面无渗油</td><td>观察检查</td></tr>
<tr><td colspan="5">注：设备运输符合规定，且制造厂说明可不进行器身检查的，现场可不进行器身检查。</td></tr>
</table>

4.2.2 主变压器本体及附件安装质量标准见表4.2.2。

表 4.2.2 主变压器本体及附件安装质量标准

项次		检验项目	质量要求	检验方法
主控项目	1	套管	1）瓷外套套管表面清洁，无损伤，法兰连接螺栓齐全、紧固密封良好； 2）硅橡胶外套套管外观无裂纹、损伤、变形； 3）充油套管无渗漏油，油位正常； 4）均压环表面光滑无划痕，安装牢固、方向正确； 5）套管顶部密封良好，引出线与套管连接螺栓紧固	观察检查 扳动检查
	2	升高座	1）电流互感器和升高座的中心宜一致，电流互感器二次端子板密封严密，无渗油现象； 2）升高座法兰面与本体法兰面平行就位，放气塞位置在升高座最高处； 3）绝缘筒安装牢固，位置正确	观察检查 扳动检查
	3	冷却装置	1）安装前按制造厂规定进行密封试验无渗漏； 2）安装牢靠，密封良好，管路阀门操作灵活、开闭位置正确； 3）油流继电器、差压继电器、渗漏继电器密封严密、动作可靠； 4）油泵密封良好，无渗油或进气现象，转向正确，无异常现象； 5）风扇电动机及叶片安装牢固，叶片无变形，电机转动灵活、转向正确，无卡阻； 6）冷却装置控制部分安装质量标准应符合GB 50171的规定	观察检查 操作检查
一般项目	1	基础及轨道	1）预埋件符合设计文件要求； 2）基础水平允许误差为±5mm； 3）两轨道间距允许误差为±2mm； 4）轨道对设计标高允许误差为±2mm； 5）轨道连接处水平允许误差为±1mm	观察检查 测量检查
	2	本体就位	1）变压器安装位置正确； 2）轮距与轨距中心对正，制动器安装牢固	观察检查 扳动检查

表 4.2.2（续）

项次		检验项目	质量要求	检验方法
一般项目	3	储油柜及吸湿器	1）储油柜安装符合产品技术文件要求； 2）油位表动作灵活，其指示与储油柜实际油位相符； 3）储油柜安装方向正确； 4）吸湿器与储油柜的连接管密封良好，吸湿剂干燥，油封油位在油面线上	观察检查
	4	气体继电器	1）安装前经校验合格，动作整定值符合产品技术文件要求； 2）与连通管的连接密封良好，连通管的升高坡度符合产品技术文件要求； 3）集气盒充满变压器油，密封严密，继电器进线孔封堵严密； 4）观察窗挡板处于打开位置； 5）进口产品安装质量标准还应符合产品技术文件要求	观察检查
	5	安全气道	1）内壁清洁干燥； 2）隔膜安装位置及油流方向正确	观察检查
	6	压力释放装置	1）安装方向正确； 2）阀盖及升高座内部清洁，密封良好，电接点动作准确，动作压力值符合产品技术文件要求	观察检查 试验检查
	7	测温装置	1）温度计安装前经校验合格，指示正确，整定值符合产品技术文件要求； 2）温度计座严密无渗油，闲置的温度计座应密封； 3）膨胀式温度计细金属软管不应压扁和急剧扭曲，弯曲半径不小于 50mm	观察检查

4.2.3 主变压器注油及密封质量标准见表4.2.3。

表4.2.3 主变压器注油及密封质量标准

项次		检验项目	质量要求	检验方法
主控项目	1	注油	1）绝缘油试验合格，绝缘油试验类别、试验项目及标准应符合GB 50150的规定； 2）变压器真空注油、热油循环及循环后设备带电前绝缘油试验项目及标准应符合GB 50148的规定； 3）注油完毕，检查油标指示正确，油枕油面高度符合产品技术文件要求	观察检查 试验检查
	2	干燥	变压器干燥应符合GB 50148的规定	
	3	整体密封试验	应符合GB 50148的规定及产品技术文件要求	观察检查

4.2.4 主变压器电气试验质量标准见表4.2.4。

表4.2.4 主变压器电气试验质量标准

项次		检验项目	质量要求	检验方法
主控项目	1	绕组连同套管一起的绝缘电阻、吸收比或极化指数	1）换算至同一温度比较，绝缘电阻值应不低于产品出厂试验值的70%； 2）电压等级在35kV以上，且容量在4000kVA及以上时，应测量吸收比；吸收比与产品出厂值比较应无明显差别，在常温下应不小于1.3；当$R_{60s}>3000M\Omega$时，吸收比可不做考核要求； 3）电压等级在220kV及以上且容量在120MVA及以上时，宜用5000V兆欧表测极化指数；测得值与产品出厂值比较应无明显差别，在常温下应不小于1.3；当$R_{60s}>10000M\Omega$时，极化指数可不做考核要求	兆欧表测量
	2	与铁芯绝缘的各紧固件及铁芯的绝缘电阻	持续1min无闪烙及击穿现象	兆欧表测量

表 4.2.4（续）

项次		检验项目	质量要求	检验方法
主控项目	3	绕组连同套管的直流电阻	1）各相测值相互差值应小于平均值的2%；线间测值相互差值应小于平均值的1%； 2）与同温下产品出厂实测值比较，相应变化应不大于2%； 3）由于变压器结构等原因，差值超过1）项时，可只按2）项比较，但应说明原因	直流电阻测试仪测量
	4	绕组连同套管的介质损耗角正切值 tanδ	应符合 GB 50150 的规定	介损仪测量
	5	绕组连同套管的直流泄漏电流	应符合 GB 50150 的规定	仪器测量
	6	绕组连同套管的长时感应耐压试验带局部放电测量	1）电压等级220kV及以上的变压器，新安装时必须进行现场局部放电试验；对于电压等级为110kV的变压器，当对绝缘有怀疑时，应进行局部放电试验； 2）试验及判断方法应符合 GB 1094.3 的规定	仪器测量
	7	绕组变形试验	应符合 GB 50150 的规定	仪器测量
	8	相位	与系统相位一致	仪表测量
	9	所有分接头的电压比	与制造厂铭牌数据相比无明显差别，且符合变压比的规律，差值应符合 GB 50150 的规定	仪表测量
	10	三相变压器的接线组别和单相变压器引出线极性	与设计要求及铭牌标记和外壳符号相符	仪表测量

表 4.2.4（续）

项次		检验项目	质量要求	检验方法
主控项目	11	非纯瓷套管试验	应符合 GB 50150 的规定	仪器测量
	12	有载调压装置的检查试验	应符合 GB 50150 的规定	仪器测量
	13	绝缘油试验	应符合 GB 50150 的规定或产品技术文件要求	试验检查
	14	绕组连同套管的交流耐压	应符合 GB 50150 的规定	交流耐压试验设备试验
一般项目	1	噪音测量	应符合 GB 50150 的规定	仪器测量
	2	套管电流互感器试验	应符合第 8 章的规定	仪器测量

4.2.5 主变压器的试运行，是指设备开始带电，并带一定负荷即可能的最大负荷连续运行 24h 而经历的过程。主变压器试运行质量标准见表 4.2.5。

表 4.2.5 主变压器试运行质量标准

项次		检验项目	质量要求	检验方法
主控项目	1	试运行前检查	1）本体、冷却装置及所有附件无缺陷，且不渗油； 2）轮子的制动装置应牢固； 3）事故排油设施完好，消防设施齐全，投入正常； 4）储油柜、冷却装置、净油器等油系统上的阀门处于设备运行位置，储油柜和充油套管油位应正常；冷却装置试运行正常，联动正确；强迫油循环的变压器应启动全部冷却装置，进行循环 4h 以上，放完残留空气； 5）接地引下线及其与主接地网的连接应满足设计要求，接地可靠	观察检查 操作检查 试验检查

表 4.2.5（续）

项次		检验项目	质量要求	检验方法
主控项目	1	试运行前检查	6）铁芯和夹件的接地引出套管、套管末屏接地应符合产品技术文件要求；备用的电流互感器二次绕组应短接接地；套管电流互感器接线正确，极性符合设计要求；套管顶部结构的接触及密封良好； 7）分接头的位置符合运行系统要求，且指示正确；安装完毕如分接头位置有调整，必须进行调整后分接位置的直流电阻测试，并对比分析合格； 8）变压器的相位及绕组的接线组别符合并列运行要求； 9）测温装置指示正确，冷却装置整定值符合设计要求； 10）变压器的全部电气试验应合格，保护装置整定值符合规定，操作及联动试验正确	观察检查 操作检查 试验检查
	2	冲击合闸试验	1）接于中性点接地系统的变压器，在进行冲击合闸时，其中性点必须接地； 2）变压器第一次投入时，可全电压冲击合闸，如有条件时在冲击合闸前应先进行零起升压试验； 3）冲击合闸试验时，变压器宜由高压侧投入；对发电机变压器绕组接线的变压器，当发电机与变压器间无操作断开点时，可不作全电压冲击合闸，以零起升压试验考核； 4）变压器进行5次空载全电压冲击合闸，第一次受电后持续时间不少于10min，检查无异常后按每次间隔5min进行冲击合闸试验；全电压冲击合闸时，变压器励磁涌流不应引起保护装置动作，变压器无异常	观察检查
	3	试运行时检查	1）变压器并列前，应先核对相位； 2）带电后，检查本体及附件所有焊缝和连接面，无渗油现象	观察检查 试验检查

5 六氟化硫（SF_6）断路器安装工程

5.1 一 般 规 定

5.1.1 本章适用于支柱式和罐式六氟化硫（SF_6）断路器安装工程质量验收评定。

5.1.2 一组六氟化硫（SF_6）断路器安装工程宜为一个单元工程。

5.1.3 六氟化硫（SF_6）断路器安装工程质量检验内容应包括外观、安装、六氟化硫（SF_6）气体的管理及充注、电气试验及操作试验等部分。

5.2 安 装 及 检 查

5.2.1 六氟化硫（SF_6）断路器外观质量标准见表5.2.1。

表5.2.1 六氟化硫（SF_6）断路器外观质量标准

项次		检验项目	质 量 要 求	检验方法
主控项目	1	外观	1）零部件及配件齐全、无锈蚀和损伤、变形； 2）绝缘部件无变形、受潮、裂纹和剥落，绝缘良好； 3）瓷套表面光滑无裂纹、缺损，瓷套与法兰的结合面粘合牢固、密实、平整	观察检查
	2	充干燥气体的运输单元或部件	1）气体［六氟化硫（SF_6）、氮气（N_2）或干燥空气］有检测报告，质量合格； 2）其气体压力值符合产品技术文件要求	观察检查
	3	操作机构	零件齐全，轴承光滑无卡涩，铸件无裂纹、焊接良好	观察检查

表 5.2.1（续）

项次		检验项目	质 量 要 求	检验方法
一般项目	1	并联电阻、电容器及合闸电阻	技术数值符合产品技术文件要求	—
	2	密度继电器、压力表	有产品合格证明和校验报告	—

5.2.2 六氟化硫（SF_6）断路器安装质量标准见表 5.2.2。

表 5.2.2 六氟化硫（SF_6）断路器安装质量标准

项次		检验项目	质 量 要 求	检验方法
主控项目	1	组装	1）按照制造厂的部件编号和规定顺序组装，无混装； 2）密封槽面清洁，无划伤痕迹； 3）所有安装螺栓紧固力矩值应符合产品技术文件要求； 4）同相各支柱瓷套的法兰面宜在同一水平面上，各支柱中心线间距离的偏差不大于 5mm，相间中心距离的偏差不大于 5mm； 5）按照产品技术文件要求涂抹防水胶； 6）罐式断路器安装应符合 GB 50147 的规定	观察检查 扳动检查 测量检查
	2	设备载流部分及引下线连接	1）设备接线端子的接触表面平整、清洁、无氧化膜，并涂以薄层电力复合脂，镀银部分应无挫磨； 2）设备载流部分的可挠连接无折损、表面凹陷及锈蚀； 3）连接螺栓齐全、紧固，紧固力矩应符合 GB 50149 的规定	观察检查 扳动检查
	3	接地	符合设计和产品技术文件要求，且无锈蚀、损伤，连接牢靠	观察检查
	4	二次回路	信号和控制回路应符合 GB 50171 的规定	试验检查

表 5.2.2（续）

项次		检验项目	质量要求	检验方法
一般项目	1	基础及支架	1）基础中心距离及高度允许误差为±10mm； 2）预留孔或预埋件中心线允许误差为±10mm； 3）预埋螺栓中心线允许误差为±2mm； 4）支架或底架与基础的垫片不宜超过3片，其总厚度不大于10mm	测量检查
	2	吊装检查	无碰撞和擦伤	观察检查
	3	均压环	1）无划痕、毛刺，安装应牢固、平整、无变形； 2）宜在最低处钻直径6～8mm的排水孔	观察检查
	4	吸附剂	现场检查产品包装符合产品技术文件要求，必要时进行干燥处理	观察检查

5.2.3 六氟化硫（SF_6）气体的管理及充注质量标准见表5.2.3。

表 5.2.3 六氟化硫（SF_6）气体的管理及充注质量标准

项次		检验项目	质量要求	检验方法
主控项目	1	充气设备及管路	洁净，无水分、油污，管路连接部分无渗漏	观察检查 试验检查
	2	充气前断路器内部真空度	符合产品技术文件要求	真空表测量
	3	充气后 SF_6 气体含水量及整体密封试验	1）与灭弧室相通的气室 SF_6 气体含水量，应小于150μL/L； 2）不与灭弧室相通的气室 SF_6 气体含水量，应小于250μL/L； 3）每个气室年泄漏率不大于1%	微水仪测量 检漏仪测量
	4	SF_6 气体压力检查	各气室 SF_6 气体压力符合产品技术文件要求	压力表检查
一般项目	1	SF_6 气体监督管理	应符合GB 50147的规定	观察检查

5.2.4 六氟化硫（SF_6）断路器电气试验及操作试验质量标准见表5.2.4。

表5.2.4 六氟化硫（SF_6）断路器电气试验及操作试验质量标准

项次		检验项目	质量要求	检验方法
主控项目	1	绝缘电阻	符合产品技术文件要求	兆欧表测量
	2	导电回路电阻	符合产品技术文件要求	回路电阻测试仪测量
	3	分、合闸线圈绝缘电阻及直流电阻	符合产品技术文件要求	兆欧表测量 仪表测量
	4	分、合闸时间，分、合闸速度，触头的分、合闸的同期性及配合时间	应符合GB 50150的规定及产品技术文件要求	开关特性测试仪测量
	5	合闸电阻的投入时间及电阻值	符合产品技术文件要求	开关特性测试仪测量
	6	均压电容器	应符合GB 50150的规定，罐式断路器均压电容器试验符合产品技术文件要求	仪器测量
	7	操作机构试验	1）位置指示器动作正确可靠，分、合位置指示与断路器实际分、合状态一致； 2）断路器及其操作机构的联动正常，无卡阻现象，辅助开关动作正确可靠	操作检查
	8	密度继电器、压力表和压力动作阀	压力显示正常，动作值符合产品技术文件要求	测量检查
	9	套管式电流互感器	符合本标准第8章的规定	仪器检查
	10	交流耐压试验	应符合GB 50150的规定，试验中耐受规定的试验电压而无破坏性放电现象	交流耐压试验设备试验

6 气体绝缘金属封闭开关设备安装工程

6.1 一般规定

6.1.1 本章适用于气体绝缘金属封闭开关设备（简称 GIS）安装工程质量验收评定。

6.1.2 一个间隔、主母线 GIS 安装工程宜分别为一个单元工程。

6.1.3 GIS 安装工程质量检验内容应包括外观、安装、六氟化硫（SF_6）气体的管理及充注、电气试验及操作试验等部分。

6.1.4 一个间隔 GIS 应由不同的高压电气设备组成，其质量标准除执行本章标准外，尚应符合本标准相关章节的规定。

6.2 安装及检查

6.2.1 GIS 外观质量标准见表 6.2.1。

表 6.2.1 GIS 外观质量标准

项次		检验项目	质量要求	检验方法
一般项目	1	到货检查	1）元件、附件、备件及专用工器具齐全，无损伤变形及锈蚀； 2）制造厂所带支架无变形、损伤、锈蚀和锌层脱落，地脚螺栓满足设计及产品技术文件要求； 3）各连接件、附件的材质、规格及数量符合产品技术文件要求； 4）组装用螺栓、密封垫、清洁剂、润滑脂和擦拭材料符合产品技术文件要求； 5）支架及其接地引线无锈蚀、损伤	观察检查

表 6.2.1（续）

项次		检验项目	质量要求	检验方法
一般项目	2	充干燥气体的运输单元或部件	1）气体［六氟化硫（SF_6）、氮气（N_2）或干燥空气］有检测报告，质量合格； 2）其气体压力值符合产品技术文件要求	观察检查
	3	瓷件及绝缘件	1）瓷件无裂纹； 2）绝缘件无受潮、变形、层间剥落及破损；盆式绝缘子完好，表面清洁； 3）套管的金属法兰结合面平整、无外伤或铸造砂眼	观察检查
	4	母线	母线及母线筒内壁平整无毛刺，各单元母线长度符合产品技术文件要求	观察检查
	5	密度继电器及压力表	经检验，并有检验报告	—
	6	防爆装置	防爆膜或其他防爆装置完好	观察检查

6.2.2 GIS安装质量标准见表6.2.2。

表 6.2.2 GIS安装质量标准

项次		检验项目	质量要求	检验方法
主控项目	1	设备基础	1）产品和设计要求的均压接地网施工已完成并满足设计要求； 2）除上述条件外还应符合GB 50147的规定	观察检查 仪器测量
	2	导电回路	1）GIS母线安装质量标准应符合GB 50149的规定； 2）导电部件镀银层良好、表面光滑、无脱落； 3）连接插件的触头中心对准插口，不应卡阻，插入深度符合产品技术文件要求，接触电阻符合产品技术文件要求，不宜超过产品技术文件规定值的1.1倍	观察检查 仪器测量

表 6.2.2（续）

项次		检验项目	质量要求	检验方法
主控项目	3	装配要求	1）组件的装配程序和装配编号符合产品技术文件要求； 2）吊装时本体无碰撞和擦伤； 3）组件组装的水平、垂直误差符合产品技术文件要求； 4）伸缩节的安装长度符合产品技术文件要求； 5）密封槽面清洁、无划伤痕迹； 6）螺栓紧固力矩符合产品技术文件要求	观察检查 测量检查 扳动检查
	4	主要元件安装	断路器安装符合本标准表 5.2.2 的规定，隔离开关、互感器、避雷器等元件安装应符合本标准相关章节的有关规定	观察检查 测量检查 扳动检查 仪器测量
一般项目	1	吸附剂	现场检查产品包装符合产品技术文件要求，必要时进行干燥处理	观察检查
	2	均压环	无划痕、毛刺，安装应牢固、平整、无变形	观察检查 扳动检查
	3	设备载流部分的连接	1）设备接线端子的接触表面平整、清洁、无氧化膜，并涂以薄层电力复合脂，镀银部分应无挫磨； 2）设备载流部分的可挠连接无折损、表面凹陷及锈蚀； 3）连接螺栓齐全、紧固，紧固力矩应符合 GB 50149 的规定	观察检查 扳动检查
	4	接地	接地线及其连接应符合 GB 50169 的规定	观察检查
	5	二次回路	信号和控制回路应符合 GB 50171 的规定	试验检查

6.2.3 六氟化硫（SF_6）气体的管理及充注质量标准见表 6.2.3。

表 6.2.3 六氟化硫（SF_6）气体的管理及充注质量标准

项次		检验项目	质量要求	检验方法
主控项目	1	充气设备及管路	洁净，无水分、油污，管路连接部分无渗漏	观察检查 试验检查
	2	充气前气室内部真空度	符合产品技术文件要求	真空表测量

表 6.2.3（续）

项次		检验项目	质量要求	检验方法
主控项目	3	充气后 SF_6 气体含水量及整体密封试验	1）有电弧分解的隔室，SF_6 气体含水量应小于 150μL/L； 2）无电弧分解的隔室，SF_6 气体含水量应小于 250μL/L； 3）每个气室年泄漏率不大于 1%	微水仪测量 检漏仪测量
	4	SF_6 气体压力检查	各气室 SF_6 气体压力符合产品技术文件要求	压力表检查
一般项目	1	SF_6 气体监督管理	应符合 GB 50147 的规定	观察检查

6.2.4 GIS 电气试验及操作试验质量标准见表 6.2.4。

表 6.2.4 GIS 电气试验及操作试验质量标准

项次		检验项目	质量要求	检验方法
主控项目	1	主回路导电回路电阻	不应超过产品技术文件规定值的 1.2 倍	回路电阻测试仪测量
	2	主回路交流耐压试验	应符合 GB 50150 的规定	交流耐压试验设备试验
一般项目	1	操作试验	联锁与闭锁装置动作准确可靠	操作检查

6.2.5 GIS 内各元件的电气试验及操作试验按本标准相应章节的有关规定执行，但对无法分开的设备可不单独进行。

7 隔离开关安装工程

7.1 一 般 规 定

7.1.1 本章适用于户外式隔离开关安装工程质量验收评定。

7.1.2 一组隔离开关安装工程宜为一个单元工程。

7.1.3 隔离开关安装工程质量检验内容应包括外观、安装、电气试验与操作试验等部分。

7.2 安 装 及 检 查

7.2.1 隔离开关外观质量标准见表 7.2.1。

表 7.2.1 隔离开关外观质量标准

项次		检验项目	质 量 要 求	检验方法
主控项目	1	瓷件	1）瓷件无裂纹、破损，瓷铁胶合处粘合牢固； 2）法兰结合面平整、无外伤或铸造砂眼	观察检查
	2	导电部分	可挠软连接无折损，接线端子（或触头）镀层完好	观察检查
一般项目	1	开关本体	无变形和锈蚀，涂层完整，相色正确	观察检查
	2	操动机构	操动机构部件齐全，固定连接件连接紧固，转动部分涂有润滑脂	观察检查 扳动检查

7.2.2 隔离开关安装质量标准见表 7.2.2。

7.2.3 隔离开关电气试验与操作试验质量标准见表 7.2.3。

表 7.2.2　隔离开关安装质量标准

项次		检验项目	质量要求	检验方法
主控项目	1	导电部分	1）触头表面平整、清洁，载流部分表面无严重凹陷及锈蚀，载流部分的可挠连接无折损； 2）触头间接触紧密，两侧的接触压力均匀，并符合产品文件技术要求，当采用插入连接时，导体插入深度应符合产品技术文件要求； 3）具有引弧触头的隔离开关由分到合时，在主动触头接触前，引弧触头应先接触；由合到分时，触头的断开顺序应相反； 4）设备连接端子应涂以薄层电力复合脂。连接螺栓应齐全、紧固，紧固力矩应符合 GB 50149 的规定	观察检查 扳动检查
	2	支柱绝缘子	1）支柱绝缘子与底座平面（V 形隔离开关除外）垂直、连接牢固，同一绝缘子柱的各绝缘子中心线应在同一垂直线上； 2）同相各绝缘子支柱的中心线在同一垂直平面内	测量检查
	3	均压环、屏蔽环	无划痕、毛刺，安装牢固、平正	观察检查 扳动检查
	4	传动装置	1）拉杆与带电部分的距离应符合 GB 50149 的规定； 2）传动部件安装位置正确，固定牢靠；传动齿轮啮合准确； 3）定位螺钉调整、固定符合产品技术文件要求； 4）传动部分灵活；所有传动摩擦部位，并涂以适合当地气候的润滑脂； 5）接地开关垂直连杆上应涂黑色油漆标识	观察检查 扳动检查 测量检查
	5	操动机构	1）安装牢固，各固定部件螺栓紧固，开口销必须分开； 2）机构动作平稳，无卡阻、冲击； 3）限位装置准确可靠；辅助开关动作与隔离开关动作一致、接触准确可靠； 4）分、合闸位置指示正确	观察检查 扳动检查

表 7.2.2（续）

项次		检验项目	质量要求	检验方法
主控项目	6	接地	接地牢固，导通良好	观察检查 导通检查
	7	二次回路	机构箱内信号和控制回路应符合 GB 50171 的规定	试验检查
一般项目	1	基础或支架	1）中心距离及高度允许误差为±10mm； 2）预留孔或预埋件中心线允许误差为±10mm； 3）预埋螺栓中心线允许误差为±2mm	测量检查
	2	本体安装	1）安装垂直、固定牢固、相间支持瓷件在同一水平面上； 2）相间距离允许误差为±10mm，相间连杆在同一水平线上	观察检查

表 7.2.3　隔离开关电气试验与操作试验质量标准

项次		检验项目	质量要求	检验方法
主控项目	1	绝缘电阻	应符合 GB 50150 及产品技术文件的要求	兆欧表测量
	2	导电回路直流电阻	符合产品技术文件要求	回路电阻测试仪测量
	3	交流耐压试验	应符合 GB 50150 的规定	交流耐压试验设备试验
	4	三相同期性	符合产品技术文件要求	开关特性测试仪测量
	5	操动机构线圈的最低动作电压值	符合制造厂文件要求	开关特性测试仪测量
	6	操动机构试验	1）电动机及二次控制线圈和电磁闭锁装置在其额定电压的80%～110%范围内时，隔离开关主闸刀或接地闸刀分、合闸动作可靠； 2）机械、电气闭锁装置准确可靠	操作检查 试验仪器测量

8 互感器安装工程

8.1 一 般 规 定

8.1.1 本章适用于油浸式、气体绝缘互感器和电容式电压互感器安装工程质量验收评定。

8.1.2 一组互感器安装工程宜为一个单元工程。

8.1.3 互感器安装工程质量检验内容应包括外观、安装、电气试验等部分。

8.2 安 装 及 检 查

8.2.1 互感器外观质量标准见表8.2.1。

表8.2.1 互感器外观质量标准

项次		检验项目	质 量 要 求	检验方法
一般项目	1	铭牌标志	完整、清晰	观察检查
	2	本体	1）完整、附件齐全、无锈蚀或机械损伤； 2）油浸式互感器油位正常、密封严密、无渗油； 3）电容式电压互感器的电磁装置和谐振阻尼器的铅封完好； 4）气体绝缘互感器内的气体压力，符合产品技术文件要求； 5）气体绝缘互感器的密度继电器、压力表等，应有校验报告	观察检查
	3	二次接线板引线端子及绝缘	连接牢固，绝缘完好	观察检查
	4	绝缘夹件及支持物	牢固，无损伤，无分层开裂	观察检查
	5	螺栓	无松动，附件完整	观察检查 扳动检查

8.2.2 互感器安装质量标准见表8.2.2。

表8.2.2 互感器安装质量标准

项次		检验项目	质量要求	检验方法
主控项目	1	本体安装	1）支架封顶板安装面水平；并列安装时排列整齐，同一组互感器极性方向一致；均压环安装水平、牢固，且方向正确；保护间隙符合产品技术文件要求； 2）油浸式互感器油位指示器、瓷套与法兰连接处、放油阀均无渗油现象，油位正常，呼吸孔无阻塞；隔膜储油柜的隔膜和金属膨胀器完好无损，顶部螺栓紧固； 3）电容式电压互感器成套供应的组件安装位置与产品出厂组件编号一致。组件连接处的接触面无氧化层，并涂以电力复合脂； 4）零序电流互感器的构架或其他导磁体不与互感器铁芯直接接触，或不与其构成磁回路分支； 5）油浸式互感器外表应无可见油渍现象；SF_6气体绝缘互感器定性检漏无泄漏点，年泄漏率应小于1%	观察检查 扳动检查
	2	接地	1）互感器的外壳接地可靠； 2）分级绝缘的电压互感器一次绕组的接地引出端子接地可靠；电容式电压互感器的接地符合产品技术文件要求； 3）电容型绝缘的电流互感器一次绕组末屏的引出端子、铁芯引出接地端子接地可靠； 4）电流互感器备用二次绕组端子先短路后接地； 5）倒装式电流互感器二次绕组的金属导管接地可靠； 6）互感器工作接地点有两根与主接地网不同地点连接的接地引下线，引下线接地可靠	观察检查 导通检查
一般项目	1	连接螺栓	齐全、紧固	观察检查 扳动检查

8.2.3 互感器电气试验质量标准见表8.2.3。

表8.2.3 互感器电气试验质量标准

项次		检验项目	质量要求	检验方法
主控项目	1	绕组绝缘电阻	1）一次绕组对二次绕组及外壳、各二次绕组间及其对外壳的绝缘电阻值不宜低于1000MΩ； 2）电流互感器一次绕组段间的绝缘电阻值不宜低于1000MΩ，但由于结构原因而无法测量时可不进行； 3）电容式电流互感器的末屏及电压互感器接地端（N）对外壳（地）的绝缘电阻值不宜小于1000MΩ	2500V兆欧表测量
	2	介质损耗角正切值tanδ	应符合GB 50150的规定	介损测试仪测量
	3	接线组别和极性	应符合设计要求，与铭牌和标志相符	仪器测量
	4	交流耐压试验	应符合GB 50150的规定	交流耐压试验设备试验
	5	局部放电	应符合GB 50150的规定	仪器测量
	6	绝缘介质性能	应符合GB 50150的规定	仪器测量
	7	绕组直流电阻	1）电压互感器绕组直流电阻测量值与换算到同一温度下的出厂值比较，一次绕组相差不宜大于10%，二次绕组相差不宜大于15%； 2）同型号、同规格、同批次电流互感器一次、二次绕组的直流电阻测量值与其平均值的差异不宜大于10%	直流电阻测试仪测量
	8	励磁特性	应符合GB 50150的规定	仪器测量
	9	误差测量	应符合GB 50150的规定或产品技术文件要求	仪器测量
	10	电容式电压互感器（CVT）的检测	应符合GB 50150的规定	仪器测量

9 金属氧化物避雷器和中性点放电间隙安装工程

9.1 一 般 规 定

9.1.1 本章适用于金属氧化物避雷器和中性点放电间隙安装工程质量验收评定。

9.1.2 一组金属氧化物避雷器或一组金属氧化物避雷器与中性点放电间隙安装工程宜为一个单元工程。

9.1.3 金属氧化物避雷器和中性点放电间隙安装工程质量检验内容应包括外观、安装、电气试验等部分。

9.2 安 装 及 检 查

9.2.1 金属氧化物避雷器外观质量标准见表 9.2.1。

表 9.2.1 金属氧化物避雷器外观质量标准

项次		检验项目	质 量 要 求	检验方法
主控项目	1	外观	1）密封完好，设备型号符合设计文件要求； 2）瓷质或硅橡胶外套外观光洁、完整、无裂纹； 3）金属法兰结合面平整，无外伤或铸造砂眼，法兰泄水孔通畅； 4）防爆膜完整无损	观察检查
	2	安全装置	完整、无损	观察检查
一般项目	1	均压环	无划痕、毛刺	观察检查
	2	组合单元	经试验合格，底座绝缘良好	观察检查 兆欧表测量
	3	自闭阀	宜进行压力检查，压力值符合产品技术文件要求	试验检查

9.2.2 金属氧化物避雷器安装质量标准见表9.2.2。

表9.2.2 金属氧化物避雷器安装质量标准

项次		检验项目	质量要求	检验方法
主控项目	1	本体安装	1）组装时，其各节位置符合产品出厂标志编号； 2）安装垂直度符合产品技术文件要求，绝缘底座安装水平； 3）并列安装的避雷器三相中心在同一直线上，相间中心距离允许偏差为±10mm，铭牌位于易于观察的同一侧； 4）所有安装部位螺栓紧固，力矩值符合产品技术文件要求	观察检查 用尺测量 扳动检查
	2	接地	符合设计文件要求，接地引下线连接、固定牢靠	观察检查 扳动检查
一般项目	1	连接	1）连接螺栓齐全、紧固； 2）各连接处的金属接触表面平整、无氧化膜，并涂以薄层电力复合脂； 3）引线的连接不应使设备端子受到超过允许的承受应力	扳动检查 观察检查
	2	监测仪	1）密封良好、动作可靠，连接符合产品技术文件要求； 2）安装位置一致、便于观察； 3）计数器调至同一值	观察检查
	3	均压环	安装牢固、平整、无变形，在最低处宜打排水孔	观察检查
	4	相色标志	清晰、正确	观察检查

9.2.3 中性点放电间隙安装质量标准见表9.2.3。

表9.2.3 中性点放电间隙安装质量标准

项次		检验项目	质量要求	检验方法
主控项目	1	间隙安装	1）宜水平安装，固定牢固； 2）间隙距离符合设计文件要求	扳动检查 测量检查
	2	接地	符合设计要求，采用两根接地引下线与接地网不同接地干线连接	观察检查

表 9.2.3（续）

项次		检验项目	质 量 要 求	检验方法
一般项目	1	电极制作	符合设计文件要求，钢制材料制作的电极应镀锌	观察检查

9.2.4 金属氧化物避雷器电气试验质量标准见表 9.2.4。

表 9.2.4 金属氧化物避雷器电气试验质量标准

项次		检验项目	质 量 要 求	检验方法
主控项目	1	绝缘电阻	1）电压等级为 35kV 以上时，用 5000V 兆欧表，绝缘电阻值不小于 2500MΩ； 2）电压等级为 35kV 时，用 2500V 兆欧表，绝缘电阻不小于 1000MΩ； 3）基座绝缘电阻不低于 5MΩ	兆欧表测量
	2	直流参考电压和 0.75 倍直流参考电压下的泄漏电流	1）对应于直流参考电流下的直流参考电压，整支或分节进行的测试值，应符合 GB 11032 的规定，并符合产品技术文件要求。实测值与制造厂规定值比较不应大于±5%； 2）0.75 倍直流参考电压下的泄漏电流值不应大于 50μA，或符合产品技术文件要求	仪器测量
	3	工频参考电压和持续电流	应符合 GB 50150 的规定	仪器测量
	4	工频放电电压	应符合 GB 50150 的规定	仪器测量
	5	放电计数器及监视电流表	放电计数器动作可靠，监视电流表指示良好	雷击计数器测试器测量

10 软母线装置安装工程

10.1 一 般 规 定

10.1.1 本章适用于软母线装置（软母线、金具、绝缘子）安装工程质量验收评定。

10.1.2 同一电压等级、同一设备单元软母线装置安装工程宜为一个单元工程。

10.1.3 软母线装置安装工程质量检验内容应包括外观、母线架设、电气试验等部分。

10.2 安 装 及 检 查

10.2.1 软母线装置外观质量标准见表10.2.1。

表10.2.1 软母线装置外观质量标准

<table>
<tr><th colspan="2">项次</th><th>检验项目</th><th>质量要求</th><th>检验方法</th></tr>
<tr><td rowspan="4">一般项目</td><td>1</td><td>软母线</td><td>1）软母线不应有扭结、松股、断股、损伤或严重腐蚀等缺陷；
2）同一截面处损伤面积不应超过导电部分总截面的5%；
3）扩径导线无凹陷、变形</td><td>观察检查
测量检查</td></tr>
<tr><td>2</td><td>金具及紧固件</td><td>1）规格符合设计文件要求，零件配套齐全；
2）表面光滑，无裂纹、毛刺、损伤、砂眼、锈蚀、滑扣等缺陷，镀锌层不剥落；
3）线夹船形压板与导线接触面光滑平整，悬垂线夹转动部分灵活</td><td>观察检查</td></tr>
<tr><td>3</td><td>绝缘子</td><td>1）完整无裂纹、破损、缺釉等缺陷，胶合处填料完整，结合牢固；
2）钢帽、钢脚与瓷件或硅橡胶外套胶合处粘合牢固，填料无剥落</td><td>观察检查</td></tr>
<tr><td>4</td><td>金属构件</td><td>金属构件的加工、配置、焊接应符合GB 50149的规定</td><td>观察检查</td></tr>
</table>

10.2.2 母线架设质量标准见表10.2.2。

表10.2.2 母线架设质量标准

项次		检验项目	质量要求	检验方法
主控项目	1	母线跳线和引下线电气距离	母线跳线和引下线安装后，与构架及线间的距离应符合GB 50149的规定	观察检查 测量检查
	2	母线与金具液压压接	1）压接管表面光滑、无裂纹、凹陷；管端导线外观无隆起、松股； 2）耐张线夹压接前每种规格的导线取试两件，试压合格； 3）导线的端头伸入耐张线夹或设备线夹长度达到规定长度； 4）线夹不应歪斜，相邻两模间重叠不小于5mm； 5）压力值应达到规定值，压接后六角形对边尺寸不大于压接管外径的0.866倍加0.2mm	观察检查 测量检查
	3	母线与金具螺栓连接	1）螺栓均匀拧紧，露出螺母2～3扣； 2）导线与线夹间铝包带绕向应与外层铝股绕向一致，两端露出线夹口不超过10mm，且端口应回到线夹内压紧	观察检查 测量检查
	4	母线弛度	与设计值偏差－2.5%～＋5%，同档距内三相母线弛度应一致	测量检查
一般项目	1	软母线架设的其他要求	1）软母线和组合导线在档距内无连接接头，软母线经螺栓耐张线夹引至设备时不应切断，为一个整体； 2）扩径导线的弯曲度不小于导线外径的30倍； 3）组合导线间隔金具及固定线夹在导线上的固定位置符合设计文件要求，其距离偏差允许范围为±3%，安装牢固，与导线垂直； 4）组合导线载流导体与承重钢索组合后，其弛度一致，导线与终端固定金具的连接应符合GB 50149的规定	观察检查 测量检查

表 10.2.2（续）

项次		检验项目	质量要求	检验方法
一般项目	2	悬式绝缘子串安装	1）悬式绝缘子经交流耐压试验合格； 2）悬式绝缘子串与地面垂直，个别绝缘子串允许有小于5°的倾斜角； 3）多串绝缘子并联时，每串所受的张力均匀； 4）组合连接用螺栓、穿钉、弹簧销子等完整、穿向一致。开口销分开并无折断或裂纹； 5）均压环、屏蔽环安装牢固，位置正确	观察检查 测量检查

10.2.3 软母线装置电气试验质量标准见表 10.2.3。

表 10.2.3　软母线装置电气试验质量标准

项次		检验项目	质量要求	检验方法
主控项目	1	绝缘电阻	应符合 GB 50150 的规定	兆欧表测量
	2	相位	相位正确	仪器测量
	3	母线冲击合闸试验	以额定电压对母线冲击合闸三次，无异常	操作检查

11　管形母线装置安装工程

11.1　一般规定

11.1.1　本章适用于水电站500kV及以下输配电管形母线装置安装工程质量验收评定。

11.1.2　同一电压等级、同一设备单元管形母线安装工程宜为一个单元工程。

11.1.3　管形母线安装工程质量检验内容应包括外观、母线安装、电气试验等部分。

11.2　安装及检查

11.2.1　管形母线外观质量标准见表11.2.1。

表11.2.1　管形母线外观质量标准

项次		检验项目	质量要求	检验方法
一般项目	1	管形母线	光洁平整、无裂纹及变形、扭曲等缺陷	观察检查
	2	成套供应的管形母线	1）各段标志清晰，附件齐全，外壳无变形，内部无损伤； 2）各焊接部位的质量应符合GB 50149的规定	观察检查
	3	尺寸	管形母线尺寸及误差值符合产品技术文件要求	测量检查

11.2.2　管形母线安装质量标准见表11.2.2-1、表11.2.2-2。

11.2.3　管形母线装置电气试验质量标准见表11.2.3。

表 11.2.2-1　母线安装质量标准

项次		检验项目	质 量 要 求	检验方法
主控项目	1	母线架设	1）采用专用连接金具连接； 2）连接金具与管形母线导体接触部位尺寸误差值符合产品技术文件要求； 3）防电晕装置表面光滑、无毛刺或凸凹不平； 4）同相管段轴线处于一个垂直面上、三相母线管段轴线相互平行； 5）固定单相交流母线的固定金具及金属构件不构成闭合铁磁回路； 6）管形母线安装在滑动式支持器上时，支持器的轴座与管形母线间有1～2mm的间隙；焊口距支持器边缘距离不小于50mm； 7）伸缩节无裂纹、断股、褶皱； 8）均压环及屏蔽罩完整、无变形、固定牢固； 9）管形母线装置安装用的紧固件为镀锌制品或不锈钢制品	观察检查 扳动检查 测量检查
	2	母线焊接	母线焊接采用气体保护焊，焊接接头直流电阻值不大于规格尺寸均相同的原材料直流电阻值的1.05倍。母线焊接应符合GB 50149的规定	观察检查 扳动检查 测量检查 探伤检查
一般项目	1	母线加工	1）切断管口平整并与轴线垂直，管形母线坡口光滑、均匀、无毛刺； 2）母线对接焊口距母线支持器夹板边缘距离不小于50mm； 3）按制造长度供应的铝合金管，弯曲度应符合表11.2.2-2的要求	观察检查 测量检查
	2	支持绝缘子	1）安装在同一平面或垂直面上的支持绝缘子，应位于同一平面，其中心线位置符合设计要求，母线直线段的支柱绝缘子的安装中心线在同一直线上，支柱绝缘子叠装时，中心线一致； 2）支持绝缘子试验应符合GB 50150的规定	观察检查
	3	相色标志	齐全、正确	观察检查
	4	带电体间及带电体对其他物体间距离	符合设计文件要求	测量检查

表 11.2.2-2 铝合金管允许弯曲度

管形母线规格（mm）	单位长度（1m）内的弯度（mm）	全长内的弯度
直径为 150 以下冷拔管	<2.0	<2.0L
直径为 150 以下热挤压管	<3.0	<3.0L
直径为 150～250 冷拔管	<4.0	<4.0L
直径为 150～250 热挤压管	<4.0	<4.0L
注：L 为管子的制造长度，m。		

表 11.2.3 管形母线装置电气试验质量标准

项次		检验项目	质量要求	检验方法
主控项目	1	绝缘电阻	应符合 GB 50150 的规定	兆欧表测量
	2	相位	相位正确	仪器测量
	3	冲击合闸试验	额定电压冲击合闸三次，无异常	检查报告

12 电力电缆安装工程

12.1 一 般 规 定

12.1.1 本章适用于电力电缆安装工程质量验收评定。

12.1.2 一回线路的电力电缆安装工程宜为一个单元工程。

12.1.3 电力电缆安装工程质量检验内容应包括电缆支架安装、电缆敷设、终端头和电缆接头制作、电气试验等部分。

12.2 安 装 及 检 查

12.2.1 电力电缆支架安装质量标准见表12.2.1-1、表12.2.1-2。

表 12.2.1-1 电力电缆支架安装质量标准

项次		检验项目	质量要求	检验方法
主控项目	1	支架层间距离	符合设计文件要求，当无设计要求时，支架层间距离可采用表12.2.1-2的规定，且层间净距不小于2倍电缆外径加50mm	观察检查 测量检查
	2	钢结构竖井	竖井垂直偏差小于其长度的0.2%，对角线的偏差小于对角线长度的0.5%；支架横撑的水平误差小于其宽度的0.2%	观察检查 测量检查
	3	接地	金属电缆支架全长均接地良好	观察检查 导通检查
一般项目	1	电缆支架加工	1）电缆支架平直，无明显扭曲，切口无卷边、毛刺； 2）支架焊接牢固，无变形，横撑间的垂直净距与设计偏差不大于5mm； 3）金属电缆支架防腐符合设计文件要求	观察检查 测量检查
	2	电缆支架安装	1）电缆支架安装牢固； 2）各支架的同层横档水平一致，高低偏差不大于5mm； 3）托架、支吊架沿桥架走向左右偏差不大于10mm； 4）支架与电缆沟或建筑物的坡度相同； 5）电缆支架最上层及最下层至沟顶、楼板或沟底、地面的距离符合设计文件要求，设计无要求时，应符合GB 50168的规定； 6）支架防火符合设计文件要求	观察检查 扳动检查 测量检查

表 12.2.1-2　电缆支架层间允许最小距离值　　单位：mm

电缆类型和敷设特征		支（吊）架	桥架
电力电缆明敷	35kV 单芯；66kV 以上，每层 1 根	250	300
	35kV 三芯；66kV 以上，每层多于 1 根	300	350
电缆敷于槽盒内		h＋80	h＋100
注：h 为槽盒外壳高度。			

12.2.2　电力电缆敷设质量标准见表 12.2.2-1、表 12.2.2-2。

表 12.2.2-1　电力电缆敷设质量标准

项次		检验项目	质量要求	检验方法
主控项目	1	电缆敷设前检查	1）电缆型号、电压、规格符合设计文件要求； 2）电缆外观完好，无机械损伤；电缆封端严密	观察检查
	2	电缆支持点距离	水平敷设时各支持点间距不大于 1500mm，垂直敷设时各支持点间距不大于 2000mm，固定方式符合设计文件要求	观察检查 测量检查
	3	电缆最小弯曲半径	应符合表 12.2.2-2 的规定	测量检查
	4	防火设施	电缆防火设施安装符合设计文件要求	—
一般项目	1	敷设路径	符合设计文件要求	—
	2	直埋敷设	1）直埋电缆表面距地面埋设深度不小于 0.7m； 2）电缆之间，电缆与其他管道、道路、建筑物等之间平行和交叉时的最小净距应符合 GB 50168 的规定； 3）电缆上、下部铺以不小于 100mm 厚的软土或沙层，并加盖保护板，覆盖宽度超过电缆两侧各 50mm； 4）直埋电缆在直线段每隔 50～100m 处、电缆接头处、转弯处、进入建筑物等处，有明显的方位标志或标桩	观察检查 测量检查

表 12.2.2-1（续）

项次		检验项目	质量要求	检验方法
一般项目	3	管道内敷设	1）钢制保护管内敷设的交流单芯电缆，三相电缆应共穿一管； 2）管道内径符合设计文件要求，管内壁光滑、无毛刺； 3）保护管连接处平滑、严密、高低一致； 4）管道内部无积水，无杂物堵塞。穿入管中电缆的数量符合设计要求，保护层无损伤	观察检查
	4	沟槽内敷设	1）槽底填砂厚度为槽深的1/3； 2）沟槽上盖板完整，接头标志完整、正确； 3）电缆与热力管道、热力设备之间的净距，平行时不小于1m，交叉时不小于0.5m； 4）交流单芯电缆排列方式符合设计文件要求	观察检查 测量检查
	5	桥梁上敷设	1）悬吊架设的电缆与桥梁架构之间的净距不小于0.5m； 2）在经常受到震动的桥梁上敷设的电缆，有防震措施	观察检查 测量检查
	6	水底敷设	应符合 GB 50168 的规定	
	7	电缆接头布置	1）并列敷设的电缆，其接头的位置宜相互错开； 2）明敷电缆的接头托板托置固定牢靠； 3）直埋电缆接头应有防止机械损伤的保护结构或外设保护盒。位于冻土层内的保护盒，盒内宜注入沥青	观察检查
	8	电缆固定	1）垂直敷设或超过45°倾斜敷设的电缆在每个支架上固定牢靠； 2）水平敷设的电缆，在电缆两端及转弯、电缆接头两端处固定牢靠； 3）单芯电缆的固定符合设计文件要求； 4）交流系统的单芯电缆或分相后的分相铅套电缆的固定夹具不构成闭合磁路	观察检查

表 12.2.2-1（续）

项次		检验项目	质量要求	检验方法
一般项目	9	标志牌	电缆线路编号、型号、规格及起讫地点字迹清晰不易脱落、规格统一、挂装牢固	观察检查

表 12.2.2-2　电缆最小弯曲半径

电缆型式		单芯	多芯
塑料绝缘电缆	无铠装	$20D$	$15D$
	有铠装	$15D$	$12D$
注：D 为电缆外径。			

12.2.3　终端头和电缆接头制作质量标准见表 12.2.3。

表 12.2.3　终端头和电缆接头制作质量标准

项次		检验项目	质量要求	检验方法
主控项目	1	终端头和电缆接头制作	应符合 GB 50168 的规定及产品技术文件要求	观察检查
	2	线芯连接	电缆线芯连接金具为符合标准的连接管和接线端子，连接管和接线端子内径应与电缆线芯匹配，截面宜为线芯截面的 1.2～1.5 倍	观察检查 测量检查
	3	电缆接地线	1）接地线为铜绞线或镀锡铜编织线； 2）截面 $120mm^2$ 及以下电缆，接地线截面不小于 $16mm^2$；截面 $150mm^2$ 及以上电缆，接地线截面不小于 $25mm^2$； 3）110kV 及以上电缆，接地线截面面积符合设计文件要求	观察检查 测量检查
一般项目	1	终端头和电缆接头的一般检查	1）型式、规格应与电缆类型要求一致； 2）材料、部件符合产品技术文件要求	观察检查
	2	相色标志	电缆终端上有明显的相色标志，且与系统的相位一致	观察检查

12.2.4 电气试验质量标准见表12.2.4。

表12.2.4 电气试验质量标准

项次		检验项目	质量要求	检验方法
主控项目	1	电缆线芯对地或对金属屏蔽层和各线芯间绝缘电阻	应符合GB 50150的规定	兆欧表测量
	2	交流耐压试验	应符合GB 50150的规定	交流耐压试验设备试验
	3	相位	与系统相位一致	仪器测量
	4	交叉互联系统试验	应符合GB 50150的规定	仪器测量

13 厂区馈电线路架设工程

13.1 一 般 规 定

13.1.1 本章适用于厂区 0.4～35kV 馈电线路架设工程质量验收评定。

13.1.2 一回厂区馈电线路架设工程宜为一个单元工程。

13.1.3 厂区馈电线路架设工程质量检验内容应包括立杆、馈电线路架设及电杆上电气设备安装、电气试验等部分。

13.2 安 装 及 检 查

13.2.1 立杆质量标准见表 13.2.1-1、表 13.2.1-2。

表 13.2.1-1 立 杆 质 量 标 准

项次		检验项目	质 量 要 求	检验方法
主控项目	1	电杆外观	1）表面光洁平整，壁厚均匀，无露筋、跑浆； 2）放置地平面检查时，无纵、横向裂纹； 3）杆身弯曲不应超过杆长的 0.1%	观察检查 测量检查
	2	绝缘子及瓷横担绝缘子外观检查	1）瓷件与铁件组合无歪斜现象，且结合紧密，铁件镀锌良好； 2）瓷釉光滑，无裂纹、缺釉、斑点、烧痕、气泡或瓷釉烧坏等缺陷； 3）弹簧销、弹簧垫的弹力适宜	观察检查
	3	单杆杆身倾斜偏差	1）35kV 线路允许偏差，不大于杆高的 3%； 2）10kV 及以下线路允许偏差：不大于杆梢直径的一半； 3）转角杆应向外倾斜，横向位移不大于 50mm	测量检查

表 13.2.1-1（续）

<table>
<tr><th colspan="2">项次</th><th>检验项目</th><th>质　量　要　求</th><th>检验方法</th></tr>
<tr><td rowspan="3">主控项目</td><td>4</td><td>双杆组立偏差</td><td>1）直线杆结构中心与中心桩之间的横向位移不大于 50mm；
2）转角杆结构中心与中心桩之间的横、顺向位移，不大于 50mm；
3）迈步不大于 30mm；
4）两杆高低差小于 20mm；
5）根开中心偏差不超过±30mm</td><td>测量检查</td></tr>
<tr><td>5</td><td>电杆弯曲度</td><td>整杆弯曲度不超过电杆全长的 0.2%</td><td>测量检查</td></tr>
<tr><td>6</td><td>横担及瓷横担绝缘子安装偏差</td><td>1）横担端部上下歪斜，不大于 20mm；
2）横担端部左右扭斜，不大于 20mm；
3）双杆的横担，横担与电杆连接处的高差不应大于连接距离的 0.5%；左右扭斜不应大于横担总长度的 1%；
4）瓷横担绝缘子直立安装时，顶端顺线路歪斜，不大于 10mm，水平安装时，顶端宜向上翘起 5°～10°，顶端顺线路歪斜不大于 20mm</td><td>测量检查
仪器测量</td></tr>
<tr><td rowspan="2">一般项目</td><td>1</td><td>拉线安装</td><td>1）安装后对地平面夹角与设计允许偏差：35kV 架空电力线路不应大于 1°；10kV 及以下架空电力线路不应大于 3°；特殊地段符合设计文件要求；
2）承力拉线与线路方向中心线对正；分角拉线与线路分角线方向对正；防风拉线与线路方向垂直；
3）跨越道路拉线满足设计文件要求，对通车路面边缘垂直距离不小于 5m；
4）采用 UT 形线夹、楔形线夹、绑扎固定安装应符合 GB 50173 的规定</td><td>观察检查
测量检查</td></tr>
<tr><td>2</td><td>拉线柱</td><td>1）拉线柱埋设深度符合设计文件要求，设计文件无要求时：采用坠线的，不小于拉线柱长的 1/6；采用无坠线的，按其受力情况确定；
2）拉线柱向张力反方向倾斜 10°～20°；
3）坠线与拉线柱夹角不小于 30°；
4）坠线上端固定点的位置距拉线柱顶端的距离应为 250mm；
5）坠线采用镀锌铁线绑扎固定时，最小缠绕长度应符合表 13.2.1-2 的规定</td><td>测量检查
仪器测量</td></tr>
</table>

表 13.2.1-1（续）

项次		检验项目	质量要求	检验方法
一般项目	3	顶（撑）杆	1）顶杆底部埋深不小于 0.5m，且设有防沉措施； 2）与主杆夹角符合设计文件要求，允许偏差为±5°； 3）与主杆连接紧密、牢固	测量检查 仪器测量

表 13.2.1-2　最小缠绕长度

钢绞线截面（mm^2）	最小缠绕长度（mm）				
	上段	中段有绝缘子的两端	与拉棒连接处		
			下端	花缠	上端
25	200	200	150	250	80
35	250	250	200	250	80
50	300	300	250	250	80

13.2.2　馈电线路架设及电杆上电气设备安装质量标准见表 13.2.2。

表 13.2.2　馈电线路架设及电杆上电气设备安装质量标准

项次		检验项目	质量要求	检验方法
主控项目	1	导线连接	1）导线连接部分线股无缠绕不良、断股、松股等缺陷； 2）不同金属、规格、绞向的导线，严禁在档距内连接； 3）导线采用钳压连接、液压连接、爆炸压接、缠绕连接、同金属导线采用绑扎连接时应符合 GB 50173 的规定； 4）已展放的导线无磨伤、断股、扭曲、断头等现象； 5）导线若发生损伤，补修应符合 GB 50173 的规定	观察检查

表 13.2.2（续）

项次		检验项目	质 量 要 求	检验方法
主控项目	2	导线弧垂	1）35kV 架空电力线路紧线弧垂应在挂线后随即检查，弧垂误差不超过设计弧垂的＋5%、－2.5%，且正误差最大值不超过 500mm； 2）35kV 架空电力线路导线或避雷线各相间的弧垂宜一致，在满足弧垂允许误差时各相间的相对误差不大于 200mm； 3）10kV 及以下架空电力线路导线紧好后，弧垂误差不超过设计弧垂的±5%。同档内各相导线弧垂宜一致，水平排列的导线弧垂相差不大于 50mm	观察检查 仪器测量
	3	接地	应符合 GB 50173 的规定	—
一般项目	1	线路架设前检查	1）线路所用导线、金具、瓷件等器材的规格、型号均应符合设计文件要求； 2）电杆埋设深度应符合 GB 50173 的规定	观察检查 测量检查
	2	引流线、引下线	1）10～35kV 架空电力线路当采用并沟线夹连接引流线时，线夹数量不少于 2 个； 2）10kV 及以下架空电力线路的引流线之间、引流线与主干线之间不同金属导线的连接有可靠的过渡金具； 3）1～10kV 线路每相引流线、引下线与邻相的引流线、引下线或导线之间，安装后的净空距离不小于 300mm；1kV 以下电力线路，不小于 150mm	观察检查 测量检查
	3	电杆上电气设备安装	应符合 GB 50173 的规定	—
	4	导线架设其他部分	1）导线固定、防震锤安装应符合 GB 50173 的规定； 2）35kV 架空电力线路采用悬垂线夹时，绝缘子垂直地平面。特殊情况下，其在顺线路方向与垂直位置的倾斜角不超过 5°； 3）采用绝缘线架设的 1kV 以下电力线路安装应符合 GB 50173 的规定； 4）线路的导线与拉线、电杆或构架之间安装后的净空距离，35kV 时，不小于 600mm；1～10kV 时，不小于 200mm；1kV 以下时，不小于 100mm	观察检查 测量检查

13.2.3 厂区馈电线路电气试验质量标准见表13.2.3。

表13.2.3 厂区馈电线路电气试验质量标准

项次		检验项目	质量要求	检验方法
主控项目	1	检查相位	各相两侧相位一致	仪器测量
	2	冲击合闸试验	额定电压下对空载线路冲击合闸3次，合闸过程中线路绝缘无损坏	操作检查
一般项目	1	绝缘电阻	应符合GB 50150的规定	兆欧表测量
	2	杆塔接地电阻	符合设计文件要求	接地电阻测试仪测量

附录A　单元工程安装质量验收评定表及质量检查表（样式）

A.0.1　单元工程安装质量验收评定应采用表A.0.1。

表A.0.1　×××单元工程安装质量验收评定表

<table>
<tr><td colspan="2">单位工程名称</td><td></td><td>单元工程量</td><td></td></tr>
<tr><td colspan="2">分部工程名称</td><td></td><td>安装单位</td><td></td></tr>
<tr><td colspan="2">单元工程名称、部位</td><td></td><td>评定日期</td><td>年　月　日</td></tr>
<tr><td colspan="2">项　　目</td><td colspan="3">检　验　结　果</td></tr>
<tr><td rowspan="2">××检查</td><td>主控项目</td><td colspan="3"></td></tr>
<tr><td>一般项目</td><td colspan="3"></td></tr>
<tr><td rowspan="2">×××安装</td><td>主控项目</td><td colspan="3"></td></tr>
<tr><td>一般项目</td><td colspan="3"></td></tr>
<tr><td rowspan="2">×××</td><td>主控项目</td><td colspan="3"></td></tr>
<tr><td>一般项目</td><td colspan="3"></td></tr>
<tr><td colspan="2">施工单位自评意见</td><td colspan="3">安装质量检验主控项目____项，全部符合本标准的质量要求；一般项目____项，与本标准有微小出入的____项，所占比率为____%。质量要求操作试验或试运行符合本标准的要求，操作试验或试运行________出现故障，单元工程等级评定为________________。
（签字，加盖公章）　　　年　月　日</td></tr>
<tr><td colspan="2">监理单位意见</td><td colspan="3">安装质量检验主控项目____项，全部符合本标准的质量要求；一般项目____项，与本标准有微小出入的____项，所占比率为____%。质量要求操作试验或试运行符合本标准的要求，操作试验或试运行________出现故障，单元工程等级评定为________________。
（签字，加盖公章）　　　年　月　日</td></tr>
<tr><td colspan="5">注：对重要隐蔽单元工程和关键部位单元工程的安装质量验收评定应有设计、建设等单位的代表填写意见并签字。具体要求应满足SL 176的规定。</td></tr>
</table>

A. 0. 2 单元工程中各部分安装质量检查应采用表 A. 0. 2。

表 A. 0. 2 ×××安装单元工程（部分）质量检查表

编号：________ 日期：________

<table>
<tr><td colspan="3">分部工程名称</td><td colspan="2"></td><td>单元工程名称</td><td></td></tr>
<tr><td colspan="3">安装内容</td><td colspan="4"></td></tr>
<tr><td colspan="3">安装单位</td><td colspan="2"></td><td>开、完工日期</td><td></td></tr>
<tr><td colspan="3">项　目</td><td colspan="2">质量标准</td><td>检验结果</td><td>检验人（签字）</td></tr>
<tr><td rowspan="6">×××</td><td rowspan="3">主控项目</td><td>1</td><td colspan="2"></td><td></td><td></td></tr>
<tr><td>2</td><td colspan="2"></td><td></td><td></td></tr>
<tr><td>⋮</td><td colspan="2"></td><td></td><td></td></tr>
<tr><td rowspan="3">一般项目</td><td>1</td><td colspan="2"></td><td></td><td></td></tr>
<tr><td>2</td><td colspan="2"></td><td></td><td></td></tr>
<tr><td>⋮</td><td colspan="2"></td><td></td><td></td></tr>
<tr><td colspan="7">检查意见：
主控项目共______项，其中符合本标准质量要求______项；
一般项目共______项，其中符合本标准质量要求______项，与本标准有微小出入______项。</td></tr>
<tr><td colspan="2">安装单位</td><td colspan="2">（盖章）
年　月　日</td><td colspan="2">监理工程师</td><td>（签字）
年　月　日</td></tr>
</table>

条 文 说 明

1 总 则

1.0.1 本标准规定了升压变电设备安装工程单元工程的划分，确定了安装质量项目（主控项目和一般项目）的检验标准，规定了验收评定条件和要求，以达到严格过程控制，提高安装质量的目的。

1.0.2 500kV 主变压器及高压电气设备已在我国水利水电行业运行多年，已有较成熟的经验。本标准的适用范围由 35～220kV 扩大至 500kV，主要包括的电压等级有：35kV、110kV、220kV、330kV、500kV。本标准增加了管形母线装置安装工程一节，以便于单元工程的评定。

1.0.3 本标准对升压变电电气设备安装工程的安装质量项目、检验标准作出了规定，是单元工程验收评定的基本要求，低于本标准合格要求的升压变电电气设备安装单元工程应不予验收通过。

3 基 本 规 定

3.1 一 般 要 求

3.1.1

2 强调建设单位应对重要隐蔽单元工程和关键部位单元工程进行确定，并应由其负责。

3.1.4 单元工程施工质量验收评定表及其备查资料，其规格需满足国家有关工程档案管理的有关规定，验收评定表和备查资料的份数除满足本标准要求外还要满足合同要求，本标准所指的备查资料也含影像资料。

3.2 单元工程安装质量验收评定

3.2.2～3.2.4 规定了单元工程验收评定的程序、内容、资料要求。

单元工程安装完成后，应由施工单位自验自评合格后方可申请验收评定，否则建设（监理）单位不予受理；重要隐蔽单元工程和关键部位单元工程的验收评定，应由建设单位组织参建单位进行联合验收评定，并在此之前通知该工程的质量监督机构，以便质量监督机构可根据实际情况决定是否参加。

单元工程验收评定合格后，建设（监理）单位应及时签署结论，不能在事后补签（特殊情况下除外），责任单位及责任人均应当场履行签认手续，这样做是防止漏签或造假。

单元工程安装质量验收评定的资料、施工记录一定要真实，叙事要清楚，时间、地点、施工部位、工序内容、质量情况（或问题）、施工方法、措施、施工结果、现场参加人员等，均应记录清楚、准确，不应追记或造假。责任单位和责任人应当场签认。

3.2.5 SDJ 249.6—88 中对检验项目合格的要求为“基本达到质量标准”，没有具体量化指标，不方便操作。本次修订对“基本达到质量标准”项目数量做出了规定，较 SDJ 249.6—88 有所提高，符合当前的实际情况。

4 主变压器安装工程

4.2 安装及检查

4.2.1 制造厂说明可不进行器身检查时，现场可不进行器身检查。若主变压器运输和装卸过程中冲撞加速度出现大于 $3g$ 或冲撞加速度监视装置出现异常情况时，应和制造厂共同分析原因，确定进行现场器身检查或返厂进行检查和处理。

检查铁芯时，注意铁芯有无多点接地，铁芯多点接地后在接地点之间可能形成闭合回路，导致循环电流引起局部过热，甚至将铁芯烧损。近几年来，一些主变压器铁芯增加了屏蔽，铁芯的固定由穿芯螺丝改为夹件、压钉等方式，检查时应注意这些部件的绝缘状况。

绕组检查增加了220kV及以上电压等级的主变压器绕组检查项目，高压应力锥及均压屏蔽层的检查。

引出线检查时，要校核其绝缘距离是否合格。引出线的裸露部分应无毛刺和尖角，以防运行中发生放电击穿。

本条规定充干燥气体运输的主变压器，要观察气体压力，避免不带油运输的大型主变压器内部线圈及绝缘部件受潮。

4.2.2 套管顶部结构的密封十分重要，特别是对超高电压（例如330kV、550kV）的主变压器而言，套管顶部密封不良，将导致主变压器线圈烧坏事故的发生。

气体继电器安装前应根据专业规程的要求检验其严密性、绝缘性能并作流速整定。当主变压器内部故障时，为了使气体能顺利地进入气体继电器，原标准规定“装有气体继电器的箱体，其顶盖应有1%～1.5%的升高坡度”。近年来，我国生产的大型主变压器在结构上做了改进，都不再要求顶盖有升高坡度。本条规定，气体继电器连通管的升高坡度应符合制造厂规定。

大型主变压器采用压力释放装置，以使油与外部空气隔离，当变压器发生故障时，内部压力达到0.05MPa时，压力释放装置动作。安装压力释放装置时，应注意方向使喷口不要朝向邻近的设备。

4.2.3 真空注油能有效地驱除器身及油中气泡，提高主变压器的绝缘水平。

5 六氟化硫（SF_6）断路器安装工程

本章为新增章节，编写时主要参考了GB 50147—2010、GB 50150—2006等标准的相关内容。

5.2 安装及检查

5.2.1 瓷件外观检查时若瓷套有隐伤，法兰结合面不平整或不严密，会引起严重漏气甚至瓷套爆炸，检查时应重视。

5.2.2 罐式断路器较柱式断路器在现场的安装工序较多，露空时间也较长，安装质量较难控制，具体安装要求应符合 GB 50147—2010 规定。

电力复合脂的接触电阻较小，且又有防腐性能，现场要注意电力复合脂的涂抹工艺，均匀且满足薄层要求。

均压环作为防止电晕的主要措施，要确保表面光滑、无划痕、毛刺。曾发生过均压环进水结冰后将均压环胀裂的事件，故要求宜在均压环最低处钻排水孔。

5.2.4 操作机构试验可分为合闸操作、脱扣操作、模拟操作试验三部分，具体可参照 GB 50150—2006 相关规定执行。

6 气体绝缘金属封闭开关设备安装工程

原标准本章名称为六氟化硫组合电器，现行国家标准基本统一表述为气体绝缘金属封闭开关设备，为不致引起理解上的混淆，将本章名称调整修改为“气体绝缘金属封闭开关设备安装工程”。

6.1 一 般 规 定

6.1.4 GIS 电气设备主要包括断路器、隔离开关、避雷器、互感器、母线等，其施工质量验收评定可参照本标准的其他章节执行。

6.2 安 装 及 检 查

6.2.1 瓷件外观检查时若瓷套有隐伤，法兰结合面不平整或不严密，会引起严重漏气甚至瓷套爆炸，检查时应重视。

实际发生过由于制造厂提供的各单元母线的长度超差，在安装以后造成母线和支柱绝缘子变形而引发事故，因此现场应进行测量。

7　隔离开关安装工程

7.1　一 般 规 定

7.1.1　人工接地开关安装工程质量验收评定可参照 GB 50147—2010 规定执行。

7.2　安 装 及 检 查

7.2.2　触头调整、隔离开关与母线或电缆连接中，取消了用塞尺检查的规定，用导电回路电阻测试进行检验。

8　互感器安装工程

本章名称改为"互感器安装工程"。在原标准油浸式互感器安装工程基础上，新增了气体绝缘互感器安装工程质量验收评定的相关内容，新增内容参照 GB 50148—2010、GB 50150—2006 标准制定。

8.1　一 般 规 定

8.1.2　一组互感器是指一个三相互感器或三个单相互感器组成的一组互感器，以及独立起作用的一个或两个互感器。

8.2　安 装 及 检 查

8.2.2　本条对接地部位提出了具体要求，即外壳接地、分级绝缘及电容式电压互感器接地、电容式电压互感器末屏及铁芯接地、电流互感器备用二次绕组短接接地，且牢固可靠。参照 GB 50148—2010 相关规定，补充了互感器工作接地点有两根与主接地网不同地点连接的接地引下线，引下线接地可靠的内容。

9 金属氧化物避雷器和中性点放电间隙安装工程

为保证标准的全面覆盖性，将本章节名称由“户外避雷器安装工程”修改为“金属氧化物避雷器和中性点放电间隙安装工程”，章节内容增加中性点放电间隙部分。由于阀式避雷器属于淘汰产品，本次修订中删去该部分的内容。有关金属氧化物避雷器的试验项目和质量要求是参照 GB 50147—2010、GB 50150—2006、GB 11032—2010 修订的。

9.2 安装及检查

9.2.1 本条外观检查增加了“防爆膜完整无损”。防爆片损坏后，将使潮气或水分侵入避雷器内部，若损坏过大，该避雷器不能投入运行，故对防爆片应认真检查。

9.2.2 目前金属氧化物避雷器产品出厂前均经配装试验合格，若现场安装时互换，将使特性改变，故应严格按照制造厂编号组装；避雷器引线横向拉力过大会损坏避雷器，故要求拉力不超过产品的技术规定。

9.2.4 直流参考电压是在对应于直流参考电流下，在避雷器试品上测得的直流电压值。主要目的是检验避雷器的动作特性和保护特性，测量值应符合 GB 11032—2010 的相关规定。

工频参考电压是无间隙金属氧化物避雷器的一个重要参数，它表明阀片的伏安特性曲线饱和点的位置。测量金属氧化物避雷器在持续运行电压下持续电流能有效地检验金属氧化物避雷器的质量状况。测量值应符合 GB 11032—2010 的相关规定。

10 软母线装置安装工程

10.2 安装及检查

10.2.2 GB 50149—2010 规定软母线与线夹连接应采用液压压

接或螺栓连接，本条中对液压压接和螺栓连接作出了具体规定。软母线架设的其他要求条款中规定了扩径导线、组合导线的质量检验项目，扩径导线、组合导线的质量检验项目尚需符合本条的其他各项质量检验项目规定。

11 管形母线装置安装工程

本章为新增章节，管形母线装置安装工程质量验收评定标准主要参照 GB 50149—2010 编制。

12 电力电缆安装工程

本章名称修订为电力电缆安装工程，替代了原标准中充油电缆线路安装工程。本章参照 GB 50168—2006 中有关内容制定。

12.1 一 般 规 定

12.1.2 一回线路电力电缆指三相组成一组的电力电缆。

12.2 安 装 及 检 查

12.2.1 为了便于电缆的敷设和抽换，电缆支架的层间距离应保证在同一支架上敷设的多根电缆，能够移动和更换；为避免电缆发生故障时危及人身安全，电缆支架均应良好接地，较长时还应根据设计多点接地。

12.2.3 终端头和电缆接头在不同电压等级的电缆中有不同的要求，终端头和电缆接头制作质量验收评定应符合 GB 50168—2006 及产品技术文件要求。

12.2.4 本条电气试验按 GB 50150—2006 中的要求列出的。

13 厂区馈电线路架设工程

13.2 安 装 及 检 查

13.2.2 导线在展放过程中，容易出现一些损伤情况，有的可能出现严重损伤，影响导线的机械强度；本条增加了35kV架空电力线路的紧线弧垂误差；电杆上电气设备安装要符合以下原则：安装牢固、可靠、美观，符合GB 50173—2012规定；采用并沟线夹连接导线，一般使用在跳线上，是重要的导流部件，应重视避免并沟线夹发热影响运行。

水工金属结构制造安装质量检验通则

SL 582—2012

2012-07-20 发布　　　　　　　　2012-10-20 实施

目　次

前　　言

为规范水工金属结构质量检验，提高水工金属结构制造与安装检验水平，制定本标准。

本标准按照GB/T 1.1—2009《标准化工作导则　第1部分：标准的结构和编写》的要求进行编写。

本标准规定了闸门、拦污栅、压力钢管、启闭机和清污机等水工金属结构设备制造与安装检验的一般要求、检验项目与检验方法。

本标准为全文推荐。

本标准批准部门：**中华人民共和国水利部**

本标准主持机构：**水利部综合事业局**

本标准解释单位：**水利部综合事业局**

本标准主编单位：**水利部水工金属结构质量检验测试中心**

本标准出版、发行单位：**中国水利水电出版社**

本标准主要起草人：**毋新房　张步新　李　明　张伟平**
曹树林　张亚军　张小阳　孟庆奎
李文明　杜刚民　朱建秋　韩志刚
靳红泽　何佩排　胡木生　张小会
朱明昕

本标准审查会议技术负责人：**吴小宁　王英人**

本标准体例格式审查人：**谢艳芳**

1 范 围

本标准规定了水工金属结构制造与安装检验的一般要求、检验项目与检验方法。

本标准适用于水利水电工程闸门、拦污栅、压力钢管、启闭机和清污机等水工金属结构设备的制造与安装检验。

2　规范性引用文件

下列文件对于本标准的应用是必不可少的。凡是注日期的引用文件，仅注日期的版本适用于本标准。凡是不注日期的引用文件，其最新版本（包括所有的修改单）适用于本标准。

GB/T 228.1　金属材料　拉伸试验　第1部分：室温试验方法

GB/T 229　金属材料　夏比摆锤冲击试验方法

GB/T 230.1　金属材料　洛氏硬度试验　第1部分：试验方法（A、B、C、D、E、F、G、H、K、N、T标尺）

GB/T 231.1　金属材料　布氏硬度试验　第1部分：试验方法

GB/T 232　金属材料　弯曲试验方法

GB/T 1231　钢结构用高强度大六角头螺栓、大六角螺母、垫圈技术条件

GB/T 1957　光滑极限量规　技术条件

GB/T 1958　产品几何量技术规范（GPS）　形状和位置公差　检测规定

GB/T 2970　厚钢板超声波检验方法

GB/T 2975　钢及钢产品　力学性能试验取样位置及试样制备

GB/T 3177　产品几何技术规范（GPS）　光滑工件尺寸的检验

GB/T 3323　金属熔化焊焊接接头射线照相

GB/T 5616　无损检测　应用导则

GB/T 6402　钢锻件超声波检测方法

GB/T 6414　铸件　尺寸公差与机械加工余量

GB/T 7233.1　铸钢件　超声检测　第1部分：一般用途铸

钢件

GB/T 7935　液压元件　通用技术条件

GB/T 8923　涂装前钢材表面锈蚀等级和除锈等级

GB/T 9443　铸钢件渗透检测

GB/T 9444　铸钢件磁粉检测

GB/T 9445　无损检测　人员资格鉴定与认证

GB/T 11345　钢焊缝手工超声波探伤方法和探伤结果分级

GB/T 12522　不锈钢波形膨胀节

GB/T 12777　金属波纹管膨胀节技术条件

GB/T 13288.2　涂覆涂料前钢材表面处理　喷射清理后的钢材表面粗糙度特性　第2部分：磨料喷射清理后钢材表面粗糙度等级的测定方法　比较样块法

GB/T 13924　渐开线圆柱齿轮精度　检验细则

GB/T 14173—2008　水利水电工程钢闸门制造、安装及验收规范

GB/T 14977　热轧钢板表面质量的一般要求

GB/T 16749　压力容器波形膨胀节

GB/T 17394　金属里氏硬度试验方法

GB/T 23902　无损检测　超声检测　超声衍射声时技术检测和评价方法

GB/T 25712　振动时效工艺参数选择及效果评定方法

SL 36　水工金属结构焊接通用技术条件

SL 105—2007　水工金属结构防腐蚀规范

SL 381—2007　水利水电工程启闭机制造安装及验收规范

SL 382—2007　水利水电工程清污机型式　基本参数　技术条件

SL 432—2008　水利工程压力钢管制造安装及验收规范

SL 635　水利水电工程单元工程施工质量验收评定标准——水工金属结构安装工程

JB/T 4730.4　承压设备无损检测　第4部分：磁粉检测

JB/T 4730.5　承压设备无损检测　第5部分：渗透检测
JB/T 6046　碳钢、低合金钢焊接构件焊后热处理方法
JB/T 6061　无损检测　焊缝磁粉检测及验收等级
JB/T 6062　无损检测　焊缝渗透检测及验收等级

3 一 般 规 定

3.1 检 验 机 构

3.1.1 水工金属结构制造或安装单位应设立检验机构，配备检验人员和检验设备，承担本单位制造或安装设备的检验职责，并向买方提供完整检验资料。

3.1.2 从事第三方检验的检验机构应通过计量认证或实验室认可，且认证或认可范围覆盖水工金属结构产品，方可在许可范围内开展检验工作。

3.2 检 验 人 员

3.2.1 从事水工金属结构制造与安装检验的人员应具备水工金属结构基本知识，熟悉水工金属结构产品标准，具备某一专项或多个专项的检验技能。

3.2.2 无损检测人员应按照 GB/T 9445 的要求进行培训和资格鉴定合格，取得全国通用资格证书并通过水利水电行业部门的资格认可。各级无损检测人员应按照 GB/T 5616 的原则和程序开展与其资格证书准许项目相同的检测工作。质量评定和检测报告审核应由 2 级或 2 级以上的无损检测人员担任。

3.3 检 验 项 目

3.3.1 实施检验时，应依据合同文件、设计文件以及相关标准的要求确定检验项目。本标准中列示的检验项目基于下述标准的规定：

——GB/T 14173—2008；

——SL 432—2008；

——SL 381—2007；

——SL 382—2007。

3.3.2 重要设备或质量有疑问的设备，除制造或安装单位自检外，宜聘请第三方检验机构对设备进行复查检验。复查检验项目和复查比例由相关方协商确定，批量设备的复查比例不宜低于30%。

3.4 检验方法

3.4.1 水工金属结构制造与安装检验的检验方法应符合合同文件、设计文件以及本标准的规定。

3.4.2 除本标准规定外，允许采用满足精度要求的其他方法用于水工金属结构检验。

3.5 检验条件

3.5.1 检验现场应具备必要的通风、采光、温度、湿度条件以及相应的操作空间，能够保证检验人员和检验设备的安全，环境条件应对检验结果无直接影响。

3.5.2 设备状态应满足检验要求。组装检验时应避免强制组装或支承不当对检验结果的影响。

3.5.3 受检设备应有编号和标识，用于检测的标识点和标识线应准确、牢固、明显和便于使用。

3.5.4 检验仪器应符合国家关于计量器具检定与校准的规定，其量程、精度、灵敏度等指标应能满足检测要求。

3.6 检验记录和检验报告

3.6.1 检验前应根据确定的检验项目制定检验记录表。

3.6.2 检验记录中应标明设备名称、编号、设备状态以及检测器具等相关信息。检验记录应有检验人员和校核人员的签名。检验记录不应涂改，需修改时可将原记录内容用横杠划掉，在旁边填写正确内容并由检验人员签名或盖章确认。

3.6.3 根据检验记录编制的检验报告应有编写人员、审核人员和批准人员的签名，并加盖检验用章。检验报告的结论应明确。

3.6.4 检验记录和检验报告中的设备名称、编号应与设备标识一致，具备可追溯性。

3.6.5 检验机构应妥善存放全部的检验记录和检验报告。对外发送的检验报告应与存档资料一致。

3.7 检验结果评定

3.7.1 检验结果的评定应以设备技术要求作为评定依据。当设计文件中的要求与产品标准不一致时，若无特别规定，应按设计文件执行。

3.7.2 实测数据符合要求，所检项目评定为合格，否则为不合格。

3.7.3 返工项目及因返工可能引起变化的关联项目应重新检验，重新检验的数据符合要求，所检项目评定为合格。

3.7.4 所有检验项目合格，设备制造质量评定为合格。设备安装质量评定应按 SL 635 的规定执行。

4 基本检验项目与检验方法

4.1 进场物资检验

4.1.1 水工金属结构制造与安装使用的原材料、外购件和外协件应检验合格后，方可使用。主要原材料、外购件和外协件应按表1进行检验，合同文件或产品标准另有规定的，从其规定。

表1

序号	品名	检验项目	检验方法
1	钢材	牌号	查验与设计的一致性；牌号不清或有疑问时应复验
		性能	查验质量证书，化学成分和力学性能应符合相应钢材标准规定，有疑问时应复验。钢板性能试验取样位置及试样制备应符合GB/T 2975的规定，试验方法应符合GB/T 228.1、GB/T 229、GB/T 232等有关标准的规定
		尺寸	用钢卷尺测量外形尺寸，用超声波测厚仪或游标卡尺测量厚度
		表面质量	目视检查，按GB/T 14977的规定执行，必要时用钢卷尺或钢直尺、深度尺检查
		内部质量	如需超声波探伤，应按GB/T 2970的规定执行
2	焊接材料	规格型号	查验是否符合焊接工艺文件规定
		性能	查验质量证书，性能指标应符合相应标准规定
		外观	目视检查

表 1（续）

序号	品　名	检验项目	检　验　方　法
3	防腐材料	品种及配套性	查验是否符合设计要求或 SL 105 的规定
		涂料性能	查验合格证、说明书、有效期及检验报告
		金属丝的成分	查验质量证书
		金属丝外观	目视检查
		金属丝直径	用游标卡尺测量
4	连接螺栓	规格型号	查验是否符合设计要求
		性能	查验合格证
		外观	目视检查
5	铸件	钢材牌号	查验是否符合设计要求
		化学成分、力学性能	查验质量证书，性能指标应符合相应标准规定
		尺寸和机械加工余量	用钢卷尺、钢直尺或游标卡尺测量，应符合 GB/T 6414 的规定
		表面质量	目视检查，如需探伤，应按 GB/T 9443 或 GB/T 9444 执行
		内部质量	如需超声波探伤，应按 GB/T 7233.1 执行
		硬度	有要求时按 GB/T 230.1、GB/T 231.1、GB/T 17394 等进行试验
6	锻件	钢材牌号	查验是否符合设计要求
		化学成分、力学性能	查验质量证书，性能指标应符合相应标准规定。闸门类产品使用的锻件，其试验应符合 GB/T 14173—2008 表 9 的规定
		尺寸和机械加工余量	用钢卷尺、钢直尺或游标卡尺测量

表 1（续）

序号	品 名	检验项目	检 验 方 法
6	锻件	表面质量	目视检查，如需探伤，应按 JB/T 4730.4 或 JB/T 4730.5 执行
		内部质量	如需超声波探伤，应按 GB/T 6402 执行
		硬度	有要求时按 GB/T 230.1、GB/T 231.1、GB/T 17394 等进行试验
7	闸门支承滑道	材料	查验是否符合设计要求
		规格型号	查验是否符合设计要求
		外观	目视检查
		物理力学性能	查验质量证书，性能指标应符合 GB/T 14173—2008 附录 C 的规定
8	止水橡皮	规格型号	用游标卡尺或钢直尺测量相关尺寸，查验其是否符合设计要求
		物理力学性能	查验质量证书，性能指标应符合 GB/T 14173—2008 附录 D 的规定
		外观质量	目视检查，橡塑复合水封不得盘折存放
9	钢丝绳	规格型号	查验是否符合设计要求
		性能	查验质量证书，有预拉伸要求的应查验预拉伸记录
		外观	目视检查
10	滑轮	规格型号	查验是否符合设计要求
		材质	查验质量证书
		外观	目视检查
11	电动机	规格型号	查验是否符合设计要求
		性能	查验合格证和说明书
		外观	目视检查

表 1（续）

序号	品 名	检验项目	检 验 方 法
12	减速器	规格型号	查验是否符合设计要求
		性能	查验合格证和说明书
		外观	目视检查
13	制动器	规格型号	查验是否符合设计要求
		性能	查验合格证和说明书
		外观	目视检查
14	荷载控制器	规格型号	查验是否符合设计要求
		性能	查验合格证、说明书，应符合设计要求
		外观	目视检查
15	高度控制器	规格型号	查验是否符合设计要求
		性能	查验合格证、说明书，应符合设计要求
		外观	目视检查
16	电气屏（柜）	规格型号	查验是否符合设计要求
		性能	查验合格证、说明书，应符合设计要求
		外观	目视检查
17	断路器、接触器、继电器、仪表等电器元件	规格型号	查验是否符合设计要求
		性能	查验合格证、说明书，应符合设计要求
		外观	目视检查
18	PLC 可编程序控制器及人机界面	规格型号	查验是否符合设计要求
		性能	查验合格证、说明书，应符合设计要求
		外观	目视检查
19	变频器	规格型号	查验是否符合设计要求
		性能	查验合格证、说明书，应符合设计要求
		外观	目视检查
20	软启动器	规格型号	查验是否符合设计要求
		性能	查验合格证、说明书，应符合设计要求
		外观	目视检查

表1（续）

序号	品　名	检验项目	检　验　方　法
21	三相干式变压器	规格型号	查验是否符合设计要求
		性能	查验合格证、说明书，应符合设计要求
		外观	目视检查
22	电阻器	规格型号	查验是否符合设计要求
		性能	查验合格证、说明书，应符合设计要求
		外观	目视检查
23	夹轨器	规格型号	查验是否符合设计要求
		性能	查验合格证、说明书，应符合设计要求
		外观	目视检查
24	风速仪	规格型号	查验是否符合设计要求
		性能	查验合格证、说明书，应符合设计要求
		外观	目视检查
25	电缆	规格型号	查验是否符合设计要求
		性能	查验合格证、说明书，应符合设计要求
		外观	目视检查
26	电缆卷筒	规格型号	查验是否符合设计要求
		性能	查验合格证、说明书，应符合设计要求
		外观	目视检查
27	行程及限位开关	规格型号	查验是否符合设计要求
		性能	查验合格证、说明书，应符合设计要求
		外观	目视检查
28	关节轴承	规格型号	用游标卡尺或千分尺测量内径、外径及其他相关尺寸，查验其是否符合设计要求
		性能	查验合格证、说明书，应符合设计要求
		外观	目视检查

表 1 （续）

序号	品　名	检验项目	检　验　方　法
29	密封材料（O形圈、J形油封、组合密封圈等）	规格型号	用钢卷尺或钢直尺测量其外形尺寸，查验其是否符合设计要求
		性能	查验合格证、说明书，应符合设计要求
		外观质量	目视检查
30	泵组	规格型号	查验是否符合设计要求，并用钢直尺测量泵组底座安装尺寸是否符合设计要求
		性能	根据合格证、说明书及出厂试验报告查验其是否符合 GB/T 7935 要求和设计要求
		外观	目视检查
31	液压阀件（电磁阀、换向阀、溢流阀等）	规格型号	查验是否符合设计要求
		性能	根据合格证和说明书查验其是否符合 GB/T 7935 要求和设计要求，电磁阀铁芯用手按动，检查是否灵活无卡阻
		外观	目视检查
32	油管、接头	规格型号	查验是否符合设计要求
		性能	查验合格证、说明书，应符合设计要求
		外观	目视检查
33	油箱	规格型号	用钢卷尺测量外形尺寸，查验其是否符合设计要求
		性能	查验合格证、说明书及油箱渗漏试验报告是否符合设计要求
		外观	目视检查

4.1.2 原材料应有质量证书，牌号及性能应符合设计文件及相关标准要求。

4.1.3 外购件应有合格证和说明书，规格型号应符合设计文件要求。

4.1.4 外协件应有检验报告，质量、性能应符合设计文件及相关标准要求。

4.1.5 用于安装的水工金属结构设备应为出厂检验合格的产品。

4.2 下料检验

4.2.1 下料检验时，应按工艺要求对预留的焊接收缩量和机械加工部位的切削余量进行检验。

4.2.2 压力钢管下料尺寸检验应符合 SL 432—2008 第 4.1.1 条的规定，其他水工金属结构设备下料尺寸检验应符合 GB/T 14173—2008 第 7.1.2 条的规定。

4.2.3 压力钢管下料断口质量检验应符合 SL 432—2008 第 4.1.10 条、第 4.1.11 条的规定，其他水工金属结构设备下料断口质量检验应符合 GB/T 14173—2008 第 7.1.3 条的规定。

4.2.4 钢板或型钢下料后的形状和位置误差检验应符合 GB/T 14173—2008 第 7.1.5 条、第 7.1.6 条的规定。

4.2.5 下料检验采用钢卷尺、钢直尺、直角尺、游标卡尺、弦线、等高垫块等检验器具。

4.3 机械加工检验

4.3.1 经机械加工的零部件，应对加工面的表面粗糙度、尺寸、形状和位置误差进行检验。

4.3.2 表面粗糙度应采用样块比对法或采用粗糙度仪测量的方法进行检验。

4.3.3 尺寸检验应符合 GB/T 3177 的规定，形状和位置误差检验应符合 GB/T 1958 的规定。

4.3.4 单件或小批量生产的零部件，可采用游标卡尺、千分尺、指示表等通用量器具对尺寸、形状和位置误差进行检验。大批量生产的零部件，可采用符合 GB/T 1957 规定的光滑极限量规检验。

4.3.5 螺杆启闭机的螺杆和螺母在生产过程中可采用环规和塞规进行检验，但出厂前配套的螺杆和螺母应作全行程通过试验，并进行编号和标记。

4.3.6 渐开线圆柱齿轮的检验应符合 GB/T 13924 的规定。

4.4 硬度检验

4.4.1 设计文件或产品标准中有硬度要求的零部件，应采用硬度计对工件硬度进行测量。硬度测试应符合 GB/T 230.1、GB/T 231.1、GB/T 17394 等有关标准的规定。

4.4.2 硬度测试不应损伤工件。

4.4.3 表面硬度测试时，应根据工件形状，至少选取 4 个对称、均布的测区，每个测区至少取 3 个测点的平均值作为测区硬度值。

4.4.4 淬硬层深度有要求时，应通过工艺试块进行硬度检测。在淬硬层深度方向，包括淬硬层表面和设计淬硬层深度部位，应至少测试 4 个测区，每个测区至少取 3 个测点的平均值作为测区硬度值。

4.5 焊接检验

4.5.1 一般规定

焊接质量应按表 2 进行检验。

表 2

序号	检验项目		检验方法
1	焊前检验	坡口形式与尺寸	目视检查，焊缝检验尺测量
		坡口表面质量	目视检查
		焊件的组对质量	目视检查，焊缝检验尺测量
2	焊接过程检验	焊接环境的监测	温度计、湿度计测量温、湿度，风速仪测量风速
		预热温度、层间温度、后热温度	用红外测温仪或表面温度计检测
		热输入	用电流表、电压表、焊接速度表或单根焊条施焊长度进行检测
		焊工执行焊接工艺规程情况	目视检查
3	焊后检验	焊缝外观检验	应符合 4.5.2 的规定
		焊缝无损检测	应符合 4.5.3 的规定

4.5.2 焊缝外观检验

焊缝外观应按表3进行检验。

表3

序号	检验项目		检验方法
1	裂纹		目视或用5～10倍放大镜检查，有疑问时应作表面无损检测
2	焊瘤		目视检查
3	飞溅		目视检查
4	电弧擦伤		目视检查
5	夹渣		目视检查
6	咬边		目视检查，焊缝检验尺测量
7	表面气孔		目视检查，焊缝检验尺测量
8	焊缝边缘直线度		钢直尺靠在焊缝边缘，用焊缝检验尺测量焊缝边缘至钢直尺的最大与最小距离之差
9	对接焊缝	未焊满	目视检查，焊缝检验尺测量
10		焊缝余高	焊缝检验尺测量
11		焊缝宽度	焊缝检验尺测量
12	角焊缝	角焊缝厚度不足	焊缝检验尺测量
13		焊脚	焊缝检验尺测量
14		焊脚不对称	焊缝检验尺测量
15	端部转角		目视检查

4.5.3 焊缝无损检测

4.5.3.1 焊缝外观检验合格后应进行焊缝无损检测。无损检测方法、检测范围和质量要求应符合合同文件、设计文件、产品标准及SL 36的规定。

4.5.3.2 焊缝内部缺欠无损检测可选用超声波或射线检测。表面缺欠检查可选用渗透或磁粉检测，铁磁性材料宜优先选用磁粉检测。当一种方法不能对缺欠定性、定量时，应采用其他方法复查。同一部位使用了两种或两种以上的检测方法，应分别评定合格后方为合格。

4.5.3.3 超声波检测应按 GB/T 11345 的规定执行；射线检测应按 GB/T 3323 的规定执行；焊缝表面无损检测应按 JB/T 6061 或 JB/T 6062 的规定执行；TOFD 检测应按 GB/T 23902 的规定执行。

4.5.3.4 按规定进行无损检测抽检时，发现超标缺欠，应按合同文件或产品标准的规定扩大检测范围。若无规定，应在缺欠的延伸方向或可疑部位作补充检测，补充检测的长度应不小于 200mm，经补充检测仍发现存在不符合质量要求的缺欠，应对该焊缝进行全长检测。

4.5.3.5 按规定进行无损检测抽检时，检测部位应包括全部丁字焊缝及每个焊工所焊焊缝的一部分。

4.5.3.6 冷裂倾向较大的焊缝，无损检测应在焊接完成 24h 后进行。屈服强度大于 $620N/mm^2$ 的高强钢焊缝，无损检测应在焊接完成 48h 后进行。

4.5.3.7 返工后的焊缝，应重新进行无损检测。

4.6 焊后消除应力检验

4.6.1 焊后消除应力的方式，应按合同文件及产品标准的规定进行查验。

4.6.2 采用热处理消除应力时，应按 JB/T 6046 的规定查验热处理工艺参数及热处理曲线，并进行消除应力效果评定。

4.6.3 采用振动时效消除应力时，应按 GB/T 25712 的规定查验工艺参数，并通过消除应力处理前、后的焊缝残余应力测试数据对消除应力效果进行评定。

4.6.4 采用爆炸法消除应力时，应按工艺试验的评定结果查验工艺参数，并通过消除应力处理前、后的焊缝残余应力测试数据对消除应力效果进行评定。

4.6.5 焊缝残余应力测试可采用盲孔法、压痕法或 X 射线衍射法。在要求不能损伤表面或缺口敏感性高的钢材上，应采用X射线衍射法。

4.7 螺栓连接检验

4.7.1 采用螺栓连接时，应检验螺栓及螺栓孔的质量及配套性、螺栓连接面的质量及性能以及螺栓的紧固状况。

4.7.2 除设计文件或产品标准另有规定外，螺栓连接质量应按表4进行检验。

表4

序号	检验项目		检验方法
1	螺栓副	规格型号及性能	查验是否符合设计
		外观质量	目视检查
		螺栓直径	按精度要求选用游标卡尺或外径千分尺测量
		螺栓长度	用钢直尺测量
2	螺栓孔	钻孔工艺	查验实际施工是否符合工艺文件要求
		外观质量	目视检查
		螺栓孔直径	按精度要求选用游标卡尺或内径千分尺测量
3	螺栓连接面质量		目视检查
4	高强度螺栓连接面的抗滑移系数		按GB/T 14173—2008附录B进行试验和评定
5	高强度大六角头螺栓连接副扭矩系数		按GB/T 1231进行试验和评定
6	螺栓紧固状况		现场查验螺栓紧固是否使用扭矩扳手，以及初拧扭矩、终拧扭矩及拧紧顺序是否符合规定
7	高强度大六角头螺栓连接副终拧扭矩检查		按GB/T 14173—2008附录B所述方法用扭矩扳手检查

4.7.3 检验用的扭矩扳手应在使用前进行标定，其扭矩精度误差应不大于3%，并在使用过程中定期复验。

4.8 几何尺寸检验

4.8.1 一般规定

4.8.1.1 设备制造过程中，应对焊接、螺栓连接、机械装配或组装形成的部件、半成品、成品进行尺寸测量及形状和位置误差检验。

4.8.1.2 设备制造过程应保持主要结构的标识点和标识线，以便后续检验。与安装有关的标识点和标识线在防腐施工时应保护或移植，出厂时应明显、牢固和便于使用。

4.8.1.3 厂内检验时，工件应以自由状态放置在平台上。大型工件采用临时支撑代替平台时，支撑应均匀、稳定、牢固。

4.8.1.4 设备安装过程中，应对设备安装位置尺寸及形状和位置误差进行检验。

4.8.1.5 设备安装过程应保持高程控制点、里程控制点和安装中心线，以便后续检验。需永久保留的基准点，其设置应符合设计要求，并应采取保护措施。

4.8.1.6 混凝土浇筑前检测埋件时，埋件应连接牢固，防止浇筑时产生位移或变形。

4.8.1.7 钢卷尺、钢直尺、直角尺、平尺、经纬仪、水准仪、标尺、线锤、垫块、弦线等测量器具以及电子经纬仪/全站仪三维坐标测量系统均可用于水工金属结构几何尺寸检验。在设备制造终检、出厂验收和安装终检、安装验收中使用的计量器具，钢卷尺精度应不低于Ⅰ级，经纬仪精度应不低于DJ2级，水准仪精度应不低于DS3级，电子经纬仪/全站仪三维坐标测量系统的精度应不低于0.5mm。使用垫块和弦线辅助测量时，弦线直径应不大于0.5mm，且不应有接头，垫块工作面应规则、平整，高度误差应小于0.1mm。

4.8.2 尺寸测量

4.8.2.1 设备制造尺寸测量应采用钢卷尺或钢直尺等钢制量具，

并保持量具与工件温度一致。不能直接采用钢卷尺或钢直尺测得读数的检验项目，可采用平尺、直角尺、线锤、经纬仪、水准仪、标尺、垫块、弦线等辅助工器具间接测量，也可采用电子经纬仪/全站仪三维坐标测量系统进行测量。若采用电子经纬仪/全站仪三维坐标测量系统，必要时应计算温度补偿。

4.8.2.2 设备安装位置尺寸测量宜优先采用电子经纬仪/全站仪三维坐标测量系统。若采用钢卷尺测量，必要时应计算钢卷尺的温度补偿。

4.8.2.3 使用钢卷尺测量时，钢卷尺拉力应与检定拉力一致。

4.8.3 形状和位置误差检验

4.8.3.1 直线度检验可选用下述方法：

a）用垫块、弦线和钢直尺测量：在被测要素两端置等高垫块，拉弦线，用钢直尺测被测要素上各点至弦线的距离，最大值与最小值之差为被测要素直线度。测点应包括两端点和中点，其他测点按间距不大于1m的原则选取。为避免弦线下垂对直线度的影响，钢直尺测距方向应为水平方向，不能满足此条件时，应采用水准仪或三坐标测量系统进行检验。

b）用水准仪和标尺测量：被测要素两端调水平，在被测要素上沿直线用水准仪和标尺至少每米测一点标高值，最大值与最小值之差为被测要素直线度。

c）用电子经纬仪/全站仪三维坐标测量系统测量：被测要素具备观测条件时，无需调节工件的位置和方向，在被测要素上沿直线至少每米观测一点，将全部测点进行拟合计算，即可求得被测要素直线度。

4.8.3.2 平面度检验可选用下述方法：

a）用水准仪和标尺测量：被测平面上不同方向距形心最远的三点调水平，用水准仪和标尺沿任意方向至少每米测一点标高值，最大值与最小值之差为被测要素平面度。

b）用经纬仪和标尺测量：调被测平面上不同方向距形心最远的三点与经纬仪铅垂扫视面距离相同，用标尺沿任意方向至少每米测一点至经纬仪铅垂扫视面的距离，最大值与最小值之差为被测要素平面度。

c）用电子经纬仪/全站仪三维坐标测量系统测量：被测要素具备观测条件时，无需调节工件的位置和方向，在被测要素上沿任意方向至少每米观测一点，将全部测点拟合计算，即可求得被测要素平面度。

4.8.3.3 垂直度检验可选用下述方法：

a）用直角尺和钢直尺测量：工件较小时，用直角尺靠工件基准边，另一边两端点至直角尺的距离差为所求垂直度。

b）用水准仪、标尺、线锤、钢直尺测量：

——基准边调水平，另一边两端点至铅垂线的距离差为所求垂直度；

——基准边调铅垂，另一边两端点的标高差为所求垂直度。

c）用电子经纬仪/全站仪三维坐标测量系统测量：被测要素具备观测条件时，无需调节工件的位置和方向，在被测要素两个面上按均匀、分散原则分别布置若干测点，同一面上任意相邻两点的间距不大于1m，观测这些测点并用系统软件拟合出两个平面，然后再用系统软件解算面与面之间的垂直度即可。

4.8.3.4 扭曲检验可选用下述方法：

a）用水准仪和标尺测量：测工件四角标高值a_1、a_2、a_3、a_4，其中a_1和a_3为对角，a_2和a_4为对角，扭曲值$a=|(a_1+a_3)-(a_2+a_4)|/2$。

b）用垫块、弦线和钢直尺测量：工件四角置等高垫块，用相同的力对角拉弦线，弦线相交处的间距为扭曲值。

c）用电子经纬仪/全站仪三维坐标测量系统测量：观测工件四角后，用系统软件将任意三点拟合为一个平面，第四点至拟合平面距离之半为扭曲值。

4.8.4 工字形或箱形构件检验

工字形或箱形构件的几何尺寸检验应符合表5的规定。

表 5

序号	检 验 项 目	检 验 方 法
1	构件宽度	用钢卷尺或钢直尺在翼缘板上测量
2	构件高度	用钢卷尺或钢直尺在腹板宽度方向测量
3	箱形构件腹板间距	用钢卷尺或钢直尺测量
4	翼缘板对腹板的垂直度	见 4.8.3.3
5	腹板对翼缘板中心位置的偏移	用钢卷尺或钢直尺测量
6	腹板的局部平面度	1m 平尺紧靠被测面，用塞尺或钢直尺测平尺与被测面间隙
7	构件扭曲	见 4.8.3.4
8	构件正面（受力面）直线度	见 4.8.3.1
9	构件侧面直线度	见 4.8.3.1

4.9 防腐蚀检验

4.9.1 防腐蚀质量检验应符合 SL 105 和表 6 的规定。

4.9.2 采用表面粗糙度仪检测表面预处理粗糙度时，应在 40mm 的评定长度范围内测 5 点，取其算术平均值为此评定点的表面粗糙度值；每 $10m^2$ 表面应不少于 2 个评定点。

4.9.3 采用测厚仪检测涂膜固化后的干膜厚度时，应在 $1dm^2$ 的基准面上作 3 次测量，每次测量的位置相距 25～75mm，取 3 次测量值的算术平均值为该基准面的局部厚度。对于涂装前表面粗糙度大于 100μm 的涂膜进行测量时，其局部厚度应为 5 次测量值的算术平均值。平整表面上，每 $10m^2$ 至少应测量 3 个局部厚度；结构复杂、面积较小的表面，原则上每 $2m^2$ 测一个局部厚度。测量局部厚度时应注意基准面分布的均匀性、代表性。当合同文件或产品标准有附加要求时，应按合同文件或产品标准执行。

表 6

序号	检验项目		检验方法
1	表面预处理	表面清洁度	用 GB/T 8923 中的照片与被检基体金属的表面进行目视比较，评定方法按 GB/T 8923 的规定执行
2		表面粗糙度	采用比较样块法应按 GB/T 13288.2 的规定进行评定； 采用仪器法应按 4.9.2 要求执行
3	涂料涂层	外观	目视检查
4		干膜厚度	见 4.9.3
5		附着力	按 SL 105—2007 第 4.4.3 条选用划格法或拉开法进行检验
6		针孔	对厚浆型涂料涂膜，采用针孔仪进行检查，针孔仪检测电压与涂层厚度的对应关系参照仪器说明书和 SL 105—2007 第 4.4.4 条的规定
7	金属涂层	外观	目视检查
8		厚度	见 4.9.4
9		结合强度	按 SL 105—2007 第 5.5.3 条选用切割试验法或拉开法进行检验
10	金属热喷涂复合涂层	外观	目视检查
11		厚度	见 4.9.3
12		结合强度	按 SL 105—2007 第 5.5.3 条用切割试验法进行检验

4.9.4 采用测厚仪检测金属涂层厚度时，当有效表面的面积在 $1m^2$ 以上时，在一个面积为 $1dm^2$ 的基准面上用测厚仪测量 10 次，取其算术平均值为该基准面的局部厚度；当有效面积在 $1m^2$ 以下时，在一个面积为 $1cm^2$ 的基准面上测量 5 次，取其算术平均值为该基准面的局部厚度。为了确定涂层的最小局部厚度，应在涂层厚度可能最薄的部位进行测量。测量的位置和次数，可以由有关各方协商认可，并在协议中规定。当协议双方没有任何规

定时，按照分布均匀、具有代表性的原则布置基准面，在平整的表面上，每 10m^2 不宜少于 3 个基准面，结构复杂的表面可适当增加基准面。

4.9.5 测厚仪使用前，应在标准试块上对仪器进行校准，测量误差小于 10%方可使用。

4.9.6 防腐蚀检测报告应包括表面预处理检测结果和涂层检测结果两部分内容。

5 闸 门 检 验

5.1 闸门埋件制造检验

5.1.1 闸门埋件制造检验除应符合第4章规定外，还应符合本节规定。

5.1.2 埋件的直线度、局部平面度及扭曲，应按表7进行检验。

表7

序号	检 验 项 目	检 验 方 法
1	工作面直线度	直形埋件在对应支承梁腹板中心的工作面上测量，检验方法见4.8.3.1；弧形埋件沿工作面中心线用水准仪和标尺测量
2	侧面直线度	直形埋件在工作面侧面对应隔板或筋板处测量，检验方法见4.8.3.1；弧形埋件按5.1.3测曲率半径
3	工作面局部平面度	1m平尺紧靠被测面，用塞尺或钢直尺测平尺与被测面间隙
4	扭曲	见4.8.3.4

5.1.3 检验弧形闸门侧埋件曲率半径时，应以平台上设定的圆心为基准，调节弧形埋件两端至圆心的距离与设计曲率半径值一致，用钢卷尺测量埋件工作面中心线上各点至圆心的距离。每米至少应测一点。

5.1.4 底槛和门楣的长度、胸墙的宽度以及构件的对角线相对差，采用钢卷尺测量，测点应取在构件外边缘。

5.1.5 平面闸门的主轨、反轨和侧轨，根据其结构形式，应按表8进行检验。

表 8

序号	检验项目	检验方法
1	焊接主轨的不锈方钢、止水板与主轨面板的压合质量	用塞尺测量间隙，用钢卷尺或钢直尺测量间隙长度
2	铸钢主轨支承面（踏面）的宽度	用钢直尺测量，拐角弧度用直角尺取直
3	止水板在主轨上时，任一横断面的止水面与主轨轨面的距离	工件调水平，用水准仪和标尺每隔1m测同一横断面的止水面与主轨轨面的标高差；或采用钢直尺和直角尺配合测量
4	止水板在主轨上时，止水板中心至轨面中心的距离	用钢直尺和直角尺配合测量
5	止水板在反轨上时，任一横断面的止水面与反轨工作面的距离	工件调水平，用水准仪和标尺每隔1m测同一横断面的止水面与反轨工作面的标高差；或采用钢直尺和直角尺配合测量
6	止水板在反轨上时，止水板中心至反轨工作面中心的距离	用钢直尺和直角尺配合测量
7	护角兼作侧轨时，其与主轨轨面（或反轨工作面）中心的距离	用钢直尺测量或钢直尺与直角尺配合测量
8	护角兼作侧轨时，其与主轨轨面（或反轨工作面）的垂直度	见4.8.3.3

5.1.6 平面链轮闸门主轨承压凹槽底面的直线度，以及承压板安装后承压面的直线度，应采用电子经纬仪/全站仪三维坐标测量系统进行测量。承压板接头错位应采用平尺紧靠承压面，用塞尺测量接头部位的间隙。

5.1.7 埋件在厂内预组装时应按表9进行检验。

表 9

序号	检 验 项 目	检 验 方 法
1	构件之间的装配关系	目视检查是否符合设计图样
2	构件的几何尺寸	见 5.1.2、5.1.3、5.1.4、5.1.5、5.1.6
3	转铰式止水装置转动灵活性	试验
4	相邻构件组合处的错位	用平尺和塞尺测量，非机加工面也可用焊缝检验尺测量
5	工地焊缝坡口形式和尺寸	目视检查，焊缝检验尺测量
6	构件中心线、组合处检查线、定位装置	目视检查
7	编号和标识	检查文件和实物的一致性

5.2 闸门埋件安装检验

5.2.1 闸门埋件安装检验除应符合第 4 章规定外，还应符合本节规定。

5.2.2 闸门埋件安装可采用 4.8.1.7 所述的测量器具，但有条件时应优先采用电子经纬仪/全站仪三维坐标测量系统作为测量工具。

5.2.3 闸门埋件安装应按表 10 进行过程质量控制与检验。

表 10

序号	检 验 项 目		检 验 方 法
1	预埋锚栓或锚板的位置		一期混凝土浇筑前用 4.8.1.7 所述测量工具进行检验
2	埋件安装前	门槽清理情况	目视检查
3		一、二期混凝土结合面状况	目视检查
4		二期混凝土的断面尺寸	用钢卷尺或钢直尺测量
5		锚栓或锚板的位置	用 4.8.1.7 所述测量工具进行检验
6		埋件尺寸复验	见 5.1

表 10（续）

序号	检验项目	检验方法
7	平面闸门埋件安装尺寸检验	见 5.2.4
8	弧形闸门埋件安装尺寸检验	见 5.2.5
9	钢衬安装尺寸检验	见 5.2.6
10	埋件与锚栓或锚板的连接固定情况	目视检查
11	埋件工作面接头处理情况	目视检查
12	过流面及工作面的表面缺陷处理情况	目视检查
13	埋件安装完至浇筑二期混凝土的时间	现场监督检查，超过规定时间或有碰撞，应复测埋件安装尺寸
14	二期混凝土一次浇筑高度及浇筑质量	现场监督检查
15	二期混凝土拆模后，终检埋件安装尺寸	见 5.2.4、5.2.5、5.2.6
16	混凝土结构尺寸	目视检查，必要时用尺子测量，主要检查是否与闸门运行相干涉
17	现场清理	目视检查
18	门槽试验	用闸门或试槽架在门槽内作启闭试验

5.2.4 平面闸门埋件安装前，应根据安装基准，用 4.8.1.7 所述测量工具在闸孔内测放出孔口中心线、门槽中心线和高程控制点，然后按表 11 对埋件安装尺寸进行检验。

5.2.5 弧形闸门埋件安装前，应根据安装基准，用 4.8.1.7 所述测量工具在闸孔内测放出孔口中心线、铰轴中心线和高程控制点，然后按表 12 对埋件安装尺寸进行检验。

表 11

序号	检验项目	检验方法
1	各埋件至门槽中心线的距离	以门槽中心线为基准，用 4.8.1.7 所述测量工具测量各埋件在里程方向上距门槽中心线的距离，构件上每米至少应测一点

表 11（续）

序号	检验项目	检验方法
2	底槛、主轨、反轨、侧轨、止水板至孔口中心线的距离	以孔口中心线为基准，用 4.8.1.7 所述测量工具测量各埋件中心线在左右方向上距孔口中心线的距离，底槛的测点选在两端中心，其他构件上每米至少选一个测点
3	底槛高程	以孔口内高程控制点为基准，用 4.8.1.7 所述测量工具测底槛中心线上各点的高程，每米至少选一个测点
4	底槛工作表面一端对另一端的高差	用 4.8.1.7 所述测量工具测量
5	门楣中心至底槛面的距离	用 4.8.1.7 所述测量工具测量，每米至少选一个测量截面
6	底槛、门楣、主轨、止水板、胸墙工作表面平面度	见 4.8.3.2
7	各埋件表面扭曲值	见 4.8.3.4
8	各埋件工作表面组合处的错位	用焊缝检验尺测量；平面链轮闸门主轨承压面用平尺和塞尺测量
9	平面链轮闸门两侧主轨承压面的平面度	用电子经纬仪/全站仪三维坐标测量系统检测

表 12

序号	检验项目	检验方法
1	铰座基础螺栓中心的位置	以孔口中心线、铰轴中心线和高程控制点为基准，用 4.8.1.7 所述的测量工具测量铰座基础螺栓中心的高程、里程及对孔口中心的距离
2	底槛、门楣的里程	以铰轴中心线为基准，用 4.8.1.7 所述的测量工具测量底槛、门楣至铰轴中心线的里程方向的距离，构件上每米至少测一点

表 12（续）

<table>
<tr><th>序号</th><th colspan="2">检验项目</th><th>检验方法</th></tr>
<tr><td>3</td><td colspan="2">底槛高程</td><td>以孔口内高程控制点为基准，用 4.8.1.7 所述测量工具测底槛中心线上各点的高程，每米至少选一个测点</td></tr>
<tr><td>4</td><td colspan="2">底槛工作表面一端对另一端的高差</td><td>用 4.8.1.7 所述测量工具测量</td></tr>
<tr><td>5</td><td colspan="2">门楣中心至底槛面的距离</td><td>用 4.8.1.7 所述测量工具测量，每米至少选一个测量截面</td></tr>
<tr><td>6</td><td colspan="2">底槛、侧止水板、侧轮导板至孔口中心线的距离</td><td>以孔口中心线为基准，用 4.8.1.7 所述测量工具测量各埋件在左右方向上距孔口中心线的距离，底槛的测点选在两端中心，其他构件上每米至少选一个测点</td></tr>
<tr><td>7</td><td colspan="2">底槛、门楣、侧止水板、侧轮导板工作表面平面度</td><td>见 4.8.3.2</td></tr>
<tr><td>8</td><td colspan="2">底槛、门楣、侧止水板、侧轮导板表面扭曲值</td><td>见 4.8.3.4</td></tr>
<tr><td>9</td><td colspan="2">底槛、门楣、侧止水板、侧轮导板工作表面组合处的错位</td><td>用焊缝检验尺测量</td></tr>
<tr><td>10</td><td colspan="2">侧止水板和侧轮导板中心线的曲率半径</td><td>以铰轴中心线为基准，用 4.8.1.7 所述的测量工具测量构件上各点至铰轴中心线的距离，每米至少测一点</td></tr>
<tr><td>11</td><td rowspan="2">采用充压式、压紧式水封的弧形闸门</td><td>止水座基面中心线至孔口中心线的距离</td><td>以孔口中心线为基准，用 4.8.1.7 所述的测量工具测量止水座基面中心线上各点在左右方向上至孔口中心线的距离，每米至少测一点</td></tr>
<tr><td>12</td><td>止水座基面的曲率半径</td><td>以铰轴中心线为基准，用 4.8.1.7 所述的测量工具测量止水座基面上各点至铰轴中心线的距离，每米至少测一点</td></tr>
</table>

表 12（续）

序号	检验项目		检验方法
13	铰座钢梁单独安装时	钢梁中心的里程	以铰轴中心线为基准，用 4.8.1.7 所述的测量工具测量钢梁中心在里程方向上至铰轴中心线的距离
14		钢梁中心的高程	以高程控制点为基准，用 4.8.1.7 所述的测量工具测量钢梁中心的高程
15		钢梁中心至孔口中心线的距离	以孔口中心线为基准，用 4.8.1.7 所述的测量工具测量钢梁中心在左右方向上至孔口中心线的距离
16		钢梁的倾斜	在钢梁侧面挂线锤，用钢直尺测钢梁上、下端点至垂线的距离差

5.2.6 钢衬安装前，应根据安装基准，用 4.8.1.7 所述测量工具在闸孔内测放出孔口中心线、里程控制线和高程控制点，然后按表 13 对钢衬安装尺寸进行检验。

表 13

序号	检验项目	检验方法
1	水平钢衬的高程	以高程控制点为基准，用 4.8.1.7 所述测量工具进行测量
2	侧向钢衬至孔口中心线的距离	以孔口中心线为基准，用 4.8.1.7 所述测量工具进行测量
3	钢衬表面平面度	见 4.8.3.2
4	钢衬垂直度	见 4.8.3.3
5	组合面错位	用焊缝检验尺测量

5.3 平面闸门门叶制造检验

5.3.1 平面闸门门叶制造检验除应符合第 4 章规定外，还应符合本节规定。

5.3.2 平面闸门门叶制造应按表 14 进行几何尺寸检验。

表 14

序号	检 验 项 目	检 验 方 法
1	门叶厚度	在主梁位置用钢卷尺测量，每个主梁至少测两个位置
2	门叶外形高度	在边梁中心线上用钢卷尺测量
3	门叶高度的对应边之差	取两边梁位置门叶外形高度的差值
4	门叶外形宽度	在横梁或次横梁位置用钢卷尺测量
5	门叶宽度的对应边之差	取顶、底横梁位置门叶外形宽度的差值
6	门叶对角线相对差	在两边梁中心线和顶、底横梁中心线的交会点，用钢卷尺测对角距离，取差值
7	门叶扭曲	见 4.8.3.4，在两边梁中心线和顶、底横梁中心线的四个交会点测量
8	门叶横向直线度	见 4.8.3.1，在面板上对应横梁或横向隔板中心线的位置测量
9	门叶竖向直线度	见 4.8.3.1，在面板上对应边梁或纵向隔板中心线的位置测量
10	两边梁中心距	用钢卷尺通过各横梁中心线测两边梁中心线之间的距离
11	两边梁平行度	取两边梁中心距的最大值与最小值之差
12	纵向隔板错位	用钢卷尺测纵向隔板至门叶中心线的距离，计算其与设计值的差值
13	面板与梁组合面的局部间隙	在焊缝施焊前用塞尺测量
14	面板局部平面度	1m 平尺紧靠面板，用塞尺或钢直尺测量平尺与面板的间隙
15	门叶底缘直线度	见 4.8.3.1
16	门叶底缘倾斜值	门叶水平放置，在底缘附近用经纬仪放出与门叶中心线垂直的铅垂扫视面，用钢直尺测底缘两端至经纬仪铅垂扫视面的距离差为门叶底缘倾斜值； 门叶直立放置，门叶中心线调铅垂，用水准仪和标尺测底缘两端高程差为门叶底缘倾斜值

表 14（续）

序号	检验项目	检验方法
17	两边梁底缘平面（或承压板）平面度	见 4.8.3.2，应将两侧边梁底缘（或承压板）所组成的平面作为一个平面进行测量
18	止水座面平面度	见 4.8.3.2
19	节间止水板平面度	见 4.8.3.2
20	止水座面至支承座面的距离	止水座面与支承座面在门体同一面时，将门体调水平，用水准仪和标尺测止水座面和支承座面的标高差；止水座面与支承座面不在门体同一面时，将门体支承座面放置在平台上，用水准仪和标尺测止水座面和平台的标高差
21	侧止水螺孔中心至门叶中心距离	用钢卷尺测量
22	顶止水螺孔中心至门叶底缘距离	用钢卷尺测量
23	底水封座板高度	用钢直尺测量
24	自动挂钩定位孔（或销）至门叶中心距离	用钢卷尺测量
25	滑道支承夹槽底面与门叶表面的间隙及间隙长度	用塞尺测量间隙，用钢卷尺测量间隙长度
26	滚轮或滑道支承所组平面的平面度	门叶调水平，用水准仪和标尺测量，滑道至少在两端各测一点，滚轮测最高点
27	滑道支承与止水座基准面平行度	门叶调水平，用水准仪和标尺测滑道支承与止水座基准面的标高差，取最大值与最小值之差为平行度。每段滑道至少在两端各测一点
28	相邻滑道衔接端的高低差	门叶调水平，用水准仪和标尺测相邻滑道衔接端的标高差
29	滚轮或支承滑道的工作面与止水座面的距离	与序号 20 测量方法相同
30	反向支承滑块或滚轮的工作面与止水座面的距离	与序号 20 测量方法相同

表 14（续）

序号	检验项目	检验方法
31	滚轮对任何平面的倾斜度	门叶调水平，铅垂方向用框架水平仪和塞尺测量，倾斜度 $c=a/L\times1000‰$，a 为塞尺测值，L 为框架水平仪高度；水平方向用钢卷尺测滚轮两端两测点至门叶中心线的距离差 a，倾斜度 $c=a/L\times1000‰$，L 为滚轮上两测点之间的水平距离
32	同侧滚轮或滑道的中心线与闸门中心线的距离	用钢卷尺测每个滚轮或滑道的中心至门叶中心线的距离，左、右两侧分别记录
33	滚轮或滑道支承跨度	用钢卷尺测各截面上对应的滚轮或滑道的中心距
34	平面链轮闸门承载走道跨度	用钢卷尺过同一截面测两侧承载走道的中心距
35	吊耳距门叶中心线距离	将门叶中心线延伸到吊耳所在面上，用钢卷尺测量
36	吊耳中心在闸门高度方向与给定基准的距离	在高度方向上用钢卷尺测吊耳孔中心至图样给定基准面的距离。双吊耳还应比较两侧的相对差
37	吊耳中心在闸门厚度方向与给定基准的距离	在厚度方向上用钢卷尺测吊耳孔中心至图样给定基准面的距离。双吊耳还应比较两侧的相对差
38	吊耳（或吊杆）的轴孔倾斜度	门叶水平放置，用水准仪和标尺测轴孔两端中心标高差为倾斜值 a_1；用经纬仪和标尺测轴孔两端中心在纵向上的差值 a_2，总倾斜值 $a=\sqrt{a_1^2+a_2^2}$，轴孔倾斜度 $c=a/L\times1000‰$（L 为轴孔长度）
39	平面链轮闸门水平放置时，每个链轮与承载走道的接触长度及局部间隙	用塞尺测间隙，用钢卷尺测接触长度
40	平面链轮闸门处在工作位置时，链轮与下部端走道之间的距离（下驰度）	用钢直尺测量

5.3.3 分节制造的平面闸门门叶应在平台上以门叶中心线为基准进行整体预组装，并按表15进行检验。

表15

序号	检验项目	检验方法
1	组装完整性	根据合同文件和设计文件的要求对照检查
2	组装状态	检查有无强制组装，支撑是否均匀、稳定
3	组合处错位	用焊缝检验尺测量任意组合处的错位
4	整体几何尺寸	见5.3.2
5	滚轮转动灵活性	试验
6	充水阀运行灵活性	试验
7	平面链轮闸门链条灵活性	试验
8	门叶中心线、边柱中心线、对角线测控点、组合处的检查线、定位装置	目视检查
9	编号和标识	检查文件和实物的一致性

5.4 平面闸门门叶安装检验

5.4.1 闸门在安装前，应按表14对各项尺寸进行复测。

5.4.2 分节闸门组装成整体后，除应按表14对各项尺寸进行复测外，还应进行下述检验：

a）节间采用螺栓连接时，应按4.7的规定对螺栓连接质量进行检验，并用钢直尺检查节间橡皮的压缩量。

b）节间采用焊接时，应按4.5的规定对焊接质量进行检验，按4.9的规定对焊缝区的防腐蚀质量进行检验。

5.4.3 带充水阀的闸门，用试验方式检查导向机构的灵活性，用透光法、痕迹检查法或冲水试验法检查充水阀的密封性，用钢卷尺检测充水阀的行程。

5.4.4 止水橡皮的质量应按 4.1 的规定进行检验。

5.4.5 止水橡皮的安装应按表 16 进行检验。

表 16

序号	检验项目	检验方法
1	止水橡皮的螺栓孔位置	目视检查，钢卷尺测量
2	止水橡皮的螺栓孔孔径	用游标卡尺测量
3	止水橡皮的螺栓孔制孔工艺	目视检查
4	止水压板螺栓端部与止水橡皮自由表面的距离	均匀拧紧螺栓后，用钢直尺和直角尺测螺栓端部至止水橡皮自由表面的距离
5	止水橡皮的胶合接头	目视检查
6	止水橡皮安装后，两侧止水中心距离	用钢卷尺测量
7	止水橡皮安装后，顶止水中心至底止水底缘的距离	用钢卷尺测量
8	止水橡皮的压缩量	闸门处于工作状态时，用钢直尺测止水橡皮的压缩量，并进行透光检查或充水试验

5.4.6 平面闸门静平衡试验检验方法为：将闸门吊离地面 100mm，过门叶中心线顶部中心挂线锤，用钢直尺测量门叶中心线底部中心与铅垂线在左、右方向以及上、下游方向的距离。门叶中心线不清晰时，也可通过滚轮或滑道的中心进行测量。

5.5 弧形闸门门体制造检验

5.5.1 弧形闸门门体制造检验除应符合第 4 章规定外，还应符合本节规定。

5.5.2 弧形闸门门叶和支臂应按表 17 进行几何尺寸检验。

表 17

序号	检 验 项 目	检 验 方 法
1	门叶厚度	在主梁位置用钢卷尺测量，每个主梁至少测两个位置
2	门叶外形高度	按设计图样立拼门叶，用钢卷尺在面板两侧测门叶顶缘至门叶底缘的铅垂距离
3	门叶外形宽度	在横梁或次横梁位置用钢卷尺测量
4	门叶对角线相对差	在主梁与支臂组合处用钢卷尺测对角距离，取差值
5	门叶扭曲	见 4.8.3.4，在主梁与支臂组合处测量或在门叶四角测量。在门叶四角测量时取顶、底横梁中心线与门叶两侧纵向隔板中心线的交会点作为测点
6	门叶横向直线度	见 4.8.3.1，在面板上对应横梁或横向隔板中心线的位置测量
7	门叶纵向弧度与样板的间隙	在面板上对应纵梁或纵向隔板中心线的位置，用弦长 3m 的样板靠在面板外弧上，用塞尺或钢直尺测样板与面板的间隙
8	两主梁中心距	在主梁与支臂组合处用钢卷尺测量
9	两主梁平行度	序号 8 主梁两端两中心距的差值
10	纵向隔板错位	用钢卷尺测纵向隔板至门叶中心线的距离，计算其与设计值的差值
11	面板与梁组合面的局部间隙	在焊缝施焊前用塞尺测量
12	面板与样尺的间隙	纵向，用弦长 1m 的弧度样尺靠在面板外弧上，置于两纵隔板中间，用塞尺或钢直尺测样尺与面板的间隙；横向，用 1m 平尺靠在面板上，置于两横次梁中间，用塞尺或钢直尺测平尺与面板的间隙
13	门叶底缘直线度	见 4.8.3.1
14	门叶底缘倾斜值	见表 14 序号 16
15	侧止水座面平面度	见 4.8.3.2
16	顶止水座面平面度	见 4.8.3.2

表 17（续）

序号	检验项目	检验方法
17	侧止水座面至门叶中心距离	用钢卷尺测量
18	侧止水螺孔中心至门叶中心距离	用钢卷尺测量
19	顶止水螺孔中心至门叶底缘距离	按设计图样立拼门叶，用钢卷尺在面板两侧测顶止水螺孔中心至门叶底缘的铅垂距离
20	吊耳距门叶中心线距离	用钢卷尺测量
21	吊耳中心在闸门高度方向与给定基准的距离	在高度方向上用钢卷尺测吊耳孔中心至图样给定基准面的距离。双吊耳还应比较两侧的相对差
22	吊耳中心在闸门厚度方向与给定基准的距离	在厚度方向上用钢卷尺测吊耳孔中心至图样给定基准面的距离。双吊耳还应比较两侧的相对差
23	支臂开口处弦长	在上、下臂柱与门叶连接板的中心位置用钢卷尺测量
24	直支臂的侧面扭曲	见 4.8.3.4
25	反向弧门支臂两侧对水平面的垂直度	见 4.8.3.3
26	斜支臂上、下臂柱腹板在垂直于两臂柱夹角平分线的剖面的扭角	根据设计扭角制作样板，把样板靠在与连接板等距的上、下臂柱侧面翼缘板上，用塞尺或钢直尺测样板与翼缘板的间隙

5.5.3 弧形闸门门叶、支臂和铰链整体组装时，应设置铰轴中心线和门叶中心线作为组装和检验的基准，并按表 18 进行检验。

表 18

序号	检验项目	检验方法
1	两个铰链轴孔的同轴度	以铰轴中心线为基准，用 4.8.1.7 所述的测量仪器测两个铰链共四个端面圆心分别相对铰轴中心线的偏差，最大偏差值的 2 倍即为两个铰链轴孔的同轴度

表 18（续）

序号	检 验 项 目	检 验 方 法
2	每个铰链轴孔的倾斜度	以铰轴中心线为基准，用 4.8.1.7 所述的测量仪器测同一铰链两端面圆心的高程差 a_1 和里程差 a_2，总倾斜值 $a=\sqrt{a_1^2+a_2^2}$，该铰链轴孔倾斜度 $c=a/L\times1000‰$（L 为轴孔长度）
3	铰链中心至门叶中心的距离	用经纬仪放出门叶中心面，用钢卷尺测量铰链中心至门叶中心的距离
4	臂柱中心与铰链中心的不吻合值	用钢直尺测量
5	臂柱腹板中心与主梁腹板中心的不吻合值	以主梁翼板边缘为基准，用直角尺和钢直尺测量
6	支臂中心至门叶中心的距离	在支臂开口处用钢卷尺测量
7	支臂与主梁组合处的中心至支臂与铰链组合处的中心对角线相对差	用钢卷尺测量
8	在上、下两臂柱夹角平分线的垂直剖面上，上、下臂柱侧面的位置度	选上、下臂柱侧面中心线上至支铰中心等距的两点，测其至门叶中心线的距离相对差
9	铰链轴孔中心至面板外缘的半径	用钢卷尺测脚注 a 的钢丝线或假轴中心至面板外缘的距离，测量方向应与铰轴中心线垂直，不得偏斜
10	两侧半径相对差	取对称位置半径差的最大值
11	支臂两端连接板与门叶、铰链的组合面的接触	连接螺栓紧固后，用 0.3mm 塞尺和钢直尺检查未紧贴面积是否超标，用 0.8mm 塞尺检查最大间隙是否超标
12	弧门整体组装组合处错位	用焊缝检验尺测量
13	门叶中心线、对角线测控点、组装检查线、定位装置	目视检查
14	编号和标识	检查文件和实物的一致性

5.6 弧形闸门门体安装检验

5.6.1 支铰铰座安装应按表 19 进行检验。

表 19

序号	检验项目	检验方法
1	铰座中心至孔口中心线的距离	以孔口中心线为基准，用 4.8.1.7 所述的测量仪器测量
2	里程	以里程控制线为基准，用 4.8.1.7 所述的测量仪器测量
3	高程	以高程控制点为基准，用 4.8.1.7 所述的测量仪器测量
4	两铰座轴孔的同轴度	以铰轴中心线为基准，用 4.8.1.7 所述的测量仪器测两个铰座共四个端面圆心分别相对铰轴中心线的偏差，最大偏差值的 2 倍即为两铰座轴线的同轴度
5	铰座轴孔倾斜	以铰轴中心线为基准，用 4.8.1.7 所述的测量仪器测同一铰座两端面圆心的高程差 a_1 和里程差 a_2，总倾斜值 $a=\sqrt{a_1^2+a_2^2}$，该铰座轴孔倾斜 $c=a/L$（L 为轴孔长度）

5.6.2 分节弧形闸门门叶组装成整体后，除应按表 18 对各项尺寸进行复测外，还应进行下述检验：

a）节间采用焊接时，应按 4.5 的规定对焊接质量进行检验，按 4.9 的规定对焊缝区的防腐蚀质量进行检验。

b）节间采用螺栓连接时，应按 4.7 的规定对螺栓连接质量进行检验。

5.6.3 支臂两端的连接板在安装工地焊接时，应按 4.5 的规定对焊接质量进行检验。

5.6.4 抗剪板在安装工地焊接时，应目视检查其是否与连接板顶紧。

5.6.5 门叶、支臂及支铰间的螺栓连接质量应按 4.7 的规定进行检验，组合面的质量应按表 18 中序号 11 进行检验。

5.6.6 铰轴中心至面板外缘的曲率半径用钢卷尺测量，测量时可采用辅助工具，使测量方向与支铰轴线垂直。

5.6.7 止水橡皮的安装质量应按表 16 进行检验。

5.7 人字闸门门叶制造检验

5.7.1 人字闸门门叶制造检验除应符合第 4 章规定外，还应符合本节规定。

5.7.2 人字闸门门叶制造应按表 20 进行几何尺寸检验。

表 20

序号	检验项目	检验方法
1	门叶厚度	在主梁位置用钢卷尺测量，每个梁至少测两个位置
2	门叶外形高度	在纵梁位置用钢卷尺测量
3	门叶外形半宽	在横梁或次横梁位置用钢卷尺测量
4	门叶对角线相对差	在顶、底横梁中心线和两侧两个纵向隔板中心线的交会点，用钢卷尺测对角距离，取差值
5	门轴柱正面直线度	见 4.8.3.1
6	门轴柱侧面直线度	见 4.8.3.1
7	斜接柱正面直线度	见 4.8.3.1
8	斜接柱侧面直线度	见 4.8.3.1
9	门叶横向直线度	见 4.8.3.1，通过各横梁中心线测量
10	门叶竖向直线度	见 4.8.3.1，通过左、右两侧的纵向隔板中心线测量
11	顶、底主梁的长度相对差	在顶、底主梁中心线位置用钢卷尺测量
12	面板与梁组合面的局部间隙	在焊缝施焊前用塞尺测量
13	面板局部平面度	1m 平尺紧靠面板，用塞尺或钢直尺测量平尺与面板的间隙
14	门叶纵向隔板错位	用钢卷尺测纵向隔板至门叶中心线的距离，计算其与设计值的差值
15	门叶底缘倾斜值	见表 14 序号 16
16	止水座面平面度	见 4.8.3.2
17	门叶底面的平面度	见 4.8.3.2

5.7.3 人字闸门门叶组装后，除按表20检验外，还应按表21进行检验。

表21

<table>
<tr><th>序号</th><th>检 验 项 目</th><th>检 验 方 法</th></tr>
<tr><td>1</td><td>支、枕垫块的装配</td><td>用塞尺检查装配间隙</td></tr>
<tr><td>2</td><td>底枢蘑菇头与底枢顶盖轴套的装配</td><td>曲面加工精度用样板检验；蘑菇头与顶盖轴套的接触斑点，用着色法检查；装配后检查转动灵活性</td></tr>
<tr><td>3</td><td>底枢顶盖位置度</td><td rowspan="4">以门叶中心线（即安装时的垂直线）和底横梁中心线（即安装时的水平线）为基准线，用4.8.1.7所述的测量仪器进行测量，有条件时应优先采用电子经纬仪/全站仪三维坐标测量系统</td></tr>
<tr><td>4</td><td>底枢顶盖与底横梁中心线的平行度</td></tr>
<tr><td>5</td><td>顶、底枢中心同轴度</td></tr>
<tr><td>6</td><td>顶、底枢中心连线与门叶中心线平行度</td></tr>
<tr><td>7</td><td>组合处错位</td><td>用焊缝检验尺测量</td></tr>
<tr><td>8</td><td>门叶和端板中心线、底横梁中心线、组合处检查线、定位装置</td><td>目视检查</td></tr>
<tr><td>9</td><td>编号和标识</td><td>检查文件和实物的一致性</td></tr>
</table>

5.8 人字闸门门体安装检验

5.8.1 人字闸门门体安装可采用4.8.1.7所述的测量器具，但有条件时应优先采用电子经纬仪/全站仪三维坐标测量系统作为测量工具。

5.8.2 底枢装置安装应按表22进行检验。

表22

序号	检 验 项 目	检 验 方 法
1	底枢轴孔或蘑菇头中心的位置度	以孔口中心线和里程控制点为基准，用4.8.1.7所述的测量仪器测轴孔中心或蘑菇头中心左右方向和里程方向的偏差，其合成值为底枢轴孔或蘑菇头中心的位置度
2	左、右两蘑菇头的高程	以高程控制点为基准，用4.8.1.7所述测量仪器进行测量
3	底枢轴座的水平倾斜度	用水准仪和标尺测量

5.8.3 门叶安装应以底横梁中心线为水平基准，以门叶中心线为铅垂基准，并在门轴柱和斜接柱端板及其他必要部位悬挂铅垂线进行控制与检查。

5.8.4 分节安装的闸门，工地焊缝应按4.5的规定进行焊接质量检验，按4.9的规定进行防腐蚀质量检验，按5.7的规定进行几何尺寸检验。

5.8.5 顶枢装置安装应按表23进行检验。

表 23

序号	检验项目	检验方法
1	顶枢埋件高程位置	以门叶上顶枢轴座板的实际高程为基准进行安装，用4.8.1.7所述的测量仪器进行测量
2	拉杆两端的高差	用水准仪和标尺测量
3	两拉杆中心线的交点与顶枢中心的重合度	用4.8.1.7所述的测量仪器进行测量
4	顶枢轴线与底枢轴线的同轴度	用4.8.1.7所述的测量仪器进行测量

5.8.6 支、枕座及支、枕垫块安装应按表24进行检验。

表 24

序号	检验项目	检验方法
1	支、枕座中心的对称度	过顶部和底部支座或枕座的中心拉钢丝线，用钢直尺测中间支、枕座中心至钢丝线的距离
2	支、枕座中心连线与顶枢、底枢轴线的平行度	用4.8.1.7所述的测量仪器进行测量
3	枕垫块的对称度	过顶部和底部枕垫块的中心拉钢丝线，用钢直尺测中间枕垫块中心至钢丝线的距离
4	枕垫块的垂直度	由顶部枕垫块中心挂铅垂线，测底部枕垫块中心至铅垂线的距离
5	支、枕垫块间的间隙及间隙长度	用塞尺测量间隙，用钢卷尺测量间隙长度
6	互相接触的支、枕垫块中心线的对称度	用钢直尺测量

5.8.7 支、枕垫块与支、枕座间浇注填料时，如果浇注环氧填料，应用钢直尺测量环氧垫层的厚度；如果浇注巴氏合金，则当支、枕垫块与支、枕座间的间隙小于 7mm 时，应用红外测温仪测量垫块和支、枕座在浇注时的温度。

5.8.8 旋转门叶从全开到全关过程中，斜接柱上任意一点的跳动量用水准仪和标尺测量。

5.8.9 人字门背拉杆应在门叶自由悬挂状态下进行调整，并采用应变电测法对背拉杆应力进行检验；门叶底横梁在斜接柱下端点的位移用百分表监控；门轴柱和斜接柱的正面直线度、门叶横向直线度的检验方法见 4.8.3.1。

5.8.10 闸门止水装置安装质量采用痕迹法或透光法目视检查。关闭单扇门叶时，检查门轴柱支、枕垫块（侧水封与侧止水板）、底水封与底止水板是否均匀接触；关闭两扇门叶时，检查斜接柱支垫块间（中间水封与止水板）是否均匀接触。

5.8.11 在无水状态下调试人字闸门时，应充分考虑到环境温差对门体有关几何尺寸及相互位置的影响。

5.9 闸门试验

闸门安装后，应按 GB/T 14173—2008 第 8.5 节的规定进行试验检查。

6 拦污栅检验

6.1 拦污栅制造检验

6.1.1 拦污栅制造检验除应符合第4章规定外，还应符合本节规定。

6.1.2 拦污栅（含埋件）制造应按表25进行几何尺寸检验。

6.1.3 当拦污栅与检修门共用启闭设备时，栅体吊耳孔还应参照表14中序号36、37和38的要求进行检验。

表25

序号	检验项目		检验方法
1	埋件	工作面直线度	见4.8.3.1
2		侧面直线度	见4.8.3.1
3		工作面局部平面度	1m平尺紧靠工作面，用塞尺或钢直尺测量平尺与工作面的间隙
4		扭曲	见4.8.3.4
5	栅体厚度		用钢卷尺测量
6	栅体外形宽度		用钢卷尺测量
7	栅体外形高度		用钢卷尺测量
8	单节栅体高度对应边之差		用钢卷尺测栅体两侧外形高度，取其差值
9	栅体对角线相对差		在顶、底横梁中心线和两边梁中心线的交会点，用钢卷尺测对角距离，取差值
10	栅体扭曲		见4.8.3.4
11	栅条间距		用钢直尺测量
12	栅体吊耳中心对栅体中心距		用钢卷尺测吊耳孔中心至栅体中心线的距离
13	滚轮或滑道支承工作面所组平面的平面度		见4.8.3.2

表 25（续）

序号	检验项目	检验方法
14	滑块或滚轮的跨度	用钢卷尺测量
15	同侧滚轮或滑道支承对栅体中心线的距离	用钢卷尺测每个滚轮或滑道的中心至栅体中心线的距离，左、右两侧分别记录
16	两边梁下端面所组平面的平面度	见 4.8.3.2

6.2 拦污栅安装检验

6.2.1 拦污栅安装检验除应符合第 4 章规定外，还应符合本节规定。

6.2.2 拦污栅安装应按表 26 进行检验。

表 26

序号	检验项目	检验方法
1	底槛里程	以里程控制点为基准，用 4.8.1.7 所述的测量仪器进行测量
2	底槛高程	以高程控制点为基准，用 4.8.1.7 所述的测量仪器进行测量
3	底槛工作表面一端对另一端的高差	用水准仪和标尺测量
4	底槛对孔口中心线的距离	用钢卷尺测底槛端部中心至孔口中心线的距离
5	主轨对栅槽中心线的距离	参见表 11 序号 1
6	主轨对孔口中心线的距离	参见表 11 序号 2
7	反轨对栅槽中心线的距离	参见表 11 序号 1
8	反轨对孔口中心线的距离	参见表 11 序号 2
9	倾斜设置的拦污栅埋件的倾斜角度	以里程控制点为基准，用 4.8.1.7 所述的测量仪器测埋件最高点和最低点的里程差，按三角关系计算倾斜角度

6.2.3 活动拦污栅安装后应作升降试验和互换试验，检查栅槽有无卡滞情况，栅体动作和各节的连接是否可靠。使用清污机清污的拦污栅，应试验栅体结构与栅槽埋件是否满足清污机的运行要求。

7　压力钢管检验

7.1　压力钢管制造检验

7.1.1　压力钢管制造检验除应符合第4章规定外，还应符合本节规定。

7.1.2　压力钢管应按 SL 432—2008 第4.1.6条、第4.1.7条的规定进行标记。

7.1.3　钢板下料前，应按 SL 432—2008 第3.4条c）项、第4.1.8条的规定做超声波检测。

7.1.4　压力钢管纵缝和环缝的设置应符合 SL 432 的规定，设置位置采用钢卷尺检查验证，检查项目包括：纵缝与水平轴线和垂直轴线错开的距离、同一管节纵缝错开的距离、相邻管节纵缝错开的距离、相邻环缝间的距离。

7.1.5　压力钢管卷板质量应按照 SL 432—2008 第4.1.12条的规定进行检查和验证。

7.1.6　压力钢管卷板后，应对瓦片的弧度进行检验。检验时瓦片应以自由状态立于平台上，弧度样板靠在瓦片上，用钢直尺或塞尺测量样板与瓦片的间隙。弧度样板弦长应符合 SL 432—2008 第4.1.13条的规定。

7.1.7　压力钢管焊接前应在平台上做对圆检验，检验项目和检验方法应符合表27的规定。

表 27

序号	检验项目	检验方法
1	管口平面度	钢管立在平台上，用水准仪和标尺在上部管口对称选取8点测量相对标高，最大值和最小值之差为该管口的平面度

表 27（续）

序号	检 验 项 目	检 验 方 法
2	周长	在每个管口距边沿 50mm 处用钢卷尺测量。测量值除了与设计值比较外，还要比较相邻管节的周长差
3	纵缝对口径向错边量	用弧度样板紧靠管壁，用塞尺或钢直尺测坡口两侧的间隙差
4	环缝对口径向错边量	用焊缝检验尺测量

7.1.8 压力钢管纵缝焊接后，应按表 28 进行检验。

表 28

序号	检 验 项 目		检 验 方 法
1	纵缝处弧度		用开有避缝缺口的弧度样板紧靠管壁，用钢直尺或塞尺测样板与管壁的间隙，取最大值。样板弦长应符合 SL 432—2008 第 4.1.17 条的规定，避缝缺口应开在样板圆弧的中间位置
2	周长		在每个管口距边沿 50mm 处用钢卷尺测量
3	横截面的形状和尺寸	圆形截面的圆度	每个管口用钢卷尺测 2 对相互垂直的直径，两次测量错开 45°，取差值较大的两相互垂直直径之差为被测管口的圆度
		椭圆形截面的长、短轴尺寸	用钢卷尺在两端管口处测量
		矩形截面的长、短边尺寸及对角线相对差	用钢卷尺测量。每节钢管至少测三个截面
4	管节长度		用钢卷尺测量

7.1.9 带加劲环、支承环、止推环、阻水环的钢管，应按表29增加检验项目。

表 29

序号	检 验 项 目	检 验 方 法
1	带加劲环钢管的同端管口直径差	用钢卷尺测量，每个管口应测两对直径，取最大直径与最小直径之差
2	加劲环、支承环、止推环、阻水环的内圈弧度	弧度样板紧靠环的内圈，用钢直尺或塞尺测样板与内圈的间隙。样板弦长应符合 SL 432—2008 表 4 的规定
3	与钢管外壁的局部间隙	用钢直尺或塞尺测量
4	加劲环、支承环、止推环、阻水环与管壁的垂直度	直角尺一边靠管壁为基准，测另一边至环壁内、外径处的距离差
5	加劲环、支承环、止推环或阻水环所组成的环形平面与管轴线的垂直度	测上下和左右对称位置环壁至管口的距离差，取大值
6	相邻两环的距离	用钢卷尺测量
7	加劲环、支承环、止推环、阻水环的对接焊缝与钢管纵缝错开的距离	用钢卷尺测量

7.1.10 肋梁系岔管除了按管节要求进行检验外，在整体预组装或组焊时，还应按表30进行检验。采用电子经纬仪/全站仪三维坐标测量系统时，岔管可不调平；采用其他测量器具时，应将岔管调平。

表 30

序号	检 验 项 目	检 验 方 法
1	管长	用 4.8.1.7 所述测量器具测量主管管口中心分别至各支管管口中心的距离。采用钢卷尺时，将管口中心投影在平台上测量

表 30（续）

序号	检验项目	检验方法
2	主、支管的管口圆度	每个管口用钢卷尺测 2 对相互垂直的直径，两次测量错开 45°，取差值较大的两相互垂直直径之差为被测管口的圆度
3	主、支管的管口实测周长与设计周长差	在每个管口距边沿 50mm 处用钢卷尺测量，将实测值与设计值进行比较
4	支管中心距离	用 4.8.1.7 所述测量器具测量支管管口中心间的距离。采用钢卷尺时，将管口中心投影在平台上测量
5	主、支管的中心高程相对差	用水准仪和标尺测量
6	主、支管的管口垂直度	由管口顶部中心挂垂线，用钢直尺测管口顶部中心和底部中心至垂线的距离差
7	主、支管管口平面度	用电子经纬仪/全站仪三维坐标测量系统测量，或将岔管调水平，每个管口对称选取 8 点投影在平台上，能够包容 8 个投影点的距离最小的两平行直线间的距离为该管口的平面度
8	纵缝对口错边量	用弧度样板紧靠管壁，用塞尺或钢直尺测坡口两侧的间隙差
9	环缝对口错边量	用焊缝检验尺测量

7.1.11 球形岔管制造时，球壳板的几何尺寸用钢卷尺配合其他工器具进行检测，检测项目包括长度方向弦长、宽度方向弦长以及对角线相对差。球壳板的曲率用样板检查，样板弦长应符合 SL 432—2008 第 4.2.3 条的规定，将样板靠在球壳板上，用钢直尺或塞尺测量样板与球壳板的间隙。

7.1.12 球形岔管整体预组装或组焊时，除了参照肋梁系岔管的相关要求进行检测外，还应按表 31 进行检验。

表 31

序号	检验项目	检验方法
1	主、支管口至球岔中心距离	用电子经纬仪/全站仪三维坐标测量系统分别测出主、支管口的中心以及球岔的中心，然后进行距离计算
2	分岔角度	用电子经纬仪/全站仪三维坐标测量系统分别测出各支管管口平面，然后计算面与面之间的夹角
3	球壳圆度	用电子经纬仪/全站仪三维坐标测量系统测量
4	球岔顶、底至球岔中心距离	用电子经纬仪/全站仪三维坐标测量系统测量

7.1.13 套筒式伸缩节除按管节要求进行检验外，还应按表 32 进行检验。

表 32

序号	检验项目	检验方法
1	内、外套管和止水压环焊接后的弧度	用样板和塞尺测量，样板弦长应符合 SL 432—2008 表 4 的规定，套管应至少检查 3 个断面
2	内、外套管和止水压环的直径	用钢卷尺测量，应至少对称测量 2 对直径
3	内、外套管的周长	距每个管口边沿 50mm 处用钢卷尺测量
4	内、外套管间隙	用钢直尺测量，应至少对称测量 8 个部位
5	伸缩行程	用钢卷尺测量

7.1.14 波纹管伸缩节的检验应符合设计图样或 GB/T 12522、GB/T 12777、GB/T 16749 的规定，并进行 1.5 倍工作压力的水

压试验或 1.1 倍工作压力的气密性试验。

7.2 压力钢管安装检验

7.2.1 压力钢管安装检验除应符合第 4 章规定外，还应符合本节规定。

7.2.2 埋管安装应按表 33 进行检验。几何尺寸检验宜优先采用电子经纬仪/全站仪三维坐标测量系统。

表 33

序号	检验项目	检验方法
1	始装节管口中心偏差	根据高程控制点用水准仪和标尺测管口水平中心线高程与设计高程的偏差 a_1，在管口顶部中心挂线锤用钢直尺测管口垂直中心线与设计轴线的偏差 a_2，管口中心偏差 $a=\sqrt{a_1^2+a_2^2}$
2	与蜗壳、伸缩节、蝴蝶阀、球阀、岔管连接的管节及弯管起点的管口中心偏差	
3	其他部位管节的管口中心偏差	
4	始装节的里程	通过挂铅垂线，分别将管口顶部中心和底部中心投影在地平上，两投影点的中点即为管口中心的投影点，比较此点与里程控制点的位置关系，得到始装节或弯管起点的里程
5	弯管起点的里程	
6	始装节两端管口垂直度	管子调水平后，在两端管口分别挂垂线，测顶部管口中心和底部管口中心至垂线的距离差
7	钢管横截面的形状和尺寸	见表 28 序号 3
8	管口平面度	在管口上对称选取 8 点投影在平台上，能够包容 8 个投影点的距离最小的两平行直线间的距离为该管口的平面度
9	工卡具、吊耳、内支撑和其他临时构件的拆除	检查焊接与拆除工艺是否正确，母材是否有损伤或裂纹，必要时做表面探伤检测

表 33（续）

序号	检验项目	检验方法
10	钢管内、外壁局部凹坑的处理和焊补	检查凹坑是否做了妥善处理
11	埋管安装牢固度	检查钢管是否与支墩和锚栓焊牢，防止回填浇筑时发生移位
12	埋管安装后灌浆孔的处理工艺	查验灌浆孔的处理是否符合工艺要求，采用熔化焊封堵时，应按 JB/T 6061 或 JB/T 6062 做表面无损检测抽检

7.2.3 明管安装应按表 34 进行检验。几何尺寸检验宜优先采用电子经纬仪/全站仪三维坐标测量系统。

表 34

序号	检验项目	检验方法
1	鞍式支座的顶面弧度	用样板、钢直尺或塞尺测量，样板应符合 SL 432—2008 表 4 的规定
2	滚轮式、摇摆式和滑动式支座支墩垫板的高程	用水准仪和标尺测量
3	滚轮式、摇摆式和滑动式支座支墩垫板纵、横向中心偏差	用钢卷尺分别测垫板中心至里程控制点和安装轴线的距离，根据设计值计算其偏差
4	支墩垫板与钢管设计轴线的倾斜度	用水准仪和标尺测支墩垫板两端的高程差然后计算
5	滚轮式、摇摆式和滑动式支座安装后接触面积	用塞尺测间隙，用钢直尺量间隙长度，然后计算接触面积
6	滚轮式、摇摆式和滑动式支座安装后垫板局部间隙	用塞尺测量
7	始装节管口中心偏差	见表 33 序号 1、2、3
8	与蜗壳、伸缩节、蝴蝶阀、球阀、岔管连接的管节及弯管起点的管口中心偏差	
9	其他部位管节的管口中心偏差	

表 34（续）

序号	检 验 项 目	检 验 方 法
10	钢管横截面的形状和尺寸	见表 28 序号 3
11	工卡具、吊耳、内支撑和其他临时构件的拆除	检查焊接与拆除工艺是否正确，母材是否有损伤或裂纹，必要时做表面探伤检测
12	钢管内、外壁局部凹坑的处理和焊补	检查凹坑是否做了妥善处理

7.3 压力钢管水压试验

7.3.1 压力钢管应按设计要求进行水压试验。

7.3.2 压力钢管水压试验前应按表 35 进行检查。

表 35

序号	检 验 项 目	检 验 方 法
1	钢管制造、安装质量是否已检验合格	查验制造、安装检验文件
2	是否具有完善的水压试验方案	查验水压试验方案
3	试验压力值是否符合设计文件规定	查验设计文件
4	闷头型式是否经过强度和刚度计算	查验闷头选型文件
5	水压试验的水温是否合适	根据气候状况监控水温
6	水压试验用压力表是否符合规定	查验压力表的量程和检定证书
7	压力表安装位置是否符合要求	现场检查
8	充水前连接于钢管上的临时支撑等拘束条件是否已全部解除	现场检查
9	充水前是否对管壁上的焊疤、划痕等进行了打磨修补	现场检查
10	是否在最高处设置了排气管阀	现场检查
11	加压前是否已排气	现场监控
12	加压速度是否符合规定	现场监控

7.3.3 在工作压力和最大试验压力，应按表36检验并记录水压试验状况。

表36

序号	检验项目	检验方法
1	试验压力	记录压力表示值
2	保压时间	记录压力表的稳定示值时间
3	压力表指针稳定性	现场观察
4	钢管有无渗水	现场检查
5	混凝土有无开裂	现场检查
6	镇墩有无异常变位	现场检查
7	钢管内部缺陷有无扩展	用声发射检测系统监控
8	有无其他异常	现场检查

7.3.4 水压试验过程中，出现问题需要处理时，处理程序应符合规定。

7.3.5 水压试验完成后，卸压和排水程序应符合规定。

8 启闭机检验

8.1 固定卷扬式启闭机制造检验

8.1.1 固定卷扬式启闭机制造检验除应符合第4章规定外，还应符合本节规定。

8.1.2 固定卷扬式启闭机厂内应进行整体组装，检查零部件的完整性和结构尺寸的正确性。厂内组装时应按表37对主要零部件的制造质量和装配质量进行检验。

表37

<table>
<tr><th>序号</th><th colspan="2">检验项目</th><th>检验方法</th></tr>
<tr><td>1</td><td colspan="2">电动机、减速器、制动器、轴承等主要外购件</td><td>查验规格型号是否与设计一致，是否有合格证书</td></tr>
<tr><td>2</td><td colspan="2">高度控制器、荷载控制器等控制系统部件</td><td>查验合格证及安装、校验、调试说明书，精度、功能是否满足设计要求</td></tr>
<tr><td>3</td><td colspan="2">电气控制柜</td><td>查验电气保护功能完善性以及主要零部件与设计的一致性</td></tr>
<tr><td>4</td><td colspan="2">卷筒轴、传动轴、卷筒、铸造滑轮、开式齿轮、联轴器、制动轮、调速器活动轴套、减速器、轴承盖座等主要受力部件的材质</td><td>查验材质证书</td></tr>
<tr><td>5</td><td colspan="2">钢丝绳</td><td>查验规格型号是否与设计一致，是否有合格证书；设计有预拉要求时查验是否已预拉</td></tr>
<tr><td rowspan="2">6</td><td rowspan="2">机架</td><td>构件检验</td><td>见4.8.4</td></tr>
<tr><td>加工面间相对高度</td><td>机架调平后用水准仪和标尺测量</td></tr>
</table>

表 37（续）

序号	检验项目		检验方法
7	制动轮与制动器	制动轮工作表面粗糙度	用粗糙度样块比对或用粗糙度仪测量
		制动面硬度	用硬度计测量，每个制动轮对称取 4 个测区，每个测区沿制动面宽度方向测 3 点，取全部测点的平均值
		制动轮表面缺陷	目视检查
		制动轮径向跳动	用百分表测量
		制动带与制动轮的接触面积	用塞尺测间隙，用钢直尺测间隙长度
		制动带与制动闸瓦的装配	目视检查
		制动轮与闸瓦的间隙	用人力推动使制动器闸瓦打开，用塞尺测间隙
8	联轴器	铸造缺陷	目视检查
		表面裂纹	目视检查
9	开式齿轮副与减速器	齿面粗糙度	用粗糙度样块比对或用粗糙度仪测量
		齿面硬度	用硬度计测量，每个齿轮对称测 4 个齿面，每个齿面沿齿宽方向测 3 点，取全部测点的平均值
		齿轮表面缺陷及处理方式	目视检查，必要时做表面探伤检测
		接触斑点	将红丹抹在小齿轮上，试运行后用钢直尺测量齿面上啮合痕迹的长度和宽度，与齿面尺寸进行比较
		侧隙	用塞尺检查
		中心距	用钢卷尺测量
		减速器箱体结合面间隙	用塞尺测量
		减速器箱体结合面外边缘的错边	用钢直尺测量
		减速器空转噪声	用噪声计测量，测量时仪器与减速器水平，距离为 1m

表 37（续）

序号	检验项目		检验方法
10	卷筒	壁厚	用深度尺在相距最远的两个钢丝绳压板螺孔部位测量
		绳槽底径公差及圆柱度	用外径千分尺测量或用外卡钳结合内径千分尺测量
		绳槽与样板间隙	用塞尺测量
		绳槽表面粗糙度	用粗糙度样块比对
		铸造缺陷及处理方式	目视检查
		表面裂纹	目视检查，必要时做表面探伤检测
		钢丝绳压板螺孔是否有破碎和断裂	目视检查
		过渡绳槽顶峰是否铲平、磨光	目视检查
		焊接卷筒的焊接质量	应在加工前按 4.5 检验焊接质量
11	滑轮	绳槽两侧壁厚	用游标卡尺测量
		绳槽表面粗糙度	用粗糙度样块比对
		绳槽与样板间隙	用塞尺测量
		铸造缺陷及处理方式	目视检查
		表面裂纹	目视检查，必要时做表面探伤检测
		装配后转动灵活性及侧向摆动	手动试验转动灵活性，用百分表测量侧向摆动
12	离心式调速器	配合面表面粗糙度	用粗糙度样块比对
		活动锥套截面壁厚差	用游标卡尺测量
		角形杠杆和轴销的外观	目视检查
		摩擦制动带与活动锥面的装配	目视检查
		制动带与固定支座锥面的接触面积	用塞尺检查
		左右锥套的轴向移动	试验
		摆动飞球角形杠杆动作灵活性	试验

8.1.3 固定卷扬式启闭机厂内空运转试验应按表 38 进行检验。

表 38

序号	检验项目		检验方法
1	试验前检查	所有零部件是否均已检验合格	查验检验文件
2		组装的完整性	现场检查
3		螺栓的紧固性	现场检查
4		整个线路绝缘电阻	用兆欧表测量
5	试验过程检查	电动机运行性能	观察运行是否平稳，有无异常响声、振动或发热
6		电动机三相电流不平衡度	电流表同时记录三相电流值 不平衡度$=\|I_{单相}-I_{平均}\|_{max}\div I_{平均}\times100\%$
7		电气设备	用红外测温仪检查有无异常发热，目视检查触头有无烧损
8		机械部件运转性能	视听法观察有无冲击声和其他异常声音
9		电气控制及操作系统的可靠性	观察电气控制和操作器件动作是否正确无误
10		制动器松闸间隙	检查松闸时是否全部打开，间隙是否均匀
11		制动器松闸电流	用钳形电流表测量
12		电磁线圈温度	松闸持续 2min，用红外测温仪检测温度和温升
13	试验后检查	各零部件的紧固性	目视检查

8.2 固定卷扬式启闭机安装检验

8.2.1 固定卷扬式启闭机安装检验除应符合第 4 章规定外，还应符合本节规定。

8.2.2 固定卷扬式启闭机安装应按表39进行检验。

8.2.3 固定卷扬式启闭机安装后的试运行试验、无荷载试验和荷载试验，试验前均应按表40进行试验前检查，试验过程均应按表41进行检验并记录。

表39

序号	检验项目	检验方法
1	基础螺栓的位置和长度	用钢卷尺分别测基础螺栓至里程基准和安装轴线的距离；螺栓长度用钢直尺测量
2	安装平台的高程	根据高程基准，用水准仪和标尺测安装平台的高程
3	安装平台的水平偏差	用水准仪和标尺分别测量安装平台上下游方向和左右方向的高差，再用钢卷尺分别测量两个方向的距离，用高差除以对应的距离并用千分数表示
4	纵、横向中心线偏差	用线锤和钢卷尺，按设计标注位置和尺寸进行检测并计算

表40

序号	检验项目	检验方法
1	减速器的清洗、注油及渗漏	现场检查
2	螺栓的紧固性	现场检查
3	钢丝绳在上下极限位的长度	试验
4	钢丝绳的缠绕状况	现场检查
5	高度指示装置	检查是否已调试完毕
6	荷载控制装置	检查是否已调试完毕
7	转动部位的润滑	检查注油情况
8	电气设备	检查是否已安装调试完毕
9	接地检查	检查地线连接情况
10	整个线路的绝缘电阻	兆欧表测量
11	照明	检查现场照明是否已按要求完成

表 41

序号	检 验 项 目	检 验 方 法
1	荷载状况	记录闸门连接情况及水位、水流状况
2	试验行程	根据实际试验过程记录
3	电动机运行性能	视听法观察运行是否平稳，有无异常响声、振动或发热
4	电动机三相电流不平衡度	电流表同时记录三相电流值 不平衡度 $= \lvert I_{单相} - I_{平均} \rvert_{max} \div I_{平均} \times 100\%$
5	电气设备	用红外测温仪检查有无异常发热，目视检查控制器触头有无烧损
6	机械部件运转性能	视听法观察有无冲击声和其他异常声音
7	电气控制及操作系统的可靠性	观察电气控制和操作器件动作是否正确无误
8	保护装置及信号状态	现场检查
9	开式齿轮啮合状况	目视检查
10	极限位置自动停机的有效性	试验
11	钢丝绳有无干涉或摩擦	目视检查
12	制动器制动性能	试验
13	制动器松闸间隙	检查松闸时是否全部打开，间隙是否均匀
14	制动器松闸电流	用钳形电流表测量
15	电磁线圈温度	松闸持续 2min，用红外测温仪检测温度和温升
16	整机润滑状况	视听法检查
17	快速闸门启闭机的闭门时间	试验，用秒表计时
18	试验结束后机构有无破损或松动	目视检查

8.3 螺杆启闭机制造检验

8.3.1 螺杆启闭机制造检验除应符合第4章规定外，还应符合本节规定。

8.3.2 螺杆启闭机厂内组装时应按表42对主要零部件的质量进行检验。

表 42

序号	检验项目		检验方法
1	电动机		查验规格型号是否与设计一致，是否有合格证书
2	高度控制器、荷载控制器等控制系统部件		查验合格证及安装、校验、调试说明书，精度、功能是否满足设计要求
3	电气控制柜		查验电气保护功能的完善性以及主要零部件与设计的一致性
4	螺杆、螺母、蜗杆、蜗轮、机箱等的材质		查验材质证书
5	螺杆	直线度	见4.8.3.1，至少测相互垂直的两个方向
6		螺纹表面粗糙度	用粗糙度样块比对
7		表面质量	目视检查
8		螺纹精度	用通端环规和止端环规分别检验
9	螺母	螺纹外观质量	目视检查
10		螺纹表面粗糙度	用粗糙度样块比对
11		表面裂纹	目视检查
12		螺纹精度	用通端塞规和止端塞规分别检验
13	蜗杆	齿面硬度	用硬度计测量
14		齿面粗糙度	用粗糙度样块比对
15		表面裂纹	目视检查
16		外观质量	目视检查

表 42（续）

序号	检验项目		检验方法
17	蜗轮	齿面粗糙度	用粗糙度样块比对
18		表面裂纹	目视检查
19		外观质量	目视检查
20	机箱和机座	表面裂纹	目视检查
21		外观质量	目视检查
22		机箱结合面间隙	用塞尺测量

8.3.3 螺杆启闭机厂内空运转试验应按表 43 进行检验。

表 43

序号	检验项目		检验方法
1	试验前检查	所有零部件是否均已检验合格	查验检验文件
2		组装的完整性	现场检查
3		螺栓的紧固性	现场检查
4		整个线路绝缘电阻	用兆欧表测量
5	试验过程检查	手摇机构灵活性	手动试验
6		手电互锁功能	试验
7		电动机运行性能	视听法观察运行是否平稳，有无异常响声、振动或发热
8		电动机三相电流不平衡度	电流表同时记录三相电流值 不平衡度$=\lvert I_{单相}-I_{平均}\rvert_{max}\div I_{平均}\times100\%$
9		电气设备	用红外测温仪检查有无异常发热，目视检查控制器触头有无烧损
10		机械传动部件运转性能	视听法观察有无冲击声或其他异常声音
11		电气控制及操作系统的可靠性	观察电气控制和操作器件动作是否正确无误
12		行程开关的有效性	试验
13		机箱结合面有无渗漏	目视检查
14	试验后检查	连接件有无松动	目视检查

8.4 螺杆启闭机安装检验

8.4.1 螺杆启闭机安装检验除应符合第4章规定外，还应符合本节规定。

8.4.2 螺杆启闭机安装应按表44进行检验。

表44

序号	检验项目	检验方法
1	基础螺栓埋设位置及螺栓长度	用钢卷尺分别测基础螺栓至里程基准和安装轴线的距离；用钢直尺测螺栓长度
2	安装平台高程	根据高程基准，用水准仪和标尺测安装平台的高程
3	安装平台水平偏差	用水准仪和标尺分别测量安装平台上下游方向和左右方向的高差，再用钢卷尺分别测量两个方向的距离，用高差除以对应的距离并用千分数表示
4	机座纵、横向中心线偏差	用钢卷尺分别测机座中心至里程基准和安装轴线的距离
5	机座与基础板的局部间隙	用塞尺测量
6	机座与基础板的接触面积	用塞尺测间隙，用钢卷尺测间隙长度

8.4.3 螺杆启闭机安装后的试运行试验、无荷载试验和荷载试验，试验前均应按表45进行试验前检查，试验过程均应按表46进行检验并记录。

表45

序号	检验项目	检验方法
1	机箱清洗、注油及结合面渗漏	现场检查
2	螺栓的紧固性	现场检查
3	高度指示装置	检查是否已调试完毕
4	荷载控制装置	检查是否已调试完毕

表 45（续）

序号	检验项目	检验方法
5	电气设备	检查是否已安装调试完毕
6	接地检查	检查地线连接情况
7	整个线路的绝缘电阻	用兆欧表测量
8	照明	检查现场照明是否已按要求完成

表 46

序号	检验项目	检验方法
1	荷载状况	记录闸门连接情况及水位、水流状况
2	试验行程	根据实际试验过程记录
3	电动机运行性能	视听法观察运行是否平稳，有无异常响声、振动或发热
4	电动机三相电流不平衡度	电流表同时记录三相电流值 不平衡度 $= \lvert I_{单相} - I_{平均} \rvert_{max} \div I_{平均} \times 100\%$
5	电气设备	用红外测温仪检查有无异常发热，目视检查控制器触头有无烧损
6	机械传动部件运转性能	视听法观察有无冲击声和其他异常声音
7	电气控制及操作系统的可靠性	观察电气控制和操作器件动作是否正确无误
8	保护装置及信号状态	现场检查
9	极限位置自动停机的有效性	试验
10	试验结束后机构有无破损或松动	目视检查
11	双吊点同步性能	目视检查

8.5 液压启闭机制造检验

8.5.1 液压启闭机制造检验除应符合第 4 章规定外，还应符合本节规定。

8.5.2 液压启闭机厂内组装时应按表 47 对主要零部件的质量进行检验。

表 47

序号	检验项目		检验方法
1	油泵		查验规格型号是否与设计一致，是否有合格证书
2	高度控制器、荷载控制器等控制系统部件		查验合格证及安装、校验、调试说明书，精度、功能是否满足设计要求
3	电气控制柜		查验电气保护功能的完善性以及主要零部件与设计的一致性
4	缸体	结构形式与材质	查验与设计的一致性
5		缸体焊缝	见 4.5
6		锻钢件内部质量	用超声波检测，执行 GB/T 6402
7		缸体内径	用内径千分尺测量
8		缸体内径圆度	用圆度仪测量
9		缸体内表面母线直线度	用符合 GB/T 1957 规定的光滑极限量规检验
10		缸体法兰端面圆跳动	用百分表测量
11		缸体内表面粗糙度	用粗糙度样块比对或用粗糙度仪测量
12	缸盖	材质	查验材质证书
13		内部质量	用超声波检测，执行 GB/T 6402 或 GB/T 7233.1
14	活塞	活塞外径	用外径千分尺测量
15		表面粗糙度	用粗糙度样块比对或用粗糙度仪测量

表 47（续）

序号	检验项目		检验方法
16	活塞杆	导向段外径	用外径千分尺测量
17		母线直线度	见 4.8.3.1
18		表面粗糙度	用粗糙度样块比对或用粗糙度仪测量
19		镀层厚度	用磁性涂层测厚仪测量
20	导向套		目视检查
21	油箱		目视检查
22	液压元件		查验合格证及试压记录
23	密封件		查验合格证和质量证书
24	紧固件		目视检查

8.5.3 液压启闭机厂内试验时应按表 48 进行检验并记录。

表 48

序号	检验项目		检验方法
1	试验前检查	所有零部件是否均已检验合格	查验检验文件
2		零件清洗是否符合要求	现场检查
3		组装的完整性	现场检查
4		螺栓的紧固性	现场检查
5		试验用油的品质	现场检查
6		压力表	检查精度、量程是否符合要求
7		整个线路绝缘电阻	用兆欧表测量
8	试验过程检查	油泵运行性能	视听法观察运行是否平稳，有无异常响声、振动或发热
9		液压缸运行性能	视听法检查
10		启动压力	记录压力表示值
11		试验压力	记录压力表示值

表 48（续）

序号	检 验 项 目		检 验 方 法
12	试验过程检查	油缸外部泄漏	目视检查
13		油缸内部泄漏	用量杯测量
14		油箱渗漏	目视检查
15		电气设备	用红外测温仪检查有无异常发热，目视检查控制器触头有无烧损
16		电气控制及操作系统的可靠性	观察电气控制和操作器件动作是否正确无误
17		行程开关的有效性	试验
18	试验后检查	设备有无松动、变形或损坏	目视检查

8.6 液压启闭机安装检验

8.6.1 液压启闭机安装检验除应符合第 4 章规定外，还应符合本节规定。

8.6.2 液压启闭机安装应按表 49 进行检验。

表 49

序号	检 验 项 目	检 验 方 法
1	机架横向中心线偏差	用钢卷尺测机架中心至安装轴线的距离
2	高程	根据高程基准，用水准仪和标尺测安装平台的高程
3	双吊点启闭机两支承面的高差	用水准仪和标尺测量
4	机架钢梁与推力支座的组合面间隙	用塞尺测量
5	推力支座顶面水平偏差	用水准仪和标尺测量两端标高差

8.6.3 液压启闭机安装后应进行试验与检测。试验前应按表50进行试验前检查，试验过程应按表51进行检验并记录。

表 50

序号	检验项目	检验方法
1	管路冲洗	现场检查管路冲洗是否符合规定
2	液压油品质	现场检查
3	液压油渗漏	目视检查
4	螺栓的紧固性	目视检查
5	高度指示装置	检查是否已调试完毕
6	荷载控制装置	检查是否已调试完毕
7	电气设备	检查是否已安装调试完毕
8	接地检查	检查接地连接情况
9	整个线路的绝缘电阻	用兆欧表测量
10	照明	检查现场照明是否符合要求

表 51

序号	检验项目	检验方法
1	荷载状况	记录闸门连接情况及水位、水流情况
2	试验行程	记录实际试验的行程
3	油泵运行性能	视听法观察运行是否平稳，有无异常响声、振动或发热
4	液压系统运行性能	视听法检查
5	电气设备	用红外测温仪检查有无异常发热，目视检查控制器触头有无烧损
6	液压缸运行性能	视听法观察有无冲击声和其他异常声音
7	电气控制及操作系统的可靠性	观察电气控制和操作器件动作是否正确无误
8	保护装置及信号状态	现场检查
9	极限位置自动停机的有效性	试验
10	快速闸门启闭机的闭门时间	试验，用秒表计时
11	闸门沉降量	用钢卷尺测量
12	双吊点自动纠偏性能	试验观察
13	试验结束后设备有无破损或松动	目视检查

8.7 移动式启闭机制造检验

8.7.1 移动式启闭机制造检验除应符合第4章规定外，还应符合本节规定。

8.7.2 移动式启闭机厂内组装时应按表52对主要零部件的质量进行检验。

表52

序号	检验项目		检验方法
1	门架和桥架	单个构件的几何尺寸	见4.8.4
2		跨中上拱度	在主梁腹板对应位置用水准仪和标尺测主梁跨中与两端的高程差
3		桥架对角线差	在主梁中心线和端梁中心线四个交会点，用钢卷尺测对角距离，取差值
4		主梁的水平弯曲	在主梁侧面腹板上用等高垫块、弦线和钢直尺测量，测点距上盖板100mm
5		悬臂端上翘度	在悬臂梁腹板对应位置用水准仪和标尺测悬臂梁两端的高程差
6		主梁上翼缘水平偏斜	用水准仪和标尺测主梁上翼缘宽度方向上的高程差，测点应在长筋板处
7		主梁腹板的垂直偏斜	挂垂线，用钢直尺测腹板顶部和底部距垂线的距离差
8		腹板波浪度	以1m平尺紧靠腹板，用塞尺或钢直尺测平尺与腹板的间隙
9		门架高度相对差	用钢卷尺测量

表 52（续）

序号	检验项目		检验方法
10	车轮	硬度	用硬度计测量
11		淬硬层深度	带样试验
12		铸造缺陷及处理	目视检查
13		表面质量	目视检查
14		内部质量	用超声波检测，执行 GB/T 7233.1
15		装配质量	检查转动是否灵活，用百分表测径向跳动和端面跳动
16	自动挂脱梁	吊点中心距	用钢卷尺测量
17		转动轴和销轴	检查表面防腐质量及转动的灵活性
18		液压梁的水密性	试验
19		静平衡性能	梁提起，挂垂线测前后、左右的倾斜度
20		操作性能	作挂脱闸门的模拟试验
21	其他部件		参照表 37 进行检验

8.7.3 移动式启闭机的运行机构和起升机构应在厂内进行空运转试验。运行机构在车轮架空的状态下试验，起升机构在不带钢丝绳及吊钩的状态下试验。试验检查项目及检验方法参照表 41 执行。

8.8 移动式启闭机安装检验

8.8.1 移动式启闭机安装检验除应符合第 4 章规定外，还应符合本节规定。

8.8.2 移动式启闭机安装应按表 53 进行检验。

表 53

序号	检验项目		检验方法
1	大、小车轨道的安装	车轮与轨道的间隙	用塞尺测量
2		轨道中心线位置	大车轨道：用钢卷尺测轨道中心至里程控制点的距离； 小车轨道：用钢直尺测轨道中心与轨道梁腹板中心的差值
3		轨距	用钢卷尺测量
4		轨道跨度相对差	取最大轨距与最小轨距的差值
5		轨道侧向局部弯曲	用等高垫块、2m 长的弦线和钢直尺测量
6		轨道全行程内高差	用水准仪和标尺测量
7		同一截面上两轨道标高相对差	用水准仪和标尺测量
8		轨道接头位置	检查两轨道的接头位置是否错开
9		轨道接头错位	用焊缝检验尺测量
10		轨道接头间隙	用塞尺或钢直尺测量
11		轨道接地电阻	用接地电阻仪测量
12		小车轨道与主梁上翼缘的局部间隙	用塞尺测量
13	桥架和门架的安装	跨中上拱度	见表 52 序号 2～9
14		桥架对角线差	
15		主梁的水平弯曲	
16		悬臂端上翘度	
17		主梁上翼缘的水平偏斜	
18		主梁腹板的垂直偏斜	
19		腹板波浪度	
20		门架高度相对差	

表 53（续）

序号	检验项目		检验方法
21	运行机构的安装	跨度	用钢卷尺测量
22		跨度相对差	取最大跨度值与最小跨度值的差值
23		车轮的垂直偏斜	用框架水平仪和塞尺测量
24		车轮的水平偏斜	用钢卷尺测同一车轮两端至轨道安装基准线的距离相对差
25		车轮的同位差	用钢卷尺测同侧车轮中心至轨道安装基准线的距离相对差

8.8.3 移动式启闭机安装后应进行试验与检测。试验前应按表54进行试验前检查，空载试验、静载试验和动载试验的试验过程应按表55进行检验并记录。型式试验应符合特种设备型式试验细则要求，并由国家有关部门审定的有资质的型式试验检测机构承担检测工作。

表 54

序号	检验项目	检验方法
1	减速器的清洗、注油及渗漏	现场检查
2	螺栓的紧固性	现场检查
3	钢丝绳在上下极限位的长度	试验
4	钢丝绳的缠绕状况	现场检查
5	高度指示装置	检查是否已调试完毕
6	荷载控制装置	检查是否已调试完毕
7	转动部位的润滑	检查注油情况
8	电气设备	检查是否已安装调试完毕
9	接地检查	检查接地连接情况
10	整个线路的绝缘电阻	用兆欧表测量
11	照明	检查现场照明是否符合要求
12	现场清理	检查轨道附近杂物是否清理干净

表 55

序号	检验项目		检验方法
1	空载试验	大车行走	参照表 41 进行检验
2		小车行走	参照表 41 进行检验
3		起升机构运行	参照表 41 进行检验
4		大车和小车行走的啃轨	视听法检查
5		运行噪声	用噪声仪测量
6		挂脱梁挂脱闸门性能	试验
7	静载试验	主梁挠度	用等高垫块、弦线、拉力计和钢直尺测主梁中心在加载前后的垂直位移，加载前后弦线拉力应保持一致； 由主梁中心向下挂一钢卷尺，用水准仪测加载前后钢卷尺的读数差； 用电子经纬仪/全站仪三维坐标测量系统测主梁中心在加载前后的垂直位移
8		悬臂端挠度	由悬臂端向下挂一钢卷尺，用水准仪测加载前后钢卷尺的读数差； 用电子经纬仪/全站仪三维坐标测量系统测悬臂端在加载前后的垂直位移
9		门架或桥架的永久变形	复测门架和桥架的几何尺寸，见表 52 序号 1～9
10		主要受力点的应力	用应力应变仪测量
11		试验后检查	试验后全面检查设备有无异常
12	动载试验	起升机构运行	参照表 41 进行检验
13		大车行走	参照表 41 进行检验
14		小车行走	参照表 41 进行检验
15		试验后检查	试验后全面检查设备有无异常

9 清污机检验

9.1 耙斗式清污机制造检验

9.1.1 耙斗式清污机制造检验除应符合第4章规定外，还应符合本节规定。

9.1.2 耙斗式清污机厂内组装时应按表56对主要零部件的质量进行检验。

表56

序号	检验项目		检验方法
1	耙斗	耙齿间距	用钢卷尺测量
2		耙齿齿尖直线度	用等高垫块、弦线和钢直尺测量
3		耙斗轨道错位	用焊缝检验尺测量
4		耙斗框架对角线相对差	用钢卷尺测量
5		耙斗框架扭曲	见4.8.3.4
6		耙斗同侧导向轮的同位差	用钢卷尺测同侧导向轮至中心线的距离差值
7		导向轮跨度	用钢卷尺测量
8		耙斗导向槽直线度	见4.8.3.1
9		耙斗吊点横向中心线距离	用钢卷尺测量
10		液压耙斗的电缆	检查是否为内置钢丝的抗拉、耐腐蚀橡胶绝缘电缆
11	其他部件		参照表52进行检验

9.1.3 耙斗式清污机的运行机构和起升机构应在厂内进行空运转试验，耙斗应在厂内进行开闭试验。运行机构在车轮架空的状态下试验，起升机构在不带钢丝绳的状态下试验。试验检查项目参照表41执行。

9.2 耙斗式清污机安装检验

9.2.1 耙斗式清污机安装检验除应符合第 4 章规定外，还应符合本节规定。

9.2.2 耙斗式清污机安装应参照表 56 进行检验。

9.2.3 耙斗式清污机安装后应进行试验。试验前应参照表 54 进行试验前检查，试验过程应按表 57 进行检验并记录。

表 57

序号	检验项目		检验方法
1	空载试验（包括起升机构、行走机构、耙斗开闭机构、卸污机构）	各机构动作是否正常	检查动作过程中有无干涉、碰撞和摩擦，有无异常声音
2		限位开关、保护装置、联锁装置、高度指示装置、缓冲器、夹轨器、风速仪的有效性	试验
3		大、小车行走状况	视听法检查
4		电动机运行性能	视听法观察运行是否平稳，有无异常响声、振动或发热
5		电动机三相电流不平衡度	电流表同时记录三相电流值 不平衡度 $=\|I_{单相}-I_{平均}\|_{max} \div I_{平均}\times 100\%$
6		耙斗与道轨的对位准确性	目视检查
7		耙斗开闭时活动耙齿是否动作到位	目视检查
8		耙齿与拦污栅栅条的最小间隙	目视检查最小间隙部位，用钢直尺测量
9		耙齿齿尖距拦污栅横向支撑的距离	用钢卷尺测量
10		耙齿齿尖插入拦污栅栅面的深度	用钢直尺测量
11		液压系统渗漏情况	目视检查
12		液压泵站密封箱的密封性	目视检查
13		油缸动作同步性	目视检查
14		双吊点同步性	目视检查

表 57（续）

序号	检验项目		检验方法
15	负荷试验	起升机构运行性能	视听法检查
16		耙斗满载主梁弯曲	用等高垫块、弦线、钢直尺测量
17		耙斗满载次梁弯曲	用等高垫块、弦线、钢直尺测量
18		门架跨中的垂直挠度	当额定载荷位于跨中或最不利工作位置时测量，见表 58 序号 7
19		悬臂的垂直静挠度	耙斗满载位于悬臂工作位置时测量，见表 58 序号 8
20		荷载限制器的有效性	设定荷载限制器超载载荷和欠载载荷，增减耙斗内配重块，检查荷载限制器读数与配重块实际重量差值不得超过 5%，并在设定范围内报警和断电
21		耙斗抓取污物的有效性	按实际清污种类和比重，取耙斗容积 4 倍的污物放置在耙斗抓取位置，做耙斗抓取污物和卸污动作 3 次，清污性能应满足设计要求
22		耙斗卸污有效性	

9.3 回转齿耙式清污机制造检验

9.3.1 回转齿耙式清污机制造检验除应符合第 4 章规定外，还应符合本节规定。

9.3.2 回转齿耙式清污机厂内制造应按表 58 进行整体检验与试验。

表 58

序号	检验项目		检验方法
1	栅体	栅体宽度	用钢卷尺测量
2		栅体高度	用钢卷尺测量
3		栅体对角线相对差	用钢卷尺测量
4		栅体扭曲	见 4.8.3.4
5		栅体厚度	用钢卷尺测量
6		栅条间距	用钢卷尺测量
7		栅条平行度	任意两个栅条最大间距与最小间距的差值
8		栅条迎水面平面度	见 4.8.3.2
9		上下链轮轴平行度	用钢卷尺测上下链轮轴两端的距离差
10		同侧链轮的同面误差	用钢卷尺测同侧链轮至栅体中心线的距离差值
11		同轴链轮中心距误差	用钢卷尺测量
12		同轴链轮对应齿周向错位	链轮轴调铅垂，挂垂线，用钢直尺测对应齿周向错位
13	齿耙	耙齿与拦污栅栅条对称度	用钢直尺测耙齿与栅条间最大间距与最小间距的差值
14		耙齿与拦污栅横向支撑的最小间距	用钢直尺测量
15		耙齿插入拦污栅栅条的深度	用钢直尺测量
16		齿耙的齿间间距	用钢直尺测量
17		齿耙的齿尖与托污板的间距	用钢直尺测量
18		输送链链条轨道直线度	见 4.8.3.1

表 58（续）

序号	检验项目		检验方法
19	齿耙	输送链链条轨道平行度	用钢卷尺测轨道两端跨距的差值
20		水下轴承	查轴承的质量证书和说明文件
21		清除齿耙污物的机构	功能试验
22	电气	电动机型号是否与设计图样一致	查电动机铭牌与设计图样的一致性
23		电气保护功能	查电气设计图并现场检查图、物一致性
24		电气接地检查	查电气设计图并现场检查
25		照明	现场检查照明布设的合理性
26	荷载限制器	综合误差	查质量证书
27		传感器精度	查质量证书
28		报警和控制功能	查使用说明书
29	齿耙静载试验	齿耙倾角	应与实际使用状态一致，用钢卷尺测量水平投影长度
30		配重放置	配重与设计载荷相同，均匀固定在齿耙中间的 1/3 齿耙宽度处
31		试验时间	用手表计时，应为 30min
32		齿耙轴变形	目视检查
33		齿耙与链条连接螺栓	目视检查有无异常
34	空载运行试验	放置角度	与安装角度一致，用钢卷尺测量水平投影长度
35		空载运行时间	用手表计时，应为 30min
36		电动机运行性	视听法检查
37		减速器运行性	视听法检查

表 58（续）

序号	检验项目		检验方法
38	空载运行试验	齿耙运行	视听法检查
39		链条和链轮啮合	视听法检查
40		轴承和链条的润滑	目视检查
41		轴承温升	用红外测温仪测量
42		污物清除机构与耙齿的配合	目视检查
43		荷载限制器的预设调整	现场检查
44		运行噪声	用声级计测量
45	负荷试验	设备整体运行性	视听法检查
46		电动机运行性能	视听法观察运行是否平稳，有无异常响声、振动或发热
47		电动机三相电流不平衡度	电流表同时记录三相电流值 不平衡度$=\left\|I_{单相}-I_{平均}\right\|_{max}\div I_{平均}\times100\%$
48		齿耙变形	目视检查
49		荷载限制器的有效性	试验
50		齿耙轴在额定载荷下的最大变形量	用等高垫块、弦线、钢直尺测量
51		试验运行时间	厂内试验不少于 2h；现场时间不少于 4h

9.4 回转齿耙式清污机安装检验

9.4.1 回转齿耙式清污机安装检验除应符合第 4 章规定外，还应符合本节规定。

9.4.2 回转齿耙式清污机安装后应参照表 58 进行最终检验与试验。

灌溉与排水工程施工质量评定规程

SL 703—2015

2015－02－16发布　　2015－05－16实施

前　言

根据水利技术标准制修订计划安排，按照SL 1—2014《水利技术标准编写规定》的要求，编制本标准。

本标准共6章和2个附录，主要技术内容有：

——项目划分的原则及项目划分的组织和程序；

——单元工程施工质量检验项目、质量要求、检验方法和检验数量；

——质量检验的组织、条件、方法；

——质量评定的组织、条件、方法。

本标准为全文推荐。

本标准批准部门：**中华人民共和国水利部**

本标准主持机构：**水利部农村水利司**

本标准解释单位：**水利部农村水利司**

本标准主编单位：**中国灌溉排水发展中心**

本标准参编单位：**中国水利水电科学研究院**

扬州大学

西北农林科技大学

武汉大学

内蒙古自治区水利工程质量与安全监督中心站

新疆维吾尔自治区水利水电工程质监中心站

云南省水利厅

河北省石津灌区管理局

本标准出版、发行单位：中国水利水电出版社

本标准主要起草人：张绍强　杜秀文　龚时宏　刘鹏刚

何武全　金兆森　李红斌　姚　彬

黄介生　郭慧滨　郭宗信　詹雪梅

施海祥　邱云峰

本标准审查会议技术负责人：赵竞成　司志明　胡学家

本标准体例格式审查人：陈登毅

本标准在执行过程中，请各单位注意总结经验，积累资料，随时将有关意见和建议反馈给水利部国际合作与科技司（通信地址：北京市西城区白广路二条2号；邮政编码：100053；电话：010-63204565；电子邮箱：bzh@mwr.gov.cn），以供今后修订时参考。

目　次

1 总　　则

1.0.1 为使灌溉与排水工程施工质量检验与评定工作标准化、规范化，制定本标准。

1.0.2 本标准适用于灌溉与排水工程及符合下列条件的小型水源工程施工质量评定。

1 引水流量不大于 $10m^3/s$ 的引水枢纽。

2 小型泵站工程。

3 机井。

4 雨水集蓄工程。

1.0.3 灌溉与排水工程施工质量等级分为“合格”、“优良”两级。合格是工程验收标准，优良是为工程质量创优而设置。

1.0.4 本标准主要引用下列标准：

GB 8170　数值修约规则

GB 50203　砌体结构工程施工质量验收规范

GB/T 50600　渠道防渗工程技术规范

GB/T 50625　机井技术规范

GB/T 50769　节水灌溉工程验收规范

SL 176　水利水电工程施工质量检验与评定规程

SL 234　泵站施工规范

SL 631　水利水电工程单元工程施工质量验收评定标准——土石方工程

SL 632　水利水电工程单元工程施工质量验收评定标准——混凝土工程

SL 633　水利水电工程单元工程施工质量验收评定标准——地基处理与基础工程

SL 634　水利水电工程单元工程施工质量验收评定标准——堤防工程

SL 635　水利水电工程单元工程施工质量验收评定标准——水工金属结构安装工程

SL 637　水利水电工程单元工程施工质量验收评定标准——水力机械辅助设备系统安装工程

JJG 1027　测量误差及数据处理

JJF 1059　测量不确定度评定与表示

1.0.5　灌溉与排水工程施工质量评定除应符合本标准规定外，尚应符合国家现行有关标准的规定。

2 术　　语

2.0.1 灌溉与排水工程质量　quality of irrigation and drainage engineering

灌溉与排水工程满足国家和水利行业相关标准及合同约定要求的程度，在安全、功能、适用、外观及环境保护等方面的特性总和。

2.0.2 质量检验　quality inspection

通过检查、量测、试验等方法，对工程质量特性进行符合性评价。

2.0.3 质量评定　quality assessment

将质量检验结果与国家和水利行业技术标准及合同约定的质量标准所进行的比较活动。

2.0.4 单位工程　unit project

具有独立发挥作用或独立施工条件的建筑物。

2.0.5 分部工程　separated project

在一个单位工程内能组合发挥一种功能的建筑安装工程，是组成单位工程的部分。对单位工程安全、功能或效益起决定性作用的分部工程称为主要分部工程。

2.0.6 单元工程　separated item project

在分部工程中由几个工序（或工种）施工完成的最小综合体，是日常质量考核的基本单位。

2.0.7 重要隐蔽单元工程　important concealed separated item project

灌溉与排水工程中基础开挖、倒虹吸、地下涵管、隧洞、地下灌溉管道和排水管道等对工程建设和安全运行有显著影响的单元工程。

2.0.8 关键部位单元工程　important concealed work

灌溉与排水工程中水闸、渡槽、倒虹吸、地下涵管、灌溉管道等含有止水的对工程建设和安全运行有显著影响的单元工程。

2.0.9 主控项目 dominant items

对单元工程的功能起决定作用或对安全、卫生、环境保护有重大影响的检验项目。

2.0.10 一般项目 general items

除主控项目以外的检验项目。

2.0.11 灌区 irrigation district

单一水源或多水源联合调度且供水有保障、有统一的管理主体，由灌溉排水工程系统控制的区域。

2.0.12 田间工程 field works

斗渠口以下（流量小于 $1m^3/s$）固定渠道控制范围内修建的临时性或永久性灌溉与排水设施以及平整土地的总称。

3 项目划分

3.1 一般规定

3.1.1 灌溉与排水工程质量检验与评定应进行项目划分。项目按级应划分为单位工程、分部工程、单元工程等三级。

3.1.2 项目划分应结合灌溉与排水工程特点、施工部署及施工合同要求进行，划分结果应有利于保证施工质量及施工质量管理。

3.1.3 项目划分应由项目法人（建设单位）组织监理、设计及施工等单位进行工程项目划分，并确定单位工程、主要分部工程、重要隐蔽单元工程和关键部位单元工程。项目法人（建设单位）在主体工程开工前应将项目划分表及说明书面报工程质量监督机构确认。

3.1.4 工程质量监督机构收到项目划分书面报告后，应在14个工作日内对项目划分进行确认并将确认结果书面通知项目法人（建设单位）。

3.1.5 工程实施过程中，需对单位工程、主要分部工程、重要隐蔽单元工程和关键部位单元工程的项目划分进行调整时，项目法人（建设单位）应及时报送工程质量监督机构重新确认或备案。

3.2 单位工程划分

3.2.1 大、中型渠（沟）道应按招标标段或工程结构划分单位工程；大、中型渠（沟）系建筑物可以一个建筑物为1个单位工程，当规模较小时，可以同类型的数个相邻建筑物为1个单位工程；大、中型灌区（排水区）田间工程应按招标标段或按灌溉（排水）区域划分单位工程。

3.2.2 小型灌溉排水工程可以每处独立的灌区（排水区）作为

1个单位工程，当工程项目投资较大时，应按项目类型或招标标段划分单位工程。

3.2.3 分散的小型灌溉与排水工程或小型水源工程可按项目区合理划分单位工程。

3.2.4 续建配套与更新改造工程应按招标标段或续建、配套、改造内容，并结合工程量划分单位工程。

3.2.5 规模较大的管理设施或专项信息化工程可以每一处独立发挥作用的项目划为1个单位工程。

3.3 分部工程划分

3.3.1 分部工程应按功能进行划分。同一单位工程中，各个分部工程的工程量（或投资）不宜相差太大，每个单位工程中的分部工程数目，不宜少于3个。

3.3.2 大、中型渠（沟）道分部工程可按渠（沟）道开挖、渠（沟）堤填（浇、砌）筑、渠道防渗衬砌（沟道护砌）等划分，也可按渠（沟）道长度划分。

3.3.3 大、中型渠（沟）系建筑物单位工程应按SL 176的规定划分分部工程。

3.3.4 大、中型灌区（排水区）田间工程单位工程可划分为田间渠（沟）系、渠（沟）系建筑物、土地平整、道路等分部工程。

3.3.5 管理设施单位工程可划分为观测、生产生活设施、信息化等分部工程。

3.3.6 小型灌溉排水工程的单位工程可分为小型水源工程（首部工程）、输配水工程、田间灌水工程、土地平整、道路等分部工程。

3.3.7 续建配套与更新改造单位工程可按续建、配套、改造内容或部位划分分部工程。

3.4 单元工程划分

3.4.1 大、中型灌溉排水工程项目单元工程应按SL 631～

SL 635、SL 637 规定进行划分。

3.4.2 小型灌溉与排水工程的单元工程应按本标准的规定进行划分。渠道（管道）宜以施工检查验收的段或条划分；建筑物宜以一座独立或多座进行划分；设备宜以一台（套、组）进行划分。

3.4.3 本标准未涉及的单元工程可依据工程结构、施工部署或质量考核要求，应按层、块、段进行划分。

4 单元工程质量评定标准

4.1 渠（沟）基清理

4.1.1 单元工程宜以施工检查验收的段或条划分，每一段或条划分为1个单元工程。

4.1.2 渠（沟）道土方填筑的基础清理施工应符合下列要求：

1 渠（沟）基清理的范围应包括渠（沟）底、新建或加高培厚渠（沟）堤的基面，其清基面边界应不小于设计基面边线外300mm。

2 渠（沟）基表层的淤泥、腐殖土、泥炭等不良土质及草皮、树根、建筑垃圾等杂物应清除。

3 渠（沟）基内的渗水泉眼、井窖、墓穴、树坑、坑塘及动物巢穴，应按渠（沟）堤填筑要求进行回填处理。

4 渠（沟）基清理后，应在第一次铺填前进行平整，除了深厚的软弱基础面需另行处理外，还应进行压实，压实后的质量应符合设计要求。

5 新老渠（沟）堤结合部位，应按设计要求进行处理。

4.1.3 渠（沟）道土方填筑基础面清理施工质量标准应符合表4.1.3的规定。

表4.1.3 渠（沟）道土方填筑基础面清理施工质量标准

<table>
<tr><th colspan="2">项次</th><th>检验项目</th><th>质量要求</th><th>检验方法</th><th>检验数量</th></tr>
<tr><td rowspan="2">主控项目</td><td>1</td><td>基面清理</td><td>渠（沟）基表层的淤泥、腐殖土、泥炭等不良土质及草皮、树根、建筑垃圾等杂物全部清除</td><td rowspan="2">观察、测量、查阅施工记录</td><td rowspan="2">全数检查</td></tr>
<tr><td>2</td><td>渠（沟）基处理</td><td>渠（沟）基内的渗水泉眼、井窖、墓穴、树坑、坑塘及动物巢穴等的处理符合设计要求</td></tr>
</table>

表 4.1.3（续）

项次		检验项目	质量要求	检验方法	检验数量
主控项目	3	渠（沟）基平整压实	渠（沟）基清理后，应进行平整、压实，压实后的质量应符合设计要求	观察、测量、查阅施工记录	全数检查
	4	新老渠（沟）堤结合部位	处理措施符合设计要求	检查、查阅施工记录	全数检查
一般项目	1	渠（沟）基清理范围	满足设计要求，长、宽边线允许偏差不小于 0.3m	测量	每边线测点不少于 5 个点
	2	边坡坡度	边坡不陡于设计边坡	量测	沿渠（沟）道轴线方向每 20～50m 量测 1 个断面

4.2 渠（沟、管）道土方开挖

4.2.1 单元工程宜以施工检查验收的段或条划分，每一段或条划分为 1 个单元工程。

4.2.2 渠（沟）道土方开挖施工应符合下列要求：

1 渠（沟）道中心线、渠（沟）底高程、宽度和边坡坡度等应符合设计要求。

2 渠（沟）道土方开挖基面及表层的淤泥、草皮、树根、杂物等应清除。

3 渠（沟）道土方开挖应先渠（沟）道底再渠（沟）堤，且应预留保护层，大、中型渠（沟）道保护层厚度不宜少于 200mm。

4 渠（沟）道边坡应平整、稳定，渠（沟）口线、坡脚线应整齐顺直，渠（沟）底应平整。上级渠（沟）道和下级渠（沟）交汇处的渠（沟）坡应平顺连接。

5 弃土区位置、范围、高度应符合设计要求。

4.2.3 管槽土方开挖施工应符合下列要求：

1 管槽中心线、管槽底高程、宽度和边坡等应符合设计要求。

2 管槽土方开挖基面及管槽表层的淤泥、草皮、树根、杂物等应清除。

3 管槽开挖应顺直、槽底应平整、管槽交汇处应平顺连接。槽底石块杂物应清除。

4 管槽开挖坡面应满足安全坡比，当存在不良地质缺陷等安全隐患时，应进行支护。

5 坑（槽）沟边1m以内不应堆土、堆料和停放机械。

4.2.4 渠（沟）道土方开挖施工质量标准应符合表4.2.4的规定。

4.2.5 管槽土方开挖施工质量标准应符合表4.2.5的规定。

表4.2.4 渠（沟）道土方开挖施工质量标准

项次		检验项目	质量要求	检验方法	检验数量
主控项目	1	渠（沟）道开挖面	渠（沟）道开挖边坡平整、稳定，且不陡于设计边坡，渠（沟）口线、坡脚线整齐顺直，渠（沟）底平整，不扰动建基面以下原地基或地基处理符合设计要求。上级渠（沟）道和下级渠（沟）交汇处的渠（沟）坡应平顺连接	观察、测量、检查施工记录	全数检查
	2	渗水处理	开挖渠（沟）底及边坡渗水（含泉眼）妥善引排或封堵，建基面清洁无积水		
	3	弃土区位置、范围、高度	符合设计要求		

表 4.2.4（续）

项次		检验项目	质量要求	检验方法	检验数量
一般项目	1	渠（沟）槽底高程	允许偏差：±（20～30mm）	观察、测量、查阅施工记录	检查点采用横断面控制，沿渠（沟、管）道轴线方向断面间距不小于20～50m（小型渠道取大值，大型渠道取小值）。各横断面点间距为2～5m（大、中型渠道取大值，小型渠道取小值）
	2	渠（沟）槽中心线	允许偏差：20～30mm		
	3	渠（沟）槽底宽	允许偏差：±（30～50mm）		
	4	表面平整度	允许偏差：±（20～30mm）		
	5	戗台高程	允许偏差：±20mm		
	6	戗台宽度	允许偏差：±30mm		
	7	渠（沟）槽上口宽	允许偏差：±（40～80mm）		
	8	渠（沟）道堤顶高程	允许偏差：±（20～30mm）		
	9	渠（沟）道堤顶宽度	允许偏差：±（50～100mm）		

表 4.2.5　管槽土方开挖施工质量标准

项次		检验项目	质量要求	检验方法	检验数量
主控项目	1	管槽开挖面	管槽开挖应管槽顺直、槽底平整，管槽交汇处应平顺连接，槽底石块杂物应清除，开挖边坡不陡于设计边坡；管槽土方开挖基面及管槽表层的淤泥、草皮、树根、杂物等应清除，超挖或扰动已按设计和规范要求处理	观察、测量、查阅施工记录	全数检查
	2	渗水处理	渗水妥善引排		

表 4.2.5（续）

项次		检验项目	质量要求	检验方法	检验数量
一般项目	1	管槽底高程	允许偏差：±20mm	观察、测量、查阅施工记录	沿管线方向每 50m 不少于 1 个测点
	2	管槽深度	允许偏差：±20mm		
	3	槽底宽度	允许偏差：±50mm		
	4	管槽中心线	允许偏差：30mm		

4.3 渠（沟）道石方开挖

4.3.1 单元工程宜以施工检查验收的区、段或条划分，每一区、段或条划分为 1 个单元工程。

4.3.2 渠（沟）道石方开挖施工应符合下列要求：

1 石方开挖施工时，应根据实际地形、地质和开挖断面，确定合理施工方式。

2 开挖坡面应稳定，应无松动，且不应陡于与设计边坡。

3 石方开挖应预留保护层，保护层厚度不宜超过 200mm。

4 建基面开挖清理应采用人工配合小型机械进行。

5 当开挖断面存在节理、裂隙、断层、夹层或构造破碎带等不良地质缺陷时，应按设计要求进行处理。

4.3.3 渠（沟）道石方开挖施工质量标准应符合表 4.3.3 的规定。

表 4.3.3 渠（沟）道石方开挖施工质量标准

项次		检验项目	质量要求	检验方法	检验数量
主控项目	1	保护层开挖	浅孔、密孔、少药量火炮爆破	观察、测量、查阅施工记录	每个单元抽测 3 处，每处不少于 $10m^2$
	2	建基面	开挖后岩面应满足设计要求，建基面上无松动岩块，表面清洁、无泥垢、油污		全数检查

表 4.3.3（续）

项次		检验项目	质量要求	检验方法	检验数量
主控项目	3	岩体的完整性	爆破不损害岩体的完整性，开挖面无显著凹凸，无松动，无明显爆破裂隙，声波降低率小于10%或满足设计要求	观察、声波检测（需要时采用）	全数检查
	4	地质缺陷处理	节理、裂隙、断层、夹层或构造破碎带等地质缺陷处理符合设计要求	观察、测量、查阅施工记录等	全数检查
	5	渗水处理	地基及岸坡的渗水（含泉眼）已引排或封堵，岩面整洁无积水		全数检查
	6	弃石渣位置及堆高	符合设计要求		全数检查
一般项目	1	渠（沟）槽底高程	允许偏差：±（30～50mm）	观察、测量、查阅施工记录	检查点采用横断面控制，沿渠（沟、管）道轴线方向断面间距不小于20～50m（小型渠道取大值，大型渠道取小值）。各横断面点间距不大于2m
	2	渠（沟）槽底宽	允许偏差：±（40～100mm）		
	3	渠（沟）槽上口宽	允许偏差：±（50～100mm）		
	4	平整度	符合设计要求，允许偏差凸不大于30mm、凹不大于100mm		

4.4 渠（沟）道土方填筑

4.4.1 单元工程项目宜以施工检查验收的区、段、层划分，每一区、段、层划分为1个单元工程。

4.4.2 渠（沟）道土方填筑施工应符合下列要求：

1 渠（沟）道填筑料应满足设计要求。

2 土料的压实指标应符合设计要求，最优含水量和最大干密度应通过击实试验确定。

3 砂砾料的压实指标应符合设计要求，压实参数应通过碾压试验确定。

4 渠（沟）道填筑作业应按水平层次铺填，不得顺坡填筑。

5 相邻作业面相接或新老渠堤相接时，应以斜面相接。

6 碾压机械行走方向应平行于渠（沟）道轴线，相邻作业面的碾迹应搭接。机械碾压不到的部位应采用人工或小型机械夯实。

4.4.3 渠（沟）道土方填筑施工质量标准应符合表4.4.3的规定。

表4.4.3 渠（沟）道土方填筑施工质量标准

项次		检验项目	质量要求	检验方法	检验数量
主控项目	1	填筑料、含水量	填筑料符合设计要求，符合施工含水量	观察，查阅料场复查报告、检验报告、设计文件	全数检查
	2	碾压参数	压实机具的型号、规格、碾压遍数、碾压速度、碾压振动频率，振幅和加水量应符合碾压试验确定的参数值	按试验报告（碾压试验报告）检查、查阅施工记录	每班至少检查2次
	3	铺料厚度	允许偏差0～－50mm	量测	按作业面积每100～200m^{2}抽检不少于1个点次；小型渠道土方填筑的铺料厚度检测可沿渠道轴线方向每50m或每填筑层不少于1个测点

表 4.4.3（续）

项次		检验项目	质量要求	检验方法	检验数量
主控项目	4	黏性土料压实质量	压实度和最优含水率符合设计要求，压实度合格率不应低于85%，不合格样的压实度不应低于设计值的96%，且不合格样不应集中分布	土工试验	1次/（100～200m³）
		无黏性土压实质量	相对密度符合设计要求，相对密度合格率不应低于85%，不合格样的相对密度不应低于设计值的96%，且不合格样不应集中分布	土工试验	1次/（1000～5000m³），但每层测点不少于3点
一般项目	1	作业段划分、搭接	符合本标准4.4.2条2款	观察、量测	搭接带每单元至少抽查2次
	2	铺填边线	允许偏差：人工作业+（10～20)mm；机械作业+（10～30）mm	量测	铺填边线应按渠（沟）道轴线长度每20～50m取1个测点
	3	碾压作业程序	符合本标准4.4.2条6款规定	检查	每台班检查2～3次
	4	渠（沟）槽底高程	允许偏差：±（20～30mm）	观察、测量、查阅施工记录	检查点采用横断面控制，沿渠（沟、管）道轴线方向断面间距不小于20～50m（小型渠道取大值，大型渠道取小值）。各横断面点间距不大于2m
	5	渠（沟）槽中心线	允许偏差：20～30mm		
	6	渠（沟）槽底宽	允许偏差：±（30～50mm）		
	7	表面平整度	允许偏差：±（20～30mm）		
	8	戗台高程	允许偏差：±20mm		
	9	戗台宽度	允许偏差：±30mm		
	10	渠（沟）槽上口宽	允许偏差：±（40～80mm）		
	11	渠（沟）道堤顶高程	允许偏差：±（20～30mm）		
	12	渠（沟）道堤顶宽度	允许偏差：±（50～100mm）		

4.5 管道土方回填

4.5.1 单元工程项目划分宜以施工检查验收的段或条划分，每一段或条划分为1个单元工程。

4.5.2 管槽回填应符合下列要求：

1 管槽回填前应清除槽内一切杂物，排净积水。

2 初始回填应在管道两侧同时进行，回填土料不得含有直径大于25mm的石块和直径大于50mm的土块。

3 回填土应分层压实，压实应满足设计要求，并预留沉陷超高。

4 管道系统的镇墩、阀门井、竖管周围等的回填应分层夯实，严格控制施工质量。

4.5.3 管道土方回填施工质量标准应符合表4.5.3的规定。

表4.5.3 管道土方回填施工质量标准

项次		检验项目	质量要求	检验方法	检验数量
主控项目	1	填筑土料	符合设计要求，不含杂物及直径大于25mm的石块和直径大于50mm的土块	观察，量测、查阅检验资料、施工记录	全数检查
	2	管槽回填	按压实工具确定分层铺填，管道基面至管顶以上15cm内必须人工回填，压实指标符合设计要求	观察	全数检查
一般项目	1	预留沉陷超高	符合设计要求	观察	全数检查
	2	回填作业要求	符合设计要求	观察	全数检查

4.6 渠道衬砌垫层

4.6.1 单元工程宜以施工检查验收的段或条划分，每一段或条划分为 1 个单元工程。

4.6.2 砂砾石（砂卵石）料垫层施工应符合下列要求：

1 垫层材料及规格应符合设计要求。

2 砂砾石（砂卵石）料的粒径、级配、坚硬度、渗透系数，砂石料的块粒径、级配、强度均应符合设计要求。

3 垫层的施工方法应通过现场碾压试验确定施工参数。

4.6.3 砂浆垫层施工应符合下列要求：

1 砂浆强度应满足设计要求；配合比应根据试验和现场施工需要确定，水泥、水、外加剂称量允许偏差为±2%，骨料允许偏差为±3%，所用砂料各项物理力学指标应满足规范规定和设计要求。

2 垫层基础清理、砂浆铺筑、养护应满足施工规范要求。

4.6.4 渠道衬砌垫层施工质量标准应符合表 4.6.4 的规定。

表 4.6.4 渠道衬砌垫层施工质量标准

项次		检验项目	质量要求	检验方法	检验数量
主控项目	1	砂砾石（砂卵石）料垫层			
	(1)	垫层基面	已验收合格	观察、查阅施工资料	全数检查
	(2)	垫层材料	符合设计要求	观察、查阅施工资料	全数检查
	(3)	垫层厚度	偏小值不大于设计厚度的 10%	量测	沿渠道轴线方向每 20～50m 量测 1 个测点
	2	砂浆垫层			
	(1)	基面	平整坚实，不得有突起、松动块体、虚土浮渣	观察	全数检查
	(2)	砂浆拌和	符合设计要求	查阅施工记录	全数检查

表 4.6.4（续）

项次		检验项目	质量要求	检验方法	检验数量
一般项目	1	砂砾石（砂卵石）料垫层施工方法及程序	符合施工规范要求	观察	每台班检查1次
	2	砂浆垫层			
	(1)	垫层施工方法和程序	符合施工规范要求	观察	每台班检查1次
	(2)	表面平整度	2m靠尺检测凹凸不超过10mm	量测	沿渠道轴线方向每20m量测1个测点

4.7 渠道防渗膜料铺设

4.7.1 单元工程宜以每一次连续施工的段或条划分，每一段或条划分为1个单元工程。

4.7.2 渠道防渗膜料铺设应符合下列要求：

1 铺设防渗膜料的渠道基面应平整，应无局部凹凸和外露尖锐物等。

2 应按先下游后上游的顺序进行膜料铺设，上游幅压下游幅，接缝垂直于水流方向。

3 膜料连接应先将膜料下游端与已铺膜料或原建筑物焊接（或黏接）牢固，再向上游拉展铺开。

4 膜料不宜拉得太紧，并平贴渠基，膜下空气应完全排出。

5 检查并粘补已铺膜料的破孔。粘补膜应超出破孔周边10～20cm。

4.7.3 防渗膜料加工和接缝方法应按GB/T 50600的规定执行。

4.7.4 渠道防渗膜料铺设施工质量标准应符合表4.7.4的规定。

表 4.7.4　渠道防渗膜料铺设施工质量标准

项次		检验项目	质量要求	检验方法	检验数量
主控项目	1	膜料	膜料规格尺寸、性能指标符合设计要求	检查产品说明及合格证、检验报告，对照设计文件检查	全数检查
	2	铺膜铺设	铺设方式及顺序符合设计要求	观察	
	3	膜料接缝	焊接缝应紧密平整，焊缝应清晰、透明，无夹渣、气泡，无漏点、熔点；采用电热楔焊接法焊接宽度不少于10mm；采用电烙铁焊接法焊接宽度不少于50mm。黏接缝应透明，黏合宽度不小于100mm。拼接方法、搭接宽度符合设计要求	观察、量测	沿渠道轴线方向每50m不少于1个测点
一般项目	1	破孔检查	已铺膜料破孔全部处理，破孔粘补膜应超出破孔周边10～20cm	观察	全数检查
	2	铺膜外观	整体铺拼平整，无绷紧，膜下空气应完全排出	观察	
	3	膜料顶部铺设方式	符合设计要求	观察，查阅设计报告	

4.8　渠道保温板铺设

4.8.1　单元工程宜以每一次连续施工的段或条划分，每一段或条划分为1个单元工程。

4.8.2　渠道保温板铺设应符合下列要求：

1　保温板材质应符合国家相关规范和设计要求，外观色泽应均匀、平整，无明显收缩和膨胀变形，无明显油渍和杂质，无缺角、断裂、尺寸不够、局部凹凸现象等。

2　铺设基面应平整，无杂物和尖锐物，并应符合设计要求。

3　铺设应整齐、平整、紧贴基面，不得出现局部悬空现象。不得在保温板面层上踩踏、放置重物。

4　齿槽保温板应紧贴基面，支撑牢固。

4.8.3　渠道保温板铺设施工质量标准应符合表4.8.3的规定。

表4.8.3　渠道保温板铺设施工质量标准

项次		检验项目	质量要求	检验方法	检验数量
主控项目	1	保温板	保温板规格尺寸、性能指标符合设计要求	检查产品说明、合格证、检验报告，查阅设计报告	全数检查
	2	保温板厚度	符合设计要求，允许偏差：±（2～3）mm	量测	沿渠道轴线方向每50m不少于1个测点
	3	保温板铺设	铺设整齐、平整，紧贴基面，无局部悬空	观察	全数检查
一般项目	1	保温板外观	无缺角、断裂、局部凹凸现象	观察	全数检查
	2	保温板面清理	板面清洁，无土块、杂物等	观察	
	3	板面固定	固定牢固，无局部鼓起、架空现象，固定物不高于板面	观察	

4.9　渠道浆砌石衬砌

4.9.1　单元工程宜以施工检查验收的段或条划分，每一段或条划分为1个单元工程。

4.9.2　浆砌石衬砌渠道施工应符合下列要求：

1　浆砌石工程施工应自下而上分层进行，分层检查和检测，并应做好施工记录。

2　浆砌石工程采用的石料和胶结材料如水泥砂浆、混凝土等质量指标应符合设计要求。

3　浆砌块石应花砌，大面朝外、错缝交接；浆砌料石和石板，在渠坡应纵砌，在渠底应横砌；浆砌卵石，相邻两排应错开茬口，较大卵石砌于渠底和渠坡底部，大头朝下，挤紧靠实。

4　石料应大小均匀、质地坚硬，不得使用风化石料，砌筑前应将石料表面的泥垢、水锈等杂质清除干净，并保持湿润。

5　砌筑应采用坐浆法施工，分层砌筑，砌缝勾平缝，无假缝、凸缝。

6　砂浆原材料、强度应符合设计要求，砂浆应随拌、随运、随用。砂浆初凝后，应按废料进行处理。

7　浆砌石勾缝所用水泥砂浆水灰比应满足设计要求。勾缝前，应先清缝，缝深不应小于40mm，并用清水洗净，缝槽应清洗干净，封面湿润、无残留灰渣和积水。

4.9.3　浆砌石衬砌渠道施工质量标准应符合表4.9.3的规定。

表4.9.3　浆砌石衬砌渠道施工质量标准

项次		检验项目	质量要求	检验方法	检验数量
主控项目	1	石料			
	(1)	料石、块石	表面湿润、大小均匀、质地坚硬，不得使用风化石料，单块重量不小于25kg，最小边长不小于20cm	量测、取样试验	根据料源情况抽检1组，但每一种材料至少抽检1组
	(2)	石板	表面湿润、质地坚硬，矩形、表面平整、厚度不小于30mm	量测、取样试验	根据料源情况抽检1组
	(3)	卵石	表面湿润、质地坚硬，长径不小于20cm	量测、取样试验	根据料源情况抽检1组

表 4.9.3（续）

项次		检验项目	质量要求	检验方法	检验数量
主控项目	2	砌筑			
	(1)	料石、块石、石板、卵石砌筑	自下而上分层错缝砌筑、石块紧靠密实、垫塞稳固、采用水泥砂浆勾缝时，应预留排水孔。大块压边，大头朝下，座浆饱满，不得出现通缝、浮石、空洞	观察、翻撬或铁钎插检	每个单元工程监测点总数不少于3个点
	(2)	砌筑质量	石块稳固，无松动，无宽度在1.5cm以上、长度在0.5m以上的连续缝；座浆饱满度大于80%	观察、量测	沿护破长度方向每20m检查1处
	(3)	排水孔布设	符合设计要求	检查	每10孔检查1孔
	3	勾缝			
	(1)	清缝	勾缝前，应先清缝，缝深不小于40mm，用清水洗净，缝槽清洗干净，封面湿润、无残留灰渣和积水	观察、量测	沿护破长度方向每20m应不少于1个测点
	(2)	勾缝	勾缝型式符合设计要求，分次向缝内填充、压实、密实度达到设计要求，砂浆初凝后不得扰动	砂浆初凝前通过压触对比抽检勾缝的密实度，抽检压触深度不应大于0.5m	每 $100m^3$ 砌体表面至少抽检10处，每处缝长不小于1m
	(3)	养护	有效及时，一般砌体养护25d；对有防渗要求的砌体养护应满足设计要求。养护期内表面保持湿润，无时干时湿现象	观察、检查施工记录	全数检查

表 4.9.3（续）

项次		检验项目	质量要求	检验方法	检验数量
一般项目	1	砌石厚度	允许偏差为设计厚度的±10%	量测	厚度及平整度沿渠堤轴线方向每10～20m应不少于1个测点
	2	衬砌面平整度			
	(1)	料石、块石	用2m靠尺测量，凹凸不超过3cm	量测	厚度及平整度沿渠堤轴线方向每10～20m应不少于1个测点
	(2)	石板	用2m靠尺测量，凹凸不超过1cm	量测	
	(3)	卵石	用2m靠尺测量，凹凸不超过2cm	量测	
	3	中心线位置	允许偏差：20mm	量测	检查点采用横断面控制，沿渠道轴线方向每20～50m不少于1个测点
	4	渠底高程	允许偏差：±30mm	量测	
	5	渠道底宽	允许偏差：+50mm	量测	
	6	渠道上口宽	允许偏差：+60mm	量测	
	7	衬砌结构厚度	允许偏差：±10%设计厚度	量测	
	8	变形结构缝与填充质量	符合设计要求	观察	全数检查

4.10 渠道现浇混凝土衬砌

4.10.1 单元工程宜以施工检查验收的段或条划分，每一段或条划分为1个单元工程。

4.10.2 现浇混凝土衬砌渠道施工应符合下列要求：

1 模板应按设计图和选定的施工方法制作，其稳定性、刚度和强度应符合设计和施工要求。

2 混凝土拌和应按试验确定并经审核的混凝土配合比进行配

料。混凝土应随拌、随运、随用。混凝土初凝后，应作废料处理。

3 混凝土浇筑宜采用分块跳仓法施工，同一浇筑块应连续浇筑，并采用机械振捣。

4 现场浇筑混凝土完毕后，应及时收面。

5 混凝土表面应密实、平整、光滑，无石子外露。

6 混凝土伸缩缝制作应符合设计要求。

4.10.3 现浇混凝土衬砌渠道施工质量标准应符合表4.10.3的规定。

表4.10.3 现浇混凝土衬砌渠道施工质量标准

项次		检验项目	质量要求	检验方法	检验数量
主控项目	1	垫层坡面	符合设计要求，预留保护层已挖除，坡面保护完成	观察、查阅设计图纸	全数检查
	2	模板及其支架	满足设计稳定性、刚度和强度要求，表面光洁无污物，平整	观察、查阅设计图纸	全数检查
	3	钢筋制安	数量、规格尺寸、安装位置符合质量标准和设计的要求	观察、对照设计文件	全数检查
	4	入仓混凝土料	无不合格料入仓，如有少量不合格料入仓，就及时处理至达到要求	观察、查阅施工记录、现场抽样检验报告	不少于入仓次数的50%
	5	混凝土振捣	振捣有次序，无漏振	在混凝土浇筑过程中全部检查	全数检查
	6	铺料间隙时间	符合规范要求，无初凝现象	在混凝土浇筑过程中全部检查	全数检查
	7	混凝土养护	混凝土表面保持湿润，无时干时湿现象	观察	全数检查
	8	伸缩缝结构形式及填料	符合设计要求，缝形整齐、填充饱满密实、表面平整	观察	全数检查
	9	排水孔安装	符合设计要求	观察、量测	全数检查

表 4.10.3（续）

<table>
<tr><th colspan="2">项次</th><th>检验项目</th><th>质量要求</th><th>检验方法</th><th>检验数量</th></tr>
<tr><td rowspan="8">一般项目</td><td>1</td><td>混凝土表面</td><td>密实、平整、光滑，无蜂窝、麻面、石子外露和深层裂缝</td><td>观察</td><td>全数检查</td></tr>
<tr><td>2</td><td>中心线位置</td><td>允许偏差：20mm</td><td>水准仪、全站仪量测</td><td rowspan="7">检查点采用横断面控制，沿渠（沟、管）道轴线方向断面间距不小于 20～50m（小型渠道取大值，大型渠道取小值）</td></tr>
<tr><td>3</td><td>渠底高程</td><td>允许偏差：±（10～30mm）</td><td>水准仪、全站仪量测</td></tr>
<tr><td>4</td><td>衬砌结构厚度</td><td>允许偏差：±5%设计厚度</td><td>量测</td></tr>
<tr><td>5</td><td>渠道底宽</td><td>允许偏差：+（20～40）mm</td><td>水准仪、全站仪、钢尺量测</td></tr>
<tr><td>6</td><td>渠道上口宽</td><td>允许偏差：+（30～50）mm</td><td>量测</td></tr>
<tr><td>7</td><td>伸缩缝宽度</td><td>允许偏差：5mm</td><td>钢尺量测</td></tr>
<tr><td>8</td><td>表面平整度</td><td>允许偏差：±（10～20）mm</td><td>使用 2m 靠尺或专用工具检查</td></tr>
<tr><td colspan="6">注：渠道开挖的允许偏差值，大、中型渠道取大值，小型渠道取小值。</td></tr>
</table>

4.11 渠道混凝土预制板（槽）衬砌

4.11.1 单元工程宜以施工检查验收的段或条划分，每一段或条划分为 1 个单元工程。

4.11.2 混凝土预制板（槽）衬砌渠道施工应符合下列要求：

1 混凝土预制板（槽）强度、抗冻、抗渗应符合设计要求。

2 混凝土预制板（槽）铺砌应平整、稳定，缝隙应紧密，缝线应规则。砌筑缝砂浆应填满、捣实、压平、抹光。

3 混凝土预制板（槽）伸缩缝位置、结构形式、缝宽、填充材料应符合设计要求。

4 砂浆（或细石混凝土）原材料、配合比、强度应符合设计要求。砂浆（或细石混凝土）应随拌、随运、随用。砂浆初凝后，应作废料处理。

4.11.3 混凝土预制板（槽）衬砌渠道施工质量标准应符合表4.11.3的规定。

表4.11.3 混凝土预制板（槽）衬砌渠道施工质量标准

项次		检验项目	质量要求	检验方法	检验数量
主控项目	1	垫层坡面	符合设计要求，预留保护层已挖除，坡面保护完成	观察、查阅设计图纸	全数检查
	2	混凝土预制板（槽）	规格尺寸、强度、抗冻（抗渗）性能符合设计要求	检查产品合格证、检验报告，对照设计文件检查	全数检查
	3	预制板（U槽）铺砌	平整、稳定，缝线规则、紧密	观察、查阅施工记录	全数检查
	4	砌缝	砂浆（细石混凝土）性能符合设计要求，砌缝饱满密实、平直、宽度一致	观察、查阅施工记录、检验报告	全数检查
	5	伸缩缝结构形式及填料	符合设计要求，缝形整齐、填充饱满密实、表面平整	观察	全数检查
	6	排水孔安装	符合设计要求	观察、量测	全数检查
一般项目	1	中心线位置	允许偏差：20mm	水准仪、全站仪量测	检查点采用横断面控制，沿渠（沟）道轴线方向断面间距不小于20～50m（小型渠道取大值，大型渠道取小值）
	2	渠底高程	允许偏差：±（10～30）mm	水准仪、全站仪量测	
	3	渠道底宽	允许偏差：+（20～40）mm	水准仪、全站仪、钢尺量测	
	4	渠道上口宽	允许偏差：+（30～50）mm	量测	
	5	伸缩缝宽度	允许偏差：5mm	钢尺量测	
	6	表面平整度	允许偏差：±（10～20）mm	使用2m靠尺或专用工具检查	
	7	砌缝养护	砌缝表面保持湿润，无时干时湿现象	观察	全数检查
注：衬砌渠道断面尺寸的允许偏差值，大、中型渠道取大值，小型渠道取小值。					

4.12 渠道沥青混凝土衬砌

4.12.1 单元工程宜以施工检查验收的段或条划分，每一段或条划分为1个单元工程。

4.12.2 沥青及其他混合料的质量应满足技术规范要求。沥青混凝土配合比应根据技术要求，通过室内试验和现场铺筑试验确定。沥青混合料的摊铺厚度、压实温度、碾压遍数和压实系数等施工工艺参数应根据设计要求通过现场试验确定。

4.12.3 沥青混凝土衬砌渠道现场铺筑施工应符合下列要求：

1 铺筑防渗层宜按试验选定的摊铺厚度均匀摊铺。

2 宜采用振动碾压实沥青混合料。可先静压1～2遍，再振动压实。压实渠道边坡时，上行振动，下行不振动。小型渠道可采用静压或平面振动器压实。

3 应按试验选定的压实温度和遍数进行压实，不得漏压。

4 防渗层与建筑物连接处和机械难以压实的部位，应辅以人工压实。

5 沥青混凝土防渗层应连续铺筑，减少冷接缝。

6 采用双层铺筑时，结合面应干燥、洁净，并应均匀涂刷一薄层热沥青或稀释沥青。其涂刷量不宜超过1kg/m^2。上层、下层冷接缝的位置应错开。

4.12.4 沥青混凝土衬砌渠道施工质量标准应符合表4.12.4的规定。

表4.12.4 沥青混凝土衬砌渠道施工质量标准

项次		检验项目	质量要求	检验方法	检验数量
主控项目	1	碾压参数	符合碾压试验确定的参数值	测量温度、查阅试验报告及施工记录	每班2～3次
	2	压实系数	符合规范要求，压实系数取值范围1.2～1.5	量测	每100～150m^{2}检验1组

表 4.12.4（续）

项次		检验项目	质量要求	检验方法	检验数量
主控项目	3	与建筑物连接	符合规范和设计要求	观察	全数检查
	4	封闭层	应均匀一致，无脱层和流淌，满足设计要求	观察、查阅施工记录	
一般项目	1	铺筑厚度	符合设计要求	观察、尺量、查阅施工记录	沿渠道轴线方向每50m测1点，但每个验收单元不少于10个点
	2	摊铺碾压温度	初碾压温度120～140℃，终碾压温度85～120℃	量测	沿渠道轴线方向每50m测1点
	3	碾压方式	先静压1～2遍，再振动压实。压实渠道边坡时，上行振动，下行不振动。小型渠道可采用静压或平面振动器压实	观察	全数检查
	4	平整度	符合设计要求，或用2m靠尺测量，凹凸不超过10mm	观察、量测	沿渠道轴线方向每50m测1组，每组不少于2测点

4.13 渠（沟）系建筑物

4.13.1 本节仅规定了渠道斗（农）门施工质量评定标准，其他渠（沟）系建筑物单元工程施工质量评定标准应按 SL 631～SL 635的规定执行。

4.13.2 单元工程宜以1条渠道的斗门或数个农门划分，1处斗门或数个农门为1个单元工程。

4.13.3 渠道斗（农）门施工应符合下列要求：

1　基础开挖、砌体材料及砌筑应符合设计要求。

2　现浇钢筋混凝土闸室、消力池的钢筋规格、尺寸、强度、数量、位置、绑扎、焊接应符合设计要求；闸门、启闭机金属结构预埋件安装应符合设计要求；混凝土施工应满足规范和设计要求，混凝土标号应满足设计要求。

3　混凝土闸底板、闸墩、排架、启闭机梁等结构尺寸应符合设计要求。

4　整体预制钢筋混凝土闸室安装埋设应符合设计要求。

5　斗（农）门底板高程应符合设计要求。

6　回填土方应符合设计要求。

4.13.4　渠道斗（农）门施工质量标准应符合表4.13.4的规定。

表4.13.4　渠道斗（农）门施工质量标准

项次		检验项目	质量要求	检验方法	检验数量
主控项目	1	基础开挖	符合设计要求	观察、量测、查阅施工记录	全数检查，每座水闸抽查数量不少于1个开挖断面
	2	砌体材料及砌筑	符合设计要求	观察、查阅施工检验记录、对照设计文件	全数检查
	3	闸门、启闭机预埋件及钢筋制安	按设计要求安装到位	量测、查阅施工记录	全数检查
	4	混凝土浇筑	符合设计要求	观察、试验、查阅施工检验记录、对照设计文件	混凝土强度每个单元工程最少抽检1组，混凝土抗冻、抗渗按单位工程抽检数量不少于1组

表 4.13.4（续）

项次		检验项目	质量要求	检验方法	检验数量
主控项目	5	闸室整体预制构件	安装埋设符合设计要求	量测、查阅施工检验记录	全数检查
	6	斗（农）门底板高程	符合设计要求	量测、查阅施工检验记录	全数检查
	7	闸门及启闭机设备	型号、规格、性能参数等符合设计要求	观察，查阅产品合格证或检验报告，对照设计文件	全数检查
	8	闸门启闭	启闭灵活、止水密封紧密	观察	逐个检查
一般项目	1	砌体几何尺寸	允许偏差：±20mm	观察、测量、查阅施工记录	全数检查
	2	回填土方	符合设计要求	观察、查阅施工检验记录	全数检查
	3	闸底板、闸墩、排架、启闭机梁等结构尺寸（预制构建件中心位置）	允许偏差：±10mm	观察、量测、查阅施工记录	同一结构抽查不低于30%
	4	闸门、启闭机及止水	闸门、启闭机及止水安装牢固，门体平整、无喷射状漏水	量测、观察	逐个检查

4.14 雨水集蓄工程

4.14.1 单元工程宜以1处集流工程或1座蓄水池（窖）划分，1处集流工程或1座蓄水池（窖）划分为1个单元工程。

4.14.2 雨水集蓄工程施工应满足下列要求：

1 集流面、蓄水池（窖）位置符合设计和技术规范要求，集流面、蓄水池（窖）的建筑材料应符合设计和技术规范要求。

2 蓄水池、水窖开挖的边坡控制、平整度应符合设计要求。

3 蓄水池、水窖的砌筑、混凝土浇筑应符合设计和施工规范要求。

4 蓄水池、水窖的深度、最大直径、底部直径、最大容积应符合设计要求。

5 蓄水池、水窖工程应按设计要求进行防渗处理，防渗混凝土（砂浆）强度等级不应低于设计值，为生活用水修建的水窖应建顶盖。

4.14.3 蓄水池、水窖施工质量标准应符合表 4.14.3 的规定。

表 4.14.3 蓄水池、水窖施工质量标准

项次		检验项目	质量要求	检验方法	检验数量
主控项目	1	建筑材料	性能指标符合设计要求	查阅检验资料、查看设计文件、施工记录	全数检查
	2	集流工程	集流面坡度、汇流沟、截水沟位置等符合设计要求	观察	全数检查
	3	管道位置布设	引水管、出水管、排水管、溢水管与透气孔等管道位置布设符合设计要求	观察、查看设计文件	逐座
	4	顶盖与路面高差	允许偏差：±10mm	水准仪	逐座
一般项目	1	硬化集流面尺寸、厚度	符合设计要求	量测	逐处
	2	蓄水池（水窖）垫层	垫层厚度与范围、浇筑符合设计要求	观察、量测	逐座
	3	池（窖）边墙、盖板钢筋混凝土浇筑	配筋正确，尺寸符合设计要求，混凝土浇筑符合施工规范规定与设计要求	观察、量测	逐座
	4	蓄水池、水窖的长度、宽度、深度（内径）	允许偏差：±20mm	钢卷尺	逐座
	5	池（窖）底高程	允许偏差：±10mm	水准仪	逐座

4.15 泵房建筑

4.15.1 单元工程宜以1座泵房建筑划分为1个单元工程。

4.15.2 泵房建筑工程施工应满足下列要求：

1 应符合 SL 234 的规定。

2 地基基础尺寸、结构形式及室内地面类型应符合设计要求。

3 所用的钢材、水泥、砂石骨料、砖、防水材料等建筑材料品质应符合国家现行有关标准的规定。

4 砂浆、混凝土试块强度应满足设计要求。

5 墙体砌筑方法正确，无通缝，墙体与周边构建的连接应符合国家现行有关标准的规定。

6 门窗品种、规格、开启方向、安装位置及其材料和制作质量应符合设计要求。门窗安装牢固，门（窗）框与墙体间的缝隙应嵌填密实，无变形，油漆应涂刷均匀，无漏刷现象。

7 装饰材料质量应符合国家标准。

8 回填土干容重合格率应大于90%，不合格点不应集中。

4.15.3 泵房建筑施工质量标准应符合表4.15.3的规定。

表4.15.3 泵房建筑施工质量标准

<table>
<tr><th colspan="2">项次</th><th colspan="2">检验项目</th><th>质量要求</th><th>检验方法</th><th>检验数量</th></tr>
<tr><td rowspan="4">主控项目</td><td rowspan="3">1</td><td rowspan="3">室外</td><td>墙面</td><td>墙面平整，缝面光滑，宽深一致，无通缝，无缺棱掉角</td><td>观察</td><td>全数检查</td></tr>
<tr><td>大角</td><td>顺直</td><td>观察</td><td>全数检查</td></tr>
<tr><td>散水</td><td>表面平整，坡度符合设计要求</td><td>观察、查阅设计文件和施工记录</td><td>全数检查</td></tr>
<tr><td>2</td><td colspan="2">屋面</td><td>屋面平整，防水层牢固，细部符合设计要求</td><td>观察、查阅设计文件</td><td>全数检查</td></tr>
</table>

表 4.15.3（续）

项次		检验项目	质量要求	检验方法	检验数量
主控项目	3	门窗品种规格及安装	门窗品种规格及安装符合设计要求，门窗框体与墙体嵌填密实，无变形。门窗开启灵活，玻璃、油漆、小五金符合设计要求	观察、查阅施工记录	全数检查
	4	内、外墙装饰材料	符合设计要求	观察、查阅设计文件和施工记录	全数检查
	5	屋面	屋面平整，防水层牢固，细部符合设计要求	观察、查阅设计文件和施工记录	全数检查
	6	室内	墙面、地面平整、光洁，无空鼓裂缝	观察	全数检查
	7	机组安装高程	允许偏差：±15mm	水准仪、全站仪	不少于3个测点
一般项目	1	平整度（主体）	允许偏差：±5mm（清水墙）	使用2m靠尺或专用工具检查	不少于3个测点
			允许偏差：±8mm（混水墙）		
	2	垂直度	允许偏差：±3°	使用钢尺、全站仪或专用工具检查	
	3	泵房尺寸（长、宽、高）	允许偏差：±20mm	钢尺	
	4	回填土干容重	回填土干容重合格率大于90%，不合格点不集中	查阅检验报告	

4.16 阀门井、检查井

4.16.1 单元工程宜以1个轮灌组内的阀门井或检查井划分，1

个轮灌组内的阀门井或检查井划分为1个单元工程。

4.16.2 阀门井、检查井施工应按GB 50203的规定执行。

4.16.3 阀门井、检查井施工质量标准应符合表4.16.3的规定。

表4.16.3 阀门井、检查井施工质量标准

项次		检验项目	质量要求	检验方法	检验数量
主控项目	1	砖、砂浆质量	砖、砂浆强度等级符合设计要求	观察、查阅检验记录	全数检查
	2	砌筑方法	砌法正确、上下错缝内外搭砌	观察	全数检查
	3	埋件、预留孔	位置、尺寸符合设计要求	观察	全数检查
	4	砌缝	砂浆饱满、灰缝平整	观察、查阅施工记录	全数检查
	5	砂浆抹面	抹面无空鼓、裂缝	观察、查阅施工记录	全数检查
	6	控制阀门	阀门启闭灵活，密封良好	观察、操作及查阅产品证明	全数检查
一般项目	1	阀门井、检查井尺寸	允许偏差：±20mm	使用钢尺、全站仪	每单元检测不少于3眼
	2	井盖与地面高程差			
	(1)	非路面	允许偏差：±20mm	使用钢尺、全站仪、水准仪	每单元检测不少于3眼
	(2)	路面	允许偏差：±5mm		

4.17 田间道路

4.17.1 单元工程宜以施工检查验收的段或条划分，每一段或条划分为1个单元工程。

4.17.2 田间道路路基及路面施工应符合下列要求：

1 路基的筑路土料、纵横向坡度应符合设计要求，弯道连接应平顺，轴线应顺畅，排水沟布置应合理。

2 泥结石路面施工应符合下列要求：

1）碎石、黏性土质量：石料强度等级应不低于3级；较高黏性的土料，塑性指数宜为12～15。

2）泥结石路面碎石级配、最大粒径应符合设计要求，最大粒径不大于4cm。

3）泥结石路面泥浆质量按水土0.8∶1～1∶1（体积比）进行控制，黏土用量不宜超过混合料总重的15%～18%。

4）路面平整度应符合设计要求。

3 砂石路面施工应符合下列要求：

1）砂石路面砂石级配、最大粒径应符合设计要求，最大粒径不大于8cm。

2）路面砂石铺筑平整度应符合设计要求。

4.17.3 田间道路路基及路面施工质量标准应符合表4.17.3的规定。

表4.17.3 田间道路路基及路面施工质量标准

项次		检验项目	质量要求	检验方法	检验数量
主控项目	1	筑路土料	筑路土料满足设计要求	观察、查阅设计文件、施工记录	全数检查
	2	坡度	纵、横向坡度均匀	观察	全数检查
	3	弯道连接	弯道连接平顺	观察	全数检查
	4	轴线	轴线顺畅	观察	全数检查
	5	排水沟布置	布置合理	观察、查阅设计文件施工记录	全数检查
	6	压实干密度	不小于设计值	观察、查阅检测报告	每100m检测点数不少于3个断面
	7	泥结石路面碎石、黏性土质量	石料强度等级不低于3级，较高黏性的土，塑性指数宜为12～15	观察、查阅检测报告	全数检查
	8	泥结石路面碎石级配、最大粒径	级配符合设计要求，最大粒径不大于4cm	观察、查阅检测报告	全数检查

表 4.17.3（续）

项次		检验项目	质量要求	检验方法	检验数量
主控项目	9	泥结石路面泥浆质量	按水土 0.8∶1～1∶1（体积比）进行控制，黏土用量不宜超过混合料总重的 15%～18%	观察、查阅检测报告	全数检查
	10	砂石路面砂石级配、最大粒径	级配符合设计要求，最大粒径不大于 8cm	观察、查阅检测报告	全数检查
	11	砂石路面砂石铺筑	碾压密实，无局部凹凸	观察、查阅检测报告	全数检查
	12	路面平整度	满足设计要求	观察、查阅设计文件施工记录	全数检查
一般项目	1	路面中心线	允许偏差：30mm	使用钢尺、全站仪	每 100m 检测点数不少于 3 个断面
	2	路面高程	允许偏差：0～20mm	使用钢尺、全站仪、水准仪	
	3	铺料厚度	允许偏差：0～20mm	使用钢尺、全站仪、水准仪	
	4	路面宽度	允许偏差：0～10mm	使用钢尺、全站仪	
	5	路面横向坡度	1.5%	使用钢尺、全站仪、水准仪	

4.18 机　　井

4.18.1　单元工程宜以每眼机井划分为 1 个单元工程。

4.18.2　机井施工应按 GB/T 50625 的规定执行。

4.18.3　井壁管、滤水管、砾料等的质量和规格应符合设计和 GB/T 50625 的规定。

4.18.4　机井施工质量标准应符合表 4.18.4 的规定。

表 4.18.4　机井施工质量标准

项次		检验项目	质量标准		检验方法	检验数量
			合格	优良		
主控项目	1	井壁管、滤水管、砾料等质量	符合规范规定和设计要求		检查产品说明及出厂合格证，查阅设计报告	每眼井
	2	井位、井深和井径	符合设计要求		观察、量测、查阅施工记录	
	3	洗井	洗井方法、抽水程序符合规范要求		观察、查阅施工记录	
	4	机井出水流量	不小于设计出水流量		抽水试验	
一般项目	1	下管	清孔、滤水管长度及下管保护、连接及密封质量符合规范要求		观察	每眼井
	2	填砾	连续均匀沿管四周填入，填入量符合计算体积		观察、量测、查阅施工记录	
	3	滤水管安装位置	允许偏差：±300mm	允许偏差：±200mm	量测	
	4	井口封闭	符合设计和规范要求		观察	
	5	井孔倾斜度	允许偏差：≤2°	允许偏差：≤1°	量测	
	6	出水含沙量	小于 1/20000 体积比		量测	
	7	井内沉淀物高度	不大于设计井深的 5‰		量测	

4.19　水 泵 安 装

4.19.1　单元工程宜以 1 台水泵机组划分为 1 个单元工程。

4.19.2　水泵安装应符合下列要求：

1　基础的尺寸、位置、标高应符合设计要求。

2　出厂时已装配、调试完善的部分不应随意拆卸。

3　卧式和立式泵的纵、横向水平度不应超过 0.1/1000；小型整体安装的泵，不应有明显的偏斜。

4　泵的找正应符合设备技术文件的规定。

4.19.3　水泵安装质量标准应符合表4.19.3的规定。

表4.19.3　水泵安装质量标准

项次		检验项目	质量标准		检验方法	检验数量
			合格	优良		
主控项目	1	水泵及电机	型号、规格、流量、扬程及额定电压、功率符合设计要求，具备产品生产许可证、质量合格证、安装使用说明书和出厂质量检测报告		观察、查阅产品合格证、检验报告等，对照设计文件	全数检查
	2	外观质量	表面的防锈防腐层应完整、无损伤，标识清楚，包装符合规定且配件齐全。设备不应有缺件、损坏和锈蚀等情况，管口保护物和堵盖应完好		观察	全数检查
	3	主、从动轴中心	允许偏差：0.10mm	允许偏差：0.08mm	钢板尺、百分表、塞尺	均布，不少于4个点
	4	主、从动轴中心倾斜	允许偏差：0.2mm/m	允许偏差：0.1mm/m		
一般项目	1	泵体纵横向水平度	允许偏差：0.1mm/m	允许偏差：0.08mm/m	水平仪	均布，不少于4个点
	2	立式泵泵轴与电动机轴心线偏心	允许偏差：0.15mm	允许偏差：0.10mm	游标卡尺、钢板尺、百分表、塞尺	
	3	立式泵泵轴与电动机轴心线倾斜	允许偏差：0.5mm/m	允许偏差：0.2mm/m	钢板尺、百分表、塞尺	
	4	立式泵泵座水平度	允许偏差：0.1mm/m	允许偏差：0.08mm/m	水平仪	
	5	电机绝缘、接地	电机外壳必须接地，绝缘电阻符合规定		量测	全数检查
	6	启动前检查	盘车应灵活，无阻滞、卡住现象，无异常声音		观察	全数检查

4.20 微灌首部工程设备仪表安装

4.20.1 单元工程宜以1套（处）首部工程设备仪表安装划分为1个单元工程。

4.20.2 过滤器安装应符合下列要求：

1 安装质量应符合设计要求。

2 过滤器应按标识的水流方向安装。

3 自动冲洗式过滤器的传感器等电器元件应按产品规定接线图安装，并通电检查运行状况。

4.20.3 施肥（药）设备安装应符合下列要求：

1 安装质量应符合设计要求。

2 压差式施肥（药）罐、文丘里施肥（药）器的进、出水管与灌溉管道应连接牢固，使用软管时，严禁扭曲打折。

3 使用施肥（药）泵时，应按产品说明书要求安装，并经检查合格后再通电试运行。

4.20.4 量测仪表安装应符合下列要求：

1 安装质量应符合设计要求。

2 安装前应清除封口和接头处的油污和杂物。

3 应按产品说明书要求和水流方向标记安装量水仪表。

4.20.5 微灌首部工程设备仪表安装质量标准应符合表4.20.5的规定。

表4.20.5 微灌首部工程设备仪表安装质量标准

项次		检验项目	质量标准		检验方法	检验数量
			合格	优良		
主控项目	1	安全、监测、保护装置	整定准确、灵敏、可靠，符合技术文件的规定		试验、检测	逐座
	2	水压试验	压力达到系统设计工作压力1.25倍，保压10min，设备仪表工作正常，连接管路密封良好、无渗漏		水压试验设备、压力计	逐座

表 4.20.5（续）

项次		检验项目	质量标准		检验方法	检验数量
			合格	优良		
主控项目	3	过滤器、施肥罐、阀门、仪表性能符合性	过滤器、施肥灌、阀门、仪表及连接件的材质、规格、性能指标符合设计要求		查阅产品合格证、出厂质量检测报告，对照设计文件	全数检查
一般项目	1	过滤器、施肥罐、阀门、仪表外观质量	内外壁平整，无裂纹、明显的凹陷、沟纹等。金属壳体的锈防腐层应完整、无损伤；塑料制品表面色泽均匀		观察	全数检查
	2	过滤器、施肥罐、阀门、仪表安装	应按水流方向标记安装，不得反向。安装平顺、位置合理、表面整洁，与管道或其他设备的连接应满足拆卸维修的要求		观察	全数检查
	3	过滤器、施肥罐本体的水平度	≤L/100	≤10	水平仪或U形水平管	全数检查
	4	过滤器、施肥罐本体的垂直度	≤H/1000且不超过10	≤5	吊垂线、钢板尺、钢卷尺	全数检查
注1：L—过滤器、施肥罐的长度；H—过滤器、施肥罐的高度。 注2：表中数值为允许偏差值，mm。						

4.21 管道安装

4.21.1 单元工程宜以施工检查验收的段或条划分，每一段或条划分为1个单元工程。

4.21.2 管道安装应符合下列要求：

1 管道安装质量应符合设计要求。

2 管道内部和管端应清理干净，清除杂物；密封面和螺纹不应损坏。

3　相互连接的法兰端面、螺纹、承插口轴心线应平行、对中，不应用法兰螺栓或管接头强行连接。

4　管道与水泵、过滤器、施肥罐等连接后，不应对其进行焊接和气割，需焊接或气割时，应拆下管道或采取保护措施，防止焊渣进入管路系统和损坏其他部件。

5　寒冷地区冬季施工应采取防寒防冻措施。

4.21.3　聚氯乙烯管黏接应符合下列要求：

1　黏合剂必须与管道材质相匹配。

2　被黏接的管端、管件应清除污迹并打毛。

3　插口和承口均匀涂上黏合剂后，应适时插入并转动管端。

4　承插轴线应对直重合，承插深度应符合设计要求。

5　黏合剂固化时间应符合设计要求，黏合剂固化前管道不得移动。

4.21.4　聚氯乙烯管胶圈密封柔性连接应符合下列要求：

1　套管与密封圈规格应匹配，密封圈嵌入套管槽内不得扭曲和卷边。

2　插口外缘应加工成斜口，并涂上润滑剂，应用专用接管器将管子插入或在另一端用木槌轻轻打入套管至设计深度。

4.21.5　聚乙烯塑料管外连接应符合下列要求：

1　管端断面应与轴线基本垂直。

2　应将锁母、卡箍、胶圈依次套在管道后，将管端插入管件内，并锁紧锁母。

4.21.6　管道安装质量标准应符合表4.21.6的规定。

表4.21.6　管道安装质量标准

项次		检验项目	质量标准		检验方法	检验数量
			合格	优良		
主控项目	1	管道轴线	允许偏差：30mm	允许偏差：20mm	钢丝线、垂球、钢卷尺、经纬仪	沿管道轴线每50m管道检验1处

表 4.21.6（续）

项次		检验项目	质量标准		检验方法	检验数量
			合格	优良		
主控项目	2	管道出口位置	允许偏差：±20mm	允许偏差：±10mm	钢板尺、钢卷尺	沿管道轴线每 50m 管道检验 1 处
	3	管道中心线高程	允许偏差：20mm	允许偏差：±10mm	水准仪	沿管道轴线每 50m 管道检验 1 处
	4	与设备连接的预埋管出口位置	允许偏差：±10mm	允许偏差：±5mm	钢板尺、钢卷尺	全数检查
	5	水压试验	对管灌工程，塑料管道试水压力应为管道系统设计工作压力（含水锤压力），保压时间不应小于 1 h，管道试水时，环境气温应不低于 5℃；对喷灌工程，高密度聚乙烯塑料管道（HDPE）试验压力不应小于管道设计工作压力的 1.7 倍；低密度聚乙烯塑料管道（LDPE、LLDPE）试验压力不应小于管道设计工作压力的 2.5 倍；其他管材的管道试验压力不应小于管道设计工作压力的 1.5 倍。试验压力保压 10min；对微灌工程，试压的水压力不应小于管道设计压力的 1.25 倍，并保持 10 min。设备仪表工作正常，连接管路密封良好、无渗漏		水压试验设备、压力计	全数检查

表 4.21.6（续）

<table>
<tr><th colspan="2" rowspan="2">项次</th><th rowspan="2">检验项目</th><th colspan="2">质量标准</th><th rowspan="2">检验方法</th><th rowspan="2">检验数量</th></tr>
<tr><th>合格</th><th>优良</th></tr>
<tr><td rowspan="4">一般项目</td><td>1</td><td>管材、管件</td><td colspan="2">规格、性能符合设计要求</td><td>检查产品合格证、出厂检验报告，查看设计文件</td><td>全数检查</td></tr>
<tr><td>2</td><td>胶圈、黏接剂</td><td colspan="2">性能、卫生、化学指标等符合设计要求</td><td>检查产品合格证、出厂检验报告，查看设计文件</td><td>全数检查</td></tr>
<tr><td>3</td><td>胶圈密封柔性连接</td><td colspan="2">承口内侧和插口外侧干净，橡胶圈压缩均匀，插入长度符合设计要求</td><td>观察、量测</td><td>全数检查</td></tr>
<tr><td>4</td><td>管口封堵</td><td colspan="2">紧密可靠</td><td>观察</td><td>全数检查</td></tr>
</table>

4.22 微灌灌水器安装

4.22.1 单元工程宜以1个轮灌组的灌水器划分，1个轮灌组的灌水器划分为1个单元工程。

4.22.2 微灌灌水器安装应符合下列要求：

1 检查微灌灌水器的规格、型号、数量及出产合格证，并按安装要求有序摆放各种部件。

2 应按设计要求在支管上标出毛管孔位，应用专门的打孔器打孔。

3 旁通安装前应清除管口飞边、毛刺，应抽样量测插口内外直径，并应符合设计要求；旁通的插入方式和密封方式应符合生产厂家要求，安装应牢固。

4 毛管管端应齐平，不得有裂纹，与旁通连接应清除杂物。滴头安装应牢固可靠，连接处不应漏水。

5 微喷头安装应使其轴线基本垂直于水平面，微喷头安装应牢固可靠，连接处应不漏水。

6 滴灌管（带）与旁通连接应牢固可靠、不漏水。铺设在地表或地下时，出水口应朝上。

4.22.3 微灌灌水器安装质量标准应符合表4.22.3的规定。

表4.22.3 微灌灌水器安装质量标准

项次		检验项目	质量标准		检验方法	检验数量
			合格	优良		
主控项目	1	灌水器间距	允许偏差：±5%设计值	允许偏差：±3%设计值	钢卷尺量测	灌水器数量的2%或不超过50个
	2	灌水器压力流量符合性	微喷头、滴头、滴灌管（带）等材质、规格、型号、工作压力、设计流量等符合设计要求		检查产品合格证、出厂检验报告，查看设计文件	灌水器数量的2%或不超过50个
一般项目	1	灌水器外观质量	内外壁平整，无裂纹、明显的凹陷、沟纹等。塑料制品表面色泽均匀一致、光滑平整，不应有气泡、挂料线、毛刺，无明显的未塑化物及穿透性杂质		观察	灌水器数量的2%或不超过50个
	2	灌水器安装	牢固、平整、镶嵌到位，无漏嵌、翘曲		观察	全数检查
	3	灌水器安装整体性	连接牢固、排列整齐，滴灌管（带）铺设平顺		观察	全数检查

4.23 喷灌设备（机组）安装

4.23.1 单元工程宜以一台（套）喷灌设备（机组）划分为1个单元工程。

4.23.2 喷灌设备（机组）安装应符合下列要求：

1 应检查各部件的数量、规格及完好情况，并按安装要求有序摆放各种部件。

2 应按照设计或使用说明书的安装顺序、步骤进行安装。

3　支管与竖管、竖管与喷头之间应连接可靠、密封无渗漏。固定式喷灌的竖管应牢固、稳定。

4　装配好的轻小型机组各紧固件不应有松动。

5　绞盘式喷灌机喷灌小车安装应牢固、稳定；与供水管连接处应密封无渗漏。

6　中心支轴式和平移式喷灌机，桁架输水管和塔架车之间连接应保证桁架输水管上下左右摆动；地隙高度应满足设计要求。低压喷头安装应按产品说明书安装。

4.23.3　喷灌设备（机组）安装单元工程质量标准应符合表4.23.3的规定。

表 4.23.3　喷灌设备（机组）安装单元工程质量标准

项次		检验项目	质量标准		检验方法	检验数量
			合格	优良		
主控项目	1	喷头安装	喷头其轴线基本垂直于水平面，喷头安装应牢固稳定，连接处密封可靠、不漏水		钢丝线、垂球量测、观察	全数检查
	2	固定喷灌支管、喷头间距	允许偏差：±5%设计值	允许偏差：±3%设计值	钢卷尺、经纬仪	全数检查
	3	绞盘式喷灌机喷头车行走速度和喷幅宽度	允许偏差：±5%设计值	允许偏差：±3%设计值	钢卷尺、秒表	全数检查
	4	滚移式喷灌机平均喷幅宽度和平均喷洒长度	允许偏差：±5%额定值	允许偏差：±3%设计值	钢卷尺	全数检查
	5	钢索导向平移式喷灌机	允许偏移量不应大于250mm	允许偏移量不应大于200mm	钢卷尺、经纬仪	全数检查

表 4.23.3（续）

项次		检验项目	质量标准		检验方法	检验数量
			合格	优良		
主控项目	6	机组管路系统耐水压	最大工作压力下保持10min，关键部位不应产生塑性变形和渗漏		水压试验设备、压力计	全数检查
	7	喷灌设备（机组）压力流量符合性	规格、型号、压力、流量指标符合设计要求		检查产品合格证、出厂检验报告，查看设计文件	全数检查
一般项目	1	喷灌设备（机组）外观	铸件表面无裂纹、砂眼、气孔、缩松等；焊接件的焊缝应平整，不应有脱焊、漏焊、裂纹、烧穿、焊瘤、夹渣和气孔等。 机组外表面涂、镀或化学热处理防护层应良好。涂层不应有露底、堆积、夹杂质、流坠和失光等现象；镀层无漏镀、起泡、剥落、锈蚀等现象；化学热处理防护层不应有锈蚀现象		观察	全数检查
	2	喷灌机组安装、调试	部件齐全、安装牢固稳定，与供水管连接处应密封无渗漏，试机运行可靠		观察	全数检查

5 施工质量检验

5.1 质量检验要求与内容

5.1.1 灌溉与排水工程施工质量检验应符合下列要求：

1 承担工程检测业务的检测单位应具有有关部门颁发的资质证书，其设备和人员配备应与承担的任务相适应。

2 施工单位的质量检验员应具备相关专业知识，并经上岗培训，自检项目、数量、检验方法应符合第4章、国家现行有关标准和施工合同的规定。需委托检测单位进行检测的，检测单位应具备相应资质，出具的检测报告应盖章并签字确认。

3 施工单位应按SL 632的规定对水泥、钢筋等原材料与砂石骨料、混凝土等中间产品质量进行检验，并报监理单位复核。不合格产品，不得使用。

4 施工和监理单位对进场的金属结构、机电设备、管材等产品，应检查产品合格证、出厂检验报告、外观质量等。对在运输和存放过程中发生的变形、受潮、损坏等问题应做好记录，并进行妥善处理。无产品合格证或不符合质量标准的产品不得用于工程施工。

5 施工单位应及时将原材料、中间产品及单元工程质量检验结果送监理单位复核，由监理单位汇总后定期报（送）项目法人（建设单位）。

5.1.2 本标准未涉及的质量评定标准，应由项目法人（建设单位）组织监理、设计及施工单位按有关部门规定进行编制和报批。

5.1.3 单元工程各类项目的检验，应采用随机布点和监理工程师现场指定部位相结合的方式进行。

5.1.4 涉及结构安全的试块、试件和材料，应实行见证取样和送检。见证取样和送检的比例不得低于国家现行有关技术标准中规定应取样数量的5%～30%，具体数量应根据工程情况和检测覆盖量的需要确定。

5.1.5 项目法人（建设单位）应按照合同对施工单位自检和监理机构抽检的过程进行监督检查。当发生工程质量有争议或项目法人（建设单位）、设计、监理和工程质量监督等单位根据工程建设需要，可委托具有相应资质的单位进行质量检测。

5.1.6 项目法人（建设单位）应组织施工、监理、设计、工程运行管理等单位对管道完工后进行水压试验、蓄水池完工后进行闭水试验、小型泵站工程完工后进行通水试运行试验，检验结果应由项目法人（建设单位）整理后上报质量监督机构。

5.1.7 单位工程完工后，项目法人（建设单位）应组织监理、设计、施工及工程运行管理等单位组成工程外观评定组，现场进行工程外观质量检验评定，并将评定结论报工程质量监督机构核定。参加工程外观质量评定组的人员应具有工程师及以上技术职称或相应执业资格。评定组人数不应少于5人。灌溉与排水工程的外观质量评定办法应按SL 176、GB/T 50769的规定执行。

5.1.8 工程中出现检验不合格的项目时，应按下列规定进行处理：

1 原材料、中间产品一次抽样检验不合格时，应对同一取样批次另取两倍数量进行检验。如仍不合格，则该批次原材料和中间产品不合格，不得使用。

2 单元质量不合格时，应按合同要求进行处理或返工重做，并经重新检验且合格后方可进行后续工程施工。

3 混凝土、砂浆试件的抽样检验不合格时，应委托具有相应资质等级的工程质量检测机构对相应工程部位进行检验。如仍不合格，应由项目法人（建设单位）组织有关单位进行研究，并提出处理意见。

4 工程完工后的质量抽检不合格，或其他检验不合格的工程，应按有关规定进行处理，合格后才能进行验收或后续工程施工。

5.2 质量事故检查和质量缺陷备案检查

5.2.1 质量事故发生后，有关单位应按“四不放过”原则，调查事故原因，研究处理措施，查明事故责任者，并根据《水利工程质量事故处理暂行规定》做好事故处理工作。

5.2.2 在工程施工过程中，因特殊原因使工程个别部位或局部达不到技术标准和设计要求（但不影响使用），且未能及时进行处理的工程质量缺陷问题（质量评定仍定为合格），应以工程质量缺陷备案形式进行记录备案。

5.2.3 质量缺陷备案表应由监理单位组织填写，内容应真实、准确、完整。各工程参建单位代表应在质量缺陷备案表上签字，若有不同意见应明确记载。质量缺陷备案表应及时报工程质量监督机构备案，格式见附录A。质量缺陷备案资料应按竣工验收的标准制备。工程竣工验收时，项目法人（建设单位）应向竣工验收委员会汇报并提交历次质量缺陷备案资料。

5.2.4 工程质量事故处理后，应由项目法人（建设单位）委托有相应资质等级的工程质量检测单位检测后，再按照处理方案确定的质量标准，重新进行工程质量评定。

5.3 数 据 处 理

5.3.1 测量误差的判断和处理，应符合JJG 1027和JJF 1059的规定。

5.3.2 数据保留位数应符合国家有关试验规程及施工规范的规定。计算合格率时，小数点后应保留一位。

5.3.3 数值修约应符合GB 8170的规定。

5.3.4 检验和分析数据的可靠性，应符合下列要求：

1 检查取样应具有代表性。

2 检验方法及仪器设备应符合国家及行业规定。

3 操作应准确无误。

5.3.5 严禁伪造或随意舍弃检测数据。对可疑数据，应检查分析原因，并做出书面记录。

5.3.6 单元工程检测成果应按第 4 章规定进行计算。

5.3.7 水泥、钢材、外加剂、混合材及其他原材料的检测数量与数据统计方法应按国家现行有关标准执行。

5.3.8 砂石骨料、石料及混凝土预制件等中间产品检测数据统计方法及混凝土、砂浆强度的检验评定，应符合 SL 176 的规定。

5.3.9 混凝土、砂浆的抗冻、抗渗等其他指标应符合设计和国家现行有关标准的规定。

6 施工质量评定

6.1 质量评定的依据、组织与管理

6.1.1 灌溉与排水工程施工质量等级评定应主要依据下列文件：

1 国家现行有关技术标准。

2 单元工程施工质量评定标准。

3 经批准的设计文件及相应的工程变更文件、施工图纸、设备安装说明书及有关技术文件等。

4 工程施工合同。

5 工程施工期及试运行期的试验和观测分析成果。

6.1.2 施工质量等级不合格的工程必须按要求处理合格后，才能进行后续工程施工或验收。

6.1.3 单元工程质量评定应在施工单位自评的基础上，由监理（建设）单位复核，监理工程师（建设单位技术负责人）核定质量等级并签证认可。

6.1.4 单元工程施工质量验收评定应具备下列条件：

1 单元工程所含所有施工项目已完成，施工现场已具备验收的条件。

2 有关质量缺陷已处理完毕或有监理单位批准的处理意见。

6.1.5 单元工程施工质量验收评定应按下列程序进行：

1 施工单位应首先对已经完成的单元工程施工质量进行自检，并填写检验记录。

2 施工单位自检合格后，应填写单元工程施工质量验收评定表，向监理单位申请复核。单元工程施工质量评定表见附录B表B.0.1－1，单元工程安装质量评定表见附录B表B.0.1－2，单元工程安装质量检查表见附录B表B.0.1－3。

3 监理单位收到申报后，应在8h内进行复核。

6.1.6 监理单位对单元工程质量评定复核应包括下列内容：

1 核查施工单位报验资料是否真实、齐全。

2 对照施工图纸及施工技术要求，结合平行检测和跟踪检测结果等，复核单元工程质量是否达到本标准要求。

3 检查已完单元工程遗留问题的处理情况，在施工单位提交的单元工程施工质量验收评定表中填写复核记录，并签署单元工程施工质量评定意见，评定单元工程施工质量等级，相关责任人履行相应签认手续。

4 对验收中发现的问题提出处理意见。

6.1.7 单元工程施工质量验收评定应包括下列资料：

1 施工单位申请验收评定时，应提交的资料包括：

1）单元工程中检验项目验收评定的检验资料。

2）各项实体检验项目的检验记录资料（设备安装工程中还包括单元工程安装图样和安装记录、单元工程试验与试运行的记录）。

3）施工单位自检完成后，填写的单元工程施工质量验收评定表（设备安装工程中的安装质量检查表）。

2 监理单位应提交下列资料：

1）监理单位对单元工程施工质量的跟踪检测、平行检测资料。

2）由监理工程师签署质量复核意见的单元工程施工质量验收评定表（安装质量检查表）。

6.1.8 单元工程施工质量验收评定表及其备查资料的制备应由工程施工单位负责，其规格宜采用国际标准A4（210mm×297mm），验收评定表一式4份，备查资料一式2份，其中验收评定表及其备查资料各一份应由监理单位保存，其余应由施工单位保存。

6.1.9 重要隐蔽单元工程质量及关键部位单元工程质量应在施工单位自评的基础上，由项目法人（建设单位或委托监理）组织监理、设计、施工、运行管理（施工阶段已经有时）等单位组成联合小组，共同检查核定其质量等级并填写签证表。重要隐蔽单元工程（关键部位单元工程）质量等级签证表见附录 B 表 B.0.2。

6.1.10 分部工程质量评定应在施工单位自评的基础上，由项目法人（建设单位或委托监理单位）组织监理、设计、施工、运行管理（施工阶段已经有时）等单位评定其质量等级。分部工程质量评定结论应由项目法人（建设单位）报工程质量监督机构核备。分部工程施工质量评定表见附录 B 表 B.0.3。

6.1.11 单位工程质量评定应在施工单位自评的基础上，由监理单位复核，项目法人（建设单位）认定。单位工程质量评定结论应由项目法人（建设单位）报工程质量监督机构核定。单位工程施工质量评定表见附录 B 表 B.0.4，单位工程施工质量检验与评定资料核查表见附录 B 表 B.0.5。

6.1.12 工程项目质量应在单位工程质量评定的基础上，由监理单位进行统计并评定工程项目质量等级，经项目法人（建设单位）认定后，报工程质量监督机构核定。工程项目施工质量评定表见附录 B 表 B.0.6。

6.1.13 工程质量监督机构应按有关规定在工程竣工验收前提交工程质量监督报告，工程质量监督报告应有工程是否合格的明确结论。

6.2 合格标准

6.2.1 单元工程施工质量合格标准应符合下列规定：

1 主控项目检验结果应全部符合本标准规定的质量标准。

2 建筑工程的一般项目逐项应有 70%及以上的检验点合格，且不合格点不应集中；金属结构、管道及设备安装的一般项目应有 90%及以上的检验点符合合格标准，其余虽有偏差，但不影响使用。

3 各项报验资料应符合本标准的要求。

6.2.2 单元工程施工质量达不到合格标准时，应及时处理。处理后的质量等级应按下列规定确定：

1 全部返工的项目，可重新评定质量等级。

2　经加固补强并经设计和监理单位鉴定能达到设计要求时，其质量可评为合格。

3　处理后的工程部分质量指标仍达不到设计要求时，经设计复核，项目法人（建设单位）及监理单位确认能满足安全和使用功能要求，可不再进行处理；或经加固补强后，改变外形尺寸或造成永久性缺陷的，经项目法人（建设单位）、监理及设计单位确认能基本满足设计要求，其质量可定为合格，但应按规定进行质量缺陷备案。

6.2.3　分部工程施工质量同时满足下列标准时，其质量可评为合格：

1　所含单元工程的质量全部合格。质量事故及质量缺陷已按要求处理，并经检验合格。

2　原材料、中间产品及混凝土（砂浆）试件质量全部合格，主要设备及产品质量合格。

6.2.4　单位工程施工质量同时满足下列标准时，其质量可评为合格：

1　所含分部工程质量全部合格。

2　质量事故已按要求进行处理，并经检验合格。

3　工程外观质量得分率达到70%以上。

4　单位工程施工质量检验与评定资料基本齐全。

5　工程试运行期，各单位工程观测资料分析结果均符合国家现行有关技术标准的规定和合同约定的要求。

6.2.5　工程项目施工质量同时满足下列标准时，其质量可评为合格：

1　单位工程质量全部合格。

2　工程试运行期，各单位工程观测资料分析结果均符合国家现行有关技术标准的规定和合同约定的要求。

6.3　优良标准

6.3.1　单元工程施工质量优良标准应符合下列规定：

1 建筑工程的主控项目检验结果应全部符合本标准规定的质量标准，一般项目逐项应有90%及以上的检验点合格，且不合格点不应集中。

2 金属结构、管道及设备安装的检验项目在合格等级标准的基础上，施工质量检验项目中应有70%及以上达到优良标准，主控项目应全部达到优良标准。

3 各项报验资料应符合本标准的要求。

6.3.2 全部返工重做的单元工程，经检验达到优良标准者，可评为优良等级。

6.3.3 分部工程施工质量同时满足下列标准时，其质量可评为优良：

1 所含单元工程的质量全部合格，其中70%以上单元工程质量达到优良等级，重要隐蔽单元工程和关键部位单元工程质量优良率达90%以上，且未发生过质量事故。

2 原材料、中间产品质量全部合格，混凝土（砂浆）试件质量达到优良（当试件组数小于30时，试件质量合格）。主要设备及产品质量合格。

6.3.4 单位工程施工质量同时满足下列标准时，其质量可评为优良：

1 所含分部工程的质量全部合格，其中70%以上分部工程质量达到优良等级，且主要分部工程质量全部优良，且施工中未发生过较大质量事故。

2 质量事故已按要求进行处理，并经检验合格。

3 工程外观质量得分率达到85%以上。

4 单位工程施工质量检验与评定资料齐全。

5 工程试运行期，各单位工程观测资料分析结果均符合国家现行有关技术标准的规定和合同约定的要求。

6.3.5 工程项目施工质量同时满足下列标准时，其质量可评为优良：

1 单位工程的质量全部合格，其中70%以上单位工程质量达到优良等级，且主要单位工程质量全部优良。

2 工程试运行期，各单位工程观测资料分析结果均符合国家现行有关技术标准的规定和合同约定的要求。

附录 A　灌溉与排水工程施工质量缺陷备案表格式

编号：

______________工程施工质量缺陷备案表

施工质量缺陷所在单位工程：

缺陷类别：

备案日期：　　　　年　　月　　日

1. 质量缺陷产生的部位（主要说明具体部位、缺陷描述并附示意图）：

2. 质量缺陷产生的主要原因：

3. 对工程安全性、使用功能和运用影响分析：

4. 处理方案，或不处理原因分析：

5. 保留意见（保留意见应说明主要理由，或采用其他方案及主要理由）：

保留意见人　　　　　（签名）

（或保留意见单位及责任人，盖公章，签名）

6. 参建单位和主要人员

1）施工单位：　　　　　（盖公章）

质检部门负责人：　　　　　（签名）

技术负责人：　　　　　（签名）

2）设计单位：　　　　　（盖公章）

设计代表：　　　　　（签名）

3）监理单位：　　　　　（盖公章）

监理工程师：　　　　　（签名）

总监理工程师：　　　　　（签名）

4）项目法人（建设单位）：　　　　　（盖公章）

现场代表：　　　　　（签名）

技术负责人：　　　　　（签名）

填表说明：

1. 本表由监理单位组织填写。

2. 本表采用钢笔或中性笔，用深蓝色或黑色墨水填写。字迹应规范、工整、清晰。

附录B　灌溉与排水工程施工质量评定表（样式）

B.0.1　单元工程施工质量评定、安装质量评定和安装质量检验应分别采用表B.0.1-1、表B.0.1-2、表B.0.1-3的样式。

表B.0.1-1　单元工程施工质量评定表

<table>
<tr><td colspan="2">单位工程名称</td><td colspan="2"></td><td>单元工程量</td><td colspan="2"></td></tr>
<tr><td colspan="2">分部工程名称</td><td colspan="2"></td><td>施工单位</td><td colspan="2"></td></tr>
<tr><td colspan="2">单元工程名称、部位</td><td colspan="2"></td><td>施工日期</td><td colspan="2">年　月　日—
年　月　日</td></tr>
<tr><td colspan="2">项　次</td><td>检验项目</td><td>质量标准</td><td>检查（测）记录或备查资料名称</td><td>合格数</td><td>合格率</td></tr>
<tr><td rowspan="5">主控项目</td><td></td><td></td><td></td><td></td><td></td><td></td></tr>
<tr><td></td><td></td><td></td><td></td><td></td><td></td></tr>
<tr><td></td><td></td><td></td><td></td><td></td><td></td></tr>
<tr><td></td><td></td><td></td><td></td><td></td><td></td></tr>
<tr><td></td><td></td><td></td><td></td><td></td><td></td></tr>
<tr><td rowspan="7">一般项目</td><td></td><td></td><td></td><td></td><td></td><td></td></tr>
<tr><td></td><td></td><td></td><td></td><td></td><td></td></tr>
<tr><td></td><td></td><td></td><td></td><td></td><td></td></tr>
<tr><td></td><td></td><td></td><td></td><td></td><td></td></tr>
<tr><td></td><td></td><td></td><td></td><td></td><td></td></tr>
<tr><td></td><td></td><td></td><td></td><td></td><td></td></tr>
<tr><td></td><td></td><td></td><td></td><td></td><td></td></tr>
<tr><td colspan="2">施工单位自评意见</td><td colspan="5">主控项目检验点100%合格，一般项目逐项检验点的合格率____%且不合格点不集中分布。
单元工程质量等级评定为：
（签字，加盖公章）　　年　月　日</td></tr>
<tr><td colspan="2">监理单位复核意见</td><td colspan="5">经查验相关检验报告和检验资料，主控项目检验点100%合格，一般项目逐项检验点的合格率____%，且不合格点不集中分布。
单元工程质量等级评定为：
（签字，加盖公章）　　年　月　日</td></tr>
<tr><td colspan="7">注1：对关键部位单元工程和重要隐蔽单元工程的施工质量验收评定应有设计、建设等单位的代表签字，具体要求满足SL 176《水利水电工程施工质量检验与评定规程》的规定。
注2：本表所填“单元工程量”不作为施工单位工程量结算的依据。</td></tr>
</table>

表 B.0.1-2　单元工程安装质量评定表

<table>
<tr><td>单位工程名称</td><td></td><td colspan="2">单元工程量</td><td colspan="2"></td></tr>
<tr><td>分部工程名称</td><td></td><td colspan="2">安装单位</td><td colspan="2"></td></tr>
<tr><td>单元工程名称、部位</td><td></td><td colspan="2">安装日期</td><td colspan="2">年　月　日—
年　月　日</td></tr>
<tr><td rowspan="2">项次</td><td rowspan="2">项　　目</td><td colspan="2">主控项目</td><td colspan="2">一般项目</td></tr>
<tr><td>合格数</td><td>优良数</td><td>合格数</td><td>优良数</td></tr>
<tr><td></td><td></td><td></td><td></td><td></td><td></td></tr>
<tr><td></td><td></td><td></td><td></td><td></td><td></td></tr>
<tr><td></td><td></td><td></td><td></td><td></td><td></td></tr>
<tr><td></td><td></td><td></td><td></td><td></td><td></td></tr>
<tr><td colspan="2">各项试验和试运转符合本标准和相关专业标准的规定</td><td colspan="4"></td></tr>
<tr><td>安装单位自评意见</td><td colspan="5">各项试验和单元工程试运转符合要求，各项报验资料符合规定。检验项目全部合格，检验项目优良标准率为____，其中主控项目优良标准率为____，单元工程安装质量验收评定等级为：____。
（签字，加盖公章）　　年　月　日</td></tr>
<tr><td>监理单位意见</td><td colspan="5">各项试验和单元工程试运转符合要求，各项报验资料符合规定。检验项目全部合格，检验项目优良标准率为____，其中主控项目优良标准率为____，单元工程安装质量验收评定等级为：____。
（签字，加盖公章）　　年　月　日</td></tr>
<tr><td>项目法人（建设单位）意见</td><td colspan="5">（签字，加盖公章）　　年　月　日</td></tr>
<tr><td colspan="6">注1：主控项目和一般项目中的合格数是指达到合格以上质量标准的项目个数。
注2：检验项目优良标准率＝（主控项目优良数＋一般项目优良数）/检验项目总数×100％。
注3：对隐蔽工程单元工程和关键部位单元工程的安装质量验收评定应有设计、建设等单位的代表填写意见并签字，具体要求应满足 SL 176《水利水电工程施工质量检验与评定规程》的规定。
注4：本表所填“单元工程量”不作为施工单位结算计量的依据。</td></tr>
</table>

表 B.0.1－3 单元工程安装质量检查表

编号：________　　　　　　　　　　　　　　　　　日期：________

<table>
<tr><td colspan="2">分部
工程名称</td><td colspan="2"></td><td colspan="4">单元工程名称</td><td colspan="3"></td></tr>
<tr><td colspan="2">安装部位</td><td colspan="2"></td><td colspan="4">安装内容</td><td colspan="3"></td></tr>
<tr><td colspan="2">安装单位</td><td colspan="2"></td><td colspan="4">安装日期</td><td colspan="3">年　月　日—
年　月　日</td></tr>
<tr><td colspan="2" rowspan="2">项次</td><td rowspan="2">检验
项目</td><td rowspan="2">允许偏差
/mm</td><td colspan="4">实测值/mm</td><td rowspan="2">合格数</td><td rowspan="2">优良率</td><td rowspan="2">质量标
准等级</td></tr>
<tr><td>1</td><td>2</td><td>3</td><td>…</td></tr>
<tr><td rowspan="4">主控
项目</td><td>1</td><td></td><td></td><td></td><td></td><td></td><td></td><td></td><td></td><td></td></tr>
<tr><td>2</td><td></td><td></td><td></td><td></td><td></td><td></td><td></td><td></td><td></td></tr>
<tr><td>3</td><td></td><td></td><td></td><td></td><td></td><td></td><td></td><td></td><td></td></tr>
<tr><td>⋮</td><td></td><td></td><td></td><td></td><td></td><td></td><td></td><td></td><td></td></tr>
<tr><td rowspan="4">一般
项目</td><td>1</td><td></td><td></td><td></td><td></td><td></td><td></td><td></td><td></td><td></td></tr>
<tr><td>2</td><td></td><td></td><td></td><td></td><td></td><td></td><td></td><td></td><td></td></tr>
<tr><td>3</td><td></td><td></td><td></td><td></td><td></td><td></td><td></td><td></td><td></td></tr>
<tr><td>⋮</td><td></td><td></td><td></td><td></td><td></td><td></td><td></td><td></td><td></td></tr>
<tr><td colspan="11">检查意见：</td></tr>
<tr><td colspan="11">主控项目____项，其中合格____项，合格率____；优良____项，优良率____。
一般项目____项，其中合格____项，合格率____；优良____项，优良率____。</td></tr>
</table>

检查人	（签字） 年 月 日	安装单位	（盖章） 年 月 日	监理工程师	（签字） 年 月 日	建设单位	（盖章） 年 月 日

B. 0. 2 重要隐蔽单元工程（关键部位单元工程）质量等级签证应采用表 B. 0. 2 的样式。

附录 B. 0. 2　重要隐蔽单元工程（关键部位单元工程）质量等级签证表

<table>
<tr><td colspan="2">单位工程名称</td><td></td><td>单元工程量</td><td></td></tr>
<tr><td colspan="2">分部工程名称</td><td></td><td>施工单位</td><td></td></tr>
<tr><td colspan="2">单元工程名称、部位</td><td></td><td>施工日期</td><td>年　月　日</td></tr>
<tr><td colspan="2">施工单位自评意见</td><td colspan="3">1. 自评意见：
2. 自评质量等级：
终检人员：（签名）　年　月　日</td></tr>
<tr><td colspan="2">监理单位抽查意见</td><td colspan="3">抽查意见：
监理工程师：（签名）　年　月　日</td></tr>
<tr><td colspan="2">联合小组核定意见</td><td colspan="3">1. 核定意见：
2. 质量等级：
年　月　日</td></tr>
<tr><td colspan="2">保留意见</td><td colspan="3">保留意见人：（签名）　年　月　日</td></tr>
<tr><td colspan="2">备查资料清单</td><td colspan="3">（1）地质编录 □　（2）测量成果 □　（3）影像资料 □
（4）检测试验报告（岩芯试验、软基承载力试验、结构强度等）□
（5）其他（　　　　　　）□</td></tr>
<tr><td rowspan="7">联合小组成员</td><td colspan="2">单　位　名　称</td><td>职务、职称</td><td>签　名</td></tr>
<tr><td>项目法人（建设单位）</td><td></td><td></td><td></td></tr>
<tr><td>监理单位</td><td></td><td></td><td></td></tr>
<tr><td>设计单位</td><td></td><td></td><td></td></tr>
<tr><td>施工单位</td><td></td><td></td><td></td></tr>
<tr><td>运行管理</td><td></td><td></td><td></td></tr>
<tr><td></td><td></td><td></td><td></td></tr>
<tr><td colspan="5">注 1：重要隐蔽单元工程验收时，设计单位应同时派地质工程师参加。
注 2：备查资料清单中凡涉及到的项目应在“□”内打“√”，如有其他资料应在括号内注明资料的名称。</td></tr>
</table>

B.0.3 分部工程施工质量评定应采用表 B.0.3 的样式。

表 B.0.3 分部工程施工质量评定表

<table>
<tr><td colspan="2">单位工程名称</td><td></td><td>施工单位</td><td colspan="3"></td></tr>
<tr><td colspan="2">分部工程名称</td><td></td><td>施工日期</td><td colspan="3">自 年 月 日
至 年 月 日</td></tr>
<tr><td colspan="2">分部工程量</td><td></td><td>评定日期</td><td colspan="3">年 月 日</td></tr>
<tr><td>项次</td><td>单元工程种类</td><td>工程量</td><td>单元工程个数</td><td>合格个数</td><td>其中优良个数</td><td>备注</td></tr>
<tr><td>1</td><td></td><td></td><td></td><td></td><td></td><td></td></tr>
<tr><td>2</td><td></td><td></td><td></td><td></td><td></td><td></td></tr>
<tr><td>3</td><td></td><td></td><td></td><td></td><td></td><td></td></tr>
<tr><td>4</td><td></td><td></td><td></td><td></td><td></td><td></td></tr>
<tr><td>5</td><td></td><td></td><td></td><td></td><td></td><td></td></tr>
<tr><td>6</td><td></td><td></td><td></td><td></td><td></td><td></td></tr>
<tr><td colspan="3">合 计</td><td></td><td></td><td></td><td></td></tr>
<tr><td colspan="3">重要隐蔽单元工程、关键部位单元工程</td><td></td><td></td><td></td><td></td></tr>
<tr><td colspan="3">施工单位自评意见</td><td colspan="2">监理单位复核意见</td><td colspan="2">项目法人（建设单位）认定意见</td></tr>
<tr><td colspan="3">本分部工程的单元工程质量全部合格，优良率为____%，重要隐蔽单元工程及关键部位单元工程____个，优良率为____%。原材料质量____，中间产品质量____，主要设备及产品质量____。质量事故及质量缺陷处理情况：
分部工程质量等级：
评定人：
项目技术负责人：
（盖公章）
年 月 日</td><td colspan="2">复核意见：

分部工程质量等级：

监理工程师：
年 月 日

总监或副总监：
（盖公章）
年 月 日</td><td colspan="2">认定意见：

现场代表：
年 月 日

技术负责人：
（盖公章）
年 月 日</td></tr>
<tr><td>工程质量监督机构</td><td colspan="6">核备意见：
核备人： 负责人：
年 月 日 年 月 日</td></tr>
</table>

B.0.4 单位工程施工质量评定应采用表B.0.4的样式。

表B.0.4 单位工程施工质量评定表

<table>
<tr><td colspan="2">工程项目名称</td><td colspan="2"></td><td colspan="2">施工单位</td><td colspan="2"></td></tr>
<tr><td colspan="2">单位工程名称</td><td colspan="2"></td><td colspan="2">施工日期</td><td colspan="2">自 年 月 日
至 年 月 日</td></tr>
<tr><td colspan="2">单位工程量</td><td colspan="2"></td><td colspan="2">评定日期</td><td colspan="2">年 月 日</td></tr>
<tr><td rowspan="2">序号</td><td rowspan="2">分部工程名称</td><td colspan="2">质量等级</td><td rowspan="2">序号</td><td rowspan="2">分部工程名称</td><td colspan="2">质量等级</td></tr>
<tr><td>合格</td><td>优良</td><td>合格</td><td>优良</td></tr>
<tr><td>1</td><td></td><td></td><td></td><td>8</td><td></td><td></td><td></td></tr>
<tr><td>2</td><td></td><td></td><td></td><td>9</td><td></td><td></td><td></td></tr>
<tr><td>3</td><td></td><td></td><td></td><td>10</td><td></td><td></td><td></td></tr>
<tr><td>4</td><td></td><td></td><td></td><td>11</td><td></td><td></td><td></td></tr>
<tr><td>5</td><td></td><td></td><td></td><td>12</td><td></td><td></td><td></td></tr>
<tr><td>6</td><td></td><td></td><td></td><td>13</td><td></td><td></td><td></td></tr>
<tr><td>7</td><td></td><td></td><td></td><td>14</td><td></td><td></td><td></td></tr>
<tr><td colspan="8">分部工程共____个，其中优良____个，优良率____%，主要分部工程优良率____%</td></tr>
<tr><td colspan="2">外观质量</td><td colspan="6">应得____分，实得____分，得分率____%</td></tr>
<tr><td colspan="2">施工质量检验与评定资料</td><td colspan="6"></td></tr>
<tr><td colspan="2">质量事故处理情况</td><td colspan="6"></td></tr>
<tr><td colspan="2">观测资料分析结论</td><td colspan="6"></td></tr>
<tr><td colspan="2">施工单位自评等级：

评定人：

项目经理：

（盖公章）
年 月 日</td><td colspan="2">监理单位复核等级：

复核人：

总监或副总监：

（盖公章）
年 月 日</td><td colspan="2">项目法人（建设单位）认定等级：

认定人：

单位负责人：

（盖公章）
年 月 日</td><td colspan="2">工程质量监督机构核定等级：

核定人：

机构负责人：

（盖公章）
年 月 日</td></tr>
</table>

B.0.5 单位工程施工质量检验与评定资料核查应采用表 B.0.5 的样式。

表 B.0.5 单位工程施工质量检验与评定资料核查表

<table>
<tr><td colspan="2" rowspan="2">单位工程名称</td><td rowspan="2"></td><td>施工单位</td><td colspan="2"></td></tr>
<tr><td>核定日期</td><td colspan="2">年 月 日</td></tr>
<tr><td>序号</td><td colspan="3">项 目</td><td>份数</td><td>核查情况</td></tr>
<tr><td>1</td><td rowspan="11">原材料</td><td colspan="2">水泥出厂合格证、厂家试验报告</td><td></td><td rowspan="11"></td></tr>
<tr><td>2</td><td colspan="2">钢筋、管材出厂合格证、厂家试验报告</td><td></td></tr>
<tr><td>3</td><td colspan="2">水泥外加剂出厂合格证及技术性能指标</td><td></td></tr>
<tr><td>4</td><td colspan="2">粉煤灰出厂合格证及技术性能指标</td><td></td></tr>
<tr><td>5</td><td colspan="2">防水材料出厂合格证、厂家试验报告</td><td></td></tr>
<tr><td>6</td><td colspan="2">止水带出厂合格证及技术性能试验报告</td><td></td></tr>
<tr><td>7</td><td colspan="2">土工合成材料出厂合格证及技术性能试验报告</td><td></td></tr>
<tr><td>8</td><td colspan="2">装饰材料出厂合格证及有关技术性能资料</td><td></td></tr>
<tr><td>9</td><td colspan="2">防渗土工膜、水泥复验报告及统计资料</td><td></td></tr>
<tr><td>10</td><td colspan="2">钢筋、管材复验报告及统计资料</td><td></td></tr>
<tr><td>11</td><td colspan="2">其他原材料出厂合格证及技术性能资料</td><td></td></tr>
<tr><td>12</td><td rowspan="5">中间产品</td><td colspan="2">砂、石骨料及水试验资料</td><td></td><td rowspan="5"></td></tr>
<tr><td>13</td><td colspan="2">石料试验资料</td><td></td></tr>
<tr><td>14</td><td colspan="2">混凝土试件统计资料</td><td></td></tr>
<tr><td>15</td><td colspan="2">砂浆试件统计资料</td><td></td></tr>
<tr><td>16</td><td colspan="2">混凝土预制件（块）检验资料</td><td></td></tr>
<tr><td>17</td><td rowspan="10">金属结构及启闭机</td><td colspan="2">闸门出厂合格证及有关技术文件</td><td></td><td rowspan="10"></td></tr>
<tr><td>18</td><td colspan="2">拦污栅出厂合格证及有关技术文件</td><td></td></tr>
<tr><td>19</td><td colspan="2">启闭机出厂合格证及有关技术文件</td><td></td></tr>
<tr><td>20</td><td colspan="2">压力钢管生产许可证及有关技术文件</td><td></td></tr>
<tr><td>21</td><td colspan="2">闸门、拦污栅压力钢管安装测量记录</td><td></td></tr>
<tr><td>22</td><td colspan="2">金属结构防腐蚀质量检测记录</td><td></td></tr>
<tr><td>23</td><td colspan="2">启闭机安装测量记录</td><td></td></tr>
<tr><td>24</td><td colspan="2">焊接外观检查记录及探伤报告</td><td></td></tr>
<tr><td>25</td><td colspan="2">焊工资格证明材料（复印件）</td><td></td></tr>
<tr><td>26</td><td colspan="2">施工期运行试验记录</td><td></td></tr>
</table>

表 B.0.5（续）

序号	项 目		份数	核查情况
27	机电设备	产品出厂合格证、厂家提交的安装说明书及有关资料		
28		重大设备质量缺陷处理资料		
29		泵站主机泵机组安装测量记录		
30		变电、电气设备安装测试记录		
31		焊缝探伤报告及焊工资格证明		
32		机组调试及试验记录		
33		泵站水力机械辅助设备试验记录		
34		电气设备试验记录		
35		管道试验记录		
36		72 小时试运行记录		
37	重要隐蔽工程施工记录	灌浆记录、图表		
38		造孔灌注桩施工记录、图表		
39		沉入桩施工记录		
40		沉井制作、下沉施工记录		
41		防渗板桩施工记录		
42		防渗铺膜施工记录		
43		基础排水工程施工记录		
44		其他重要施工记录		
45	综合资料	质量事故调查及处理报告、重大缺陷处理检查记录		
46		工程试运行期观测资料		
47		单元工程质量评定表		
48		分部工程、单位工程质量评定表		

施工单位自查意见	监理单位复查结论
自查： 填表人（签名）： 质检部门负责人 （签名并盖公章） 年 月 日	复查： 监理工程师（签名）： 监理单位 （公章） 年 月 日

B.0.6 单位工程项目施工质量评定应采用表 B.0.6 的样式。

表 B.0.6 单位工程项目施工质量评定表

<table>
<tr><td colspan="2">工程项目名称</td><td colspan="3"></td><td colspan="2">项目法人（建设单位）</td><td colspan="3"></td></tr>
<tr><td colspan="2">工程等级</td><td colspan="3"></td><td colspan="2">设计单位</td><td colspan="3"></td></tr>
<tr><td colspan="2">建设地点</td><td colspan="3"></td><td colspan="2">监理单位</td><td colspan="3"></td></tr>
<tr><td colspan="2">主要工程量</td><td colspan="3"></td><td colspan="2">施工单位</td><td colspan="3"></td></tr>
<tr><td colspan="2">开工、竣工日期</td><td colspan="3">自　　年　月　日
至　　年　月　日</td><td colspan="2">评定日期</td><td colspan="3">年　　月　　日</td></tr>
<tr><td rowspan="2">序号</td><td rowspan="2">单位工程名称</td><td colspan="3">单元工程质量统计</td><td colspan="3">分部工程质量统计</td><td rowspan="2">单位工程等级</td><td rowspan="2">备注</td></tr>
<tr><td>个数/个</td><td>其中优良/个</td><td>优良率/%</td><td>个数/个</td><td>其中优良/个</td><td>优良率/%</td></tr>
<tr><td>1</td><td></td><td></td><td></td><td></td><td></td><td></td><td></td><td></td><td rowspan="14">加△者为主要单位工程</td></tr>
<tr><td>2</td><td></td><td></td><td></td><td></td><td></td><td></td><td></td><td></td></tr>
<tr><td>3</td><td></td><td></td><td></td><td></td><td></td><td></td><td></td><td></td></tr>
<tr><td>4</td><td></td><td></td><td></td><td></td><td></td><td></td><td></td><td></td></tr>
<tr><td>5</td><td></td><td></td><td></td><td></td><td></td><td></td><td></td><td></td></tr>
<tr><td>6</td><td></td><td></td><td></td><td></td><td></td><td></td><td></td><td></td></tr>
<tr><td>7</td><td></td><td></td><td></td><td></td><td></td><td></td><td></td><td></td></tr>
<tr><td>8</td><td></td><td></td><td></td><td></td><td></td><td></td><td></td><td></td></tr>
<tr><td>9</td><td></td><td></td><td></td><td></td><td></td><td></td><td></td><td></td></tr>
<tr><td>10</td><td></td><td></td><td></td><td></td><td></td><td></td><td></td><td></td></tr>
<tr><td>11</td><td></td><td></td><td></td><td></td><td></td><td></td><td></td><td></td></tr>
<tr><td>12</td><td></td><td></td><td></td><td></td><td></td><td></td><td></td><td></td></tr>
<tr><td>13</td><td></td><td></td><td></td><td></td><td></td><td></td><td></td><td></td></tr>
<tr><td>14</td><td></td><td></td><td></td><td></td><td></td><td></td><td></td><td></td></tr>
<tr><td colspan="2">单元工程、分部工程合计</td><td></td><td></td><td></td><td></td><td></td><td></td><td></td><td></td></tr>
<tr><td colspan="2">评定结果</td><td colspan="8">本项目单位工程____个，质量全部合格。其中优良工程____个，优良率____%，主要单位工程优良率____%。</td></tr>
<tr><td colspan="3">观测资料分析结论</td><td colspan="7"></td></tr>
<tr><td colspan="3">监理单位意见</td><td colspan="4">项目法人（建设单位）意见</td><td colspan="3">质量监督机构核定意见</td></tr>
<tr><td colspan="3">工程项目质量等级：
总监理工程师：
监理单位：（公章）
年　月　日</td><td colspan="4">工程项目质量等级：
法定代表人：
项目法人（建设单位）：（公章）
年　月　日</td><td colspan="3">工程项目质量等级：
负责人：
质量监督机构：（公章）
年　月　日</td></tr>
</table>

条文说明

1 总　　则

1.0.1 长期以来，农田水利基本建设以“民办公助”为主，在政府补助资金的引导下，依靠广大农民的投工投劳兴建大量灌溉与排水工程，但由于投入相对不足，建设标准低，工程质量和使用年限得不到保证，影响工程效益全面发挥。如我国的灌区（排水区）无论是水源工程、灌溉系统还是排水系统，都是逐渐扩大建设而成，一些工程布局不尽合理。引江、河灌区渠首缺乏统一规划，造成上下游用水矛盾及泥沙淤积；部分灌区缺乏调节工程，造成渠首取水与水库调度的矛盾；灌溉与排水系统存在重灌轻排现象，骨干输水工程布置及其断面设计不尽合理。近几年来，国家重视“三农”工作，从建设小康社会和确保国家粮食安全的大局出发，大幅增加了对农业基础设施的投入，灌溉与排水工程建设正逐步纳入国家基本建设程序。

灌溉与排水工程是重要的农业基础设施，工程质量的优劣，不仅影响工程效益的发挥，而且直接影响水利保障国家粮食安全和农民持续增收。由于灌溉与排水工程项目形式多样，种类较多，工程规模相差很大，渠（沟）道、建筑物比较分散，田间工程数量较大等原因，施工质量检验与评定尚未规范，必须统一施工检验评定方法，因此，制定本标准以完善灌溉与排水工程技术标准体系，保证工程质量，提高工程设计、施工技术水平，节约工程投资，充分发挥工程效益。

1.0.2 本标准适用于除大、中型水源工程外的灌溉与排水工程，蓄水工程，大、中型泵站工程及引水工程应按 SL 176《水利水电工程施工质量检验与评定规程》的规定执行。

1.0.3 灌溉与排水工程施工质量等级分为“合格”、“优良”两级，合格等级是必须达到的等级，政府验收时，只按“合格”确定工程质量等级。优良等级是为工程质量创优或执行合同约定而设置。

3 项目划分

3.1 一般规定

3.1.2 本条是进行项目划分的基本原则。条文中的工程结构特点是指建筑物的结构特点，施工部署是指施工组织设计中对各建筑物施工时期的安排。同时，还要遵守有利于施工质量管理的原则。

3.1.3 本条说明项目划分的程序。考虑到农田水利工程全部实行“四制”仍需一定时间，在未组建项目法人的情况下，建设单位行使项目法人职责。

项目法人（建设单位）在主体工程开工前要将项目划分表及说明书面报工程质量监督机构确认，对于小型灌溉与排水工程，可简化程序，在工程开工前将项目划分表及说明书面报工程质量监督机构备案。本标准所称工程质量监督机构是指县级以上水行政主管部门依法设立的水利工程质量监督机构，并在资质等级许可的范围内承担业务。

3.1.5 工程实施过程中，由于设计变更、施工部署的重新调整等诸多因素，需要对工程开工初期批准的项目划分进行调整。从有利于施工质量管理工作的连续性和施工质量检验评定结果的合理性，对不影响单位工程、主要分部工程、关键部位单元工程、重要隐蔽部位单元工程的项目划分的局部调整，由法人组织监理、设计和施工单位进行。但影响上述工程项目划分的调整时，要重新报送工程质量监督机构进行确认或备案。

3.2 单位工程划分

3.2.1 本条针对灌溉与排水工程的工程特点，提出灌溉与排水工程单位工程的划分原则。大、中型渠（沟）道是指 4 级及 4 级以上的灌排渠沟工程；大、中型渠（沟）系建筑物是指 4 级及 4 级以上的灌排建筑物。田间工程包含灌区与纯排水区。

3.2.2 本条说明小型灌排工程一般以每处独立的灌区（排水区）作为1个单位工程，但当工程项目投资较大（如投资超过1000万元）时，按项目类型或招标标段划分数个单位工程。

3.2.3 本条针对分散的小型灌溉与排水工程特点，提出单位工程划分的原则，如小型农田水利重点县项目，可结合年度项目安排情况将一个县内的分散工程划分为1个单位工程。

3.3 分部工程划分

3.3.1 本条提出分部工程划分的基本原则。同一单位工程中，各个分部工程的工程量（或投资）不宜相差太大，是指2个分部工程间的工程量（或投资）一般不相差1倍。

3.3.2～3.3.5 这4条说明大、中型灌溉与排水工程分部工程的划分原则。

3.3.6 本条说明小型灌溉与排水工程分部工程的划分原则。

3.4 单元工程划分

3.4.1 为了与水利水电工程衔接，本条明确大、中型灌溉与排水工程项目单元工程划分应按SL 631～SL 635《水利水电工程单元工程施工质量验收评定标准》、SL 637的规定执行。

3.4.2 本标准规定小型灌溉与排水工程主要包括：灌溉流量小于$5m^3/s$、引水流量小于$10m^3/s$的灌溉与排水工程；过水流量小于$5m^3/s$的灌溉与排水建筑物。

3.4.3 本条规定了在SL 631～SL 635、SL 637及本标准范围以外单元工程的划分原则。大型土石方回填、建筑物混凝土浇筑可按碾压填筑层、混凝土浇筑层划分为单元工程，大断面渠道现浇混凝土防渗层可按防渗层块划分单元工程。

4 单元工程质量评定标准

4.1 渠（沟）基清理

4.1.1 本条规定以施工检查验收的段划分单元工程，适用于过水流量较大的渠（沟）基清理；过水流量较小渠（沟）基清理可以1条渠（沟）划分为单元工程。

4.1.2、4.1.3 渠（沟）道土方填筑的基础清理施工要求主要依据SL 260《堤防工程施工规范》、SL 634、GB/T 50600《渠道防渗工程技术规范》等规定编写。

4.2 渠（沟、管）道土方开挖

4.2.1 本条规定以施工检查验收的段划分单元工程，适用于过水流量较大的渠（沟）土方开挖；过水流量较小渠（沟）土方开挖可以1条渠（沟）划分为单元工程。

4.2.2、4.2.4 渠（沟）道土方开挖施工要求主要依据SL 260、SL 634、SL 631等规定编写。

4.2.3、4.2.5 管道土方开挖施工要求主要依据GB/T 20203《农田低压管道输水灌溉工程技术规范》的规定编写。

4.3 渠（沟）道石方开挖

4.3.1 本条规定以施工检查验收的区、段划分单元工程，适用于过水流量较大的渠（沟）石方开挖；过水流量较小渠（沟）石方开挖可以1条渠（沟）划分为单元工程。

4.3.2、4.3.3 渠（沟）道石方开挖施工要求主要依据SL 631的规定编写。

4.4 渠（沟）道土方填筑

4.4.1 本条规定以施工检查验收的区、层划分单元工程，适用于过水流量较大的渠（沟）土方填筑；过水流量较小渠（沟）土方填筑可以施工检查验收的段划分为单元工程。

4.4.2、4.4.3 渠（沟）道土料碾压填筑要求主要依据SL 260、SL 634、GB/T 50600等规定编写。

4.5 管道土方回填

4.5.1 本条规定以施工检查验收的段划分单元工程，适用于直径较大的管道土方回填；直径较小管道土方回填可以 1 条管道划分为单元工程。

4.5.2、4.5.3 渠（沟）道土料碾压填筑要求主要依据 SL 260、SL 634、GB/T 50600 等规定编写。

4.6 渠道衬砌垫层

本节适用于渠（沟）道衬砌垫层，季节性冻土地区渠（沟）道采用砂砾石换填冻胀土的置换层处理按本节砂砾石施工要求和施工质量标准执行。

4.6.1 本条规定以施工检查验收的段划分单元工程，适用于过水流量较大的渠（沟）道衬砌垫层；过水流量较小渠（沟）道衬砌垫层可以 1 条渠（沟）划分为单元工程。

4.6.2 砂砾石（砂卵石）料垫层施工要求主要依据 DL/T 5144《水工混凝土施工规范》的规定编写。

4.6.3 砂浆垫层施工要求主要依据 DL/T 5144 的规定编写。

4.7 渠道防渗膜料铺设

4.7.1 本条规定以施工检查验收的段划分单元工程，适用于过水流量较大的渠道膜料铺设；过水流量较小渠道膜料铺设可以 1 条渠（沟）划分为单元工程。

4.7.2～4.7.4 渠道防渗膜料铺设施工质量要求主要依据 SL/T 231《聚乙烯（PE）土工膜防渗工程技术规范》、SL/T 225《水利水电工程土工合成材料应用技术规范》和 GB/T 50600 等规定编写。

4.8 渠道保温板铺设

4.8.1 本条规定以施工检查验收的段划分单元工程，适用于过水流量较大的渠道保温板铺设；过水流量较小渠道保温板铺设可以 1 条渠划分为单元工程。

4.8.2、4.8.3 渠道保温板铺设要求主要依据 SL/T 225 和 GB/

T 50600 等规定编写。

4.9 渠道浆砌石衬砌

4.9.1 本条规定以施工检查验收的段划分单元工程，适用于过水流量较大的渠道浆砌石衬砌；过水流量较小渠道浆砌石衬砌可以1条渠（沟）划分为单元工程。

4.9.2、4.9.3 浆砌石衬砌施工要求主要依据SL 260、SL 634、SL 631、GB/T 50600等规定编写。

4.10 渠道现浇混凝土衬砌

4.10.1 本条规定以施工检查验收的段划分单元工程，适用于过水流量较大的渠道现浇混凝土衬砌；过水流量较小渠道现浇混凝土衬砌可以1条渠划分为单元工程。

4.10.2、4.10.3 现浇混凝土衬砌施工要求主要依据DL/T 5144、GB/T 50600等规定编写。

4.11 渠道混凝土预制板（槽）衬砌

4.11.1 本条规定以施工检查验收的段划分单元工程，适用于过水流量较大的渠道混凝土预制板（槽）衬砌；过水流量较小渠道混凝土预制板（槽）衬砌可以1条渠划分为单元工程。

4.11.2、4.11.3 混凝土预制板衬砌施工要求主要依据DL/T 5144、GB/T 50600等规定编写。

4.12 渠道沥青混凝土衬砌

4.12.1 本条规定以施工检查验收的段划分单元工程，适用于过水流量较大的渠道沥青混凝土衬砌；过水流量较小渠道沥青混凝土衬砌可以1条渠划分为单元工程。

4.12.2～4.12.4 沥青混凝土衬砌现场铺筑施工质量要求主要依据SL 514《水工沥青混凝土施工规范》、GB/T 50600等规定编写。

4.13 渠（沟）系建筑物

4.13.1 在现有农田水利工程中（除渠道外），存在大量的斗（农）门、小型引（排）水闸门，目前没有相关的施工质量标准，所以在众多渠（沟）系建筑物中，先制定小型闸门类的施工质量标准，其他渠（沟）系建筑物可参照 SL 176 的规定执行。

4.13.2 本条规定以施工检查验收的 1 处斗门划分单元工程，适用于过水流量较大的斗门；过水流量较小的农门可以 1 条渠（沟）道内的数个农门划分为 1 个单元工程。

4.13.3、4.13.4 渠道斗（农）门施工质量要求主要依据四川、新疆等地方标准编写。

4.14 雨水集蓄工程

4.14.1 本条规定设置人工集流场的按 1 处集流场及所属引水、蓄水划分为 1 个单元工程，未设置人工集流场的可以 1 处蓄水池（窖）划分为 1 个单元工程。

4.14.2 本条说明蓄水池、水窖施工要求，主要根据 GB/T 50596《雨水集蓄利用工程技术规范》的规定编写。

4.14.3 本条规定了蓄水池、水窖施工质量检验项目、质量标准、检验方法和检验数量。

4.15 泵房建筑

4.15.2、4.15.3 泵房建筑工程施工质量要求主要依据 SL 234《泵站施工规范》的规定编写。

4.16 阀门井、检查井

4.16.2、4.16.3 阀门井、检查井施工质量要求主要依据 GB 50203《砌体结构工程施工质量验收规范》的规定编写。

4.17 田间道路

4.17.1 本条规定以施工检查验收的段划分单元工程，适用于路面较宽的田间道路；路面宽度较小的田间道路可以 1 条渠（沟）划分为单元工程。

4.17.2、4.17.3 田间道路路基及路面施工质量要求主要依据国土整治、农业综合开发等有关标准编写。

4.18 机　井

4.18.2～4.18.4 机井施工质量要求主要依据 GB/T 50625《机井技术规范》的规定编写。

4.19 水泵安装

4.19.2、4.19.3 水泵安装质量要求主要依据 GB 50275《风机、压缩机、泵安装工程施工及验收规范》、SL 317《泵站安装与验收规范》等规定编写。

4.20 微灌首部工程设备仪表安装

4.20.2 过滤器安装质量要求主要依据 GB/T 50485《微灌工程技术规范》的规定编写。

4.20.3 施肥（药）设备安装质量要求主要依据 GB/T 50485 的规定编写。

4.20.4 量测仪表安装要求主要依据 GB/T 50485 的规定编写。

4.20.5 本条规定了首部工程设备仪表安装质量检验项目、质量标准、检验方法和检验数量。

4.21 管道安装

4.21.1 本条规定以施工检查验收的段划分单元工程，适用于直径较大的管道安装；直径较小管道安装可以 1 条管道划分为单元工程。

4.21.2 管道安装质量要求主要依据 GB/T 20203 的规定编写。

4.21.3 聚氯乙烯管黏接质量要求主要依据 GB/T 13664—2006《低压输水灌溉用硬聚氯乙烯（PVC-U）管材》的规定编写。

4.21.4 聚氯乙烯管胶圈密封柔性连接质量要求主要依据 GB/T 13664 的规定编写。

4.21.5 本条说明聚乙烯塑料管外连接质量要求。

4.21.6 本条规定了管道安装质量检验项目、质量标准、检验方法和检验数量。

4.22 微灌灌水器安装

4.22.2 微灌灌水器安装质量要求主要依据 GB/T 50485 的规定编写。

4.22.3 本条规定了微灌灌水器安装质量检验项目、质量标准、检验方法和检验数量。

4.23 喷灌设备（机组）安装

4.23.2 喷灌设备（机组）安装质量要求主要依据 GB/T 50085《喷灌工程技术规范》编写。

4.23.3 本条规定了喷灌设备（机组）安装质量检验项目、质量标准、检验方法和检验数量。

5 施工质量检验

5.1 质量检验要求与内容

5.1.1 本条主要针对小型灌溉与排水工程施工质量检验，大、中型灌溉排水工程施工质量检验按 SL 176 的规定执行。承担小型灌溉与排水工程的施工单位往往存在施工单位资质较低、技术人员配备不足、质量管理体系不健全等问题，为保证施工质量，需加强专业技术人员配备，并对现有人员加强培训。因此，本条重点强调施工单位工程项目部应配备专职质量检验人员，对未取得执业资格的质检人员应具备专业知识，并做好上岗前培训等工作。

5.1.3 单元工程各类项目的检验，应采用随机布点和监理工程师现场指定部位相结合的方式进行，这是为了确保质量检测工作的科学性、准确性和公正性。

为了加强施工过程质量控制，在施工单位和监理单位尚未具备完善的检测能力的情况下，要委托第三方检测。施工单位质量检验项目、数量及频次要满足第4章、灌溉与排水工程相关施工技术标准、合同技术条款规定和设计要求。

5.2 质量事故检查和质量缺陷备案检查

5.2.1 质量事故处理时，先要进行质量事故分类，而质量事故分类按照《水利工程质量事故处理暂行规定》进行，具体分类标准见表1。

表1 水利工程质量事故分类标准

<table>
<tr><th colspan="2" rowspan="2">损失情况</th><th colspan="4">事故类别</th></tr>
<tr><th>特大质量事故</th><th>重大质量事故</th><th>较大质量事故</th><th>一般质量事故</th></tr>
<tr><td rowspan="2">事故处理所需的物质、器材和设备、人工等直接损失费用/人民币万元</td><td>大体积混凝土，金属结构制作和机电安装工程</td><td>＞3000</td><td>＞500，≤3000</td><td>＞100，≤500</td><td>＞20，≤100</td></tr>
<tr><td>土石方工程、混凝土薄壁工程</td><td>＞1000</td><td>＞100，≤1000</td><td>＞30，≤100</td><td>＞10，≤30</td></tr>
<tr><td colspan="2">事故处理所需合理工期/月</td><td>＞6</td><td>＞3，≤6</td><td>＞1，≤3</td><td>≤1</td></tr>
<tr><td colspan="2">事故处理后对工程功能和寿命影响</td><td>影响工程正常使用，需限制条件运行</td><td>不影响正常使用，但对工程寿命有较大影响</td><td>不影响正常使用，但对工程寿命有一定影响</td><td>不影响正常使用和工程寿命</td></tr>
</table>

“四不放过”原则，是指事故原因未查清不放过，责任人员未受到处理不放过，事故责任人和周围群众没有受到教育不放过，事故制定的切实可行的整改措施未落实不放过。

按照《水利工程质量事故处理暂行规定》的要求，质量事故发生后，事故单位要严格保护现场，采取有效措施抢救人员和财产，防止事故扩大。项目法人要及时按照管理权限向上级主管部门报告。

（1）质量事故的调查按照管理权限组织调查组进行调查，查明事故原因，提出处理意见，提交事故调查报告。

①一般事故由项目法人（建设单位）组织设计、施工、监理等单位进行调查，调查结果报项目主管部门核备。

②较大质量事故由项目主管部门组织调查组进行调查，调查结果报上级主管部门批准并报省级水行政主管部门核备。

③重大质量事故由省级以上水行政主管部门组织调查组进行调查，调查结果报水利部核备。

④特大质量事故由水利部组织调查。

（2）质量事故的处理按下列规定执行：

①一般事故，由项目法人负责组织有关单位制定处理方案并实施，报上级主管部门备案。

②较大质量事故，由项目法人负责组织有关单位制定处理方案，经上级主管部门审定后实施，报省级水行政主管部门或流域机构备案。

③重大质量事故，由项目法人负责组织有关单位提出处理方案，征得事故调查组意见后，报省级水行政主管部门或流域机构审定后实施。

④特大质量事故，由项目法人负责组织有关单位提出处理方案，征得事故调查组意见后，报省级水行政主管部门或流域机构审定后实施，并报水利部备案。

事故处理需要进行设计变更的，需原设计单位或有资质的单位提出设计变更方案。需要进行重大设计变更的，必须经原设计审批部门审定后实施。

5.2.3、5.2.4 工程质量缺陷的备案和检查处理，按水利部《印发关于贯彻落实加强公益性水利工程建设管理若干意见的实施意见的通知》（水建管〔2001〕74号文）中相关规定执行。质量缺陷备案资料由项目法人组织编写，其中质量缺陷备案表由监理机构组织填写。

5.3 数据处理

5.3.3 GB 8170《数值修约规则》规定数值修约的进舍规则如下：

（1）拟舍弃数字的最左一位数字小于5时，则舍去。

（2）拟舍弃数字数最左一位数字大于5或是5但其后跟有并非全部为0的数字时，则进1。

（3）如拟舍弃数字的最左一位数字为5，而右面无数字或皆为0时，若所保留的末位数字为奇数（1，3，5，7，9）则进1，为偶数（2，4，6，8，0）则舍弃。

6 施工质量评定

6.1 质量评定的依据、组织与管理

6.1.1 灌溉与排水工程施工质量等级评定时，要依据相关技术标准、设计文件、图纸、质检资料、合同文件等。另外，工程施工期及试运行期的观测资料可综合反映工程建设质量，也是评定工程施工质量的重要依据。

6.1.2 灌溉与排水工程施工质量等级分为“合格”、“优良”两级。本条强调合格是工程验收标准，不合格的工程必须按要求处理合格后，才能进行后续工程施工或验收。

6.1.3 按照《建设工程质量管理条例》和《水利工程质量管理规定》，施工质量由承建该工程的施工单位负责，因此规定单元工程质量由施工单位质检部门组织自评，并填报单元工程质量评定表，由监理工程师复核评定。对于“民办公助”等未实行监理的小型灌溉与排水工程项目，单元工程质量评定表由建设单位技术负责人复核评定。

6.1.4～6.1.7 这4条规定了单元工程施工质量验收评定的条件、程序、内容和应提交的资料。

需要强调的是：一是单元工程完成后，要由施工单位自评合格后才能申请验收评定，否则监理单位不予受理；二是单元工程验收评定合格后，监理单位要及时签署结论意见，不能在事后补签。责任单位、责任人及相关责任人均需当场履行签认手续。

关于施工检验记录资料，需要说明的是：一是施工记录一定要完整、齐全，叙事要清楚，时间、地点、施工部位、工序内容、质量情况（或问题）、施工方法、措施、施工结果、现场参加人员等，均应记录清楚，不应追记或造假。责任单位和责任人要当场签认；二是提供的资料应真实，因为虚假材料将造成判断失真，甚至不合格工程被验收评定为合格工程，危害极大，一旦发现将追究其责任单位、责任人及相关当事人的责任；三是所有检验项目包括原材料和机电产品进场检验，要依据相关标准和规定判定该项目检验结果是否符合标准和设计要求，以便验收评定得出合理结论。

6.1.8 单元工程量验收评定表及其备查资料的制备由工程施工单位负责，其规格要满足国家有关工程档案管理的相关规定，验收评定表和备查资料的份数除满足本标准要求外还要满足合同要求，本标准所指的备查资料也含影像资料。

6.1.9 重要隐蔽单元工程及关键部位单元工程的质量对工程整体质量的影响较大，因此，本条规定了重要隐蔽工程及工程关键部位经施工单位自评合格后，由项目法人（建设单位或委托监理）组织监理、设计、施工、运行管理（施工阶段已经有时）等单位组成联合小组，共同检查核定其质量等级并填写签证表。

6.1.10 本条强调了分部工程质量评定结论由项目法人（建设单位）报质量监督机构核备。

6.1.11 本条强调了单位工程质量评定结论由项目法人（建设单位）报工程质量监督机构核定。

6.1.12 本条明确了工程项目质量评定的条件、监理单位和项目法人（建设单位）的责任，并规定了工程项目质量评定表由监理单位填写。

6.2 合 格 标 准

6.2.1

2 建筑工程主要包括渠（沟）基清理、渠（沟）道土方开挖、渠（沟）道石方开挖、渠（沟）道土方填筑、管道土方回填、渠（沟）道衬砌垫层、渠道防渗膜料铺设、渠道保温板铺设、渠道浆砌石衬砌、渠道现浇混凝土衬砌、渠道混凝土预制板衬砌、渠道沥青混凝土衬砌、渠（沟）系建筑物、雨水集蓄工程、泵房建筑、阀门井、检查井、田间道路等；金属结构、管道及设备安装工程包括机井、水泵安装、微灌首部工程设备仪表安装、管道安装、微灌灌水器安装、喷灌设备（机组）安装等。

6.2.2 本条“处理后部分质量指标达不到设计要求”，是指单元工程中不影响工程结构安全和使用功能的一般项目质量未达到设计要求。

6.2.4

3 “70％以上”含70％。

6.3 优 良 标 准

6.3.1～6.3.5 “70％以上”、“85％以上”、“90％以上”分别含70％、85％、90％。

附录B 灌溉与排水工程施工质量评定表（样式）

B.0.5 填写单位工程施工质量检验资料核查表时，需遵守“填表基本规定”，并符合下列要求：

（1）本表供单位工程施工质量检验资料核查时使用。

（2）本表由施工单位内业技术人员负责逐项填写，并签字。施工单位质检部门负责人签字加盖公章，若本单位工程是由分包施工单位与总包单位共同完成，则各施工单位负责收集、整理、填写本单位所涉及的质量检验资料，并在填表人栏签字，由总包单位质检部门负责人审查后签字、盖公章。再交该单位工程监理工程师复查，填写复查意见、签字，加盖监理单位公章。

（3）核查情况栏内，主要记录核查中发现的问题，并对资料齐备情况进行描述。

（4）核查按照水利水电行业施工规范、相关评定标准和评定规程的要求逐项进行。

（5）核查意见填写尺度：

①齐全：指单位工程的质量检验资料具有数量和内容完整的技术资料。

②基本齐全：指单位工程的质量检验资料的类别或数量不够完善，但已有资料仍能反映其结构安全和使用功能符合设计要求者。对达不到“基本齐全”要求的单位工程，则不具备评定单位工程质量等级的条件。

水土保持综合治理　验收规范

GB/T 15773—2008

2008-11-14 发布　　　　2009-02-01 实施

目　　录

前　言

本标准代替 GB/T 15773—1995《水土保持综合治理　验收规范》。

本标准与 GB/T 15773—1995 相比，作如下修改：

a）修正了适用范围，明确了验收对象的投资方，包括中央、地方和引用外资。

b）验收分类中，明确了纸质文件的要求，并将脚注做了修改：

1）增加“及其具有相应资质的工程公司”。

2）将“乡级政府”修改为“乡级政府或以上”。

3）将“县级”修改为“县级政府或以上”。

c）验收组织中去掉“建设单位”和“质量监督机构、监理、设计、施工等单位”等，改“实施主持单位”为“项目责任主体”。

d）对原标准 4.3.1 做了修改，将原标准中按措施的五个方面进行验收，改为按实际完成措施的数量和质量进行验收。

e）验收申请报告中，增加了监理单位的阶段监理报告。

f）提出了补充建立电子档案的要求。

本标准的附录 A、附录 B、附录 C 和附录 D 均为资料性附录。

本标准由水利部提出。

本标准由水利部国际合作与科技司归口。

本标准起草单位：水利部水土保持司、水利部水土保持监测中心、黄河水利委员会上中游管理局、黄河水利委员会农村水利水土保持局、长江水利委员会水土保持局、松辽水利委员会农田水利处、珠江水利委员会农田水利处、淮河水利委员会农田水利处、海河水利委员会农田水利处、北京林业大学水土保持学院。

本标准主要起草人：段巧甫、刘万铨、苏仲仁、周录随、范起敬、郭索彦、鲁胜力、宁堆虎、张长印、陈法扬、余新晓、陈丽华。

本标准所代替标准的历次版本发布情况为：

——GB/T 15773—1995。

引　言

GB/T 15773—1995已经实施十余年，对我国的水土保持综合治理验收工作起到了重要的指导作用。随着我国社会经济的发展和农村产业结构的变化，水土保持工作的内容、性质等方面也发生了深刻的变化。为了适应新形势下的水土保持工作，进一步规范水土保持综合治理验收行为，根据水利部国际合作与科技司、水土保持司的统一安排，对GB/T 15773—1995进行了修订。

1 范　　围

本标准规定了水土保持综合治理验收的分类，各类验收的条件、组织、内容、程序、成果要求、成果评价以及建立技术档案的要求。

本标准适用于由中央投资、地方投资和利用外资的以小流域为单元的水土保持综合治理以及专项工程等水土保持工程的验收。群众和社会出资的水土保持治理的验收可参照执行；大中流域或县以上大面积重点治理区的验收，也可参照本标准。

2 验 收 分 类

2.1 单项措施验收

在水土保持综合治理实施过程中，施工承包单位[1]按合同完成了某一单项治理措施时，应由实施主持单位[2]及时组织验收，评定其质量和数量。对工程较大的治理措施（如大型淤地坝、治沟骨干工程等），施工承包单位在完成其中某项分部工程（如土坝、溢洪道、泄水洞等）时，实施主持单位也应及时组织验收。

2.2 阶段验收

每年年终，水土保持综合治理实施主持单位，按年度实施计划完成了治理任务时，应由项目主管单位[3]组织阶段验收，并对年度治理成果作出评价。

2.3 竣工验收

一届治理期（一般五年左右）末，项目主管单位按水土保持综合治理规划全面完成了治理任务时，应由项目提出部门[4]组织全面的竣工验收，并评价治理成果等级。

---

❶ 施工承包单位一般为农户、联户、专业队及其具有相应资质的工程公司。

❷ 实施主持单位一般由乡级政府或以上组成的小流域治理指挥部。

❸ 项目主管单位一般为县级政府或以上水土保持主管部门。

❹ 项目提出部门是国家（或委托流域机构）、省水土保持主管部门。

3 总　　则

3.1 基 本 要 求

三类验收均应具备相应的验收条件、组织、内容、程序和成果要求。

3.2 纸 质 文 件

三类验收均应以相应的合同、文件和有关的规划、设计、施工图纸、设计变更通知书以及技术文件为验收依据。

3.3 验 收 重 点

三类验收的重点均应为各项治理措施的质量和数量（质量不符合标准的不计其数量）。在竣工验收中，还应着重于治理措施的单项效益与综合效益。

4　单项措施验收

4.1　验收条件

各项治理措施的施工承包单位，按有关规划、设计和施工合同，完成某一单项治理措施或重点工程的某一分部工程施工任务，施工现场整理就绪，施工质量、数量符合要求，并有工程监理单位的单项措施监理报告。施工承包单位提出申请时，应及时组织验收。

4.2　验收组织

单项工程验收应在施工单位自评的基础上，经项目监理单位复核，由水土保持综合治理项目实施主持单位负责组织有关人员进行现场验收。

4.3　验收内容

4.3.1　验收重点。第一是各项治理措施的质量，第二是各项治理措施的数量。质量不符合标准的，不计其数量；其中经过返工，重新验收，质量符合标准时，可补计其数量。

4.3.2　各项治理措施的施工质量要求参见附录A，质量测定方法参见附录B，数量统计要求参见附录C。

4.4　验收程序

4.4.1　验收人员与施工单位负责人一起，在施工现场，根据施工合同，参见附录A的质量要求、附录B的质量测定方法、附录C的数量统计要求，一坡一沟、逐项验收。

4.4.2　验收合格的，由实施主持单位向施工承包单位发给验收单，单上写清验收的措施项目、位置、数据、质量、验收时间等，验收人与施工负责人分别在验收单上签字，见表1。

表 1　单项治理措施验收单

治理措施	所在位置（小地名）	治理完成数量	验收合格数量	验收时间（年、月、日）	验收人（签字）
注：梯田、林草等计量单位按 hm^2，谷坊、水窖等计算单位按座或个。					

此验收单适用于一个施工承包单位承包几项治理措施，或一项措施分布几处地方。验收单一式两联，其中一联由施工承包单位保存。

4.4.3　验收人员根据单项措施验收情况，在施工现场及时绘制验收草图。草图以水土保持综合治理规划图或土地利用现状图为底图，在施工现场根据验收合格单项措施（如梯田、林草、果园等）的位置、范围，及时准确地勾绘在图上，并注明验收数量和验收时间。

4.4.4　每次单项措施验收后，验收人员在室内填写单项措施验收表。每项措施各列一表，表内填写该项措施每次验收的位置、数量、质量、验收时间、验收人等内容。到年终总计该项措施全年的验收数量，作为阶段验收的依据，如表 2。

表 2　________措施____年验收汇总表

措施位置（小地名）	施工单位	合同规定数量	验收合格数量	验收时间	验收人（签字）
合计					
注：梯田、林草等面积计算单位按 hm^2，谷坊、水窖等计算单位按座或个。					

4.5 验 收 成 果

验收成果包括验收单、验收图、验收表三项。

5 阶段验收

5.1 验收条件

5.1.1 水土保持综合治理实施主持单位按年度计划完成了各项治理任务。

5.1.2 实施主持单位自查初验，在各项治理措施的质量、数量均符合要求的基础上，提出阶段验收申请报告。

5.1.3 阶段验收申请报告应附当年的《水土保持综合治理年度工作总结》及监理单位的阶段监理报告。

5.1.3.1 《水土保持综合治理年度工作总结》应说明本年度完成治理措施的质量、数量、工程量（土、石方量），完成的治理面积，投入的劳工、物资、经费，工作中的经验、教训等。各项治理措施的数量，应同时分别说明其开展（实施）数量与保存数量。

5.1.3.2 《水土保持综合治理年度工作总结》应附《水土保持综合治理措施阶段验收表》，其格式参见附录D中表D.2，同时应以《单项措施验收汇总表》作为该表的附件和依据。

5.1.3.3 《水土保持综合治理年度工作总结》应附《水土保持综合治理阶段验收图》，该图根据单项措施验收时现场勾绘的草图加工绘制而成，每年新增的措施与前几年原有的措施应有明显的区别与标志。

5.2 验收组织

由项目主管单位主持，该单位有关技术人员参加，并请上级主管部门派员参加检查指导

5.3 验收内容

5.3.1 措施项目：根据年度计划和《阶段验收申请报告》中要

求验收的措施项目，在4.3.1所列治理措施项目范围内，逐项进行验收。

5.3.2 验收重点

5.3.2.1 各项治理措施的质量和数量。质量要求参见附录A，质量测定方法参见附录B，数量统计要求参见附录C。

5.3.2.2 对于汛前施工的工程措施，还应检查其经受暴雨考验情况；对于春季种植的林草，尚应检查其成活情况。

5.3.2.3 对当年完成的各项措施的位置和数量，应与当年的验收图对照，防止和历年完成的措施混淆。

5.3.3 全部阶段验收内容应以年度计划为依据，申请验收的内容与年度计划一致，验收成果应与验收申请报告一致。对年度计划有修改变动的，应说明理由。

5.4 验收程序

5.4.1 项目主管单位应对实施主持单位提出的《阶段验收申请报告》和《水土保持综合治理年度工作总结》的文字、图、表进行全面审查。

5.4.2 对本年度实施的各项治理措施应选择有代表性的若干处施工现场，参见附录D中表D.1规定的抽样比例，对照年度治理成果验收图，逐项进行抽样复查其数量与质量，验证实施主持单位自查初验情况的可靠程度。

5.4.3 阶段验收除对工程质量、数量进行现场检查外，还应对年度施工的原始记录、质量检验记录等资料进行查验，确认这些记录的真实性和完整性。

5.4.4 对治沟重点工程（库容50万m^3以上的坝库）的成果或其阶段性成果（分部工程），应逐座进行专项验收。

5.4.5 结合抽样复查，应到现场重点检查5.3.2.2所列内容。

5.4.6 在上述工作基础上，对本年度水土保持综合治理成果作出评价，并由项目主管单位向实施主持单位发给《阶段验收合格证书》。

5.5 验 收 成 果

5.5.1 《水土保持综合治理阶段验收报告》包括必要的附表、附图，由项目主管单位根据阶段验收情况编写。

5.5.2 实施主持单位提出的《水土保持综合治理年度工作总结》及其有关附表、附图。

6 竣工验收

6.1 验收条件

6.1.1 项目主管单位应按水土保持综合治理规定全面完成了规划期内的治理任务，经自查初验，认为数量、质量达到规划、设计与合同要求。

6.1.2 自查初验的治理措施质量，还应包括各项治理措施经过规划期内多次汛期暴雨考验，基本完好（或小有破坏已及时修复完好）；造林、种草的成活率、保存率符合规定要求；各项治理措施获得了规划期内应有的各类效益。

6.1.3 项目主管单位应提出《竣工验收申请报告》，附《水土保持综合治理竣工总结报告》，并有工程监理单位的监理报告。《水土保持综合治理竣工总结报告》应包括以下内容：

6.1.3.1 文字部分：应说明规划期内完成各项治理措施的质量、数量、工程量（土、石方量），累计完成的治理面积、年均治理进度等，规划期内共计投入的劳工、物资、经费，水土保持综合治理获得的基础效益（保水、保土）、经济效益、社会效益和生态效益；工作中的经验、教训等（在保土效益中应将减蚀与拦泥分别叙述，下同）。

6.1.3.2 附表：应包括《水土保持综合治理措施竣工验收表》、《水土保持综合治理经费使用情况表》、《水土保持综合治理主要效益统计表》、《水土保持综合治理前后农村经济变化情况表》和《水土保持综合治理前后土地利用与农村生产结构变化情况表》等，参照附录D中表D.3～表D.7。

6.1.3.3 附图：水土保持综合治理竣工验收图，在历年的阶段验收图基础上汇总绘制而成，包括规划期内完成各项治理措施的位置和数量。

6.1.3.4 附件：应包括以下几方面：

a）水土保持综合治理规划任务书与综合治理承包合同；

b）水土保持综合治理规划报告及其附表、附图；

c）重点工程的专项规划、设计；

d）效益计算的专项报告（含计算过程表）；

e）历年阶段验收表；

f）财务决算及审计报告。

6.2 验收组织

由项目提出部门主持，该部门相关工程技术人员参加，并邀请有关财务、审计部门配合验收，有关专家参加指导。

6.3 验收内容

6.3.1 措施项目应根据《水土保持综合治理规划》和《竣工验收申请报告》要求验收的措施项目，在4.3.1所列治理措施项目范围内，逐项进行验收。

6.3.2 验收重点内容包括：

a）各项治理措施的综合配置是否合理，是否按照规划实施。

b）各项治理措施的质量和数量。验收质量要求参见附录A，质量测定方法参见附录B，数量统计要求参见附录C。

c）质量验收中，包括造林、种草的成活率与保存率，各类工程措施经汛期暴雨考验情况。

d）水土保持综合治理的基础效益（保水、保土）、经济效益、社会效益与生态效益。

6.3.3 全部竣工验收内容应以《水土保持综合治理规划》为依据，申请竣工验收的内容应与规划一致，验收成果应与申请竣工验收的内容一致。实施过程中对规划有修改的，应说明理由。

6.4 验收程序

6.4.1 项目提出部门对项目主管单位上报的《竣工验收申请报告》和《水土保持综合治理竣工总结》的文字报告、附表、附图、附件等进行全面审查。

6.4.2 对规划期内实施的各项治理措施应选有代表性的若干处，参照附录D中表D.1规定的抽样比例，对照综合治理竣工验收图，逐项进行抽样复查，验证项目主管单位自查初验情况的可靠程度。

6.4.3 对治沟重点工程，应逐座进行专项验收。

6.4.4 应结合抽样复查，到现场重点检查造林、种草的成活率与保存率，各类工程措施汛期经受暴雨考验的情况。

6.4.5 对各项措施的各类效益，应根据《效益分析报告》采取现场观察与室内核算相结合的办法，审查其效益分析的基础资料是否可靠、计算方法是否合理、计算结果是否符合实际。

6.4.6 在上述验收工作基础上，对规划期内的水土保持综合治理成果，按本标准6.6的要求，作出全面评价，评定其等级，由项目提出部门向项目主管单位发给水土保持综合治理《竣工验收合格证书》。

6.4.7 竣工验收时应确定验收后的经营管理单位及其负责人，并明确以下要求：

a）管理保护已有治理成果，及时维修养护，充分发挥效益。

b）对流域内尚未治理的水土流失面积，应进一步加强治理，提高治理程度和效益。

6.5 验收成果

6.5.1 《水土保持综合治理竣工验收报告》，包括竣工验收图和各项竣工验收表，由项目提出部门根据验收情况编写。

6.5.2 项目主管单位上报的《水土保持综合治理竣工总结报告》及其附表、附图、附件。

6.6 验收评价标准

6.6.1 一级标准

6.6.1.1 按规划目标全面完成治理任务，各项治理措施符合附录A的验收质量要求，治理程度达到70%以上，林草保存面积占宜林宜草面积80%以上（经济林草面积占林草总面积的20%～50%），综合治理措施保存率80%以上，人为水土流失得到控制并有良好的管理，没有发生毁林毁草、陡坡开荒等破坏事件，开矿、修路等生产建设，均采取了水土保持措施，妥善处理了废土、弃石；基本上制止了新的水土流失产生。

6.6.1.2 各项治理措施配置合理，工程与林草，治坡与治沟紧密结合，协调发展，互相促进，建成了完整的水土流失防御体系；各项措施充分发挥了保水、保土效益（保土效益中主要是减蚀，其次是拦泥，不能用拦泥代替减蚀），实施期末与实施前比较，流域泥沙减少70%以上，生态环境有明显的改善。

6.6.1.3 通过治理调整了不合理的土地利用结构，做到农、林、牧、副、渔各业用地比例合理，布局恰当，治理保护与开发利用相结合，建成了能满足群众粮食需要的基本农田和能适应市场经济发展的林、果、牧、副等商品生产基地。土地利用率80%以上，小流域经济或农村经济初具规模，土地产出增长率50%以上，商品率达50%以上。到实施期末人均粮食达到自给有余（400kg～500kg），现金收入比当地平均增长水平高30%以上（扣除物价变动因素，下同），条件较好的地区应达到小康水平，进入人口、资源、环境和经济的良性循环。

6.6.2 二级标准

6.6.2.1 全面完成规划治理任务，各项治理措施符合质量标准，治理程度达到60%以上，林草面积占宜林宜草面积70%以上。

6.6.2.2 各项治理措施配置合理，建成有效的防御体系；实施期末与实施前比较，流域泥沙减少60%以上（保土减沙效益中应以减蚀作用为主）。

6.6.2.3 合理利用土地，建成满足群众粮食需要的基本农田，解决群众所需燃料、饲料、肥料，增加经济收入的林、果、饲草基地。到实施期末达到人均粮食400kg左右，现金收入比实施前提高30%以上，生态系统开始进入良性循环。

6.6.3 列入国家重点和各级重点治理的小流域或村，都应达到一级标准；一般治理小流域或村，都应达到二级标准，达不到的为不合格。

7 技术档案

7.1 基本要求

7.1.1 明确档案制度，资料及时归档。

7.1.1.1 技术档案的主体，应包括综合治理过程中各个工作环节形成的各类技术资料。各级水土保持主管部门和实施主持单位应把各项技术资料的积累、整理和建立技术档案工作作为综合治理任务中一个组成部分，并列入治理项目相关人员的职责范围。工作开始，就应明确建立档案的制度，对每一工作环节的每一技术资料，均应妥为保存，及时归档，不得丢失，不得私人据为己有。

7.1.1.2 将水土保持综合治理每一实施期中的每一年作为一阶段，在每一年中又应根据各项措施的进展情况，分为若干小阶段。每阶段和每一小阶段工作任务完成进行验收后，应及时将有关技术档案进行一次阶段性清理，在实施期全部结束竣工验收时，进行一次总清理，建立全面、系统的技术档案，填写保管期限，注明密级，由项目负责人审查后，及时归档。

7.1.1.3 各级技术档案的建立和清理，应由各级主要技术负责人主持，有关人员参加。各分项档案的建立和清理，应由各分项技术负责人主持或参加。

7.1.1.4 进行阶段验收和竣工验收时，应同时验收其技术档案。对治理项目同时又是科研项目的，没有技术档案不得进行验收和成果鉴定。

7.1.1.5 由几个单位协作完成的项目，其技术档案应由主办单位主持办理，并保存一整套；参加协作的单位应负责完成分工承担的部分技术档案，并保存本部门档案正本，同时将复制本送交主办单位保存。

7.1.2 项目内容齐全，资料确切可靠。

7.1.2.1 对水土保持综合治理过程中的规划、设计、工程施工、监理、检查验收、经营管理等几个主要技术环节，以及每一个环节中涉及的有关各方面的技术资料，均应收集、整理齐全；如有丢失、漏缺等，应及时设法弥补，直到齐全为止。

7.1.2.2 各项主要技术成果，应包括文字和必要的图、表；收集的原始资料（作为辅助性技术成果），除文字、图、表外，包括必要的照片、录音、录像等，应建立电子档案。

7.1.2.3 纸质文件材料和电子档案材料应各归档一份。重要的和使用频繁的，应根据需要复制副本，归档 2～3 份。

7.2 主要内容

7.2.1 反映工作过程的主要文献

7.2.1.1 反映任务来源的主要文献：包括上级主管部门提出规划与治理的任务书（或通知）、项目主管单位或实施主持单位上报的申请书和上级的批复、引用外资考评过程中的有关文献、上级主管部门、项目主管单位、实施主持单位之间签订的合同等。当治理项目同时又是科研项目时，应有课题报告、课题论证等文献。

7.2.1.2 反映工作部署的主要文献：包括规划与治理过程中重要会议的《纪要》，重要问题的书面汇报、请示和上级批复的文件，有关领导同志检查指导工作时的谈话记录等。

7.2.1.3 反映验收情况的主要文献：包括治理成果，历次阶段验收和竣工验收的会议记录、总结、纪要等材料，特别是上级主管部门验收的书面意见和竣工验收的《合格证书》等。

7.2.2 各个工作环节的主要技术成果

7.2.2.1 综合调查成果分为下列三个方面，同时应按此分类将调查结果及时整理归档。

a）调查报告：其内容包括自然条件、自然资源、水土流失情况、社会经济情况、水土保持治理现状、开展水土保持的意见等。在大面积综合调查中，还需有分区的调查成果和各不同类型区内典型小流域或村的调查成果，同时应有上述各种调查的原始记录。

b）附表与附图：包括为配合上述报告内容而填制的各类附表与绘制的各种附图，在各类附图中，最主要的是水土流失、土地利用和治理措施现状图，其余如地貌、土壤、植被、降雨等分布图，有条件已制成的，也应整理归档。

c）电子档案：包括调查报告、附图、附表的电子档案和水土保持治理区的基本属性数据库等。

7.2.2.2 规划、设计成果

a）规划总体布局、土地利用规划、各项治理措施规划、重点工程规划等的规划报告及其附表、附图、电子文件。

b）小面积规划中应有土地利用规划与治理措施规划落实到地块的附图，同时应有沟壑治理的坝系规划图、崩岗治理的措施配置图；大面积规划中应有水土流失类型分布图（或水土保持区划图）、各分区内典型小流域（村）的土地利用规划与治理措施规划图，以及重点防护区、重点监督区、重点治理区分布图。

c）各项治理措施在不同类型地区的标准设计或定型设计，包括坡耕地治理中各类措施（梯田、保土耕作法、坡面小型蓄排工程），荒地治理中各类林型、林种、整地工程，沟壑治理中的各类措施（沟头防护、谷坊、小型淤地坝、塘坝等）的设计文字说明和平面布置与断面示意图。

d）大型淤地坝、小（2）型及以上小水库、治沟骨干工程等重点工程以座为单元的专项规划、设计（包括坝址选定、设计洪水、调洪演算、建筑物平面布置、断面设计、坝库运用安排等）的文字说明和附表、附图。

7.2.2.3 水土保持综合治理验收成果

a）单项措施验收成果。根据4.5的规定，将单项措施的验收单、验收图和验收表三项归档。

b）阶段验收成果。根据5.5的规定，将《水土保持综合治理阶段验收报告》与相关图表、《水土保持综合治理年度工作总结》及其有关图表归档。

c）竣工验收成果。根据6.5的规定，将《水土保持综合治理竣工验收报告》与相关图表、《水土保持综合治理竣工总结报告》及其附表、附图、附件归档。

7.2.3 各个工作环节的辅助性技术成果

7.2.3.1 综合调查的辅助性技术成果包括调查过程中向有关单位索取的技术资料、现场观察（或观测）的情况记载（包括文字、照片、录像）、向有关人员口头调查的谈话记录和录音、有关数据的统计计算过程等，调查工作结束后应及时整理归档。

7.2.3.2 规划设计的辅助性技术成果包括为规划设计提供依据的技术资料（文字、图、表）、暴雨洪水资料、规划设计草图、规划设计的计算过程、规划设计不同比较方案的研究过程、规划设计修改过程（修改几次全部保存）等，在规划设计工作结束后，及时整理归档。

7.2.3.3 工程施工中的辅助性技术成果：

a）各承包施工单位对每一单项措施或分部工程逐日（或每旬）出工数量记录、相应完成的措施工程量记录（由此求得实际用工定额）。

b）各单项治理措施或分部工程使用物资（种子、树苗、水泥、炸药、柴油等）记录、相应完成的措施工程量记录（由此求得实际用料定额）。

c）施工过程中，参见附录B的规定，对各单项治理措施或分部工程质量检查的原始记录。

d）施工过程中遇暴雨洪水或其他事故，进行抢救或处理的记录和总结。

7.2.3.4 验收中辅助性技术成果。包括自查初验的原始记录、各类统计数据的原始资料与计算过程、各项措施四类效益的计算过程、施工承包单位领取补助费的收据等。

7.3 管理与使用

7.3.1 档案管理

7.3.1.1 分类建档：按前述三个工作过程、三个主要技术环节进行分类，同时将主要技术成果与辅助性技术成果既有区别又相配套地纳入分类系列，分别建档。

7.3.1.2 分级建档：各级主管部门、流域机构、省（区、市）、地（盟、市）、县（旗、市）和基层实施单位，在建档内容和要求上应各有侧重。前述各项建档内容和要求主要适用于县级主管部门和基层实施单位；地区以上各级主管部门，应根据工作需要，酌情增减其中某些内容。下级建档情况应向上级汇报，并得到上级的指导和协助。上级建档时，下级应积极提供有关资料。

7.3.2 档案保存

7.3.2.1 长期保存（15a以上）的包括：流域综合调查资料（含有关声像、测绘资料）、综合治理规划、重点工程设计、重要专题报告、综合治理总结、竣工验收成果等。

7.3.2.2 中期保存（5a～15a）的包括：一般技术成果、重要辅助性技术成果、重要工作计划、财务账目等（财务账目可交财务部门归档，但需保存目录备查）。

7.3.2.3 短期保存（3a～5a）的包括：各类原始资料、年度计划、年度工作总结、一般日常行文等。

7.3.3 档案的使用

7.3.3.1 归档材料移交时，移交部门或移交人应编制移交目录，一式两份。交接时应按目录内容当面清查，并在交接单上签字。

7.3.3.2 档案材料借阅时，应在借阅单上填清材料名称、份数，并规定归还时间，由借阅者签字，到期及时送还归档。

附　录　A
（资料性附录）
各项治理措施验收质量要求

A.1　坡耕地治理措施质量要求

A.1.1　梯田（梯地）

A.1.1.1　梯田应做到集中连片，梯田区的总体布局（包括梯田区位置、道路与小型蓄排工程）、田面宽度、田坎高度与坡度、田边蓄水埂等，规格尺寸应符合规划、设计要求。

A.1.1.2　水平梯田（隔坡梯田的水平台）应做到田面水平，田坎坚固，田边有宽1m左右反坡。

A.1.1.3　坡式梯田应做到田埂顶部水平，地中集流槽内有水簸箕等分流措施。

A.1.1.4　被暴雨冲毁的田坎（田埂）已及时修补复原。

A.1.1.5　田坎利用应种植经济林草，种植密度与成活率符合设计要求。

A.1.2　保土耕作

A.1.2.1　沟垄种植、抗旱丰产沟、休闲地水平犁沟等改变微地形的保土耕作法，应做到规格尺寸与基本作法符合设计要求。一般地区要求顺等高线布设，在雨量较大，沟垄需要排水的地区，沟垄与等高线的倾斜度应符合设计要求。

A.1.2.2　草田轮作、间作套种、休闲地种绿肥等增加地面覆被的保土耕作，在总的作法符合设计要求基础上，着重要求暴雨季节地面有植物覆盖。

A.1.2.3　深耕、深松等保土耕作，要求划破“犁底层”。

A.2　荒地治理措施质量要求

A.2.1　水土保持造林

A.2.1.1 要求总体布局合理，造林位置恰当，不同林种、树种适应当地的立地条件，生长良好，各类树种的造林密度符合设计要求。

A.2.1.2 各类树种的配置，能满足群众解决燃料、饲料、肥料和增加经济收入的需要。经济林、果、薪炭林、用材林等各占适当的比例。

A.2.1.3 工程整地的形式与当地地形适应，其规格尺寸与施工质量都符合设计要求。

A.2.1.4 当年成活率在80%以上（春季造林，秋后统计；秋季造林，第二年秋后统计），3a后的保存率在70%以上。

A.2.2 水土保持种草

A.2.2.1 种草的位置分布合理，符合各类草种所需的立地条件，种草密度符合设计要求。

A.2.2.2 采用经济价值高、保土能力强的优良草种，能满足解决群众燃料、饲料、肥料和促进畜牧业发展，增加经济收入的需要。

A.2.2.3 干旱、半干旱地区采用了抗旱栽培技术。

A.2.2.4 当年出苗率与成活率在80%以上，3a后保存率在70%以上。

A.2.3 封禁治理

A.2.3.1 封禁当年应达到以下要求：

a）封禁区四周有明显的标志，专人专管，有合理的封禁规划和计划；

b）有明确的封禁制度和相应的乡规民约，并做到家喻户晓；

c）封山育林结合补植、平茬复壮、修枝疏伐等抚育措施，封坡育草结合了补播、灌水、施肥、铲除毒草等管理措施。

A.2.3.2 封禁3a～5a后应达到以下要求：

a）封禁期内严格按规划、计划和有关制度实施，无破坏林草事件发生；

b）林草郁闭度达80%以上，水土流失显著减轻。

A.3 沟壑治理措施质量要求

A.3.1 沟头防护工程

A.3.1.1 施工做到修建位置恰当、规格尺寸与施工质量都符合设计标准。

A.3.1.2 经暴雨考验后，做到工程完好、稳固，沟头不再前进。

A.3.2 谷坊、淤地坝、小水库、治沟骨干工程

A.3.2.1 进行了坝系规划，各项工程的位置布设合理。

A.3.2.2 按照规定的暴雨频率，进行了坝库建筑物设计，工程施工的规格尺寸符合设计要求，蓄洪（滞洪）量和排洪量能保证坝库安全。

A.3.2.3 土坝坝体均匀压实，无冻块缝隙，干容重达 $1.5t/m^3$ 以上，与坝体内泄水洞和坝肩两端山坡结合紧密。

A.3.2.4 溢洪道、泄水洞等石方建筑物，料石、块石的规格、质量符合标准，胶合材料（水泥、白灰砂浆等）性能良好，砌石牢固、整齐。

A.3.2.5 经暴雨洪水考验后，各项工程基本完好，局部小的损毁能很快修复。

A.3.2.6 淤地坝坝地的防洪保收措施完备，同时在设计频率的暴雨下保证收成。小水库做到减淤措施落实，能保证使用寿命，蓄水利用20a以上。治沟骨干工程在暴雨中能发挥保护沟中其他工程的作用。

A.3.3 崩岗治理

A.3.3.1 崩口以上集水区进行了综合治理，减少地表径流来源。

A.3.3.2 天沟的规格尺寸、容量、排量、施工质量都符合设计要求，在设计频率暴雨下能保证地表径流不入崩口。

A.3.3.3 谷坊、拦沙坝的总体布局合理，工程规格尺寸、容量

与施工质量都符合设计要求，经暴雨考验基本完好。淤出的沙渍地得到有效的利用。

A.3.3.4 崩壁两岸小平台的规格尺寸、施工质量都符合设计要求；平台上种植树、草；经暴雨考验，小平台基本完好无损。

A.4 风沙治理措施质量要求

A.4.1 沙障。要求布设的位置和形式、使用的材料、施工的方法和质量都符合设计要求，并于布设当年就起到固沙作用。

A.4.2 防风固沙林带、农田防护林网、成片造林等。要求布局合理、林带走向、宽度、树种、林型、株行距等都符合设计要求。造林当年成活率在80%以上，3a后保存率在70%以上。

A.4.3 沙柳等灌木的开发利用，采取迎主风方向带状种植、带状间伐、带状轮栽的做法，地面始终保持有防风固沙植物。

A.4.4 引水拉沙造田，配套工程（蓄水池、引水渠、冲沙渠等）齐备，布局合理，造出的田面平整，且有林带保护，不致遭受风沙危害。

A.5 小型蓄排引水工程质量要求

A.5.1 坡面截水沟、排水沟等做到总体布局合理，能有效地控制上部地表径流，保护下部农地或林草地；断面尺寸与施工质量符合设计要求，排水去处有妥善处理。

A.5.2 水窖、蓄水池做到布设位置合理，有地表径流水源；规格尺寸与施工质量符合设计要求，蓄水容量能满足人畜饮用需要。

A.5.3 上述各项工程经规定频率的暴雨考验，完好率在90%以上。

A.5.4 引洪漫地应符合以下要求：

A.5.4.1 拦洪坝、引洪渠等工程的规划布局、断面尺寸、渠道比降和各项工程的施工质量，均达到设计要求，引洪过程中渠系做到不冲不淤。

A. 5. 4. 2 淤漫地块要求布设合理，暴雨洪水中能迅速、均匀地淤漫全部地块。

A. 5. 4. 3 在设计频率的暴雨洪水下，各项建筑物和淤漫地块基本上完好无损；局部损毁的能很快补修完好。

A. 5. 4. 4 按照规划设计的技术要求，有计划地实施淤漫成地，并获得高产。

附　录　B
(资料性附录)
各项治理措施质量测定方法

B.1　基本规定

B.1.1　本附录应与附录A、附录C配套使用，根据附录A规定的质量要求进行质量测定，质量测定结果符合要求的才进行数量统计。

B.1.2　严格按质量测定的下列操作规程办事：

B.1.2.1　在每项治理措施的质量测定中，所需测定的面积，座(个)数、部位以及取样的数量等，都应分别按照该项措施质量测定的有关规定执行，不应任意减少。

B.1.2.2　对每项治理措施的质量测定方法，应按该项措施质量测定的规定方法执行，不应任意改变。对各项质量测定结果，应及时准确地记载，并同时注明测定的方法。

B.1.2.3　特殊情况下需改变测定方法时，应论证其改用方法的可靠性，并在记载测定结果时，注明改用的方法及其理由。

B.1.3　质量测定采用的仪器和工具应符合标准及下列规定：

B.1.3.1　测定质量以前，应对使用的仪器和工具进行检查，符合标准才能使用。

B.1.3.2　当仪器有某种误差影响质量测定结果时，应在计算中消除其误差，求得准确结果，然后记载，并注明消除误差的情况。

B.1.4　质量测定应贯彻到施工与验收的全过程。

B.1.4.1　造林种草等植物措施，从总体部署、工程整地、种子、苗本、栽植等直到完成，各道工序的质量都应及时进行测定，不合要求的及时改正，前一道工序质量不合要求的，不进行后一道工序，以保证质量，避免返工浪费。

B. 1. 4. 2 各类工程措施，从总体部署、施工设计到清基、备料、开挖、填筑、砌石等直到完成，各道工序的质量都应进行测定，不合要求的应及时改正，不应只在竣工后才测定一次，致使有些不合要求的工程无法纠正，造成隐患。

B. 1. 4. 3 造林种草在完成施工后 1a～3a 之内，应测定其成活率与保存率。各类工程措施在竣工后 3a 之内，应测定其经暴雨、洪水考验的质量。

B. 1. 5 结合成果质量测定，确定治理成果数量，并符合下列规定：

B. 1. 5. 1 各项治理措施成果统计的原则是：质量不合要求的，不统计其数量。质量测定应直接为成果的数量统计服务。

B. 1. 5. 2 在单项治理措施施工过程中，实施主持单位对施工承包单位的治理成果进行验收时，一般应测定质量与验收数量同时进行。梯田、林草的面积等措施数量还应通过质量测定，在弄清其规格尺寸基础上，才能最后确定数量。

B. 1. 5. 3 竣工验收时，在确定各项治理措施数量的基础上，计算土地利用结构的变化。

B. 2 坡耕地治理措施的质量测定

B. 2. 1 梯田的质量测定

应在观察了解其总体布局是否合理基础上，着重测定其规格尺寸与施工质量。

B. 2. 1. 1 水平梯田规格尺寸的测定

B. 2. 1. 1. 1 田面宽度的测定，用皮尺或测绳丈量。如田面为规整的矩形，在田面中部量一处即可；如田面不规整，则在田面中部和距两端各约 1/5 部位，共量 3 处，取其平均值。

B. 2. 1. 1. 2 田面长度的测定，用皮尺或测绳丈量。如田面为规整的矩形，则顺田坎量其长度即可；如田面不规整，则在田面最外边、最里边和中部共量三处，取其平均值。

B. 2. 1. 1. 3 田面净面积，采取田面平均宽度乘以平均长度算得（以 m^2 计，除以 10000，折合为 hm^2）。

B. 2. 1. 1. 4 田坎高度和坡度的测定。田坎高度用木尺或钢卷尺量，田坎坡度用坡度尺或量斜仪量。如一条田坎各处高度、坡度一致，只在田坎中部量一处即可；如不一致，则在中部和距两端各约 1/5 处，共量三处，取其平均值。

B. 2. 1. 1. 5 田坎占地宽度的测定。根据田坎高度和坡度，用三角关系计算而得。

$$b=h\cot\theta \tag{B. 1}$$

式中：

b——田坎占地宽度，单位为米（m）；

h——田坎高度，单位为米（m）；

θ——田坎坡度，单位为度（°）。

B. 2. 1. 1. 6 用两根木尺测定田坎尺寸，一人执木尺竖于田坎根部，使之垂直地面，读出田坎高度为 h；另一人用另一木尺从田坎顶部量到垂直木尺上，与之正交，读出田坎占地宽度为 b。则田坎坡度 θ 为：

$$\theta=\operatorname{arccot}(b/h) \tag{B. 2}$$

B. 2. 1. 2 水平梯田施工质量的测定

B. 2. 1. 2. 1 田面横向是否水平的测定。一人执木尺立于田面里侧，另一人执手水准立田边，看尺读数，如读数与仪器高度相等或高差小于 1%，则田面水平。

B. 2. 1. 2. 2 田面纵向是否水平的测定。在田面两端各有一人持水平尺，田面中部一人持手水准，先后向左右两端看尺上读数，如两端读数相等或高差小于 1%，则田面水平。田埂顶部是否水平，采用同样方法测定。

B. 2. 1. 2. 3 田坎是否坚固的测定。在田坎上取土样测定其干容重，达 $1.3t/m^3$；或人从田坎上来回走一遍，田坎不坍塌、坎顶无陷坑，即算合格。

B. 2. 1. 3 隔坡梯田质量测定

其平台部分的规格尺寸、施工质量的测定与水平梯田相同；其斜坡部分的宽度和坡度，应用皮尺和测坡仪量，折算为垂直投影宽度；测定其与平台的比例，是否与设计相符。也可采用两人各执一根木尺，一扶垂直，一执水平，直角相交，同时测得斜坡部分的垂直高度与水平宽度，再用三角关系计算其坡度。

B.2.1.4 坡式梯田质量测定

田面规格尺寸与田埂坚实程度的测定方法与水平梯田相同，但应着重测定田埂顶部是否水平（与水平梯田测定田面纵向是否水平方法相同），地中集流槽是否处理。

B.2.1.5 石坎梯田质量测定

田面规格尺寸、施工质量等测定方法与水平梯田相同；田坎应着重观察砌石的施工质量，要求外沿整齐，砌缝上下交错、左右咬紧，先砌大块，后砌小块，逐层上升，最上一层用大块压顶。

B.2.1.6 暴雨后梯田质量的测定

检查在田坎（田埂）总条数中，有坍塌现象的条数，求得其比例（%）；量坍塌田坎（田埂）的长度（m），求得占田坎（田埂）总长度（m）的比例（%），要求田坎（田埂）有坍塌现象的条数比例和长度比例都不超过10%。同时观察田面是否有细沟侵蚀等现象。

B.2.2 保土耕作的质量测定

B.2.2.1 改变微地形保土耕作法的质量测定

B.2.2.1.1 沟垄种植法与抗旱丰产沟，休闲地上水平犁沟等的沟垄宽度和深度，都用木尺或钢卷尺量得。在地块中轴线的上部、中部、下部，各量一条沟垄，取其平均值，检查是否符合设计要求。

B.2.2.1.2 等高耕作、沟垄种植、抗旱丰产沟等的沟垄走向是否水平，或沟垄走向的倾斜度是否符合设计要求，都用手水准测定。测定水平的方法与梯田测纵向田面相同。测倾斜度时，基本做法相似，但两端水平尺上读数不同；用两端读数之差（m）除以两尺之间的水平距离（m），求得沟垄走向的倾斜度。

B.2.2.2 增加地面植被保土耕作法的质量测定

B.2.2.2.1 首先应观察草田轮作中的粮食作物与牧草、间作套种中的高秆作物与簇生作物、休闲地种绿肥等措施选种的作物种类与品种是否符合设计要求，着重观察暴雨季节是否地面有植物覆盖。

B.2.2.2.2 暴雨季节应在上述各项措施地块中轴线的上部、中部、下部，各选一个 5m×5m 的样方，测定其植物盖度。测定方法是：在样方内用目测作物（牧草）枝叶垂直投影面积（m^2）与样方面积（5m×5m）之比，即为此项措施对地面的植物盖度。可与无此措施的一般耕作暴雨季节地面植物盖度进行对比，算得增加的盖度。

B.2.2.3 土壤耕深保土耕作方法的质量测定

在地块中轴线的上部、中部、下部各选一个 1m×1m 的样方，用铁锨挖开一道宽 50cm 的小坑，用木尺或钢卷尺量得耕作的深度，着重观察耕深是否划破了“犁底层”。

B.3 荒地治理措施的质量测定

B.3.1 水土保持造林的质量测定

B.3.1.1 造林总体布局的检查。对照水土保持造林规划图与完成情况验收图，在小流域（或治理区）内全面走看一遍，检查林种、林型、树种是否适合立地条件并符合规划、设计的要求，按小地名逐片做好记载。特别注意检查经济林、果园的数量、位置、立地条件是否合适。

B.3.1.2 整地工程的测定。水平沟、水平阶、反坡梯田、鱼鳞坑等整地工程的断面尺寸，用木尺或钢卷尺量；工程是否水平用手水准量。在规定的抽样范围内，取一面坡的中轴线，在上部、中部、下部各选一条整地工程，进行测定，取其平均值，检查其是否符合设计要求。

B.3.1.3 树苗质量的测定。用木尺或钢卷尺测定树苗的高度、根径，检查是否符合设计的苗龄要求，并检查树根是否完好、枝梢是否新鲜，判断其栽植后能否保证成活。

B.3.1.4 株行距和造林密度的测定。一般水土保持林取10m×10m样方，果园和造林密度较小的经济林取30m×30m样方，用皮尺量其株行距，同时清点样方内的造林株数，由此推算每公顷的造林株数。株距在同一水平线上量两树的根部；陡坡行距取水平距离，测定时由两人各执一木尺，一人将木尺垂直竖于下行树根处（或与其等高位置），另一人将木尺水平置于上行树根处，两木尺直角相交，在平置木尺上读出上下两行间的行距。

B.3.1.5 造林成活率和保存率的测定。造林1a后和3a后，分别测定其成活率与保存率。不分林种、林型，在规定的抽样范围内，取样方30m×30m，检查造林株数、成活株数与保存株数。采取成活株数除以造林株数，算得成活率（%），保存株数除以造林株数算得保存率（%）。

B.3.2 水土保持种草的质量测定

B.3.2.1 种草总体布局的检查。对照水土保持种草规划图与完成情况验收图，到有种草面积的现场逐片观察，分清荒地或退耕地上长期种草与草田轮作中的短期种草，按小地名分别做好记载。

B.3.2.2 整地情况的测定。根据规定的抽样范围，在一面坡的中轴线上取上、中、下三处，用木尺或钢卷尺测定整地翻土深度，并观察其耙耱碎土情况，看是否达到“精细整地”要求。

B.3.2.3 种草出苗与生长情况的测定。在规定抽样范围内取2m×2m样方，测定其出苗与生长情况。用目测清点其出苗株数，以每平方米面积上有苗30株为合格。草长成后，在同样尺寸的样方上，用木尺或钢卷尺测定其自然草层高度，并目测其垂直投影对地面的盖度（%）。

B.3.3 封禁治理的质量测定

B.3.3.1 封禁措施的检查。对照封禁治理规划图与完成情况验收图，围绕封禁区四周走一遍，检查封禁范围是否有明确的界限，是否有专人管理，管理人员的职责、工作地址与工作条件是否落实。

B.3.3.2 封禁制度的检查。对照封禁制度与乡规民约，进入封禁区，现场观察封禁和轮封轮放的具体执行情况，检查是否有违反制度、破坏林草现象。

B.3.3.3 抚育、管理措施的检查。进入封禁区现场观察，封山育林是否符合规划、设计要求并采取了补播、修枝、疏伐等抚育措施；封坡育草是否符合规划、设计要求并采取了补播、灌水、施肥、铲除毒草等措施。

B.3.3.4 封山育林效果的测定。在规定的抽样范围内，取20m×20m的样方，清点原有残林株数和新生幼林株数，并各选10株老树和新树，分别用钢卷尺或木尺测定其株高、冠幅，用卡尺测定其根（胸）径，推算其对地面的覆盖度（%）。

B.3.3.5 封坡育草效果的测定。在规定的抽样范围内，取2m×2m的样方，观察其草丛结构，并测定其牧草质量、生物产量与对地面的盖度。

B.4 沟壑治理措施的质量测定

B.4.1 沟头防护工程的质量测定

B.4.1.1 蓄水型沟头防护工程，用皮尺测定防护土埂与沟头之间的距离（应在2m以上）和土埂长度，用钢卷尺或木尺测定土埂断面尺寸（设计顶宽和内外坡），同时观察沟头以上水路情况，检查防护工程是否能有效地防止径流下沟。暴雨后观察工程是否完好，沟头是否前进。

B.4.1.2 排水型沟头防护工程，用皮尺和钢卷尺或木尺测定排水设施的各部尺寸，检查该项工程各构件与沟头地面的结合部位是否牢固，排水出口处的消能设备是否完善；暴雨后着重检查这两处有无损毁。

B.4.2 谷坊工程的质量测定

B.4.2.1 对各类谷坊首先应现场测定其总体布局，用皮尺测定坊间的水平距离，用手水准测定下坊顶部与上坊趾部之间的沟底比降，并检查是否能有效地制止沟底下切。

B.4.2.2 土谷坊用皮尺测定坊顶长度、宽度、最大高度、上下游坡比、溢洪口尺寸（长度、深度、上下口宽度）等；并在坝顶中部和距两端各约 1/5 处，用环刀取坝体土样（取样部位为坝顶一处，上、下游坡各两处），测定其干容重（要求不小于 1.5t/m³）。

B.4.2.3 石谷坊应用皮尺测定其断面尺寸（长度、宽度、最大高度、上下游坡比），着重测定施工质量，在最大坊高处用钢卷尺或木尺测定铺砌石的厚度、宽度、高度，衬砌技术是否做到“平、稳、紧、满”四字要求（砌石顶部要平，每层铺砌要稳，相邻石料要靠得紧，缝间砂浆要灌饱满），两端与山坡接头处是否牢固。

B.4.2.4 柳谷坊应用钢卷尺或木尺测定柳桩长度、直径、入土深度、桩距、行距等尺寸，并检查柳梢是否分层平顺填实，捆紧柳梢的铅丝是否牢固。

B.4.2.5 暴雨后观察各类谷坊完好程度，如有损毁，用皮尺、木尺或钢卷尺测定损毁部位的长、宽、深度，做好记载。

B.4.3 大型淤地坝、小水库、治沟骨干工程的质量测定

B.4.3.1 对照坝系规划图和完成验收图，检查坝系工程的总体布局是否全面和完善，各类坝库的坝址是否恰当，每一坝库的建筑物（土坝、溢洪道、泄水洞）具体位置是否合适。

B.4.3.2 各类坝库土方填筑、石方衬砌以前，就应检查其清基工作是否完善。用皮尺测定清基范围是否足够（应比坝趾坡脚线加宽 0.5m～0.6m），检查此范围内地面表土、淤泥、卵石、砾石、树根等是否清除干净，洞穴等隐患是否处理，并用测坡仪测定两岸山坡削坡以后的坡度是否合适（土坡不陡于 1：1，石坡不陡于 1：0.75），用钢卷尺或木尺测定坝轴线与山坡接头处开挖的接合槽深度（要求不小于 0.5m），坝底沟床上开挖的截水槽断面尺寸与回填土料是否符合设计要求。

B.4.3.3 土坝的坝轴线、溢洪道与涵洞的中心线，应根据施工时设置的控制桩，在不同施工阶段，进行多次测定和校正，要求中心线位移不超过±15mm。

B.4.3.4 土坝的上坝土料，在分层夯实过程中，及时测定其质量。包括土料含水量、每层铺土厚度、压实次数，对照施工单位的施工记录，每压实一层进行一次核实；并挖坑用环刀取土样，测定其干容重（要求不小于 1.5t/m^3），直到坝体全部完成。取土样位置，按碾压面积，大致每 200m^2 一个，对死角、坝端、接缝等薄弱处应加密取样。同时各层土样取土位置要错开，应取在上下两层接合处，包括上层 2/3、下层 1/3。要求压实干容重不合格的样品数不得超过样品总数的 10%。

B.4.3.5 溢洪道、泄水洞的石方或混凝土方工程，在衬砌之前，用皮尺测定其各构件部位基础的尺寸和质量；溢洪道的溢流堰顶高程，泄水洞的涵洞比降，在衬砌施工前用水平仪测定是否符合设计要求，土质基础测定其是否分层压实与压实后的干容重；石方衬砌过程中测定其砂浆配料是否符合规定，铺砌技术是否符合"平、稳、紧、满"四字要求，以及坝体和山坡结合部位是否牢固。

B.4.3.6 反滤体堆砌过程中，由下到上、由里到外，及时测定其每层堆砌沙料与石料的级配、高度、厚度、长度，检查其是否符合设计要求。

B.4.3.7 土坝、溢洪道、泄水洞三大件每项分部工程完成后，及时用皮尺和测坡仪测定其各部尺寸，包括土坝的坝高、顶宽、顶长、上下游坡比等，溢洪道的引水渠、宽顶堰、渐变段、陡坡、消力池等，泄水洞的卧管、涵洞、消力池等，是否符合设计要求，检查其能否满足蓄洪、排洪和泄水的需要。泄水洞竣工后，采取灌水或浓烟法充满洞内，检查是否漏水、漏烟。如发现漏水、漏烟，用水泥沙浆或沥青麻刀封堵。

B.4.3.8 土坝竣工后，顺坝轴线长度每 1/10 处设一高程标志点，在岸坡上用水平仪测定其高程，做好记载；在竣工后 1a 内每三个月再测一次各标志的高程，检查是否有不均匀沉陷。

B.4.3.9 暴雨洪水后，及时检查坝库各项建筑物是否完好无损，如有损毁，及时测定其损毁部位的尺寸，并查明其原因，做好记载。

B.4.3.10 坝库蓄水后，检查坝下有无管涌和浑水现象，坝体与两岸山坡接合处有无渗水现象。如有，应测定其水量，查明原因，及时处理，并做好记载。

B.4.4 崩岗治理措施的质量测定

B.4.4.1 以每一个崩口为单元，对照其规划图与完成措施验收图，现场检查其总体布局，是否符合规划要求。

B.4.4.2 崩口以上排水天沟的质量测定，参照沟头防护与坡面小型蓄排工程的质量测定要求执行。

B.4.4.3 崩口内谷坊、拦沙坝的质量测定，参照侵蚀沟治理中谷坊、淤地坝的质量测定要求执行。

B.4.4.4 崩壁两岸小平台种树、种草的质量测定，参照荒地治理中造林、种草质量测定的要求执行。

B.5 风沙治理措施的质量测定

B.5.1 以一定规划范围（乡、村或小流域）为单元，对照其规划图与完成措施验收图，现场检查其总体布局是否符合规划的要求。

B.5.2 用罗盘仪测定防风固沙林带与农田防护林网的主林带走向是否与主风向正交（农田防护林网的主林带，如不与主风向正交时，其偏角不应大于45°），用皮尺测定林带的宽度、树木的株行距。

B.5.3 造林的栽培质量及其成活率、保存率的测定，参照荒地治理质量测定中有关规定执行。

B.5.4 用皮尺测定引水拉沙造地的平面尺寸，用手水准测定其水平程度，测定方法参照水平梯田质量测定方法执行。

B. 6 小型蓄排引水工程质量测定

B. 6. 1 坡面小型蓄排工程的质量测定

B. 6. 1. 1 以每一完整坡面为单元，逐坡观察坡面截水沟、蓄水池、排水沟、沉沙池的位置、数量，是否符合规划、设计要求，是否能保证其下部农田和林地、草地的安全。

B. 6. 1. 2 截水沟的长度用皮尺丈量，其断面尺寸（深度、上口宽、底宽）应用钢卷尺或木尺测定，每一条截水沟的中部和距两端各约 1/5 处，分别各测一次，取其平均值。截水沟比降（水平或有微度倾斜）用手水准与水平尺测定，每条截水沟中部各测长约 30m 一段，计算其蓄排能力是否符合设计要求。

B. 6. 1. 3 蓄水池的长、宽、深用皮尺或测绳测定，并计算其容量。土质蓄水池，检查其防渗措施。石砌蓄水池，测定其砌石质量，用钢卷尺或木尺量料石厚度（要求不小于 30cm）与接缝宽度（要求不大于 2.5cm），铺砌中是否做到“平、稳、紧、满”四字。

B. 6. 1. 4 排水沟应用钢卷尺或木尺测定其断面尺寸，用手水准测定其比降，并计算其排水量是否符合设计要求。着重检查其排水去处，是否有防冲措施。

B. 6. 1. 5 水窖首先检查其是否有地表径流来源，径流入窖前的拦污、沉沙措施是否齐全、完善；用皮尺测定窖身各部尺寸，计算其单窖容量，检查其防渗措施和效果。

B. 6. 2 引洪漫地措施的质量测定

B. 6. 2. 1 以一个完整的引洪区为单元，对照规划图和完成验收图，现场检查其总体布局是否符合规划要求，河道引洪和沟道引洪的拦洪坝、溢洪道、引洪渠、各级输水渠以及田间工程等布局是否合理。

B. 6. 2. 2 应用皮尺测定各项建筑物的外部尺寸，用钢卷尺或木尺测定各级渠系横断面，用水平仪测定各级渠系比降，每级渠系各测定三处（在该渠段中部和距两端各约 1/5 处）。结合测定引水含沙量，审定其是否符合不冲不淤流速的要求。

B. 6. 2. 3 各类土方填挖工程、石方衬砌工程的质量测定，参照沟中坝库和坡面小型蓄排工程质量测定的有关规定执行。

B. 6. 2. 4 淤漫技术的质量测定。在竣工后第一年引洪淤漫和每次较大暴雨淤漫后，测定一次淤地厚度，检查漫区总体和每一地块的各部位，是否淤漫均匀。同时检查各类建筑物是否完好；对有损毁的部位，测定其损毁尺寸，查明原因，做好记载。

附　录　C
(资料性附录)
各项治理措施成果统计要求

C.1　基 本 要 求

各项治理措施应符合附录 A 规定的质量要求，并经用附录 B 规定的质量测定方法确认后，才能作为治理成果，进行其数量统计。

C.2　坡耕地治理措施统计要求

C.2.1　梯田（梯地）

主要统计其当年完成面积和累计完成面积的保存数（以 hm^2 计）。不同形式的梯田，应符合下列规定：

C.2.1.1　水平梯田，统计其净田面面积和埂坎占地面积（按垂直投影计，下同），不能以原坡耕地面积作为梯田面积。

C.2.1.2　隔坡梯田，统计其平台部分和隔坡部分面积（按垂直投影计），同时统计其埂坎占地面积。

C.2.1.3　坡式梯田，统计其种植面积（按垂直投影计）和田埂占地面积。

C.2.1.4　田坎利用，统计其已利用的田坎长度（m）、与此长度相应的梯田面积（hm^2）和种植经济树木的数量（株）。

C.2.2　保土耕作

C.2.2.1　应是在未修基本农田的坡耕中采用的保土耕做法，才纳入统计。

C.2.2.2　分别统计其每年完成的面积。同一地块，当年采用保土耕作，当年可统计其面积；第二年不采用，就不再统计。各年实施面积可供参考，但不应作为治理面积累计。

C.3　荒地治理措施统计要求

C.3.1　水土保持造林

C.3.1.1　当年完成的，统计其开展面积；3a后经过核实统计其保存面积。历年的开展面积和保存面积应分别累计。

C.3.1.2　不同的树种（乔木、灌木、经济林、果园等）分别统计。

C.3.1.3　有工程整地的面积与无工程整地的面积分别统计。

C.3.2　水土保持种草

C.3.2.1　对荒坡与退耕地上长期性种草和草田轮作中的牧草与休闲地上种绿肥等短期性种草，应分别统计。

C.3.2.2　长期性种草，当年统计其开展面积，3a～5a后经过核实统计其保存面积，其开展面积与保存面积应分别累计；短期性种草，只统计其当年开展面积，不应累计。

C.3.3　封禁治理

C.3.3.1　封山育林与封坡育草的开展面积与保存面积应分别统计。

C.3.3.2　当年采取的封禁措施，经检查验收合格，统计其开展面积；3a～5a后，林草达到封育治理成果要求的，统计其保存面积。

C.4　沟壑治理措施统计要求

C.4.1　沟头防护统计其当年开展数量与历年累计保存数量（座）及其相应的土、石方工程量（m^3）和蓄水型沟头防护的容量（m^3）。

C.4.2　谷坊、淤地坝（拦沙坝）、小水库（塘坝）、治沟骨干工程等，统计其当年开展数量与历年累计数量（座）及其库容（m^3）、土石方工程量（m^3）。

C.4.3　淤地坝和淤平后改作坝地用的小水库，同时统计其坝地面积，坝修成后地未淤平的，统计其“可淤地面积”，淤平以后统计为“已淤地面积”，种地以后再统计其“种植面积”（因有一部分面积不种植）。各类坝地除统计当年新增数外，还应统计累计保存数。

C.4.4 崩岗治理措施统计应符合下列规定：

C.4.4.1 对于正在进行治理的，统计其开展治理崩口的数量（个）及相应的各项治理措施的数量、容量及土、石方工程量；对于已完成治理措施并经暴雨考验确实已控制崩岗发展的，统计其已治理崩口的数量（个）及其相应的各项治理措施的数量、容量及土、石方工程量。

C.4.4.2 天沟统计其长度（m）、容量、土石方量。谷坊、拦沙坝统计其座数、容量、土石方量；淤出的沙渍地统计其面积。崩壁两岸小平台统计其面积、土方量，种植树木数量（株）。当年施工验收合格的统计开展面积，经暴雨考验工程基本完好的统计保存面积。

C.5 风沙治理措施统计要求

C.5.1 沙障固沙与沙地种草、成片造林等措施当年施工验收合格的，统计其开展面积；3a 后根据其保存情况，统计其保存面积，保存面积应当累计。

C.5.2 大型防风固沙林带与农田防护林网，除按上述要求统计其开展面积与保存面积外，还需统计受其保护免遭风沙危害的土地面积和农田面积。

C.5.3 引水拉沙造田、碱滩地改良等措施，统计其开展面积与累计保存面积，同时统计其有关设施（蓄水池、引水渠）的开展数量（蓄水池以座计，引水渠以米计）。

C.6 小型蓄排引水工程统计要求

C.6.1 坡面截水沟（m）、排水沟（m）、蓄水池（个）、水窖（眼）等统计其当年完成和历年累计完成的数量及其相应的容量（m^3）。

C. 6. 2 引洪漫地工程应符合下列规定：

C. 6. 2. 1 当年施工验收合格的统计其开展面积，经暴雨洪水考验工程完好的统计其保存面积，并应累计。

C. 6. 2. 2 同时统计其配套工程拦洪坝（座）、引洪渠（m）等，并统计其土石方工程量（m^3）。当年施工验收合格的，统计其开展数量；经暴雨洪水考验工程完好的统计其保存数量，两者都应累计。

附录 D
（资料性附录）
验收抽样比例与主要成果表格式

表 D.1　各项治理措施验收抽样比例

治理措施	验收面积或座数	抽样比例/%		备注
		阶段验收	竣工验收	
梯田、梯地	＜10hm^2	7	5	
	10hm^2～40hm^2	5	3	
	＞40hm^2	3	2	
造林、种草	＜10hm^2	7	5	
	10hm^2～40hm^2	5	3	
	＞40hm^2	3	2	
封禁治理	40hm^2～150hm^2	7	5	
	＞150hm^2	5	3	
保土耕作		7	5	
截水沟		20	10	
水窖		10	5	
蓄水池		100	50	
塘坝		100	100	
引洪漫地		100	50	
沟头防护		30	20	
谷坊	⩽100 座	12	10	
	＞100 座	10	7	
淤地坝		100	100	
拦沙坝		100	100	

表 D.2　水土保持综合治理措施阶段验收率（　年）

治理措施		单位	验收数量		完成工程量/m^3		投入劳工/(工·日)
			计划数	完成数	土方	石方	
基本农田	梯田	hm^2					
	坝地	hm^2					
	小片水地	hm^2					
	引洪漫地	hm^2					
	小计	hm^2					
保土耕作		hm^2					
林草措施	水保林（乔木）	hm^2					
	水保林（灌木）	hm^2					
	经济林与果园	hm^2					
	种草	hm^2					
	小计	hm^2					
封禁治理		hm^2					
小型蓄排工程	截水沟	m					
	水窖	眼					
	蓄水池	个					
	塘坝	座					
	谷坊	座					
	沟头防护	道					
治理面积合计		hm^2					
		km^2					
年治理进度		%					

表 D.3　水土保持综合治理措施竣工验收表（　年～　年）

治理措施		单位	验收数量			原有措施数量	累计达到数量
			规划数	开展数	保存数		
基本农田	梯田	hm^2					
	坝地	hm^2					
	小片水地	hm^2					
	引洪漫地	hm^2					
	小计	hm^2					
保土耕作		hm^2					
林草措施	水保林（乔木）	hm^2					
	水保林（灌木）	hm^2					
	经济林与果园	hm^2					
	种草	hm^2					
	小计	hm^2					
封禁治理		hm^2					
小型蓄排工程	截水沟	m					
	水窖	眼					
	蓄水池	个					
	塘坝	座					
	谷坊	座					
	沟头防护	道					
治理面积合计		hm^2					
		km^2					
年治理进度		%					

注：保土耕作不计入治理面积，封禁治理未达到规定要求的不计入治理面积。

表 D.4　水土保持综合治理经费使用情况

治理措施		补助经费/10^4 元		总需经费来源/10^4 元			
		定额	总量	国家投资	地方匹配	群众自筹	合计
基本农田	梯田						
	坝地						
	小片水地						
	引洪漫地						
	小计						

表 D.4(续)

治理措施		补助经费/10^4 元		总需经费来源/10^4 元			
		定额	总量	国家投资	地方匹配	群众自筹	合计
保土耕作							
林草措施	水保林（乔木）						
	水保林（灌木）						
	经济林与果园						
	种草						
	小计						
封禁治理							
小型蓄排工程	截水沟						
	水窖						
	蓄水池						
	塘坝						
	谷坊						
	沟头防护						
治理措施合计							
管理费							
总计							

注 1：此表一式两用，阶段验收时注明　　年，竣工验收时注明　　年～　　年。

注 2：定额单位：以面积计的措施为元/hm^2，以座（个）计的措施为元/座（个）。

表 D.5　水土保持综合治理主要效益统计表（　　年～　　年）

治理措施		措施数量/hm^2（座）	经济效益			基础效益	
			增产品种	增产量/10^4kg	增产值/10^4 元	保水量/10^4 m^3	保土量/10^4t
基本农田与保土耕作	梯田		粮食				
	坝地		粮食				
	小片水地		粮食				
	引洪漫地		粮食				
	保土耕作		粮食				
	小计		粮食				

表D.5(续)

<table>
<tr><td colspan="2" rowspan="2">治理措施</td><td rowspan="2">措施数量
/hm^2（座）</td><td colspan="3">经济效益</td><td colspan="2">基础效益</td></tr>
<tr><td>增产
品种</td><td>增产量
/10^4kg</td><td>增产值
/10^4 元</td><td>保水量
/10^4m^3</td><td>保土量
/10^4t</td></tr>
<tr><td rowspan="6">林草
措施</td><td>水保林（乔木）</td><td></td><td>枝条</td><td></td><td></td><td></td><td></td></tr>
<tr><td>水保林（灌木）</td><td></td><td>枝条</td><td></td><td></td><td></td><td></td></tr>
<tr><td>经济林与果园</td><td></td><td>果品</td><td></td><td></td><td></td><td></td></tr>
<tr><td>种草</td><td></td><td>饲草</td><td></td><td></td><td></td><td></td></tr>
<tr><td>封禁治理</td><td></td><td>枝条</td><td></td><td></td><td></td><td></td></tr>
<tr><td>小计</td><td></td><td></td><td></td><td></td><td></td><td></td></tr>
<tr><td rowspan="7">小型
蓄排
工程</td><td>截水沟</td><td></td><td></td><td></td><td></td><td></td><td></td></tr>
<tr><td>水窖</td><td></td><td></td><td></td><td></td><td></td><td></td></tr>
<tr><td>蓄水池</td><td></td><td></td><td></td><td></td><td></td><td></td></tr>
<tr><td>塘坝</td><td></td><td></td><td></td><td></td><td></td><td></td></tr>
<tr><td>谷坊</td><td></td><td></td><td></td><td></td><td></td><td></td></tr>
<tr><td>沟头防护</td><td></td><td></td><td></td><td></td><td></td><td></td></tr>
<tr><td>小计</td><td></td><td></td><td></td><td></td><td></td><td></td></tr>
<tr><td colspan="2">合计</td><td></td><td></td><td></td><td></td><td></td><td></td></tr>
<tr><td colspan="8">注1：本表一式两用，主要用于计算实施期间的新增措施，如“措施数量”改为“历年累计”则可计算包括实施期以前原有措施的效益。
注2：各项措施增产值的不同产品，只能小计，不能合计；其产值可以合计。</td></tr>
</table>

表D.6　水土保持综合治理前后农村经济变化情况（　　年～　　年）

<table>
<tr><td colspan="2" rowspan="2">项　目</td><td rowspan="2">单位</td><td colspan="2">变化情况</td><td colspan="2">增减（+、-）</td></tr>
<tr><td>治理前</td><td>治理后</td><td>数量</td><td>比例/%</td></tr>
<tr><td rowspan="6">基本
情况</td><td>农村户数</td><td>户</td><td></td><td></td><td></td><td></td></tr>
<tr><td>农村人口</td><td>人</td><td></td><td></td><td></td><td></td></tr>
<tr><td>农村劳力</td><td>个</td><td></td><td></td><td></td><td></td></tr>
<tr><td>耕地面积</td><td>hm^2</td><td></td><td></td><td></td><td></td></tr>
<tr><td>人口密度</td><td>人/km^2</td><td></td><td></td><td></td><td></td></tr>
<tr><td>人均耕地</td><td>hm^2/人</td><td></td><td></td><td></td><td></td></tr>
</table>

表 D.6(续)

项目			单位	变化情况		增减（+、-）	
				治理前	治理后	数量	比例/%
主要治理成果	基本农田	总量	hm^2				
		人均	hm^2/人				
	人工林地	总量	hm^2				
		人均	hm^2/人				
	经济林果	总量	hm^2				
		人均	hm^2/人				
	人工草地	总量	hm^2				
		人均	hm^2/人				
主要经济情况	粮食	总量	kg				
		人均	kg/人				
		单产	kg/hm^2				
	产值	总量	10^4 元				
		人均	元/人				
	收入	总量	10^4 元				
		人均	元/人				

表 D.7　水土保持综合治理前后土地利用与农村生产结构变化情况（　　年～　　年）

项目		单位	治理前		治理后		增减比例（+、-）/%
			数量	比例/%	数量	比例/%	
土地利用结构变化	农地	hm^2					
	林地	hm^2					
	果园	hm^2					
	草地	hm^2					
	荒地	hm^2					
	水域	hm^2					
	其他用地	hm^2					
	难利用地	hm^2					
	合计	hm^2		100.0		100.0	

表D.7(续)

<table>
<tr><th colspan="2" rowspan="2">项　　目</th><th rowspan="2">单位</th><th colspan="2">治理前</th><th colspan="2">治理后</th><th rowspan="2">增减比例
(+、−)/%</th></tr>
<tr><th>数量</th><th>比例/%</th><th>数量</th><th>比例/%</th></tr>
<tr><td rowspan="7">农村生产结构变化</td><td>农业</td><td>10^4 元</td><td></td><td></td><td></td><td></td><td></td></tr>
<tr><td>林业</td><td>10^4 元</td><td></td><td></td><td></td><td></td><td></td></tr>
<tr><td>果业</td><td>10^4 元</td><td></td><td></td><td></td><td></td><td></td></tr>
<tr><td>物业</td><td>10^4 元</td><td></td><td></td><td></td><td></td><td></td></tr>
<tr><td>副业</td><td>10^4 元</td><td></td><td></td><td></td><td></td><td></td></tr>
<tr><td>渔业</td><td>10^4 元</td><td></td><td></td><td></td><td></td><td></td></tr>
<tr><td>合计</td><td>10^4 元</td><td></td><td>100.0</td><td></td><td>100.0</td><td></td></tr>
<tr><td colspan="8">注 1：农地包括粮田与经作，林地包括天然林与人工林、乔木与灌木，草地包括天然草与人工草，果园包括经济林，其他用地包括村庄、道路等，难利用地包括沟床、沙化、石化地。
注 2：副业包括农村第三产业，农村生产结构指各业产值。</td></tr>
</table>

工发建设项目水土保持
设施验收技术规程

GB/T 22490—2008

2008－11－14 发布　　　　2009－02－01 实施

目　次

前　言

本标准的附录A、附录B、附录C、附录D、附录E、附录F和附录G均为资料性附录。

本标准由中华人民共和国水利部提出和归口。

本标准主要起草单位：水利部水土保持监测中心。

本标准参加起草单位：黄河水利委员会黄河上中游管理局。

本标准主要起草人：姜德文、赵永军、陈平、沈雪建、高旭彪、王瑞增、张来章、袁普金、赵光耀、王坤平、张宇龙、杜小如、段菊卿、白志刚、陈吉虎。

1 范　　围

本标准规定了开发建设项目（以下简称“建设项目”）水土保持设施验收的验收分类以及各类验收的条件、组织、内容、程序、验收标准和成果要求。

本标准适用于征占地面积在 $1hm^2$ 以上或挖填土石方总量在 1 万 m^3 以上的建设项目的水土保持设施验收工作。

2 规范性引用文件

下列文件中的条款通过本标准的引用而成为本标准的条款。凡是注日期的引用文件，其随后所有的修改单（不包括勘误的内容）或修订版均不适用于本标准，然而，鼓励根据本标准达成协议的各方研究是否可使用这些文件的最新版本。凡是不注日期的引用文件，其最新版本适用于本标准。

GB/T 20465 水土保持术语

GB 50433 开发建设项目水土保持技术规范

GB 50434 开发建设项目水土流失防治标准

SL 336 水土保持工程质量评定规程

3 术语和定义

GB/T 20465 确立的以及下列术语和定义适用于本标准。

3.1

自查初验 seif - inspection and acceptance

建设单位或其委托监理单位在水土保持设施建设过程中组织开展的水土保持设施验收，主要包括分部工程的自查初验和单位工程的自查初验，是行政验收的基础。

3.2

行政验收 governmental inspection and acceptance

由水土保持方案审批部门在水土保持设施建成后主持开展的水土保持设施验收，是主体工程验收（含阶段验收）前的专项验收。

3.3

技术评估 technical evaluation

建设单位委托的水土保持设施验收技术评估机构对建设项目中的水土保持设施的数量、质量、进度及水土保持效果等进行的全面评估。

3.4

重要单位工程 main subunit project

对周边可能产生水土流失重大影响或投资较大的单位工程，包括征占地不小于 $5hm^2$ 或土石方量不小于 $5\times10^4m^3$ 的大中型弃土（渣）场或取土场的防护设施；工程投资不小于 1 万元的穿（跨）越工程及临河建筑物；周边有居民点或学校且征占地不小于 $1hm^2$ 或拦渣量不小于（$5\times10^3m^3$）的小型弃渣场的防护设施；占地 $1hm^2$ 及以上的园林绿化工程等。

4 基本要求

4.1 建设项目水土保持设施的验收包括自查初验和行政验收两个方面。

4.2 建设项目的水土保持设施验收，应按照水土保持相关法律法规和技术标准的要求，对建设项目的水土保持方案及其批复文件、后续设计文件所确定的水土保持设施及其水土流失防治效果进行验收。

4.3 在建设项目的土建工程完工后、主体工程竣工验收前，建设单位应向行政验收主持单位申请水土保持设施行政验收。分期建设、分期投入生产或者使用的建设项目，其相应的水土保持设施应按照本标准进行分期验收。建设项目水土保持设施行政验收前，应先通过水土保持设施技术评估（以下简称“技术评估”）。

4.4 水土保持设施验收相关资料的制备应由建设单位负责。验收所需资料参见附录A，备查资料参见附录B。验收有关资料的纸张规格应统一为A4，正本不应采用复印件。

5 自 查 初 验

5.1 一 般 规 定

5.1.1 依据 GB 50433 界定的建设项目水土保持工程的分部工程和单位工程完工时，建设单位或其委托的监理单位应及时组织参建单位开展自查初验工作，进行质量控制和过程管理。

5.1.2 自查初验应当依据 SL 336 的有关规定开展。

5.1.3 建设单位应对水土保持设施档案资料的真实性、完整性和规范性负责，使之满足档案管理的有关要求。重要档案资料应长期保存。

5.1.4 建设单位在行政验收前，应依据各单位工程试运行及自查初验的情况，编写水土保持方案实施工作总结报告和水土保持设施竣工验收技术报告。

5.2 分部工程自查初验

5.2.1 分部工程的所有单元工程被监理单位确认为完建且质量合格或有关质量缺陷已经处理完毕，方可进行分部工程自查初验。

5.2.2 分部工程的自查初验应由建设单位或其委托的监理单位主持，设计、施工、监理、监测和质量监督等单位参加，并应根据建设项目及其水土保持设施运行管理的实际情况决定运行管理单位是否参加。

5.2.3 分部工程自查初验应包括以下内容：

a）鉴定水土保持设施是否达到国家强制性标准以及合同约定的标准。

b）按 SL 336 和国家相关技术标准，评定分部工程的质量等级。

c）检查水土保持设施是否具备运行或进行下一阶段建设的

条件。

d）确认水土保持设施的工程量及投资。

e）对遗留问题提出处理意见。

5.2.4 分部工程自查初验资料应包括工程图纸、过程资料及验收成果。

5.2.5 分部工程自查初验应填写“分部工程验收签证”（格式参见附录C），作为单位工程自查初验资料的组成部分。参加自查初验的成员应在签证上签字，分送各参加单位。归档资料中还应补充遗留问题的处理情况并有相关责任单位的代表签字。

5.3 单位工程自查初验

5.3.1 单位工程自查初验应具备下列条件：

a）按批准的设计文件的内容基本建成。

b）分部工程已经完工并自查初验合格。

c）运行管理条件已初步具备，并经过一段时间的试运行。

d）少量尾工已妥善安排。水土保持设施投入使用后，不影响其他工程正常施工，且其他工程施工不影响该单位工程安全运行。

5.3.2 单位工程自查初验应由建设单位或其委托的监理单位主持，设计、施工、监理、监测、质量监督、运行管理等单位参加。重要单位工程还应邀请地方水行政主管部门参加。

5.3.3 单位工程自查初验应包括下列内容：

a）对照批准的水土保持方案及其设计文件，检查水土保持设施是否完成。

b）鉴定水土保持设施的质量并评定等级，对工程缺陷提出处理要求。

c）检查水土保持效果及管护责任落实情况，确认是否具备安全运行条件。

d）确认水土保持工程量和投资。

e）对遗留问题提出处理要求。

5.3.4 单位工程自查初验应填写“单位工程验收鉴定书”(格式参见附录 D)，作为技术评估和行政验收的依据。形成的“单位工程验收鉴定书”应分送参加验收的相关单位，并应预留技术评估机构和运行管理单位各 1 份。

5.3.5 建设项目所在地的各级水行政主管部门对建设项目的各次督查、检查、评价等书面意见以及处理结果，应由建设单位保存，并应作为技术评估和行政验收的依据。

6 技术评估

6.1 一般规定

6.1.1 技术评估机构应依据相关水土保持技术标准和批复的水土保持方案及其设计文件，组织水土保持、水工、植物、资源环境、经济及土建工程等方面的专家，对水土保持方案落实情况、水土保持措施及投资、水土流失防治工作及防治效果等方面进行评估，提交技术评估报告。

6.1.2 技术评估范围应以批复的水土保持方案确定的水土流失防治责任范围为基础，根据实际情况可适当调整评估范围。

6.1.3 技术评估的主要对象应为批复的水土保持方案及其设计文件确定的水土保持工程措施、植物措施和临时措施。技术评估还应对主体工程的水土保持功能进行评价或提出要求。工程措施应以采用实地测量和典型调查法为主；植物措施应以采用样方测量和面积推算法为主；临时措施应以监理记录和调查统计为主。根据项目特点，也可采用遥感、遥测等技术手段对各项水土保持措施进行调查核实。

6.2 评估内容和程序

6.2.1 开展技术评估应具备下列条件：

a）开发建设项目水土保持方案审批手续完备，水土保持设施的设计变更已经批复或备案。水土保持档案资料完整，水土保持工程设计、施工、监理、财务支出、水土保持监测报告等资料齐全。

b）各项水土保持设施按批准的水土保持方案及其设计文件建成，符合主体工程和水土保持的要求，达到了批准的水土保持方案和批复文件的要求，水土流失防治效果达到 GB 50434 和地方有关技术标准的要求。

c）水土保持设施投资的竣工结算已经完成，运行管理单位明确，后续管护和运行资金有保证。

d）水土保持设施具备正常运行条件，且能持续、安全、有效运转，符合交付使用要求。

e）建设单位完成自查初验，水土保持工程达到合格以上标准，并有质量监督结论。

f）已经编制完成水土保持方案实施工作总结报告、水土保持设施竣工验收技术报告、水土保持监测总结报告、水土保持监理总结报告、水土保持设计总结报告、水土保持工程质量评定报告、水土保持工程施工总结报告等（主要报告提纲参见附录E）。

g）遗留问题和需处理的质量缺陷已有处理方案，尾工已有安排。

6.2.2 技术评估应包括以下内容：

a）评价建设单位对水土流失防治工作的组织管理。

b）评价水土保持方案后续设计及实施情况。

c）评价施工单位制定和遵守相关水土保持工作管理制度的情况，调查施工过程中采取的水土保持临时防护措施的种类、数量和防治效果。

d）抽查核实水土保持设施的数量；对重要单位工程进行核实和评价，检查评价其施工质量，检查工程存在的质量缺陷是否影响工程使用寿命和安全运行；评价水土保持监理、监测工作。

e）判别建设项目的扰动土地整治率、水土流失总治理度、土壤流失控制比、拦渣率、林草植被恢复率、林草覆盖率等指标是否满足GB 50434，分析能否达到批复同意的水土流失防治目标。

f）检查水土流失防治效果与生态环境恢复和改善情况，调查施工过程中水土流失防治效果，分析评价水土保持设施试运行的效果及水土保持设施运行管理维护责任落实情况。

g）根据水土保持质量监督部门或监理单位的工程质量评定报告或评价鉴定意见，评估工程质量等级或质量情况。

h）分析评价水土保持投资完成情况。

i）开展公众调查，了解当地群众对建设项目水土保持工作的满意程度，总结成功经验和不足之处。

j）总结水土流失防治技术、管理的经验和教训。

k）提出行政验收前、后需要解决的主要问题。

6.2.3 技术评估应遵循以下程序：

a）熟悉项目基本情况并进行现场巡查，拟定技术评估的工作方案。

b）走访当地居民和水行政主管部门，收集督查等相关资料，调查施工期间水土流失及其危害情况、防治情况和防治效果。

c）组织不同专业的专家进行现场查勘与技术评估。

d）讨论并草拟总体评估意见，提出行政验收前需解决的主要问题并督促落实。

e）征求当地水行政主管部门及建设单位的意见。

f）核实行政验收前需解决主要问题的落实情况，完成技术评估报告。

6.3 评估核查

6.3.1 对重要单位工程，应全面核查工程措施的外观质量，并对关键部位的几何尺寸进行测量；全面核查植物措施生长状况（完成率、成活率和保存率）和林草植被种植面积；检查水土流失防治效果等。

对其他单位工程，应核查主要分部工程的外观质量，对关键部位几何尺寸进行测量；核查主要部位植物措施生长状况和林草植被种植面积；检查水土流失防治效果等。

6.3.2 对重要单位工程，工程措施的外观质量和几何尺寸可采用目视检查和皮尺（或钢卷尺）测量，必要时可采用GPS、经纬仪或全站仪测量；混凝土浆砌石强度可采用混凝土回弹仪检查，必要时可作破坏性检查。植物措施可采用样方测量，必要时可对覆土厚度、穴坑尺寸等作探坑、挖掘检查。

对其他单位工程，工程措施的外观质量和几何尺寸可采用目视检查和皮尺（或钢卷尺）测量，植物措施可采用样方测量。

6.4 点型建设项目评估

6.4.1 点型建设项目包括矿山、电厂、城市建设、水利枢纽、水电站、机场等布局相对集中、呈点状分布的建设项目。这类项目的重点评估范围应为土石方扰动较强、水土流失防治措施集中、投资份额较高以及容易造成水土流失危害的区域。如火电厂的贮灰场、水利枢纽的取土场和弃土（渣）场及周边地区、矿山中的矸石山（场）等区域。

6.4.2 点型建设项目技术评估核查的比例应达到以下要求：

a）重点评估范围内的水土保持单位工程应全面查勘，分部工程的抽查核实比例应达到50%。其中，植物措施中的草地核实面积应达到50%，林地核实面积应达到80%。

b）其他评估范围的水土保持单位工程查勘比例应达到50%，分部工程的抽查核实比例达到30%。其中，植物措施中的草地核实面积应达到30%，林地核实面积应达到50%。

c）重要单位工程应全面查勘，其分部工程的抽查核实比例应达到50%。重要单位工程中，植物措施中的草地核实面积应达到80%，林地核实面积应达到90%。

6.5 线型建设项目评估

6.5.1 线型建设项目包括公路、铁路、管道工程、灌渠等布局跨度较大、呈线状分布的建设项目。重点评估范围应为主体工程沿线附近的弃土（石、渣）场、取土（石、料）场、伴行（临时）道路，穿（跨）越河（沟）道、中长隧道、管理站所等沿线关键控制点。

6.5.2 线型建设项目水土保持单位工程的查勘比例应达到以下要求：

a）重点评估范围内，单位工程查勘比例应达到50%；在不同地貌类型或不同侵蚀类型区，应分别进行核实。

b）其他评估范围内，单位工程查勘比例应达到30%。

c）对重要单位工程，查勘比例应达到80%。

6.5.3 按照工程建设扰动地表强度的不同，线型建设项目可分为扰动强度较弱的A类项目和扰动强度较强的B类项目。输气（输油）管道、输电线路等属于A类项目，公路、铁路等属于B类项目。

对A类项目，重点评估范围中分部工程抽查核实比例应达到40%，其他评估范围应达到30%。

对B类项目，重点评估范围中分部工程抽查核实比例应达到50%，其他评估范围应达到30%。

6.6 混合类型项目评估

混合类型项目应先划分成点型和线型分（支）项目，再参照上述要求确定单位工程查勘比例和分部工程抽查核实比例，其中线型分项目的比例应调增10%。

6.7 评估标准和成果要求

6.7.1 通过技术评估，应满足下列条件：

a）建设项目水土保持方案的审批手续完备，水土保持工程设计、施工、监理、质量评定、监测、财务支出的相关文件等资料齐全。

b）水土保持设施按批准的水土保持方案及其设计文件建成，全部单位工程自查初验合格，符合主体工程和水土保持的要求。

c）建设项目的扰动土地整治率、水土流失总治理度、土壤流失控制比、拦渣率、林草植被恢复率、林草覆盖率等指标满足GB 50434，达到批复水土保持方案的防治目标。

d）水土保持投资使用符合审批要求，管理制度健全。

e）水土保持设施的后续管理、维护措施已落实，具备正常运行条件，且能持续、安全、有效运转，符合交付使用要求。

6.7.2 技术评估成果应包括以下内容：

a）建设项目水土保持设施技术评估报告及相关附件；

b）建设项目水土保持行政验收前需解决的主要问题及其处理情况说明；

c）重要单位工程影像资料；

d）建设项目水土保持设施竣工验收图。

7 行政验收

7.1 一般规定

7.1.1 行政验收应当具备以下条件：

a）通过技术评估。

b）主要遗留问题和质量缺陷已经处理完毕，尾工基本完成，技术评估提出的行政验收前需解决的主要问题已经处理完毕。

c）临时征、占地已经整治完毕并符合归还当地的条件。

d）水土保持设施的管理、维护措施落实。

e）历次验收或检查督查中发现的问题已基本处理完毕。

f）国家规定的其他条件。

7.1.2 行政验收工作应包括下列内容：

a）检查水土保持设施是否符合批复的水土保持方案及其设计文件的要求。

b）检查水土保持设施施工质量和管理维护责任落实情况。

c）检查水土保持投资完成情况。

d）评价水土流失防治效果。

e）对存在问题提出处理意见。

7.1.3 行政验收应采用以下形式，并按以下要求执行：

a）行政验收时应成立验收组，验收组设组长1名（由验收主持单位的代表担任），副组长1名～3名。验收组宜由方案审批部门、有关行业行政主管部门、相关工程质量监督单位、建设单位的上级主管部门、建设项目的主要投资方、技术评估等单位的代表组成。行政验收应由验收组长主持。

b）行政验收合格意见应经2/3以上验收组成员同意。行政验收过程中有争议的问题，验收组长应提出裁决意见，若有1/2以上的验收组成员不同意裁决意见时，验收主持单位对争议问题有裁决权。

c）验收组成员应在“水土保持设施专项验收意见”（以下简称“验收意见”，主要内容参见附录F）上签字，保留意见应有明确记载。

d）建设、设计、施工、监理、监测、运行管理等单位的代表列席行政验收会议，负责解答验收组的质疑，并在验收会议代表名单上签字。

7.1.4 行政验收的评价标准应包括下列内容，若同时满足这四项标准，即可通过水土保持设施的行政验收：

a）建设项目水土保持方案审批手续完备，水土保持工程管理、设计、施工、监理、监测、专项财务等建档资料齐全。

b）水土保持设施按批准的水土保持方案及其设计文件的要求建成，符合水土保持的要求。

c）扰动土地整治率、水土流失总治理度、土壤流失控制比、拦渣率、林草植被恢复率、林草覆盖率等指标达到了批准的水土保持方案的要求及国家和地方的有关技术标准。

d）水土保持设施具备正常运行条件，且能持续、安全、有效运转，符合交付使用要求，且水土保持设施的管理、维护措施已得到落实。

7.2 任务与工作程序

7.2.1 行政验收应按以下程序执行：

a）审查建设单位提交的验收申请材料，受理验收申请。

b）听取技术评估机构的技术评估汇报，确定行政验收时间。

c）召开预备会议，听取建设单位有关验收准备情况汇报，确定验收组成员名单。

d）现场检查水土保持设施及其运行情况。从水土保持设施竣工图中抽取重点工程和重点部位，现场查勘不同防治区和主要防治措施的质量、数量、防治效果、生态与环境状况等。

e）查阅有关资料。

f）召开验收会议，可按以下程序进行：

1）宣布验收会议议程。

2）宣布验收组成员名单。

3）观看工程声像资料。

4）听取建设单位的“工作总结报告”和“技术报告”。

5）听取施工单位的“施工总结报告”。

6）听取监理单位的“监理总结报告”。

7）听取监测单位的“监测总结报告”。

8）听取技术评估单位的“评估报告”。

9）会议质询。

10）验收组讨论并形成“验收意见”，落实遗留问题处理责任及核查单位。

11）宣布水土保持设施“验收意见”。

12）验收组成员在“验收意见”上签字。

7.2.2 如果在验收过程中发现重大问题，验收组应停止验收，待处理完毕后再组织验收。

7.2.3 验收合格的项目，应由验收主持单位印发水土保持设施验收鉴定书（格式参见附录G），作为建设项目竣工验收的重要依据之一。

7.2.4 行政验收中发现的遗留问题，由建设单位负责整改，并由水行政主管部门监督实施。

7.2.5 验收意见应准确反映工程建设的实际情况，达到合格及以上标准的水土保持设施的质量结论应确定为合格。建设单位和工程参建单位可依据有关评定标准，自主决定参加有关建设项目水土保持示范工程等奖励或荣誉证书的申报。

7.2.6 建设项目通过水土保持专项验收后，建设单位还应注重水土保持设施的管护和修复工作，确保水土保持设施的安全运行。

附　录　A
（资料性附录）
水土保持设施验收应提供的资料目录

表 A.1　水土保持设施验收应提供的资料目录

序号	资料名称	分部工程自查初验	单位工程自查初验	分期验收	行政验收
1	工程建设大事记		√	√	√
2	水土保持设施建设大事记		√	√	√
3	拟验工程清单、未完工程清单，未完工程的建设安排及完成工期，存在问题及解决建议		√	√	
4	分部工程验收签证或单位工程验收鉴定书（或自查初验报告）		√	*	*
5	水土保持方案及有关批文		√	√	√
6	水土保持工程设计和设计工作报告		√	√	√
7	各级水行政主管部门历次监督、检查及整改等的书面意见	√	√	√	√
8	水土保持工程施工总结报告		√	√	√
9	水土保持设施工程质量评定报告		*	*	√
10	水土保持监理总结报告		*	√	√
11	水土保持监测总结报告			√	√
12	水土保持方案实施工作总结报告			√	√
13	水土保持设施竣工验收技术报告			√	√
14	水土保持设施验收技术评估报告			√	√

注 1：符号“√”表示“应提供”，符号“*”表示“宜提供”。

注 2：分期验收为行政验收的一种形式。

附　录　B
（资料性附录）
水土保持设施验收应准备的备查资料目录

表 B.1　水土保持设施验收应准备的备查资料目录

序号	资料名称	分部工程自查初验	单位工程自查初验	分期验收	行政验收
1	土壤、地质、水文、气象等设计基础资料		√	√	√
2	水土保持招投标文件		√	√	√
3	工程承包合同及协议书（包括设计、施工、监理、监测等）		√	√	√
4	分部工程质量评定资料	√	√	√	√
5	单位工程质量评定资料		√	√	√
6	自查初验资料	√	√	√	√
7	阶段验收资料	√	√	√	√
8	项目水土保持工作管理制度、有关文件、会议记录及水土保持重大事件资料及文字说明	√	√	√	√
9	工程运用和度汛方案以及建设过程水土流失危害和防治记录		*	*	√
10	水土保持专项设计、相关主体设计资料	√	√	√	√
11	施工图纸、设计变更、施工说明等资料	√	√	√	√
12	水土保持监理资料	√	√	√	√
13	水土保持监测资料			√	√
14	专项验收相关资料			√	√
15	竣工图纸、竣工结算及有关资料				√
16	电子文件资料	√	√	√	√
17	其他资料		√	√	√

注 1：符号“√”表示“应提供”，符号“*”表示“宜提供”。

注 2：分期验收为行政验收的一种形式。

附　录　C
(资料性附录)
分部工程验收签证格式

C.1　分部工程验收签证封面格式

编号：

开发建设项目水土保持设施

分部工程验收签证

建设项目名称：

单位工程名称：

分部工程名称：

施　工　单　位：

年　　月　　日

C.2 分部工程验收签证扉页格式

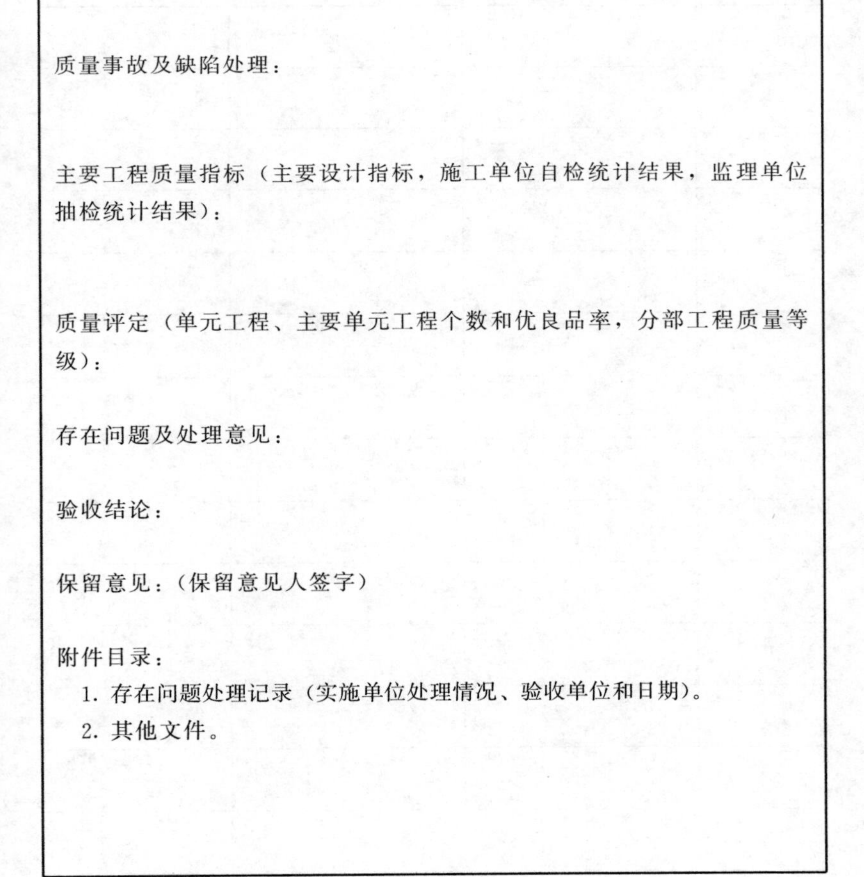

开工完工日期：

主要工程量：

工程内容及施工经过：

质量事故及缺陷处理：

主要工程质量指标（主要设计指标，施工单位自检统计结果，监理单位抽检统计结果）：

质量评定（单元工程、主要单元工程个数和优良品率，分部工程质量等级）：

存在问题及处理意见：

验收结论：

保留意见：（保留意见人签字）

附件目录：

1. 存在问题处理记录（实施单位处理情况、验收单位和日期）。
2. 其他文件。

C.3 分部工程验收组成员签字表格式见表 C.1。

表 C.1 分部工程验收组成员签字表格式

姓名	单位	职务和职称	签字

附　录　D
（资料性附录）
单位工程验收鉴定书格式

D.1　单位工程验收鉴定书封面格式

编号：

开发建设项目水土保持设施

单位工程验收鉴定书

建设项目名称：

单位工程名称：

所含分部工程：

年　　月　　日

D.2 单位工程验收鉴定书扉页格式

开发建设项目水土保持设施

单位工程验收鉴定书

项目名称：

单位工程：

建设单位：

设计单位：

施工单位：

监理单位：

质量监督单位：

运行管理单位：

验收日期：　　年　月　日至　　年　月　日

验收地点：

D.3 单位工程验收鉴定书格式

单位工程（名称）验收鉴定书

前言（简述验收主持单位、参加单位、时间、地点等）

一、工程概况

（一）工程位置（部位）及任务

（二）工程主要建设内容

包括工程等级、标准、主要规模、效益、主要工程量的设计值及合同投资。

（三）工程建设有关单位

包括项目法人、设计、施工、监理、监测、质量监督、运行管理等单位。

（四）工程建设过程

包括施工准备、开工日期、完工日期、验收时工程面貌、实际完成工程量（与设计、合同量对比）、工程建设中采用的主要措施及其效果、主要经验教训等。

二、合同执行情况

包括合同管理、计量、支付与结算等。

三、工程质量评定

（一）分部工程质量评定

（二）监测成果分析

（三）外观评价

（四）质量监督单位的工程质量等级核定意见

四、存在的主要问题及处理意见

包括处理方案、措施、责任单位、完成时间以及复验责任单位等。

五、验收结论及对工程管理的建议

包括对工期、质量、投资控制、工程是否达到设计标准并发挥效益、工程资料建档以及是否同意交工等，均应有明确结论。对工程管理及运行管护提出建议。

六、验收组成员及参验单位代表签字表

七、附件

（一）提供资料目录

（二）备查资料目录

（三）分部工程验收签证目录

（四）保留意见（应有本人签字）

附　录　E
（资料性附录）
行政验收主要报告内容提纲

E.1　水土保持方案实施工作总结报告

E.1.1　前　　言

有关主体工程、水土保持方案报批、水土保持设施建设及自查初验情况简介。

E.1.2　主体工程及水土保持工程概况

E.1.2.1　主体工程主要技术指标、主要建设内容、主要建设过程和工程完成情况。

E.1.2.2　水土保持方案编报审批情况，主要建设内容、建设进度、投资概算，水土保持方案中的防治措施设计落实、调整情况。

E.1.3　水土保持管理

E.1.3.1　组织领导

包括水土保持工作领导及具体管理机构，水土保持工程建设、设计、施工监理单位。

E.1.3.2　规章制度

有关水土保持工作过程中建立的各类规章、制度、办法。

E.1.3.3　监督管理

各级水行政主管部门及水土保持监督管理部门检查、监督情况。

E. 1. 3. 4　建设过程

包括水土保持工程招标投标过程，合同及执行情况。

E. 1. 3. 5　建设监理

包括监理规划及实施细则，监理制度、机构、人员、检测方法，水土保持工程质量、进度、投资控制情况。

E. 1. 3. 6　工程投资

包括批准的水土保持投资概算（估算），概算调整情况，各项工程投资完成情况，独立费用执行情况和补偿费缴纳情况。

E. 1. 3. 7　完成主要工程

包括各类防治措施类型及完成情况，对比设计工程量的增减情况及原因分析。

E. 1. 3. 8　自查初验

包括自查初验组织及实施情况，各单位工程的验收结论等。

E. 1. 4　经验与问题

E. 1. 4. 1　主要经验

在水土保持管理工作中的主要经验。

E. 1. 4. 2　存在问题

包括建设过程中出现的、当前存在的以及生产运行期可能出现的水土流失事故及灾害情况，尚未完成的水土保持工程及实施安排和预留经费。

E. 1. 5　结论与下阶段工作安排

E. 1. 5. 1　自查结论

水土流失防治成果的自查初验结论，给出是否达到批复水土保持方案及其设计要求的结论。

E. 1. 5. 2　下阶段工作安排

水土保持设施移交后的管理与养护责任、办法等，运行期的水土保持任务安排以及对今后管理运行的建议。

E.1.6 附　　件

a）水行政主管部门关于水土保持方案批复文件。

b）有关水土保持工程设计与概算的批复文件。

c）水土保持工程设计变更的批复。

d）单位工程验收鉴定书。

e）有关水行政主管部门的监督检查意见。

f）主体工程总平面图。

g）其他有关资料。

E.2 水土保持设施竣工验收技术报告

E.2.1 简 要 说 明

有关水土保持方案实施情况说明。

E.2.2 防治责任范围和防治目标

E.2.2.1 批复的水土流失防治责任范围与实际发生的责任范围对比，调整变化的原因。

E.2.2.2 批复的水土流失防治目标与主要水土保持设施的设计标准。

E.2.3 工 程 设 计

E.2.3.1 水土保持方案确定的水土保持措施和工程量。

E.2.3.2 工程设计对水土保持方案的落实情况及重大设计变更。

E.2.3.3 各项工程措施、植物措施和临时措施的设计标准和设计要点。

E.2.4 施　　工

E.2.4.1 施工安排及进度

各项防治工程的实施时间、施工过程、完成的工程量，并与批准的方案及其设计文件中的数量、实施时间比较，并分析其原因。

E. 2. 4. 2 施工质量管理

施工单位质量保证体系，建设单位和监理单位的质量管理体系，施工事故及其处理。

E. 2. 4. 3 水土保持工程建设大事

包括有关批文，较大的设计变更，有关合同协议，监督检查情况和重要会议等。

E. 2. 4. 4 价款结算

批准的工程量及其投资，施工合同价与实际结算价对比，分析增减的原因。

E. 2. 5 工 程 质 量

E. 2. 5. 1 项目划分

水土保持工程的单位工程、分部工程、单元工程划分情况。

E. 2. 5. 2 质量检验

监理工程师及质量监督机构的质量检验方法，检验结果。

E. 2. 5. 3 质量评定

单元工程、分部工程质量评定情况，自查初验确定的各单位工程的质量等级，对水土保持工程质量评价。

E. 2. 6 工程初期运行及成效评价

E. 2. 6. 1 工程运行情况

各项水土保持工程建成运行后，其安全稳定性、暴雨后的完好情况，工程维修、植物补植情况。

E. 2. 6. 2 工程效益

E. 2. 6. 3 水土流失治理

工程试运行期间控制水土流失面积，治理水土流失面积及治理程度，项目区水土流失强度变化情况。废弃土、石、渣的拦挡情况，各类开挖面、拆除后的施工场地的治理情况，计算拦渣率、扰动土地整治率、水土流失总治理度、土壤流失控制比等指标。

E.2.6.4　植被变化

建设前、施工期间、竣工后林草植被建设和植被恢复情况，计算林草植被恢复系数和林草覆盖率。

E.2.6.5　土地整治及生产条件恢复

土地整治率，施工临时占用耕地的恢复数量，土地生产力恢复情况。

E.2.6.6　水土保持监测

根据水土保持专项监测报告，提出施工及施工准备期间水土流失量，是否达到国家规定的限值。工程施工对水系、下游河道径流泥沙影响，水土流失危害情况。

E.2.6.7　综合评价

总体评价工程建设对水土流失及生态环境的影响，水土流失防治效果和水土保持工程质量评价。

E.2.7　附件及有关资料

a）工程竣工后水土流失防治责任范围图。

b）水土保持工程设计文件、资料。

c）水土保持分部工程验收签证，工程质量评定资料。

d）水土保持工程施工合同、验收报告。

e）水土保持专项监测报告相关内容。

f）水土保持设施竣工验收图。

g）水土保持工程实施过程中的影像资料。

h）水土保持大事记。

E.3　水土保持监测总结报告

E.3.1　建设项目及项目区概况

E.3.1.1　项目概况。

E. 3. 1. 2 项目区概况。

E. 3. 1. 3 工程水土流失特点。

E. 3. 2 监 测 实 施

E. 3. 2. 1 监测目标与原则。

E. 3. 2. 2 监测工作实施情况。

E. 3. 3 监测内容与方法

E. 3. 3. 1 监测内容

E. 3. 3. 1. 1 防治责任范围动态监测。

E. 3. 3. 1. 2 弃土弃渣动态监测。

E. 3. 3. 1. 3 水土流失防治动态监测。

E. 3. 3. 1. 4 施工期土壤流失量动态监测。

E. 3. 3. 2 监测方法和频次

E. 3. 3. 2. 1 调查监测。

E. 3. 3. 2. 2 定位监测。

E. 3. 3. 2. 3 临时监测。

E. 3. 3. 2. 4 巡查。

E. 3. 3. 3 监测时段。

E. 3. 3. 4 监测点布设。

E. 3. 4 不同侵蚀单元侵蚀模数的分析确定

E. 3. 4. 1 侵蚀单元划分

E. 3. 4. 1. 1 原地貌侵蚀单元划分。

E. 3. 4. 1. 2 地表扰动类型划分。

E. 3. 4. 1. 3 防治措施分类。

E. 3. 4. 2 各侵蚀单元侵蚀模数

E. 3. 4. 2. 1 原地貌侵蚀模数。

E. 3. 4. 2. 2 各地表扰动类型侵蚀模数。

E. 3. 4. 2. 3 防治措施实施后侵蚀模数。

E.3.5 水土流失动态监测结果与分析

E.3.5.1 防治责任范围动态监测结果

E.3.5.1.1 水土保持方案确定的防治责任范围。

E.3.5.1.2 施工期防治责任范围监测结果。

E.3.5.2 弃土弃渣动态监测结果

E.3.5.2.1 设计弃土弃渣情况。

E.3.5.2.2 弃土弃渣场及占地面积监测结果。

E.3.5.2.3 弃土弃渣量动态监测结果。

E.3.5.3 地表扰动面积动态监测结果。

E.3.5.4 土壤流失量动态监测结果

E.3.5.4.1 各阶段土壤流失量。

E.3.5.4.2 各扰动地表类型土壤流失量。

E.3.6 水土流失防治动态监测结果

E.3.6.1 水土流失防治措施

E.3.6.1.1 工程措施及实施进度。

E.3.6.1.2 植物措施及实施进度。

E.3.6.1.3 临时防治措施及实施进度。

E.3.6.2 水土流失防治效果动态监测结果

E.3.6.2.1 扰动土地整治率。

E.3.6.2.2 水土流失总治理度。

E.3.6.2.3 拦渣率与弃渣利用率。

E.3.6.2.4 土壤流失控制比。

E.3.6.2.5 林草植被恢复率。

E.3.6.2.6 林草覆盖率。

E.3.6.3 运行初期水土流失分析。

E.3.7 结　　论

E.3.7.1 水土保持措施评价

E.3.7.1.1 水土流失动态变化与防治达标情况。

E.3.7.1.2 综合结论。

E.3.7.1.3 存在问题及建议。

E.3.7.2 监测工作中的经验与问题

E.3.7.2.1 监测工作中的经验。

E.3.7.2.2 存在问题与建议。

E.4 水土保持监理总结报告

E.4.1 工 程 概 况

包括工程特性、合同目标、工程项目组成等。

E.4.2 监 理 规 划

包括监理制度的建立、监理机构的设置与主要工作人员、检测采用的方法和主要设备等。

E.4.3 监 理 过 程

包括监理合同履行情况和监理过程情况。

E.4.4 监 理 效 果

a）质量控制监理工作成效及综合评价。

b）投资控制监理工作成效及综合评价。

c）进度控制监理工作成效及综合评价。

d）施工安全与工作成效与综合评价。

E.4.5 经 验 与 建 议

E.4.6 其 他 问 题

E.4.6.1 其他需要说明或报告事项。

E.4.6.2 其他应提交的资料和说明事项等。

E.4.7 附　　件

a）监理机构的设置与主要工作人员情况表。

b）工程建设监理大事记。

E.5 水土保持技术评估报告

E.5.1 前　　言

技术评估过程简述。

E.5.2 工程概况及工程建设水土流失问题

E.5.2.1 工程概况

概略介绍工程位置、主要任务和技术经济指标、主要工艺和主要建筑物、投资方和建设单位、设计单位、监理单位、主要施工单位、施工工期、工程总投资等。

E.5.2.2 项目区自然和水土流失情况

简述土壤、植被、水文、气象和水土流失情况，所在地水土保持分区情况。

E.5.2.3 工程建设水土流失问题

弃土弃渣情况、开挖和占压土地情况、植被破坏情况、水土流失主要形式和危害。

E.5.3 水土保持方案和设计情况

E.5.3.1 方案报批和工程设计过程

水土保持方案编制、审查、批复和初步设计、施工图设计以及设计变更等情况。

E.5.3.2 水土保持设计情况

水土保持方案及其设计提出的水土流失防治目标、主要防治措施、主要工程项目和工程量。

E.5.4 水土保持设施建设情况评估

E.5.4.1 水土流失防治范围

介绍建设期实际的水土流失防治范围，与方案批复的防治责任范围对照，提出变化的原因，评估是否符合实际。

E.5.4.2 水土保持措施总体布局评估

介绍水土流失防治分区和水土保持设施总体布局情况，评估其合理性。

E.5.4.3 水土保持设施完成情况评估

汇总并分单位工程和分部工程分别介绍工程措施（包括土地整治）、植物措施的项目名称、工程位置、工程内容、实施时间、完成的主要工程量，与水土保持方案及其设计的工程量对照，评估其完成情况。列表说明临时措施的实施地点、时间和工程量。

E.5.5 水土保持工程质量评价

E.5.5.1 质量管理体系

总的管理体系和管理制度、建设单位、设计单位、监理单位、施工单位和质量保证体系和措施。

E.5.5.2 工程措施质量评价

介绍工程组工程措施质量评价情况和结论。

E.5.5.3 植物措施质量评价

介绍植物组植物措施质量评价情况和结论。

E.5.6 水土保持监测评价

介绍水土保持监测情况，包括监测设施、监测过程、监测结果等。

E.5.7 水土保持投资及资金管理评价

E.5.7.1 水土保持方案批复投资

水土保持方案和初步设计概（估）算情况。

E. 5. 7. 2　水土保持工程实际完成投资

列出水土保持工程实际完成投资表，与概算比较，分析增加或减少的原因。

E. 5. 7. 3　投资控制和财务管理

反映投资管理情况的工程结算程序、财务管理办法等的评价。

E. 5. 8　水土保持效果评价

E. 5. 8. 1　水土流失治理

介绍拦渣率、扰动土地整治率、水土流失总治理度、土壤流失控制比。

E. 5. 8. 2　生态环境和土地生产力恢复

介绍林草植被恢复率、林草覆盖率、耕地恢复情况。

E. 5. 8. 3　公众满意程度

介绍公众调查情况。

E. 5. 9　水土保持设施管理维护评价

管理机构、人员、设备、管理制度等落实情况。

E. 5. 10　综 合 结 论

综合以上评估意见，提出综合结论，水土保持设施能否通过验收和投入使用。

E. 5. 11　遗留问题及建议

验收前需完成的主要工作、遗留的主要问题及建议。

E. 5. 12　附 图 与 附 件

E. 5. 12. 1　附图

a）水土保持设施竣工图。

b）验收后防治责任范围图。

c）现场检查照片。

E. 5. 12. 2 附件

a）综合组评估报告。

b）工程组评估报告。

c）植物组评估报告。

d）经济财务组评估报告。

e）评估组成员名单、参加评估工作人员名单。

附 录 F
(资料性附录)
水土保持设施行政验收意见主要内容

F.1 引 言 简 述

验收会议召开时间、地点，验收主持单位、参加单位以及验收组成员情况，现场检查与会议讨论情况。

F.2 工程及项目区概况

F.2.1 工 程 概 况

叙述工程名称、位置，建设单位或项目法人，投资单位，主体工程批准机关及文号，建设工期，工程总投资及投资来源，工程主要建设内容（包括工程组成及特性），工程规模及布置，工程占地及拆迁移民安置，工程进度、投资等。

F.2.2 项 目 区 概 况

简述项目区所处的自然环境及水土流失情况。

F.3 “三同时”制度落实情况

水土保持方案编制、后续设计、施工、监理、监测、自查初验以及验收的技术准备情况。

F.4 防 治 责 任 范 围

叙述批准的水土保持方案报告书确定的水土流失防治责任范围，实际的水土流失防治责任范围、验收后运行期水土流失防治责任范围。

F.5 水土保持设施建设情况

水土保持工程完成情况及主要工程量，并与方案批复或设计工程量对比分析。

F.6 工 程 质 量

工程质量管理体系评价，工程质量评定的总体情况以及水土保持设施运行情况。

F.7 投 资 完 成 情 况

说明批准的水土保持方案估算投资及初步设计的概算投资，实际完成投资并分析评价。

F.8 防 治 效 益

说明验收时达到的水土流失防治目标以及水土流失防治效果总体评价。

F.9 综 合 结 论

给出是否通过验收的综合结论，并记载保留意见。

F.10 存在问题及处理意见

针对验收发现的问题与不足，提出处理意见，对责任单位、核查单位提出具体要求，明确应补充完善的措施和完成的期限；对工程运行和管护提出意见。

F.11 附　　件

验收组成员及验收会议代表签字。

附　录　G
（资料性附录）
水土保持设施验收鉴定书格式

G.1　水土保持设施验收鉴定书封面格式

编号：

开发建设项目水土保持设施

验收鉴定书

项　目　名　称________________________

建　设　单　位________________________

建　设　地　点________________________

验收主持单位________________________

________年____月____日

中华人民共和国水利部制

G.2 水土保持设施验收基本情况表格式见表 G.1。

表 G.1 水土保持设施验收基本情况表格式

<table>
<tr><td>项目名称</td><td colspan="5"></td></tr>
<tr><td>主管部门
（或主要投资人）</td><td colspan="2"></td><td>行业类别</td><td colspan="2"></td></tr>
<tr><td colspan="6">建设项目性质（新建　　改扩建　　技术改造　　画√）</td></tr>
<tr><td colspan="3">水土保持方案审批部门、文号及时间</td><td colspan="3"></td></tr>
<tr><td colspan="3">初步设计审批部门、文号及时间</td><td colspan="3"></td></tr>
<tr><td>工程总投资概算</td><td>万元</td><td>其中水土保持投资</td><td>万元</td><td>所占比例</td><td>%</td></tr>
<tr><td>工程实际总投资</td><td>万元</td><td>其中水土保持投资</td><td>万元</td><td>所占比例</td><td>%</td></tr>
<tr><td>工程施工准备期</td><td colspan="2"></td><td>建设时间</td><td colspan="2"></td></tr>
<tr><td>水土保持方案编制单位</td><td colspan="5"></td></tr>
<tr><td>水土保持初步设计单位</td><td colspan="5"></td></tr>
<tr><td>水土保持监测单位</td><td colspan="5"></td></tr>
<tr><td>水土保持设施施工单位</td><td colspan="5"></td></tr>
<tr><td>水土保持监理单位</td><td colspan="5"></td></tr>
<tr><td>技术评估单位</td><td colspan="5"></td></tr>
</table>

G.3 水土保持设施验收意见页格式

验收意见：

G.4　验收组成员名单表格式见表 G.2。

表 G.2　验收组成员名单表格式

分工	姓名	单位全称	职务/职称	签字	备注
组长					
副组长					
成员					

G.5　参加验收会议代表名单表格式见表 G.3。

表 G.3　参加验收会议代表名单表格式

姓名	单位全称	职务/职称	签字	备注
				验收主持单位
				项目法人
				建设单位
				设计单位
				监理单位
				监测单位
				施工单位
				评估单位
				运行管理单位
				……